PLA聚乳酸環保塑膠

Poly Lactic Acid Plastic of Environmental Protection

楊斌 編著　馬振基 校訂

五南圖書出版公司 印行

前言

20世紀合成高分子材料的問世及其快速發展極大地改善了人類生活，合成高分子材料已與鋼鐵、木材以及水泥並列為材料領域的四大支柱。然而合成高分子材料巨大的生產和消費也產生了兩個重大課題：有限的石油資源被大量消耗和廢棄聚合物導致的環境污染。這些問題已經引起了全球的高度重視。21世紀，許多國家將建設可永續發展的資源循環型社會作為國策之一，大力開發環境友好的生物降解高分子材料已在世界範圍內蓬勃興起。

在眾多已經開發的生物降解高分子材料中，聚乳酸（PLA）被譽為最具發展潛力的品種之一。主要因為PLA具有可完全生物降解性和以可再生資源為原料的植物來源性，而且是一種維持自然界「碳循環平衡」的材料。所以，PLA的開發應用能夠減少廢棄高分子材料對環境的白色污染，節省石油資源，抑制由於二氧化碳淨排放量增加而導致的地球溫室效應的加劇。

PLA作為生物醫藥材料的應用早在30多年以前就已經開始，但是作為工業高分子材料的應用卻是在20世紀90年代中期美國的Cargill公司向市場大規模提供了性能穩定且廉價的PLA樹脂之後才全面展開的，隨後許多發達國家尤其是日本在PLA的應用開發方面做了大量突出的工作。現在，PLA材料的應用已經由最初的包裝材料等短時間使用周期商品和用後回收困難的商品發展到農林水產業、土木建築業、日常生活用品等具有較長時間使用周期的商品，甚至用作汽車、電子電器領域等高性能的耐久性商品。開發的品種充分利用PLA的特性，生產出了PLA纖維、塑膠、塗料及接著劑等。

本書在廣泛收集國內外資料的基礎上，圍繞PLA近十幾年研究開發的新動向，重點介紹了作為工業高分子材料的聚乳酸的改性、加工和應用開發進展。內容安排如下：第一章總論；第二章簡單介紹PLA的合成和性質；第三、四章與PLA改性相關，其中第三章介紹PLA改性和第四章介紹PLA合膠；第五章介紹PLA材料的成型加工；第六至八章與PLA應用相關，其中第六章重點介紹PLA在包裝材料領域的應用，第七章重點介紹PLA纖維加工及應用，第八章介紹PLA在農林建築、日常生活、電子電器、汽車領域的應用以及PLA接著劑和塗料；第九章專門對PLA的生物降解性質進行介紹。關於PLA在生物醫學領域應用的專著已經有很多，本書不再贅述。

本書涵蓋了PLA材料開發的主要領域和前沿，特別是PLA材料開發的種類和水平以及未來的發展趨勢，以便對大專院校的師生、相關化工行業的技術人員以及投資經營者提供一些啟示。全書由楊斌編著，唐琦琦、蘇思玲、徐妍、趙吉潔及龔鵬劍等參與了資料的收集及整理工作，為本書的編寫付出了辛勤的勞動，在此表示衷心的感謝。另外對所有支援和關心過本書編寫與出版的人員表示衷心的感謝。

由於編者的知識水平以及掌握文獻的程度有限，加之PLA材料的發展迅速，一些新的知識與成果在書中實難完全得以反映，書中可能存在疏漏之處，敬請讀者不吝賜教。

楊斌

2007.7

於上海交通大學

書中常用英文縮寫對照表

A

AA adipic acid 己二酸

AA macrylamide 丙烯醯胺

ABS acrylonitrile-butadiene-styrene 丙烯腈－丁二烯－苯乙烯共聚物

ACR acrylic copolymers 丙烯酸酯類共聚物

ASTM American Society for Testing and Materials 美國材料與試驗協會

ATP adenosine triphosphate 三磷酸腺苷

B

BDO 1, 4-butanediol 1,4－丁二醇

BDP biodegradable polymer 生物降解高分子

BFb bamboo fiber 竹子纖維

BMG biodegradable materials group 生物分解材料工作組

BOPLA biaxial oriented poly (lactic acid) 雙向拉伸（雙軸延伸）的聚乳酸薄膜

BPI Biodegradable Products Institute 生物分解製品研究所

BP biobase polymer 生物基高分子

C

CA cellulose acetate 醋酸纖維素類熱塑性樹脂

CEN Committee of European Normalization 歐洲標準化委員會

CSTR continuous-flow stirred tank reactor 連續攪拌釜式反應器

D

DBTL di-n-butyltin dilaurate 二月桂酸二丁基錫

DIN Deutsches Institut für Normung 德國標準化學會

DLA D-lactide D-丙交酯

DMA dynamic mechanical thermal analysis (DMTA) 動態機械熱分析

DOM dioctyl maleate 馬來酸二辛酯

DSC differential scanning calorimeter 差示掃描量熱儀

E

EPDM ethylene-propylene diene terpolymer 三元乙丙橡膠

EPE expanded polyethylene 發泡聚乙烯

EPP expanded polypropylene 發泡聚丙烯

EPR ethylene-propylene rubber 二元乙丙橡膠

EPS expanded polystyrene 發泡聚苯乙烯

F

FAO Food and Agriculture Organization of United Nations 聯合國糧食及農業組織

FDY fully oriented yarn 全拉伸絲

FH fluorohectorite 含氟黏土

FRP fiber reiforced polymer 纖維強化高分子複合材料

FTIRF Fourier transform infrared spectroscopy instrument 傅里葉變換紅外光譜儀

G

GF glass fiber 玻璃纖維

GMA glycidyl methacrylate 甲基丙烯酸縮水甘油酯

GPC gel permeation chromatography 凝膠色譜法

GPPS general purpose polystyrene 通用聚苯乙烯

H

HAF hydroxyapatite fibers 羥基磷灰石纖維

HDPE high density polyethylene 高密度聚乙烯

HDT heat deformation temperature 熱變形溫度

HIPS high-impact polystyrene 高耐衝擊聚苯乙烯

HOY high oriented yarn 高取向（延伸）絲（超高速紡絲）

J

JIS Japanese Industrial Standard 日本工業標準

L

LA lactide 丙交酯

L_c lamellar thickness 晶片厚度

LCA life cycle assessment 生命周期評估

LDI lysine-based diisocyanate 賴氨酸基二異氰酸酯

LDPE low density polyethylene 低密度聚乙烯

LLA L-lactide L-丙交酯

LLDPE linear low density polyethylene 線型低密度聚乙烯

M

MBS methyl methacrylate-butadiene-styrene copolymer 甲基丙烯酸甲酯－丁二烯－苯乙烯共聚物

MDI 4, 4'-diphenylmethane diisocyanate 4, 4'-二苯基甲烷二異氰酸酯

MLA meso-lactide 內消旋丙交酯

MMT montmorillonite 蒙脫土

MWD molecular weight distribution 分子量分佈

MWI polydispersity index 分子量分佈指數

N

NAD+ nicotinamide adenine dinucleotide 煙醯胺腺嘌呤二核苷酸，脫氫酶的輔酶

NBR nitrile butadiene rubber 丁腈橡膠

NR natural rubber 天然橡膠

O

OLLA oligomer lactide 丙交酯寡聚物

OMLS organic modified layer silicate 有機改性層狀矽酸鹽

OMSFM organically modified synthetic fluorine mica 有機化的改性合成氟雲母

O-PCL oligomer polycaprolactone 己內酯寡聚物

OPP oriented polypropylene 取向（延伸）聚丙烯

OPS biaxial oriented Polystyrene film 雙向拉伸（雙軸延伸）聚苯乙烯薄膜

P

PA6 polyamide 6 or nylon 6 聚醯胺6或尼龍6

PA12 polyamide 12 or nylon 12 聚醯胺12或尼龍12

PAA poly (acrylic acid) 聚丙烯酸

PBAT poly (butylene adipate-co-terephthalate) 聚己二酸／對苯二甲酸丁二醇酯

PBS poly (butylene succinate) 聚丁二酸丁二醇酯，或聚琥珀酸丁二醇酯

PBSA poly (butylene succinate-co-adipate) 聚琥珀酸／己二酸丁二醇酯

PBSC poly (butylene succinate-co-carbonate) 聚琥珀酸／碳酸丁二醇酯

PBT polybutylene terephthalate 聚對苯二甲酸丁二醇酯

PC polycarbonate 聚碳酸酯

PCL polycaprolactone 聚己內酯

PCL-b-PEG polycaprolactone-poly (ethylene glycol) block copolymer 聚己內酯－聚乙二醇嵌段共聚物

PDLA poly (D-lactide) 右旋聚乳酸

PDLLA poly (DL-lactide) 聚內消旋乳酸

PDMS poly (dimethylsiloxane) 聚二甲基矽氧烷

PE polyethylene 聚乙烯

PES poly (ethylene succinate) 聚琥珀酸乙二醇酯

PEST poly (ethylene succinate-co-terephthalate) 聚琥珀酸／對苯二甲酸乙二醇酯

PET polyethylene terephthalate 聚對苯二甲酸乙二醇酯

PEG poly(ethylene glycol) 聚乙二醇

PEO poly (ethylene oxide) 聚氧化乙烯或聚環氧乙烷

PGA poly (glycolide), Poly (glycolic acid) 聚羥基乙酸

PLA polylactic acid 聚乳酸

PLLA poly (L-lactide) 左旋聚乳酸

P (LLA-co-ε CL) poly (L-lactide-co-ε-caprolctoneand) 左旋丙交酯－己內酯共聚物

PHA poly (hydoroxyalkanoate) 聚羥基脂肪酸酯

PHB poly (3-hydroxybutyrate) 聚3-羥基丁酸酯

P4HB poly (4-hydroxybutyrate) 聚4-羥基丁酸酯

P3HB4HB poly (3-hydroxybutyrate-co-4-hydroxybutyrate) 3-羥基丁酸和4-羥基丁酸共聚物

PHBV poly (3-hydroxybutyrate-co-3-hydroxyvalerate) 聚3-羥基丁酸戊酸酯

P3HB3HV poly (3-hydroxybutyrate-co-3hydroxyvalerate) 聚3-羥基丁酸戊酸酯

PMA polymethyl acrylate 聚丙烯酸甲酯

PMMA polymethyl methacrylate 聚甲基丙烯酸甲酯，又稱有機玻璃

poly (LLA-CL) poly (L-lactide-ε-Caprolactone) 左旋乳酸－已內酯共聚物

poly (LLA-DLA) Poly (L-lactide-D-Lactide) 聚DL-丙交酯

poly (DLA-GA) poly (D-lactide-glycolide) D-丙交酯和乙交酯的共

聚物，又縮寫為PLGA

POM polyoxymethylene 聚縮醛

POY preoriented yarn / partially oriented yarn 預取向絲（高速紡絲）

PP polypropylene 聚丙烯

PPC carbon dioxide copolymer 二氧化碳共聚物

PPE polyphenylene ether 聚苯醚

PPO polypropylene oxide 聚環氧丙烷

PS polystyrene 聚苯乙烯

PTMAT poly (tetramethylene adipate-co-terephthalate) 聚已二酸／對苯二甲酸丁四酯

PTMC poly (1,3-triemethylene carbonate) 聚三甲基碳酸酯

PTT poly (trimethylene terephthalate) 聚對苯二甲酸丙二醇酯

PVA poly (vinyl alcohol) 聚乙烯醇

PVAc poly (vinyl acetate) 聚乙酸乙烯酯

PVC polyvinylchloride 聚氯乙烯

PVDC polyvinylidene chloride 聚偏二氯乙烯

PVOH Polyvinyl alcohol 聚乙烯醇

R

RNCF Recycled newspaper cellulose fiber 回收報紙纖維

ROP ring-opening polymerization 開環聚合

S

SALS small angle laser scattering instrument 小角度鐳射散射儀

SEBS styrene ethylene butylene styrene block copolymer 乙烯苯乙烯－丁二烯苯乙烯嵌段共聚彈性體

SEM scanning electron microscopy 掃描電鏡

SMAH copolymer of styrene and maleic anhydride 苯乙烯－馬來酸酐共聚物

T

TAIC　triallylisocyanurate　三烯丙基異氰尿酸酯

TDI　2, 4-toluene diisocyanate　2, 4-甲苯二異氰酸酯

TEM　transmission electron microscope　透射電子顯微鏡

TGA　thermogravimetric analyzer　熱重分析儀

TSA　toluene sulfonic acid　對甲苯磺酸

U

UDY　undrawn yarn　未延伸絲（常規紡絲）

X

XDI　o-xylylene diisocyanate　鄰二甲苯基二異氰酸酯

XRD　X-ray diffractometer　X-射線繞射儀

目錄

第8章　聚乳酸在其他領域的應用　443

第9章　聚乳酸的生物降解與生命周期評價　471

第一章

總　論

・生物降解高分子

・聚乳酸概述

第一節　生物降解高分子

一、開發生物降解高分子的意義

從1935年杜邦公司成功地合成出尼龍66至現在，短短的70多年時間，高分子材料已經滲透到國民經濟各個部門和人們生活的各個方面。然而與此同時石油資源大量消耗，塑膠垃圾與日俱增，造成了不可忽視的能源危機和環境污染。

處理各種廢塑膠，不僅僅是一個簡單的環境問題，在許多國家已經發展成為社會和政治問題。為此，各國政府制定相應的政策，加大投入，研究開發廢塑膠處理的各種技術，其中發展可生物降解高分子和循環回收再生利用技術是兩條主要途徑。

可生物降解高分子及其製品是近年來各國科學家研究、開發、生產的重點，發達國家不僅政府增加投入，各大公司、科研機構、大學研究部門也投入大量人力物力進行研究開發。在短短幾年中，已公佈了大量的專利，並開發出多種可生物降解高分子。另外，在全球一體化的經濟貿易活動中，許多國家對產品包裝設置「綠色技術壁壘」，而可生物降解塑膠包裝製品特別是完全生物降解塑膠包裝製品有助於打破這種壁壘。在這些材料中，特別是可再生的天然生物質資源如澱粉、植物莖稈等衍變得到的生物基高分子具有良好的生物分解性，由於原材料豐富易得，其研究開發更是受到各國的重視。相對於普通的石油基高分子，生物基高分子可降低30%～50%石油資源的消耗，減少人們對石油資源的依賴；同時在整個生產過程中消耗二氧化碳和水（植物光合作用將其變成澱粉），可以減少二氧化碳排放；生物降解高分子製品可以和有機廢棄物一起堆肥處理，與一般塑膠垃圾相比省去了人工分揀的步驟，大大方便了垃圾收集和處理。所以，從可持續發展的意義上分析，「源於自然，歸於自然」的生物基高分子完全可以滿足可持續發展的要求。

近年來，生物降解高分子的生產和需求發展很快。1990年全世界生產能力不足1萬噸。2000年達到5萬噸，其中生物基高分子有2.5萬噸。2003年更達到27萬噸，其中生物基高分子有23萬噸。2006年初步統計已經突破50萬噸，其中生物基高分子突破45萬噸。

二、生物降解高分子定義

隨著研究的不斷深入，現在已經對可生物降解高分子材料的概念做出了非常科學的定義。按照美國ASTM定義，認為生物降解材料是指通過自然界微生物（細菌、真菌等）作用而發生降解的高分子。一般來說，生物降解高分子指的是在生物或生物化學作用過程中或生物環境中可發生降解的高分子。

這裡還產生了生物基高分子和生物降解高分子兩個概念：從原料角度來分，以生物資源（biomass）為原料的高分子稱為生物基高分子（biobase polymer, BP），與之相對的是以石油資源為原料的石油基高分子；從材料性能角度來分，具有能夠被微生物分解性能的高分子稱為生物降解高分子（biodegradable polymer, BDP），與之相對應的是非生物降解高分子。

目前商品化的生物基高分子都具有生物降解性能，因此都屬於生物降解高分子。而生物降解高分子中既有熱塑性澱粉、聚乳酸（polylatic acid, PLA）等生物基高分子，又有以石化資源為原料合成的高分子，如聚琥珀酸丁二醇酯（poly (butylene succinate)）、聚己內酯（polycaprolactone, PCL）等。以市場規模統計，生物基高分子大約占生物降解高分子的80%～90%。

三、生物降解高分子的種類

根據來源不同，生物降解高分子可分為以下3種：微生物合成生物降解高分子、天然物合成生物降解高分子和化學合成生物降解高分子。

(一)微生物合成生物降解高分子

微生物合成生物降解高分子是指由澱粉經微生物直接發酵合成的高分子材料，主要是聚羥基烷酸酯類聚合物（PHAs），脂肪族聚酯，包括聚β-羥基丁酸酯（PHB）、3-羥基丁酸和3-羥基戊酸的共聚物（PHBV）等。20世紀80年代末，英國ICI公司開始了世界範圍的PHBV共聚物的商業化，其商品名為「Biopol」。1990年，包括「Biopol」在內的ICI的農業以及制藥業發展成Zeneca有限公司。1996年，Monsanto公司從Zeneca有限公司得到這項業務後，著重利用植物生產「Biopol」及其相關共聚物，並改進它們的特性，以利於不同方面的應用。直到1998年底，Monsanto停止「Biopol」業務，轉由美國

表1-1 微生物合成生物降解高分子生產情況

縮寫	名稱	商品名	生產商	性質
PHB	聚β-羥基丁酸酯	Biogreen	三菱瓦斯化學公司	硬
		Biomer	Biomer公司	硬
		Biocycle	PHB Industries	硬
PHBV	3-羥基丁酸和3-羥基戊酸的共聚物	Biopol	Metlibox，原Monsanto	硬－軟
PHBH	羥基丁酸和羥基己酸的共聚物	Nodax	P&G公司	硬－軟
		PHBH	日本鍾淵化學工業	硬－軟

的Metlibox公司生產。目前，中國大陸寧波天安生物材料有限公司已具備年產千噸PHBV的規模。表1-1列出了微生物合成生物降解高分子的生產情況。

(二)天然物合成生物降解高分子

天然物合成生物降解材料是指以天然高分子為原料或添加可生物分解的添加劑通過各種成型工藝加工而成的一類材料。這類材料包括由澱粉、纖維素、植物纖維、木質素、甲殼素等天然高分子製成的材料。生產情況見表1-2。

表1-2 天然物合成生物降解高分子生產情況

名稱			商品名	生產商	生產規模	性質
澱粉	改性澱粉		CornPol	日本穀物澱粉公司	中試規模	硬－軟
			Tenite	Eastman	—	硬－軟
			Bioceta	Mazzucchelli	—	硬－軟
			Natureflex	UCB	—	硬－軟
			Fasal	IFA	—	硬－軟
	Starch	PCL	Mater-Bi Z	Novamont	2萬噸／年	吹膜 硬－軟
		PBAT	Mater-Bi N			
		其他	PlaCorn	日本食品化工公司	中試規模	硬－軟
醋酸纖維素			Cellugreen PCA	日本Diacell化學工業	10萬噸／年①	硬
澱粉+Chitosan+纖維素			Doron CC	Aisero化學	中試規模	硬

①包括纖維原料、薄膜等用途。

(1)澱粉　澱粉類高分子生產企業見表1-2。除此之外，韓國的Eui-Jun Choi公司及其合作夥伴生產出澱粉／PCL／澱粉接枝PCL共混物產品，捷克Fatra公司生產了「Ecofol」可堆肥薄膜，Biotec GmbH公司用澱粉生產了可用於不同領域的堆肥高分子「Bioplast」，其中薄膜的商品名為「Bioflex」。

澱粉發泡高分子球、繩、條、網、片材、真空成型容器及託盤等近年來已有較大發展，如美國的National Starch & Chemical，西歐的Storopack、Sunstarke，荷蘭的Paper Foam及日本的Chisso/Novon等公司均已有批量生產，主要作為聚苯乙烯泡沫塑料替代品。美國Champion International公司還製成了力學（機械）性能優良的澱粉纖維。

中國大陸從事澱粉熱塑性生物降解高分子的研究單位不多，生產單位更少，其中產業化的有武漢華麗科技有限公司等。

(2)纖維素　纖維素也是資源豐富的天然高分子，在纖維素酶的作用下，纖維素可分解為葡萄糖。日本、俄羅斯、美國均已開展了以纖維素衍生物為主體的生物降解高分子研究工作，並取得了一定進展。日本四國工業技術試驗所、日本理化研究所、西川橡膠工業公司等分別得到了延伸膜、面巾紙、發泡材料等。另外還有美國IFA公司的「Fasal」、Eastman的「Tenite」，德國Mazzucchelli的「Bioceta」、UCB的「Natureflex」。中國對纖維素降解高分子的研究報導很少。

(3)甲殼素　甲殼素廣泛存在於甲殼動物（如蝦、蟹）的外殼、昆蟲體表以及真菌的細胞壁，是自然界中生物量僅次於纖維素的多糖體複合高分子。日本對甲殼素的研究利用較早，發表的專利最多，如日本富士紡織公司、日本織物加工公司、旭化成紡織品公司、日本吳羽化學工業公司和日本Omikenshi公司均有此類產品，此外英國、韓國及臺灣地區關於甲殼素開發應用的研究報導也比較多。已研製出的性能良好的產品展示了甲殼素纖維具有一定的應用前景。

(三)化學合成生物降解高分子

化學合成生物降解高分子中PLA是以生物資源為原料，其他的都是以石油資源為原料生產製備的。按照分子結構的不同，主要分為脂肪族聚酯、脂肪族-芳香族聚酯共聚物及其他，其中脂肪族聚酯包括PLA、PCL、PBS/PBSA、PES、PGA，脂肪族-芳香族聚酯共聚物包括PBAT、PBSC、PEST、PTMAT，其他如聚乙烯醇（PVA）、二氧化碳共聚物（PPC）等。這些高分子的生產情況見表1-3。

1.脂肪族聚酯

(1)PLA　PLA是唯一的以生物資源為原料的化學合成生物降解高分子。美國Natureworks公司具有年產14萬噸的生產能力，中國大陸PLA的產業化工作尚在進行中，更多的介紹將在本書後面章節中展開介紹。

(2)PCL　這種高分子具有良好的生物降解性，熔點60℃，韌性高。分解它的微生物廣泛分佈在好氧或厭氧條件下。由於它的熔點低，與其他脂肪族聚酯相比，在高溫、高濕條件下性能穩定。作為可生物降解材料是把它與澱粉、纖維素類的材料混合在一起，或與乳酸共聚合使用。如Novomont公司的「MaterBi Z」是PCL和熱塑性澱粉共混物，可用來吹膜和製片；比利時Solvay公司的「Capa」系列包括PCL的黏合劑、增容劑、改性劑和薄膜等。

(3)PBS/PBSA　PBS主鏈柔順，易被自然界中的多種微生物或動植物體內的酶分解代謝，最終生成二氧化碳和水。PBS應用廣泛，具有重要的研究價值。昭和高分子的PBS系列產品「Bionelle」產品已應用在購物袋、垃圾袋以及農膜等方面。

表1-3 化學合成生物降解高分子生產情況

分類	名稱	商品名	製造企業	生產規模	性質
脂肪族聚酯	聚乳酸（PLA）	NatureWorks	Natureworks LLC	14萬噸／年	硬質
		Lacea	三井化學	與Natureworks合作	
		Ecoplastic	豐田自動車	0.1萬噸／年	
		－	德國Inventa-Fischer	0.3萬噸／年中試	
	聚己內酯（PCL）	Tone	Dow（原Union Carbide）	0.45萬噸／年	軟質
		Cellugreen PH	Daicel化學工業	0.1萬噸／年	
	己酸－琥珀酸－丁二醇共聚物（PCBS）	Cellugreen CBS			
	聚琥珀酸丁二酯（PBS）	GS-Pla	三菱氣體化學	0.3萬噸／年	
		Bionelle 1001	昭和高分子	0.3萬噸／年計劃0.6萬噸／年	
	聚琥珀酸／己二酸丁二醇酯（PBSA）	Bionelle 3001			
		Enpol	Ire Chemical	0.8萬噸／年，計劃5萬噸／年	
	聚琥珀酸乙二酯（PES）	Lunalle	日本觸媒	中試	
	聚羥基乙酸（PGA）	－	吳羽化學	中試	
脂肪族－芳香族聚酯共聚物	聚己二酸／對苯二甲酸丁二醇酯（PBAT）	Ecoflex	Basf	0.8萬噸／年，計劃3萬噸／年	
		Enpol	Ire Chemical	0.8萬噸／年，計劃5萬噸／年	
	聚己二酸／對苯二甲酸丁四酯（PTMAT）	Easter Bio GP	Eastman	1.5萬噸／年	
	聚琥珀酸／對苯二甲酸乙二醇酯（PETS）	Biomax	Dupont	含普通PET共9萬噸／年	
	聚琥珀酸／碳酸丁二醇酯（PBSC）	ユーペック	三菱氣體化學	中試	
	－	Sky Green	韓國SK化學	－	
其他	聚乙烯醇（PVA）	ゴーセノール	日本合成化學	－	硬質
		ポバール	Kurary		
		ドロンVA	Aisero化學		
		－	Novomont	－	

2.脂肪族－芳香族聚酯共聚物

熱塑性芳香族聚酯熱性能穩定，力學（機械）性能優良，便於加工，價格低廉，自從工業化以來已經發展成為一類用途廣泛的樹脂。但芳香族聚酯生物降解性很差，不能單獨作為降解材料使用。因此，設計與合成脂肪族－芳香族共聚聚酯，使其完美結合脂肪族聚酯和芳香族聚酯各自的優點，是一項極具吸引力同時也具有重要現實意義的工作。自20世紀80年代以來，有許多科研工作者致力於此領域的研究，並取得了豐碩的成果。

Eastman在英國哈特爾普爾建立了年產15,000噸的裝置，生產日常製品和吹膜用樹脂，商品名為「Eastar Bio」。該產品結構上以直鏈為主，密度為1.22g/cm^3，熔點為108℃，斷裂伸長率約為700%，阻隔性高，非常類似LDPE，可用於垃圾袋、農膜、網和紙塗層。

BASF的「Ecoflex」是丁二醇、己二酸、對苯二甲酸的共聚物（PBAT），具有長支鏈結構。BASF在德國建立了年產8,000噸的裝置用於生產「Ecoflex」，計劃擴建為年產30,000噸裝置。「Ecoflex」容易加工，熔點為115℃，斷裂伸長率約為800%，其他性能類似LDPE。另外，「Ecoflex」有較強的韌勁和好的纏結性，可用於生產蔬菜、水果和肉類保鮮膜。

杜邦公司的「Biomax」是琥珀酸、乙二醇、對苯二甲酸的共聚物（PETS）。其中Biomax 6962密度為1.35g/cm^3，熔點為200℃，具有較好的力學（機械）性能，用於速食包裝、庭院垃圾袋、尿布襯墊、鮮花用具和瓶子。

韓國SK化學生產的脂肪芳香聚酯（聚對苯二甲酸乙二醇酯）「Sky Green」產品具有類似LDPE的性能，應用於膜、餐具、託盤、牙刷和紙塗層等，而且它的價格較為便宜。

日本三菱氣體化學生產的PBSC是琥珀酸、1, 4-丁二醇、碳酸的共聚物，熔點為108℃，性能與PP均聚物類似，被索尼公司應用於磁帶包裝。

中國大陸對脂肪族-芳香族共聚聚酯的研究剛剛開始，目前尚未有商品推出。

3.其他

聚乙烯醇生產廠商有日本合成化學、Kurary、Aisero化學、Novomont以及美國Environmental Products等公司。

中國內蒙古蒙西公司能年產3000噸可降解之CO_2共聚物PPC樹脂，目前它的應用主要集中在包裝和醫用材料上。

四、各種生物降解高分子的性能

各種生物降解高分子的性能列於表1-4。

表1-4 生物降解高分子的性質[1]

分類		熱力學性質								流動性	力學性質						氣體透過性		對應商品牌號
		非晶相（軟化點）			結晶相						拉伸特性				硬度	衝擊性			
		玻璃轉化溫度／℃	熱變形溫度（低／高載荷）／℃	Vicat軟化點／℃	結晶溫度／℃	熔點／℃	結晶度／%	密度／（g/cm³）	燃燒熱／（cal/g）	熔融指數（190℃）／[g/(10min)]	彎曲模數／MPa	拉伸彈性模數／MPa	拉伸強度／MPa	斷裂伸長率／%	HR／HS	Izod衝擊強度／（J/m）	水蒸汽／[g·mm/(m²·d)]	氧氣／[cm³·mm/(m²·atm·d)]	
硬質（比較）	PHB	4	145/87	141	–	180	–	1.24	–	–	2600	2320	28	1.4	73/–	12	3.6	2.9	Biogreen
	PHB/V	–	–	–	–	151	–	1.25	–	–	1800	800	28	16	–	161	–	–	Biopol（停產）
	PLA	58~60	–/55 –/66 –/57	58 114 113	–	160~170 160~170 160~170	–	1.26	4000	–	3700 4710 2250	2800	68 44 39	4 3 220	115/79	29 43 65	4	1.1	Lacea 抗沖Lacea 軟質Lacea
	PLA	60~62 60~62 45~55	–	–	–	172~178 150~170 –	–	–	–	0.5~3.0 5~12 50~100	3500 60 2250	–	63 59 45	2~5 2~5 1~2	–	–	–	–	Lacty（停產）
	PLA	55~65	55	–	105~120	145~155	–	1.24	–	10~30	3828	–	48	2.5	–	16	–	–	Nature-Works 3051D
	PGA	38	–	–	96	218	–	–	–	–	–	–	–	–	–	–	12①	6.6①	
	CA	–	77/53	111	–	–	–	1.25	–	–	1100	240	27	62	–	120	–	–	Cellugreen PCA
	PVA	74	–	–	175~180	200~210	–	1.25	6000	0.5~20	–	39	1	2	–	13	6	0.001	–
	GPPS②	80	–/75	98	–	–	–	1.05	9600	–	3400	2500	50	2	120/–	21	4	–	–
軟質	PCL	–60	56/47	55	–	60	–	1.14	–	–	280	230	61	730	–	未斷	23	60	Cellugreen PH
	PBS	–32 –32 –32	97/– 97/– 97/–	–	75 76 88	114 115 115	35~45 35~45 35~45	1.26 1.26 1.26	5640 5640 5640	1.5 25.0 4.5	600 685 685	–	57 21 35	700 320 50	–	30	18	10	Bionolle #1001 Bionolle #1020 Bionolle #1903（長支鏈）
	PBS	–32 –45	–	–	–	112 87	–	1.26 1.25	–	–	590 250	510 230	73 53	550 560	–	未斷 未斷	–	–	GS Pla, AZ81T GS Pla, AD82W

分類		熱力學性質								流動性	力學性質						氣體透過性		對應商品牌號
		非晶相（軟化點）			結晶相						拉伸特性				硬度	衝擊性			
		玻璃轉化溫度／℃	熱變形溫度（低／高載荷）／℃	Vicat軟化點／℃	結晶溫度／℃	熔點／℃	結晶度／%	密度／（g/cm³）	燃燒熱／（cal/g）	熔融指數（190℃）／[g/(10min)]	彎曲模數／MPa	拉伸彈性模數／MPa	拉伸強度／MPa	斷裂伸長率／%	HR/HS	Izod衝擊強度／（J/m）	水蒸汽／[g·mm/(m²·d)]	氧氣／[cm³·mm/(m²·atm·d)]	
軟質	PBSA	−45 −45	69 69	–	50 53	94 95	20~30 20~30	1.23 1.23	5720 5720	1.4 25.0	325 345	–	47 34	900 400	–	–	–	–	Bionolle #3001 Bionolle #3020
	PBSC	−35	–/87	–	–	106	–	1.26	–	–	510	330	46	360	84/–	96	27	16	ユーペック
	PEST PBAT PTMAT	– −30 −30	–	80	–	200 115 108	–	1.35 1.26 1.22	–	11 – 28	2000	100	55 25 22	30 620 700	–/32	45	1.6 5 13.8	1.6 70 168	Biomass Ecoflex EasterBio GP
	PES	−11	–	–	–	100	40	1.34	–	–	750	550	25	500	–	186	11	–	Lunalle SE
其他	Starch	−54	68	–	–	–	–	1.17 1.25	4500	6	–	280 180	17 30	670 800	–	–	22	–	MaterBi
	HDPE② LDPE②	−120 −120	82 49	96	80 104	130 108	69 49	0.95 0.92	11000 11000	2(230℃) 2(230℃)	900 150	1000 420	70 12	800 800	–/48	未斷 未斷	0.085	145	（直鏈） （長支鏈）
	PP②	5	110	153	120	164	56	0.91	10500	4(230℃)	1400	1100	32	500	–	20	0.12	37	–
	PET②	–	–/67	78	–	260	–	1.38	5900	–	–	2650	57	300	108/–	59	0.5	1.5	–

① 20μm值；②比較用。

注：Ical = 4.182J, 1atm = 1.013 × 10^5Pa。

五、生物降解高分子的應用

各種生物降解高分子的主要應用可以分為使用以後回收再利用困難的領域、環境中使用領域、可以有效進行物理回收的領域以及其他領域，見表1-5。

表1-5　生物降解高分子的主要應用

應用領域分類		應用舉例
使用以後回收再利用困難	食品包裝薄膜／容器	生鮮食品託盤，速食盒，熟食包裝膜
	醫療衛生用品	尿布，衛生用品，繃帶，藥棉等
	日常用品	垃圾袋，一次性餐具，如碗、飯盒、杯子、刀、叉等
環境中使用	農林水產業	農業用膜，土地用膜，農網，風障，植物生長攀沿繩，種子袋，育苗缽，釣魚繩，漁網，幼苗保護膜／網
	土木建築業	隔熱材料，山林、大海作業中回收困難的土木工事材料，沙袋，土工織物，保水膜，保土膜，綠化網
	室外娛樂用品	高爾夫球座，假魚餌，登山用品等
可以有效進行逐級物理回收	辦公用品	筆盒，鉛芯盒，剃鬚刀，牙刷，杯子，垃圾袋，淋水網
	服裝	衣服，布料
	工業產品	緩衝泡沫包裝膜，大塊發泡包裝，電子電器外殼，汽車內飾品
特殊功能	緩釋性	醫藥品，農藥、化肥、種子等的包覆材料
	保水／吸水性	沙漠、荒地等植樹造林用材料
	體內分解吸收性	手術縫合線，骨固定材料，醫用薄膜、不織布等
	低氧氣透過性、防水性	食品包裝薄膜，紙包裝食品材料內層的塗覆膜
	低熔點	包裝、圖書裝訂等使用的接著劑

生物降解高分子材料已經有許多成功應用的先例。

2000年澳洲雪梨奧運會，在餐具、食品包裝和垃圾袋等方面共計使用了約2000噸生物降解高分子製品，有效解決了「白色污染」問題，被國際奧會體育與環境委員會主席波爾·施密特譽為「歷屆奧運會中環保工作做得最好的一屆」。

2002年美國鹽湖城冬奧會，為解決「白色污染」問題，同樣使用了生物降解高分子餐具製品和垃圾袋。

2005年日本愛知世博會，使用的所有一次性餐具和可重復使用的餐具（托盤、容器、杯子等），以及所有垃圾袋，都是生物降解高分子製品[2]。同時，愛知世博會還將生物降解高分子材料應用到了標語、橫幅、產品外包裝、路標、地圖、遮陽布等更廣泛的領域。

2005年10月18日的《華爾街日報》報道，從當年11月1日起，全球最大的連鎖超市沃爾瑪將首先為新鮮草莓、芽甘藍、切開的水果和香草等鮮切食品換上由聚乳酸製成的包裝，以替代原來的石油基塑膠包裝。據沃爾瑪方面稱，這項舉措將為人類節省80萬加侖（1美加侖=3.785L）石油，並減少至少1100萬磅（1磅 = 0.454kg）的溫室氣體排放。

2006年都靈冬奧會上，都靈奧組委明確規定在奧運場館和比賽場地的所有餐飲服務提供商使用的一次性餐具必須是生物降解高分子製品。包括麥當勞和可口可樂在內的所有餐飲供應商都使用了生物降解塑膠餐具製品，實現了都靈冬奧會提出的環境目標。

2008年中國歷史上的第一次奧運會的承辦，據保守估計，北京奧運會期間奧運村每天為20000名運動員、教練員、奧運官員提供餐飲，在各比賽場所為觀眾提供近7000萬份餐飲。整個奧運會期間將產生10,000噸以上垃圾，其中大部分為餐飲垃圾，包括4%即400噸不可回收的塑膠垃圾。對這些垃圾的處理，在全球環境保護意識越來越強的今天，必將影響到國際社會對2008年北京奧運會的評價。如果使用生物降解塑膠餐具，既可以解決「白色污染」問題，徹底落實「綠色奧運」 的理念，也帶動中國「十一五」重點產業——生物降解高分子產業的發展。

六、生物分解性能的評價以及標準

生物分解性能評價方法主要有土壤分解法、微生物分解法以及酶分解法等，它們的特徵分別列於表1-6。

國際標準化組織（ISO）有關生物分解的標準是在與美國ASTM、歐洲CEN、日本JIS、德國DIN等相關標準協調後在它們的基

表1-6 生物分解性能評價方法分類及特徵

評價測試	方法舉例	特徵
土壤分解法	土中掩埋	優點：能良好反映在自然環境中的分解特徵 缺點：1.測試時間長； 2.定量性、再現性差
微生物分解法	水系培養液、堆肥攪拌	優點：1.定量性、再現性優； 2.與土壤中的分解特徵相關度高； 3.確立了包括厭氧及好氧條件下都具有高可行性的試驗方法
酶分解法	酶液浸漬	優點：1.對於特定酶／基材的精度高； 2.定量性、再現性極優； 3.測試時間短 缺點：不能反映自然環境中的分解特徵

礎上制定的標準。目前已發佈了7個國際標準，並有一些已納入工作計劃，具體內容將在第九章介紹。其中非常重要的3項標準如下：

① ISO 14851（水系培養液中需氧條件下塑膠材料生物分解能力的測定——通過測定密封容器中氧氣消耗量的方法）。

② ISO 14852（水系培養液中需氧條件下塑膠材料生物分解能力的測定——通過分析釋放的二氧化碳的方法）。

③ ISO 14855（可控堆肥條件下塑膠最終需氧生物分解能力和崩裂的測定——通過分析釋放的二氧化碳的方法）。

中國對生物分解塑膠標準的研究始於2000年。全國塑膠製品標準化技術委員會2001年3月組織生產、使用、銷售和科研院所等單位在北京成立了生物分解材料工作組（英文名為Biodegradable Materials Group，縮寫為BMG），組織制定相關標準。2003年8月完成4項有關生物分解試驗方法的國家標準制定，並於2004年2月開始實施。這4項對ISO 846、ISO 14851、ISO 14852及ISO 14855分別等效採用的標準號為GB/T 19275-2003、GB/T 19276.1-2003、GB/T 19276.2-2003、GB/T 19277-2003。《降解塑膠的定義、分類、標識和降解性能要求》國家標準已獲得國家標準化管理委員會和國家質量監督檢驗檢疫總局批准，於2007年1月1日實施。負責此項標準制定的是國家塑膠製品質量監督檢驗中心。降解塑膠國家標準的出臺將促進降解塑膠在2008年北京奧運會中的應用，同時也將對中國降解塑膠產業發展起到推動和規範作用。

實施國家標準推動生物降解塑膠應用，不僅能夠解決「白色污染」問題，還可以增加公眾的環保意識，同時也可以帶動「十一五」重點產業的發展，提高中國出口產品的環境競爭力，降低中國經濟對石油供應的依賴。

第二節　聚乳酸概述

聚乳酸是一種以可再生的植物資源為原料經過化學合成製備的生物降解高分子。它是一種熱塑性脂肪族聚酯，玻璃轉化溫度和熔點分別是60℃和175℃左右，在室溫下是一種處於玻璃態的硬質高分子，其熱性能與聚苯乙烯相似。

PLA能夠同普通高分子一樣進行各種成型加工，如押出、延伸制膜、吹膜、注塑、吹瓶、纖維成型等。製備的各種薄膜、片材、纖維經過熱成型、紡絲等二次加工後得到的產品可以廣泛應用在服裝、紡織、無紡布、包裝、農業、林業、土木建築、醫療衛生用品、日常生活用品等領域。經過耐久性、耐熱性等改性的PLA材料還可以作為工程塑料應用於IT、汽車等行業。PLA製品使用後的回收方式有有機資源回收（堆肥化）、物理回收、掩埋、熱回收（焚燒）或化學回收等多種。

PLA是以生物質資源為原料的生物高分子，擺脫了對石油資源的依賴；其生產製造過程造成的環境負荷小；具有良好的可堆肥性、生物降解性，降解產生的二氧化碳和水可以返回自然界，重新加入到植物的光合作用過程中，從而使地球上的碳循環維持平衡。由此可見，PLA能夠滿足可持續發展的要求。

一、聚乳酸的發展歷史

Pelouze[3]首先發現了乳酸線型二聚體——乳醯乳酸的形成，它是通過乳酸在高溫（130℃）下脫水的酯化反應形成的。Nef[4]後來證實乳酸在低壓（133.322MPa）和高溫（90℃）下發生脫水反應可形成3～7聚合度的低聚物。Carothers等[5]提出使用乳酸二聚物聚合的二步法，合成出高分子量的PLA。Lowe[6]又將其進一步發展完善。20世紀60年代後期，研究者開始研究PLA及其共聚物在生物醫學方面的運用，如將PLA作為纖維材料應用於醫用領域。最早具有實用價值的PLA纖維是1970年左右美國Ethicon公司用PLA及其共聚物製備的能夠被人體吸收的手術縫合線[7, 8]。PLA單獨使用時在生物體中的降解速度很慢，所以實際採用的手術縫合線是乙交酯與丙交酯（90/10）的共聚物纖維[9, 10]，於1975年以商品名「Vicryl」出售。另外，De Santis等[11]分析了等規的PLLA（聚L-乳酸）和它們的共聚物在制藥學上的運用，如作為藥物釋放系統的基材等。

20世紀80和90年代，人們得到了更多PLA及其共聚物在合成、物理性質、結晶行為、醫學和制藥學各方面的基本資訊。Kricheldorf等[12]研究了乳酸均聚物和共聚物的合成及分子特徵，Pennings等研究了PLLA的結晶[13, 14]及其紡絲和拉伸絲的物理性能[15]。同期Hyon等[16]也用熔融紡絲法對PLA纖維進行研究，Ikada等[17]研究了PLA及其共聚物在醫學和制藥學上的運用，Tsuji等[18]研究了基於PLA材料的結晶、物理性質、水解和生物可降解性，包括一個PLA的立體絡合物，這個立體絡合物是由立體異構的PLLA聚L-乳酸和PDLA（聚D-乳酸）奇特的強相互作用形成的。Okihara等[19]首先提出了PLA

的立體絡合物的晶體結構，即PLLA和PDLA側面相連的形式。Li等[20]研究了大量基於PLA材料的水解行為，證明通過水解形成的催化型低聚物產生芯材加速式水解反應。

以上關於PLA的研究都是以開發醫用材料為目的進行的，主要原因是當時的PLA成本太高。直到1986年，PLA才被認為可以作為一種潛在的日用塑膠，Battelle公司和杜邦公司各自開始了把PLA作為日用塑膠應用的生產和加工技術的研究。

Cargill公司1988年開始調查乳酸、丙交酯和PLA，認為它將是工業用石油基聚合物的替代品，但是當時的技術還不能實現大規模工業生產。因此Cargill公司開始進行PLA生產、加工和生產費用等全方位的研究，在1994年開始年產4000噸的小規模的半商業化生產，而且在常用的聚合物加工設備上進行了大規模的加工測試。

由於Cargill公司向市場提供了價廉的、丙交酯殘留量少的高純度、高分子量PLA，成為PLA纖維、薄膜／片材快速發展的契機，具有實用價值的PLA薄膜／片材、纖維的開發才有了實質性進展。日本島津公司、Unitika公司、鐘紡公司等對PLA纖維生產進行了工業規模的試驗。

1997年，Cargill公司和Dow化學公司各自出資50%成立了Cargill-Dow聚合物公司，從而使PLA產品和技術完全商品化，產品商品名為「Natureworks」，當時年生產能力僅為1.6萬噸。2001年11月，該公司投資3億美元，採用二步聚合技術，在美國建成投產了一套年產14萬噸裝置，這是迄今為止世界上最大的聚乳酸生產裝置。該公司還成功開發了PLA纖維，並進行工業化生產，其商品名為「Ingeo」。2005年1月，Cargill收購Dow化學公司股份，隨後啟用新的公司名稱

Natureworks LLC，是目前世界上最大的PLA生產公司，擁有11～12種不同等級的PLA，適用於吹膜、雙軸取向膜、熱塑、射出成型、瓶子及纖維等不同用途。

20世紀90年代世界上PLA樹脂產品還有日本三井化學公司的Lacea和日本島津製作所的「Lacty」。三井化學公司於2001年開始與Cargill公司合作開展PLA業務。日本豐田汽車公司於2002年4月轉接島津製作所的PLA生產業務，商品名改為「Ecoplastic」，年產量1000噸。其他PLA生產企業還有德國的Inventa-Fischer（3000噸中試裝置）和荷蘭的Hycail。日本在PLA性能改善和加工技術方面做了大量突出的工作。Natureworks公司先後與日本的三菱樹脂公司、Unitika公司、鐘紡公司、Kurary公司以及東麗簽約，直接向其提供PLA樹脂，還向東麗公司提供PLA纖維。

Natureworks公司的PLA纖維2004年開始進入中國市場，非纖維用途的PLA樹脂2005年2月進入中國市場。中國目前工業用聚乳酸的製備主要處在實驗室及中試研究生產階段。

二、聚乳酸的特性和應用

PLA是由玉米、馬鈴薯等可以再生的植物資源提取出的澱粉轉化變為葡萄糖，葡萄糖經過發酵成為乳酸，進一步聚合而成的脂肪族聚酯。PLA具有熱塑性，能夠像PP、PS和PET等合成高分子一樣在通用的加工設備上進行擠押、射出、吹瓶、熱成型等成型加工，生產薄膜、片材、瓶子及各種熱成型品和注塑品。PLA還能夠通過熔融紡絲製成纖維，進一步加工成各種紡織產品或非織造產品。PLA能夠完全生物降解，各種PLA產品使用以後埋在土壤中，經過一定時間以後會自然分解為水和二氧化碳，不造成環境污染。

PLA與一般的合成高分子材料不同，具有可生物降解性和植物來源性兩大特點。圍繞這兩大特性，PLA能夠在減少環境污染、節省石油資源以及減輕地球溫室效應方面展開很多頗具意義的應用。

1.完全生物降解性

PLA首先水解成聚合度為25左右的低聚物，再通過微生物降解。最近發現了能夠直接降解高分子量PLA的菌種。PLA製品用土壤埋設試驗證實能夠進行穩定降解，幾年以後完全消失。另有研究顯示，如果存在PCL等生物降解速度較快的BDP，能夠加速PLA的生物降解速度。利用PLA的生物降解性能，可以加工成土工布、育苗缽等在土壤等自然環境中使用的製品。在環境中使用的高分子材料大多數情況下是與土壤、農業莖桿、植物根莖葉等混在一起，分離回收難度大，或者回收成本較高。目前常用的處理方法是焚燒或填埋。填埋法佔用大量土地，並造成土壤劣化；焚燒處理容易產生有害氣體，造成環境污染。如果使用可生物降解高分子材料，這些材料就不需要專門回收，而隨著時間的推移自然降解。另一方面，即使回收以後採用焚燒處理，PLA具有燃燒時不會釋放有毒有害氣體且燃燒熱低的特點，所以也不會造成對焚燒設備以及自然環境的危害。在環境中使用的材料規模最大的是農業用膜，它是軟質BDP可以展開充分應用的領域。據統計中國每年農膜使用量大約有200萬噸，將會對BDP有非常大的市場需求。PLA經過柔韌改性之後也可以製造成農業用膜，但是PLA最直接的應用是用作土木材料，PLA不織布可以製成土工布、沙袋等。

BDP在該領域的實用最近已經在一些國家如日本展開，預計會占整體BDP應用市場的1/4～1/3。

PLA具有良好的堆肥性。根據ISO 14855標準，在堆肥好氧氛圍中PLA降解迅速，45天內能夠達到80%以上降解。利用該性能，PLA可以加工成一次性餐具、生鮮食品包裝托盤等使用以後回收再利用困難的製品，從而展開廣泛應用。PLA已經先後在美國、歐洲及日本等通過可食品接觸的認定，因此可以安全地應用在食品包裝領域。PLA一次性食品包裝材料可以和殘羹剩飯等一起直接送至堆肥工廠進行堆肥化，製造的堆肥可以用於土壤改良等用途。利用PLA良好的堆肥性還可以和軟質的PBS等可降解高分子配合，在購物袋、垃圾袋方面推廣應用。

2.植物來源性

PLA是以可再生的生物資源而非石油資源為原料的生物基高分子，擺脫了對石油資源的依賴，並且其生產製造過程能耗比PP、PS、PET及PA6等石油基高分子低，是一種低資源環境負荷的高分子材料。例如，PLA生產過程消耗的石油燃料能量為56MJ/kg，而PS為69MJ/kg，如果PLA代替PS使用，能夠節約大約20%的石油燃料的消耗量。

此外，對使用後PLA製品的任何一種處理方式如燃燒、堆肥化、掩埋等手段，都是把CO_2返回自然界，這些CO_2會在隨後植物的光合作用過程中得到重新利用，成為一個永恒的封閉的碳循環系統，不會造成大氣中CO_2的淨增長，從而減低地球的溫室效應。而使用後的石油基高分子製品在處理過程中釋放的CO_2是把數百萬年前的CO_2釋放到當今的環境中，造成大氣中CO_2含量增加，加劇了地球的溫室效應。因此，大量使用PLA材料能夠減少石油基高分子材料的使用量，從而能夠節省石油資源，減少向大氣中過多的CO_2排放，對資源環境的持續發展具有重大意義。

對PLA在該領域展開應用是充分利用了它的「植物資源」的特性，而並不強調它的生物降解性能，這種「植物資源」特性是一般化學合成的生物降解高分子如PCL、PBS等所不具有的。具體的應用可以涉及日常用品、辦公文具、服裝、電子電器、汽車等方面。日本對PLA在這方面的應用研究的展開以及實用化起了主導作用，其發展之快超出想像，以PLA為主要成分的材料已經商品化地應用在信封窗口膜，MD、小收音機和乾電池包裝，瓶蓋，IC卡，CD光碟，DVD面板，電腦部件及外殼，以及汽車腳墊、備用輪胎箱蓋等。

對PLA可以進行物理回收再利用，PLA成型時的邊角料、不合格品等以及回收的PLA託盤等材料可以重新製造成育苗缽，令其在自然環境使用過程中降解消失。

三、聚乳酸的研究開發進展

1.高純度乳酸的製備

Natureworks公司是以玉米澱粉為原料生產PLA的，而豐田汽車公司曾經提出要建立以馬鈴薯澱粉為原料的PLA生產裝置。

最近，人們開始了使用糧食以外的原料生產乳酸的研究。一種是有機資源循環法，即用家庭排出的有機垃圾為原料，利用有機垃圾中含有的糖質經過發酵製備乳酸，繼而聚合為PLA。還有一種是生化方法，即利用植物的根莖葉等農業收割廢棄物、伐木廢屑等林業廢棄物等廢棄生物質為原料，從中提取出纖維素，然後經過酸解或用纖維素分解轉化為葡萄糖，進一步發酵成乳酸、合成PLA。這些方法製備的PLA的單體乳酸的合成過程都使用了生物技術，因此乳酸又被稱為生物單體。

通過酶合成乳酸而不用發酵方法的生物技術也正在探索中。

以玉米等糧食為原料生產工業產品，如果不能以科學管理和規劃，容易造成盲目發展，不僅不利於農業結構調整，也不利於玉米加工產業的健康發展，並有可能造成糧食價格上漲，引發國家糧食安全問題。2001年中國玉米工業加工轉化消耗玉米僅為1250萬噸。2005年增加到2300萬噸以上，增長了84%；而同期玉米產量增長了21.9%，遠低於工業加工產能擴張的速度。2006年中國主產區玉米出售價格比2005年提高了6.8%。相當一部分玉米加工企業技術水平不高，不僅造成玉米轉化利用效率低下，而且生產中會產生大量高濃度有機廢水，成為新的污染源。為此，2006年12月國家發改委明令禁止以糧食生產乙醇的專案，並限制原有的以糧食製乙醇企業的產能，鼓勵發展甜高粱稈、甘蔗、木薯、椈油樹、海藻等非糧、廢棄植物生產乙醇汽油技術。以乙醇專案為鑒，發展以非糧食原料製備乳酸進而合成聚乳酸的技術路線非常重要，具有現實意義。

PLA生產成本高的主要原因在於製備高光學純度（98～99%）乳酸的過程。傳統的乳酸菌發酵過程中，維持高水準發酵效率的關鍵在於濃度、溫度、pH值等的控制以及高活性發酵菌的培養。為此，為了提高發酵效率，目前有人正在研究包括轉基因等生物技術在內的酶、菌種的開發。

2.高分子量聚乳酸的合成

乳酸合成高分子量PLA的主要方法是直接聚合法和開環聚合法。

直接聚合製備高分子量PLA的方法最早由三井化學公司開發成功。開環聚合法是目前Natureworks公司生產PLA採用的方法，豐田汽車公司承接了原島津製作所PLA的業務，如果沒有變化的話也是採用該方法。

其他方法也正在被積極嘗試，以合成高分子量PLA。較為有效的是先聚合得到低分子量PLA，然後通過固相聚合技術或在押出機等設備中進行熔融擴鏈技術提高PLA的分子量。

3.聚乳酸的應用開發

PLA的最大特徵在於它是唯一透明的可生物降解聚合物，已經應用在製造各種透明包裝容器、包裝膜以及日用品等領域。PLA具有不同的光學異構體，分子中的光學異構體含量不同，PLA的物理性質會發生很大變化。室溫下PLA呈玻璃態，在生物降解高分子中剛性最高，但是其耐熱性和韌性差，熱變形溫度（0.45MPa載重下）僅為55℃（PP為120℃，PS為98℃），Izod缺口衝擊強度為2～3kJ/m^2，而應用在汽車中的PP為8～10kJ/m^2。因此，為了擴大PLA的應用領域，必須對其進行各種改性。主要改善的性能有耐熱性、韌性／柔軟性、耐水解性、剛性、阻燃性、阻隔性等。

(1)耐熱性　耐熱性差是生物降解高分子材料共有的缺點。在分子中引入高剛性鏈段（與工程塑膠、液晶高分子設計思路相同）、提高結晶度或抑制分子鏈的熱運動等，可以提高PLA的耐熱性。日本Unitika公司開發的PLA/Clay奈米複合材料中，由於Clay奈米片層顯著促進取向結晶以及固定分子鏈運動的雙重作用，顯著地提高了PLA的耐熱性，耐熱溫度高達130℃以上，由此製備的耐熱食品容器可以經受微波爐加熱、洗碗機多次洗刷而不變形，已經在2005年日本愛知世博會上大量使用。

(2)韌性／柔軟性　利用與高抗衝擊聚苯乙烯（HIPS）相同的增韌機構，可以完全解決PLA的增韌問題。例如PLA/PBS共混，能夠使PLA的Izod缺口衝擊強度提高1.4～1.8倍。其技術關鍵是相容性問題的解決。日本開發了專門用來改善PLA韌性和柔軟性的樹脂系列，商品名為「PLAMATE」，可以在保持PLA透明度不受損失的同時大幅度提高PLA的韌性和柔軟性。

(3)補強　玻璃纖維強化是提高高分子強度的一種非常有效的手段，但是在製品廢棄、再資源化過程中，由於玻璃纖維的存在，這類玻璃纖維強化高分子很難回收處理。最近生產了一種用植物纖維強化可生物降解高分子的新型複合材料，又稱為生物分解性FRP。非常引人注目的是洋麻纖維強化的PLA材料，已經作為個人電腦部件和外殼、手機外殼及汽車內飾材料實用化。特別是在汽車備用輪胎蓋板開發中，將PLA作為植物纖維的黏膠樹脂發揮作用，成為材料改性中的新概念。

(4)耐水解性　耐水解性差也是生物降解高分子材料／生物基高分子材料所共有的缺點。通過分子設計對PLA的酯基封端，另外通過結晶、交聯技術抑制分子鏈運動速度，可以提高PLA的耐水解性，從而保證產品質量的長久使用穩定性，有效解決了耐久性、耐熱性、韌性以及阻燃性的PLA材料已經在電子電器外殼方面實現了實用化。

(5)外消旋PLA的開發　外消旋PLA具有230℃的高熔點，可以通過等量的PLLA與PDLA共混或共聚的技術來製備。2006年3月日本帝人化學公司-武藏野化學研究所公司宣佈開發成功熔點為210℃的高耐熱透明外消旋PLA材料，這種材料製備的纖維可以經受熨燙的高溫，也可以作為工程塑膠展開應用。2006年12月帝人公司在「帝人技術論壇」上宣佈已經開發出熔點達到220℃的PLA材料，其最大特點是使L-與D-光學異構體實現了結晶化，兩者的結晶結構比起L-光學異構體單獨結晶時更為緊密，所以熔點比PLLA高出約50℃。外消旋PLA不僅耐熱性高，因結晶速度快，還具有成形周期短（只需30s左右）的優點。開發的外消旋PLA材料期待在汽車底板、擋泥板的內側以及車門內飾等方面展開應用。

在充分進行科學合理的分子設計基礎上，PLA油墨、塗料、接著劑已經開發成功，並且已經商品化，既為包裝材料等的完全綠色化提供了保證，也是PLA高分子合成科學的進步。

四、聚乳酸今後的課題

以PLA為代表的生物降解高分子以及生物基高分子的應用和發展可以分為3個階段，見表1-7。

表1-7 生物降解高分子的應用和發展

專案	第一代 生物體吸收性高分子	第二代 生物降解性高分子	第三代 生物基高分子
特徵	人體吸收性	因其生物降解性，從而保護環境	因其植物來源性，從而維持自然界平衡的碳循環系統
目標	人體器官修復材料	代替普通塑膠	代替工程塑料
用途	醫用材料，如手術縫合線、骨固定材料等	短期使用產品，如垃圾袋、一次性包裝用品、日用品等	長期使用產品，如電器製品、汽車製品等
代表種類	聚-α-羥基酸類，如PGA、PLLA、肽等	脂肪族聚酯類，如PLA、PHB、PCL、PBS、PBAT等	以可再生資源為原料的高分子，如外消旋PLA、聚對苯二甲酸丙二醇酯（PTT）等
工業化	1980～	2000～	2005～

目前限制PLA應用的主要因素是性能和價格。近年來，隨著高分子材料科學技術的進步，對PLA的突出缺點如韌性、耐熱性等問題已經能夠改善提高，但是還有一些關鍵問題有待於深入研究解決，如生物降解速度的控制，即如何通過新的分子設計技術使PLA等生物降解高分子在使用期間性能穩定、不發生分解，而使用以後能夠在一定時間內快速分解。

PLA的價格與工業化初期相比已經大幅度下降。2004年中國各種塑膠價格如下：不同等級PE價格在1.0萬～1.3萬元／噸之間，PP約1.15萬元／噸，PS約1.2萬元／噸，而熱塑級PLA 的長期大宗訂單約1.4萬元／噸。使用更加經濟可行的原料，降低高純度乳酸的發酵成本，有效利用發電廠餘熱、風能等自然能源等以節省石化能源消耗，充分利用現有生產加工設備，擴大生產規模，擴大加工規模等措施都將促進PLA成本的進一步降低。再伴隨著人類對地球環境保護意識的提高，期待PLA以及其他生物降解高分子能夠展開更加廣泛的應用。

參考文獻

[1] 渡辺俊經.プラスチック, 2001, 10: 17.

[2] Information Found at the Internet Sit www.asumi-lab.com.

[3] Pelouze P M J. *Ann. Chim. Phys*., 1845, Ser. 3 (13): 257.

[4] Nef J U. Ann. Chem., 1914, 403: 204.

[5] Carothers W H et al. *J. Am. Chem. Soc*., 1932, 54: 761.

[6] Lowe C E. US 2668162.1954.

[7] Michel Y Y (Ethicon Co). US 3531561.1970.

[8] Schneider A K (Ethicon Co). US 3636956.1972.

[9] Wasserman D et al (Ethicon Co). US 3792010.1974.

[10] Wasserman D et al (Ethicon Co). US 3839297.1974.

[11] De Santis P et al. *Biopolymer*, 1968, 6: 299.

[12] Kricheldorf H R et al. *Macromol. Symp*., 1996, 103: 85.

[13] Kalb B et al. *Polymer*, 1980, 21: 607.

[14] Vasanthakumari R et al. *Polymer*, 1983, 24: 175.

[15] Leenslag J W et al. *Makromol. Chem*., 1987a, 1880: 1809.

[16] Hyon S H et al. *ACS Polym. Preprint*., 1983, 24 (1): 6.

[17] Ikada Y et al. *Macromol. Rapid. Commun*., 2000, 21: 117.

[18] Ikada et al. *Macromolecules*, 1987, 20: 904.

[19] Okihara T et al. *J. Macromol. Sci.-Phys*., 1991, B30: 119.

[20] Li S et al. Degradable Polymers-Principles and Applications. London: Chapman & Hall, 1995.43.

第二章

聚乳酸的合成與性質

- 聚乳酸的合成
- 聚乳酸的性質

第一節 聚乳酸的合成

聚乳酸的合成路線主要有3條：一是以含糖類的生物質材料為原料，提取澱粉，糖化、發酵得到乳酸，再聚合成PLA；二是以家庭產生的垃圾為原料，從垃圾中含有的糖類發酵得到乳酸，再聚合成PLA，此法由日本北九州產業學術推進機構和國立環境研究所開發；三是以農作物、樹木的根莖葉等廢棄的生物質材料為原料，提取纖維素，（通過鹽酸、硫酸、磷酸等酸解）糖化、發酵得到乳酸，再聚合成PLA，日本功能木質新材料技術研究所進行該研究。目前PLA的合成主要是第一種方法，下面詳細介紹。

一、單體的合成和提純

(一)原料

用於生產PLA的單體乳酸是由澱粉或由玉米、甜菜、蔗糖、馬鈴薯等農作物所含的糖類產生的。玉米糖化的理論收率為60%，糖（蔗糖、葡萄糖）發酵轉變為L-乳酸的理論收率為85%，乳酸聚合轉變為PLLA的理論收率為80%。如果世界塑膠年產量的5%即大約680萬噸被PLA代替，理論上將需要1000萬噸的糖類。世界上能產糖的主要植物資源的年輸出大約為39億噸，由此產生的糖類估計為14億噸（表2-1）。這說明利用世界主要植物資源的0.7%生產的PLA就可以代替世界年產量5%的塑膠，因此可以減少化石資源的消耗，並且減少環境負擔。

表2-1 主要的植物資源及其糖類利用率

主要農作物資源	世界農作物[①]／（億噸／年）	糖類的理論產量／%	糖類的理論量／（億噸／年）
小麥	6.10	60[②]	3.66
玉米	5.86	60[②]	3.52
大米	5.73	60[②]	3.44
馬鈴薯	2.95	15[②]	0.44
木薯	1.64	20[②]	0.33
甘薯	1.38	25[②]	0.34
蔗糖	12.4	15[③]	1.86
甜菜	2.63	15[③]	0.39
總量	38.7		14.0

① FAO產量1998年年記。
② 澱粉和葡萄糖產量總和。
③ 從蔗糖材料計算出來。

世界石油儲量有限，面臨著枯竭的危險，因此可以再生的植物資源利用的重要性越來越顯著。世界原油價格逐年上漲，並且隨著BRICs國家（新興投資市場國家，指巴西、俄羅斯、印度及中國）的發展對原油需求量的增加，有限的原油將面臨價格繼續上漲的趨勢。

而玉米是可再生、持續供應資源，價格穩定。2004年全世界玉米年產量為7億噸，其中美國約為3億噸，占40%左右〔1〕。隨著農業科技技術的不斷進步，世界總體玉米產量也逐年顯著上升。

從價格上看，雖然短期內會受到氣候的影響，但是長期來看保持相對穩定的價格。從玉米的用途分析，大約有600多種用途，其中作為糧食用的玉米只占了很少一部分。如2004年美國的玉米用於飼料等傳統應用領域的占總量的56%，出口占18%，生產生物乙醇占13%，生產玉米糖漿占5%，而用於食品生產的澱粉占2.6%，甜味料占2.2%，糖類占1.9%，酒類占1.6%，全部加起來占了不到10%。這些資料表明玉米作為工業用原料不會帶來世界糧食短缺的問題。相反，農作物變為工業原料，開發了新的應用領域，需求量上漲，會促進農民種田積極性，帶動農業的發展。

另一方面，生物乙醇要早於聚乳酸以農作物為工業原料。與生物乙醇對玉米的需求量相比，PLA存在著數量級的差別。現在世界各國正在開發利用玉米的葉子、莖及秸稈等為原料的生物乙醇製造技術，以減少直接使用糧食作物，PLA也將會朝著這個方向發展。目前用陳米、農作物秸稈以及有機生活垃圾等製造PLA的研究開發正在積極開展。

現在，新技術在嘗試用陳米等為原料進行乳酸發酵，生垃圾糖化、固液分離後對糖液發酵製備乳酸技術，纖維素類生物質材料如木材、建築廢棄物、廢紙、農業廢棄物等糖化發酵製備乳酸的研究正在積極地進行。

(二)乳酸

乳酸（2-羥基丙酸）可由化學途徑或生物途徑生產。乳酸分子中有一個不對稱碳原子，具有光性，因此有兩種旋光異構體，命名為L、S或（+）乳酸，以及D、R或（-）乳酸。化學合成法只能製備L-乳酸和D-乳酸的混合物，被稱為外消旋乳酸或DL-乳酸。微生物發酵法可以製備光學純L-乳酸或D-乳酸，並且以再生資源為原料，是乳酸生產的主要方法。

乳酸菌在製藥、化學和食品工業發酵中的應用有很長的歷史。乳酸及其衍生物的傳統應用是食品添加劑，如作為一種酸味劑和防腐劑。乳酸及其衍生物的藥學應用包括用作藥物中間體，特別是手性分子合成中的光學純甲基、乙基和異丙基乳酸。例如，乳酸鈉用於胃腸外和腎臟的透析溶液，而乳酸鈣和乳酸鎂用於治療礦物質缺乏症。

由於其廣泛的應用，全世界每年大約生產60萬噸乳酸。乳酸的商業價格一般應用的為1.40美元／kg，食品級的為1.90美元／kg。但是，用於製造一般的聚合物，乳酸的價格還是太高。

乳酸發酵生產的傳統工序包括價格低廉的植物類原料糖化、批量發酵以及分離／純化。在這些工序中，分離／純化是費用最高的步驟。分離／純化步驟的效率和經濟指標主要受發酵後產物溶液狀況影響，包括乳酸的濃度和存在其他雜質（尤其是其他的酸和鹽）。如果要降低乳酸的總生產成本，發展高效的發酵方法以及高效的分離／純化技術很重要。

1.糖化

各種精製的、未精製的甚至廢棄的糖類可以用作生產乳酸的碳源。當用精製糖時，得到的產物純度高，純化費用較低。但是，由於精製糖價格很高，價格低廉的生物質糖化生產乳酸的方法受到很大重視，這些生物質包括澱粉類植物（如玉米、馬鈴薯等）、糖類材料（乳清、糖漿等）以及木質纖維素材料等。

玉米、馬鈴薯、稻米等澱粉類植物糖化是一種常用的生產乳酸的方法〔2~5〕。各種乳酸細菌，包括乾酪乳桿菌〔5〕、植物乳桿菌〔6〕、德氏乳桿菌〔7〕、瑞士乳桿菌和乳酸乳桿菌〔2，8〕，已經用於澱粉生產乳酸。為了減少預處理成本，已經研究了幾種產生澱粉酶的微生物，包括發酵乳桿菌〔9〕、食澱粉乳桿菌〔10，11〕及嗜澱粉乳桿菌〔12，13〕，利用未處理的或液態的／膠狀的澱粉直接生產乳酸。也可單獨加入澱粉酶來水解澱粉，之後乳酸細菌再發酵葡萄糖形成乳酸。含有生成澱粉酶的乳酸桿菌的培養基也已有報導〔8〕。對於不同原料，要確立最適宜的轉換條件。

乳清是乳酸發酵生產時另一種常用的價格低廉的原料，它含有蛋白質、鹽和乳糖。乳清中的乳糖可被水解成葡萄糖和半乳糖〔14，15〕，通過超過濾脫蛋白〔16，17〕和軟化程序〔18〕。經常使用的從乳清生產乳酸的菌株有德氏乳桿菌保加利亞亞種〔19〕、瑞士乳桿菌〔20〕和乾酪乳桿菌〔21〕。蜜糖是製糖工業中的一個副產品，也可用來生產乳酸〔22〕，一般使用的菌株是德氏乳桿菌。

木質纖維素材料，包括廢紙〔23〕、植物〔24〕以及羊毛〔18〕，也用於生產乳酸，方法與澱粉相似，是從原料中提取纖維素，然後通過纖維素酶的水解轉化為葡萄糖。由於纖維素酶的催化效果不好，也有人嘗試用硫酸分解纖維素的方法。轉化成的主要糖組分是3種己糖（葡萄糖、半乳糖和甘露糖）和2種戊糖（木糖和阿拉伯糖）。

乳酸細菌由於合成氨基酸和維生素B的能力有限，需要複合營養物質〔25〕。加入複合氮源一般對乳酸的生產有積極作用。對乳酸生產最有效的複合氮源是酵母萃取液〔26〕，不過它價格昂貴，成本占總成本的30%以上，因此許多研究致力於尋找一種較便宜的酵母萃取液替代品〔27~29〕。例如含有5種維生素B化合物〔28〕的大麥芽和黃豆水解物可以將所用酵母萃取液的量分別減少到原來的1/5～1/4；乳清蛋白質配合一個新篩選到的菌株，也可用來代替酵母萃取液〔30〕；用調色醬油（黃豆磨坊中的一種酶代謝產物）附加鼠李糖乳桿菌發酵生產乳酸所需的7種維生素來完全代替酵母萃取液〔31〕等。

2.發酵

葡萄糖及菌種的濃度、發酵溫度、體系的pH值和各種細胞培養方法，是得到高純度L-乳酸的關鍵。下面主要介紹菌種和細胞培養模式。

有許多細菌能將糖類轉化成主要的發酵產物乳酸，如內桿菌、腸球菌、乳桿菌、乳球菌、明串珠菌、酒球菌、片球菌、鏈球菌、四聯球菌、漫遊球菌和魏斯菌[32]。乳酸細菌缺少有氧或氧化呼吸途徑，並且是通過糖酵解來合成ATP，產生的主要終產物乳酸使NAD^+循環，繼續進行糖酵解。大多數乳酸細菌都是厭氧的、觸酶陰性的、非能動的，且不形成孢子。通常它們在低pH值（< 0.5）下也能生存。除了一些致病菌株如鏈球菌等，大多數乳酸細菌一般認為是安全的。

乳酸細菌分為只將葡萄糖最終代謝為乳糖的同發酵菌株和產生等物質的量的乳酸、二氧化碳或乙醇或乙酸乙酯的異發酵菌株。同發酵菌株的糖發酵是經過Embden-Meyerhof途徑發生，理論上1mol葡萄糖轉化成2mol乳酸[33，34]。由同發酵菌株發酵葡萄糖得到的乳酸收率大概為90%或是高於理論收率，其中選擇菌株是一條很重要的標準。另外，在葡萄糖缺乏、在其他糖上生長、高pH值或低溫[35~37]情況下，同發酵細菌也可能產生其他的代謝產物如乙醇、乙酸和甲酸等。兼性異發酵菌株的戊糖發酵以及專性異發酵菌株的已糖戊糖發酵採用了磷乙酮醇酶途徑[38]，形成的乙醇與乙酸的比例決定於系統的氧化還原勢能[38，39]。根據Kandler[38]的報導，除了Ⅰ型乳桿菌之外，所有的乳酸細菌都能發酵戊糖。

各種各樣的菌株能產生L-乳酸、D-乳酸或DL-乳酸。乳酸的對應異構體性質對最終聚合形成的聚乳酸性質影響非常大，因此嚴格控制非常重要。二聚體、LL、DD和DL可以用作具有不同物理性質聚乳酸的結構單元。可以根據需要的乳酸對應異構體、所用的底物、對溫度與pH值和乳酸的適應性、收率及產量來選擇菌株。除了一般性質外，避免噬菌體是選擇菌株時必須要考慮的另一重要方面。乳球菌、乳桿菌和鏈球菌都易受菌體感染而使發酵失敗。Klaenhammer等[40]總結了各種類型的噬菌體感染和抗噬菌體菌株的發展。

在大規模生產中，細胞培養模式對產品的最終價格有重要影響。通常分批培養用於工業規模發酵，對於乳酸的高效生產，許多替代的連續培養模型也已經進行了研究。

分批發酵是乳酸生產中最常用的。美國Maize Products公司的早期商業規模生產方法，從150g/L葡萄糖得到的乳酸濃度達到了120～135g/L，每克底物產生了0.80～0.90g乳酸，在這種情況下乳酸的濃度基本是由形成的乳酸鈣的溶解性限制的。在乳酸發酵過程中，當（未分裂的）乳酸濃度增加時，會發生最終產物抑制現象[41]。底物和最終產物抑制的存在說明用分批發酵來提高乳酸生產的效率有一個極限。一般而言，底物抑制可以採用分批投料發酵來解決，但最終產物抑制作用可能會導致發酵失敗。這些原因促進了連續發酵方法的發展。

連續發酵通常比分批發酵產率高，但產量很低，這對連續發酵工藝的開發是一個極大挑戰。研究人員首先開發了細胞固定和細胞循環系統。細胞固定能夠避免將細胞從發酵媒介中分離除去，也能夠避免循環系統中常遇到的膜污染問題。其基本操作方法是將活細胞嵌入聚合物珠中，聚合物珠包括瓊脂、藻酸鈣和藻酸鈉[21，42]、結合了洋槐豆膠的角叉膠[43]以及聚氨基丙烯酸或聚乙烯基醇凝膠。但是該方法由於存在氧和底物的傳遞效果不佳的缺點，在提高乳酸的收率和產量上不是非常成功[44]。

繼而開發的連續膜細胞循環系統是一種有效提高乳酸產率的生物反應器[45]。在該反應器中配有一個超濾單元（相對分子質量≤100000）的連續攪拌罐式反應器，可以利用葡萄糖生產出乳酸，濃度為35g/L，生產效率為76g/(L・h)。在這些條件下，德氏乳桿菌細胞濃度以細胞幹重計為54g/L，乳酸和細胞質量收率（g/g葡萄糖）分別是0.96和0.09，可以與分批發酵的值0.90和0.16相比。利用細胞循環培養液可以得到比恒化器〔8.3g/(L・h)〕更高的乳酸產率〔10.1～12.0g/(L・h)〕。Mehaia和Cheryan使用中空纖維膜細胞循環系統，從乳清滲透液中獲得了84.2g/(L・h)的高產率乳酸。Tejayadi等報道了一個連續膜細胞循環工藝，用一個超濾單元（相對分子質量　30000）由乳清滲入液和酵母萃取液生產乳酸，濃度達到了90g/L，產率為22g/(L・h)。採用這一方法，估算乳酸生產的成本是1.2美元／kg。

3.乳酸的提取和純化

從發酵液中提取乳酸是乳酸生產過程中最重要的一步，也是發酵法與化學合成法生產乳酸進行競爭的難點所在。乳酸的提取和純化也是聚乳酸製造中費用最高的一步。關於乳酸提取過程的公開資料大多數來自20世紀40～50年代美國的一些乳酸生產工廠。一些新技術也有提出的和試驗的，但具體在現代建立的工廠裡的使用情況沒有公開報導。

傳統的乳酸提取過程是將乳酸從乳酸鈣溶液中提取出來。提取過程包括一系列連續的過濾和漂白操作，用植物碳作為吸附劑。漂白的乳酸鈣濃縮以後，用硫酸處理產生的乳酸鈣沈澱，粗乳酸溶解出來。

再進行純化和蒸發操作，得到純度高的乳酸。這個過程中產生的大量副產物乳酸鈣可以製成石膏板、水泥的凝結調節劑等。

在工業上採用的另一個乳酸提取過程是將乳酸過濾液蒸發後進行結晶，純化步驟包括碳處理、重金屬沈澱、再溶解、重結晶等多重步驟。這個方法非常複雜，主要是因為乳酸鈣易於結晶成針塊狀，包含結晶母液，很難洗滌，並且由於乳酸鈣有很高的溶解性，對洗滌水也要進行幾次提取。得到的產品乳酸鈣濃度很高。

在英國、西班牙，乳酸生產工業也採用液-液萃取技術。用的萃取劑水溶性低，乳酸分配係數很大。異戊醇、異丙酯是比較合適的溶劑，現在有些過程可能還使用其他一些溶劑。在萃取過程中，乳酸要能從溶劑中提取出來，溶劑也要能夠再回收使用，還需要一些其他的純化處理。

為了避免不必要的硫酸鈣副產品產生，降低生產成本，建議採用電透析來代替傳統的回收方法。除鹽電透析從發酵產物中回收、純化和濃縮乳酸只需要少量電力。電透析能從乳酸鹽中分離出乳酸和鹼，生成的鹼可重新用於控制發酵過程中的pH值。用兩個電透析單元和一個離子交換單元，可將乳酸純化到只有0.1%的蛋白質雜質。在這個方法中，需要的電力約為1kW・h/kg乳酸。

乳酸的酯化可以得到最純的產品。還有一些其他技術，如用強酸、強鹼或弱鹼離子交換樹脂進行提取、用逆滲透和液膜萃取等。

綜上所述，乳酸的發酵生產引起了科學界和工業界的廣泛興趣，細胞循環的連續發酵法似乎是最有希望代替傳統分批發酵的方法。電透析也被認可是乳酸發酵生產中分離／純化的標準方法，電透析和連續發酵法的結合意味著細胞應該抗高滲透壓。對乳酸細菌代謝和細胞工程的進一步研究應該集中於乳酸適應菌的開發，也就是可以直接發酵聚合原材料（如澱粉和纖維素）的菌株，以及不需要昂貴複合氮源的菌株。

二、聚乳酸的合成

聚乳酸的單體是乳酸。在乳酸分子中含有一個羥基和一個羧基兩個官能團，具有相當的反應活性，在適當條件下容易脫水縮合成聚乳酸。根據這一特性聚乳酸的合成可以有兩種不同的途徑：①由乳酸直接聚合；②由丙交酯（lactide，縮寫作LA, IUPAC名為3, 6-二甲基-1, 4-二氧雜環己烷-2, 5-二酮）開環聚合（ring-opening polymerization, ROP）。

(一)直接聚合法

直接聚合製備聚乳酸的過程可簡單表示如下：

$$n\mathrm{HO{-}CH(CH_3){-}C(=O){-}OH} \xrightarrow[210\sim240^{\circ}\mathrm{C}]{\text{脫水聚合}} \mathrm{H{-}\!\left[O{-}CH(CH_3){-}C(=O)\right]_{n}\!{-}OH} + n\mathrm{H_2O}$$

本方法從20世紀30年代就開始進行研究了。乳酸中的羥基和羧基進行脫水聚合反應，但一直只能獲得相對分子質量小於2500的低聚乳酸。低聚乳酸的力學強度差、易水解，無實用價值，故20世紀60年代起研究者轉而研究兩步法合成聚乳酸。80年代以後，由於兩步法合成步驟繁瑣，而乳酸的直接縮合聚合流程短、產率高，研究者又寄希望改進一步法，以獲得低成本的高分子量的聚乳酸。直接聚合法在體系中存在著游離乳酸、水、聚酯和丙交酯的平衡，後期聚合過程中從黏稠熔融狀態中除去水很困難，因此限制了最終產物的相對分子量在10000～20000之間。其他缺點還包括需要較大的反應器及蒸發設備，溶劑需要回收、反應溫度過高導致產物帶色以及消旋化等問題。

Fukuzaki等[46]研究了乳酸和乙醇酸的直接聚合以及在催化劑存在下和其他羥基酸形成的無規共聚物，獲得了相對較低的分子量（M_w =4 000～10400），並且沒有消旋化的跡象。Hiltunen等[47]研究了質子酸催化劑（弱的和強的）以及不同強度路易斯酸存在下L-乳酸的聚合。結果發現，除了氧化銻和氯化鋅引發的聚合反應最高分子量出現在200℃而不是220℃外，其他的重量平均分子量都隨著溫度的升高而增加[48]。很明顯，在較高溫度下熱降解和分子間酯交換反應要強於聚酯鏈長增加的反應。在200℃的聚合溫度下，催化劑的質量分率由0.1%升至0.5%時，PLA產物的重均分子量有了急劇的增加。而且，使用大劑量的催化劑Ti（Ⅳ）丁醇鹽和H_2SO_4則產生了低分子量的聚酯。

Hiltunen等[49]發現，不使用催化劑聚合，在180℃製得了高結晶的聚酯，當聚合溫度升至200℃時PLA的結晶度（莫耳分率）由49%降到11%，在220℃，PLA是無定形的。除了H_2SO_4，消旋化和溫度的關係見之於每一種催化劑。H_2SO_4在任何催化劑溫度下均能產生高結晶度的聚酯。在200℃，強的酯交換催化劑$ZnCl_2$和$Sn(Oct)_2$生成的完全是無定形的聚酯。在200℃聚合溫度下，當催化劑的量增加時，聚合物的結晶度隨之減小，這些催化劑不包括二月桂酸二丁基錫（縮寫作DBTL）、Sb_2O_3和H_2SO_4。只有H_2SO_4能夠生成高結晶度的PLA

（大約是50%），這種PLA具有最高的分子量。在相同的條件下，$Sn(Oct)_2$使D-乳酸結構的莫耳分率從21%增加到42%。

對於L-乳酸聚合物的性質而言，無論是何種聚合物路線（聚合或開環聚合），消旋化反應都非常重要。較長的反應時間和較高的反應溫度顯著地增加了消旋化。正如Kricheldorf和Serra[50]提到的，消旋化作用與鹼性相關，其反應機理可能是單體的去質子化。根據Witzke和Narayan[51]的報導，在酮系統中，立體中心緊靠著羰基，形成非手性平面構型的烯醇中間體，發生了消旋化：

$$R^1-\underset{\displaystyle CH_3}{\underset{|}{CH}}-\overset{\displaystyle O}{\overset{\|}{C}}-R^2 \underset{OH^-}{\overset{H^+}{\rightleftharpoons}} \begin{matrix} R^1 & & OH \\ & C{=}C & \\ H_3C & & R^2 \end{matrix}$$

其中$R^1 \neq CH_3$或者H。消旋化速率與烯醇化速率相等。酸催化和鹼催化的速率分別為：酸催化速率 = $K_{酸}$〔酮〕〔H^+〕；鹼催化速率 = $K_{鹼}$〔酮〕〔OH^-〕。在乳酸和PLA中，研究發現，對於酸端基的濃度，消旋化反應是一級反應，因此較高分子量的PLA具有較低的消旋速率。

通過直接聚合很難獲得高分子量的聚酯，因此，共沸蒸餾、擴鏈反應、酯化促進劑和交聯劑已用於羧酸的縮合。這些合成的高分子量的PLA將在下面討論。

1.共沸聚合

聚合反應要達到高的轉化率，必須除去副產品。通常要用到高溫、真空或者是通入氮氣，與溶劑形成共沸混合物也能從反應器中除去副產物。三井化學公司開發了共沸聚合製備高分子量PLA的方法

[52~55]。該方法中，大多數的冷凝水在溫和條件下（130℃）從反應混合物中除去。由於存在高沸點的溶劑，如二苯醚或苯甲醚，在較低的溫度和高的真空度下水通過共沸除去，溶劑用分子篩乾燥後重新回到反應混合物中。錫的化合物和質子酸是高效的催化劑，但需要相對較高的品級。聚合反應後，通過溶解或沈澱的方法PLA從溶劑中分離出來，重量平均分子量高達300000[56]。

2.擴鏈反應

獲得高分子量聚酯的有效方法是用擴鏈劑處理聚合物。只有少量的擴鏈劑在熔融態下反應，無需分離純化，因此擴鏈反應在經濟上是可行的。擴鏈劑能夠生成具有不同官能基的聚合物，改善力學性能和柔韌性。對於聚酯來說，典型的含－OH和－COOH的擴鏈劑有二異氰酸酯、二環氧化物、雙噁唑啉、二酸酐和雙乙烯酮縮醛。

乳酸的自縮合產生了一個低分子量的玻璃態PLA，具有等量的羥基和羧基端基。為了最大限度增加擴鏈聚合物的黏度，需要利用聚合物的兩個端基[57]。使用一種類型的擴鏈劑，僅能利用兩種功能的一種，會起限制作用。為了避免鏈鍵合動力學速率不同的問題，使用雙功能劑或者多功能羥基或羧基化合物，PLA低聚合物可以被改質成羥基或羧基封端的形式。使用兩種擴鏈劑的作用在於：偶合兩個大分子提高了分子量，降低了端基的數目，從而提高了熱穩定性[58，59]。

雙官能基化合物的使用改變了羥基和羧基的平衡，對官能基組成有利。加入的雙官能基化合物的數量限制了聚合物的數目和產物的分子量，正如表2-2顯示的乳酸和1, 4-丁二醇（縮寫作BD）或己二酸（縮寫作AA）聚合成羥基或羧基改性的遙爪（鏈末端帶有反應性官能團）PLA的結果一樣。Hiltunen等[60，61]進行的L-乳酸的聚合反應

表2-2 羥基和羧基改性的PLA預聚物的性質[47]

乳酸（莫耳分率）／%		BD（莫耳分率）／%	AA（莫耳分率）／%	M_w(GPC)	MWD	T_g/℃	羥基值	酸值	M_n（計算值）
L	D								
100	–	–	–	24000	1.5	45	12	12	–
100	–	1	–	26000	1.4	46	16	1.4	7200
100	–	2	–	11900	1.5	41	33	1.5	3600
50	50	2	–	8000	1.6	31	38	1.7	3600
75	25	2	–	10000	1.8	33	36	1.6	3600
100	–	–	–	5500	1.4	28	69	1.0	1800
100	–	6	–	3400	1.5	17	92	1.5	1200
100	–	–	1	16000	1.3	45	0.2	21	7200
100	–	–	2	9000	1.4	41	0.4	36	3600
100	–	–	4	4200	1.6	34	0.4	64	1800
100	–	–	6	2800	1.6	28	0.3	85	1200

中，使用$Sn(Oct)_2$作催化劑，可觀測到真正的消旋化反應（在每一種聚合物中分子量大於14%），預聚合物是無定形的。聚酯的玻璃轉化溫度（T_g）極大地依賴於聚合物反應中使用的D-乳酸和雙功能化合物的數量以及分子量。從D-乳酸和L-乳酸的混合物製備的預聚物比單獨用L-乳酸製備的預聚物具有更低的玻璃轉化溫度，提出的解釋是含有太多D-單元的鏈無法形成均勻結構的聚合物。

Hiltunen和Seppala[62]發現芳香族二醇（即官能化的化合物）中羥基的位置對於預聚合物的性質具有顯著的影響。他們研究了乳酸和脂肪族二醇、幾種不同結構的芳香族二醇和含雜環原子（硫）的芳香族二醇的聚合，催化劑是$Sn(Oct)_2$。當芳香族二醇的羥基確定後，根據結果，預聚合物的分子量和玻璃轉化溫度明顯高於BD的，結果是聚酯鏈從反方向增長（1, 5-二羥基萘、1, 4-二羥基蒽醌和4, 4'-二羥基二苯）。當二醇含有硫原子時，生成的預聚合物的重量平均分子量是30000，獲得了最高轉化溫度（49℃）。1, 4-二羥基蒽醌是唯一的經過24h的聚合反應後能生成高結晶預聚合物的二醇。經過8h的聚合反應，幾種二醇也能生成結晶的預聚合物，但延長聚合反應時間後結晶度降低。當L-乳酸和1, 5-二羥基萘在220℃聚合時，獲得了最高的重均分子量（72000）。高酸值[62]預示著預聚合物並非完全是羥基封端的，可以得出的結論是：需要較長的聚合時間才能取得較低的酸值。

在L-乳酸預聚合物的縮聚中，催化劑和二醇一起反應時，相同的基團[62]具有顯著的區別。例如，二月桂酸二丁基錫（DBTL）和1, 4-二羥基蒽醌生成了M_w = 23000的預聚體，但與2, 7-二羥基　反應生成了一個較低分子量的預聚合物（M_w= 3700）。從分子量方面判斷，以D-乳酸結構共聚的數量和以丙交酯結構共聚合的數量是完全不同的。DBTL和$Sn(Oct)_2$產生了相對較高的分子量，但是所有的預聚合物含有異常大量的D-乳酸結構。兩種鈦催化劑和二醇製備的預聚合物具有幾乎相同的分子量。但是對於1, 8-二羥基蒽醌，鏈結構具有明顯的區別。用Ti（Ⅳ）的正丁醇鹽製備的預聚合物有39%的高結晶度，而Ti（Ⅳ）的異丁醇鹽製備的預聚合物只有9%的結晶度。預聚合物和硫酸及各種二醇聚合反應，一致表現出高的結晶度，根據13C NMR，它們並不含有D-乳酸結構。

3.酯化促進輔助劑

使用各種酯化促進輔助劑和鏈改質劑能夠提高聚合反應的分子量。Buchholz[63]提出了製備聚酯的方法。在鍵合試劑如三光氣、羰基二咪唑或二環己基羰基二亞胺存在下，乙醇酸或乳酸的低聚物發生聚合反應。此法的缺點是要用到易燃和具有其他危險性的試劑，並且純化和分離步驟要求除去反應副產品。在羥酸的聚合中使用不飽和的化合物，如2-丁烯-1, 4-二醇和馬來酸，有可能通過不飽和化合物自由基的交聯提高分子量。

Kim等[64]在直接聚合中使用了具有6個伯羥基的二聚季戊四醇作為擴鏈劑。製備的星形PLA具有較低的熔融黏度，能在反應中有效地去除水。應用三氧化銻催化劑獲得了68000（M_n）和388000（M_w）的分子量。Moon等[65]發現，SnO或$SnCl_2$·$2H_2O$催化劑被質子酸〔如對苯甲磺酸一水合物（TSA）、硼酸或磷酸〕活化後，可製得高分子量的PLLA。在$SnCl_2$-TSA系統中，在相對較短的反應時間（10～15h）內，M_w達到了100000，聚合物沒有發生廣泛的消旋反應或變色。

Miyoshi等[66]應用連續的熔融-聚合方法，合成的PLA的分子量（M_w）達到了150000，這兩步驟依賴於間歇式攪拌反應器和雙螺桿押出機。攪拌反應器能夠再循環，雙螺桿押出機能夠提高分子量，除去殘留溶劑和副產物。溶劑（二苯醚）主要用於結晶丙交酯轉化為熔融PLA時的溶解和回流溶劑。熔融黏度的降低也促進了游離水的去除。

4.固相聚合法

對直接聚合法的改進除採用高沸點溶劑作共沸脫水劑外，研究發現，加入催化劑如氧化鋅、強酸性陽離子交換樹脂等，可加快縮合速度，提高聚合物的分子量，利用L-乳酸聚合可以得到高分子量的聚乳酸。Moon等[67]利用Sn（Ⅱ）化合物和質子酸二元催化體系，以L-乳酸直接熔融聚合方法成功地合成了聚合度高達100000的聚L-乳酸（PLLA），且產品無變色和嚴重的消旋化現象。為了克服上述方法在聚合溫度高於PLLA的T_m時產率下降的問題，Moon等[65]利用改良後的熔融／固相聚合方法，以二水氯化錫和鄰甲苯磺酸二元體系為催化劑，合成了聚合度高達500000的PLLA，其過程[67]包括熔融聚合和固相聚合兩大步驟。首先乳酸脫水形成平均聚合度為8的低聚物，接著低聚合物在催化劑作用下通過普通熔化聚合方法合成一聚合度為20000的前聚合物，然後將前聚合物預熱至105℃晶化1～2h，最後固態前聚合物在140℃或150℃進一步聚合合10～30h即可。

在固相聚合過程中，PLA在低於熔點的相對較低的溫度下反應，因此比開環聚合過程產生的PLA具有更高的光學活性，而且也很容易得到高結晶度的PLA。

(二)由丙交酯開環聚合法

此方法是先由乳酸合成丙交酯，再由丙交酯開環聚合製備聚乳酸。該方法是目前工業上生產PLA的基本方法。反應式如下：

$$n\mathrm{HO{-}\underset{\substack{|\\CH_3}}{CH}{-}\overset{\substack{O\\\|}}{C}{-}OH} \xrightarrow[210\sim240℃]{\text{脫水縮合}} \mathrm{H{+}O{-}\underset{\substack{|\\CH_3}}{CH}{-}\overset{\substack{O\\\|}}{C}{+}_n OH} \xrightarrow[170\sim180℃]{\text{脫水縮合}}$$

$$\text{(丙交酯：}\mathrm{H_3C}\text{、}\mathrm{CH_3}\text{取代之環狀二酯)} \xrightarrow[140\sim180℃]{\text{開環聚合}} \mathrm{{+}O{-}\underset{\substack{|\\CH_3}}{CH}{-}\overset{\substack{O\\\|}}{C}{+}_n}$$

1.丙交酯法

由乳酸合成丙交酯的過程中，乳酸加熱、脫水得到低分子量的聚乳酸，然後在低壓催化下轉化為乳酸環狀二聚物丙交酯。乳酸是一種具有光學活性的化合物，包括L型和D型。L-乳酸和D-乳酸1：1的外消旋混合物DL-乳酸T_m為52.8℃，這比各自的光學異構體的

T_m（16.8℃）高。乳酸的環狀二聚合物有3種不同的形式：L-丙交酯（L-lactide，縮寫作LLA，由兩個L-乳酸分子構成）、D-丙交酯（D-lactide，縮寫作DLA，由兩個D-乳酸分子構成）和內消旋丙交酯（meso-lactide，縮寫作MLA，由一個L-乳酸分子和一個D-乳酸分子構成）。LLA和DLA 1：1的物理混合物或1：1的外消旋化合物（立體絡合物）構成外消旋丙交酯（rac-latide），寫作DL-丙交酯，它的T_m值（124℃）要高於LLA（95～99℃）、DLA（95～99℃）和MLA（53～54℃）。乳酸和丙交酯的結構與熔點如下：

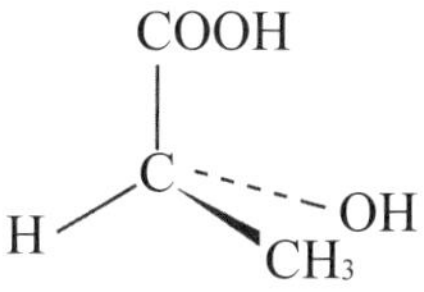

L-乳酸 T_m=16.8℃

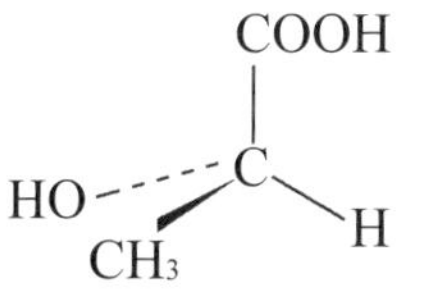

D-乳酸 T_m=16.8℃

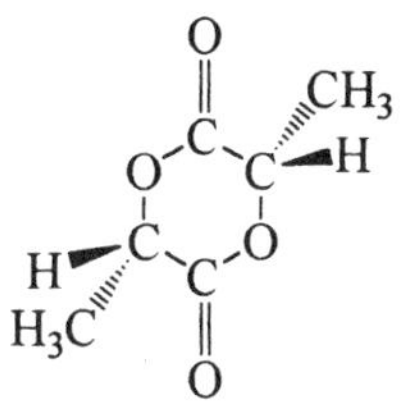

L-丙交酯 (LLA) T_m=95～99℃

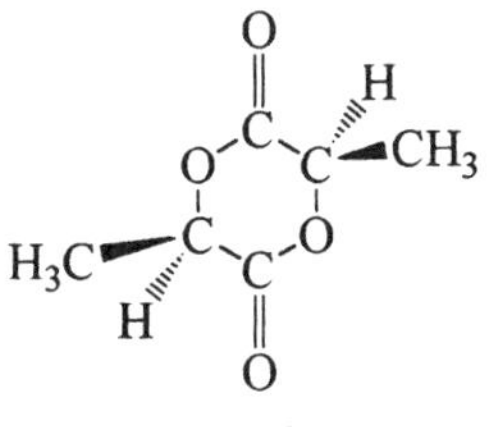

D-丙交酯 (DLA) T_m=95～99℃

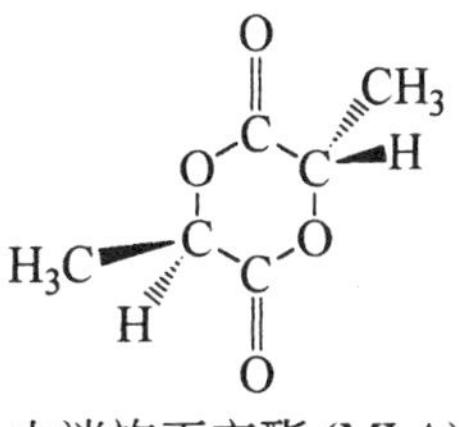

內消旋丙交酯 (MLA) T_m=53～54℃

其中內消旋丙交酯最易水解，但最難結晶和提純，它無反應活性，是不希望得到的副產物；L-丙交酯活性最高，開環聚合時L旋光體含量愈高，所得聚合物的分子量及結晶度就愈高。

對於L-丙交酯聚合物的製備，消旋化問題非常重要。已經發現，在用氧化鎂、乙醇鹽、乙酸鹽、硬脂酸鹽和2, 4-戊二酮作催化劑時出現了L-丙交酯的消旋化；當改用鹼性鋁、錫、鋅氧化物等時，丙交酯採用非離子插入機制，聚合很少發現消旋化作用。間接法最大的優點是可以使用純度不高的乳酸為原料，並且得到的是高分子量的PLA，缺點是提純丙交酯方法複雜、技術要求高、設備投資大、產品成本高。

2.丙交酯的開環聚合機理

根據誘發劑的不同，丙交酯的開環聚合可以通過插入、陽離子、陰離子、兩性離子、活潑氫或自由基機理反應完成〔68〕，酶催化的開環聚合也已經報導。但是，多數的研究集中於插入、陽離子或陰離子聚合機理。

(1)陽離子機理陽離子引發劑分為四類：質子酸（HCl，HBr，RCOOH，RSO_3H）；路易斯酸（$AlCl_3$，BF_3，$FeCl_3$，$ZnCl_2$等）；烷化劑（穩定的碳陽離子，如$CF_3SO_3CH_3$、$EtO^+BF_4^-$）；醯化劑（$CH_3CO^+OCl_4^-$）〔68〕。聚合機理是誘發劑提供的H^+進攻丙交酯環外氧生成氧離子，按烷氧鍵斷裂方式形成陽離子中間體，從而進行鏈增長（圖2-1）。由於每次增長是在手性碳上，外消旋化不可避免，而且消旋度隨著溫度的升高而增加。雖然很少量的誘發劑就有足夠的活性促進陽離子聚合，但很難獲得高的分子量。總之，對於環酯的聚合反應，陽離子聚合並不是一個有吸引力的方法〔69〕。

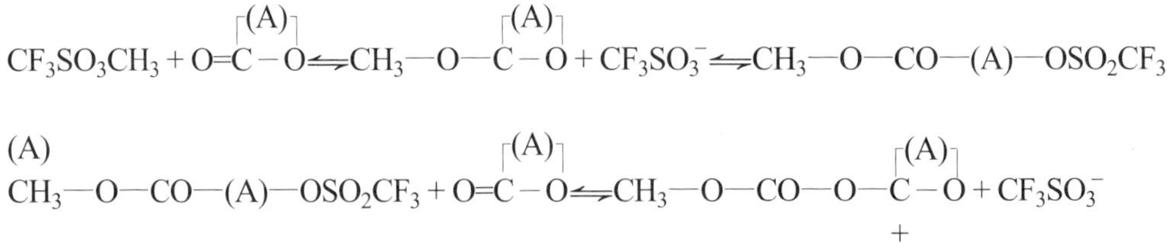

$$CF_3SO_3CH_3 + O{=}\overset{\ulcorner(A)\urcorner}{C - O} \rightleftharpoons CH_3{-}O{-}\overset{\ulcorner(A)\urcorner}{C - O} + CF_3SO_3^- \rightleftharpoons CH_3{-}O{-}CO{-}(A){-}OSO_2CF_3$$

$$\overset{(A)}{CH_3}{-}O{-}CO{-}(A){-}OSO_2CF_3 + O{=}\overset{\ulcorner(A)\urcorner}{C - O} \rightleftharpoons CH_3{-}O{-}CO{-}O{-}\underset{+}{\overset{\ulcorner(A)\urcorner}{C - O}} + CF_3SO_3^-$$

圖2-1　環酯聚合的陽離子機理〔70〕

(2)陰離子機理　環酯陰離子聚合適宜的引發劑是丁基鋰（BuLi）和鹼金屬的醇鹽。苯甲酸鉀或硬脂酸鋅之類的弱鹼引發聚合反應只有在溫度超過120℃時才大量使用。陰離子聚合比陽離子聚合反應速度快、活性高，但它面臨大量的問題。鏈的增長是醇鹽離子（鏈的活化端）對單體的醯氧鍵的親核反應〔圖2-2(a)〕[71]，儘管這一步並不引起消旋化，由誘發劑或活性鏈端產生的單體的去質子化仍然引起了部分消旋化〔圖2-2(b)〕[71]。而且，活性鏈端產生的單體的去質子化引起了反應的終止，不利於製備高分子量的聚合物。只有丁基鋰和冠醚的結合才能製備高分子量的聚合物，但鋰是相對較毒的金屬。合成低分子量或中等分子量的聚合物時，鈉或鉀也是有用的引發劑，並且具有生物相容性的優點[69]。

(3)插入機理　配位開環聚合是製備高分子量、高強度聚乳酸的最有效的方法。在插入機理中使用最廣泛的誘發劑是具有自由的p、d或 f 軌道的金屬的羧酸鹽或醇鹽。這類金屬是Sn、Ti、Zn和Al[72,73]。稀土金屬的醇鹽也應用在插入機理中，具有極高的聚合速率[74]。

①金屬羧酸鹽　二乙基己酸亞錫（II），即$Sn(Oct)_2$，是環酯聚合中應用最廣泛的誘發劑。$Sn(Oct)_2$由於其快速的聚合速度、高溫時

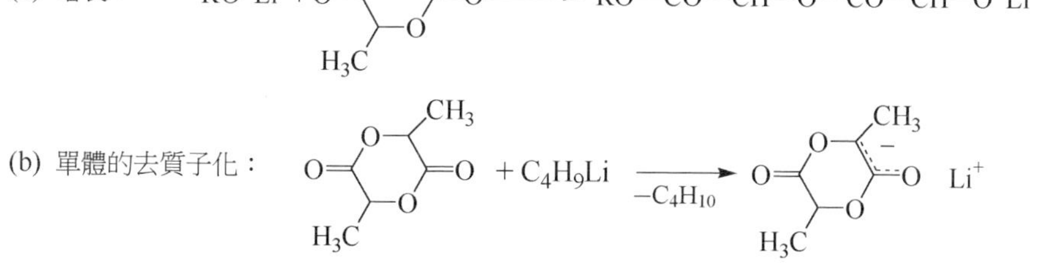

(a) 增長：RO^-Li^+ + 丙交酯 ⟶ $RO{-}CO{-}CH(CH_3){-}O{-}CO{-}CH(CH_3){-}O^-Li^+$

(b) 單體的去質子化：丙交酯 + C_4H_9Li $\xrightarrow{-C_4H_{10}}$ 去質子化丙交酯 Li^+

圖2-2　環酯聚合的陰離子機理

的低的消旋度而被FDA接受[72，73]。而且，$Sn(Oct)_2$已經商品化，容易控制，能溶於一般的有機溶劑和環酯單體[75]。

對於$Sn(Oct)_2$誘導的聚合，已經提出了幾個機理[72，76~79]。這些機理可以分為兩類。在第一類機理中，$Sn(Oct)_2$與含有羥基的化合物反應，生成真正的誘發劑——錫（II）的醇鹽或氫氧化物。聚合過程是單體插入到醇鹽的錫（II）氧鍵或羧酸鹽的活化中心。在第二類機理中，$Sn(Oct)_2$與單體形成複合體，在單體複合體上由羥基封端的大分子發生親核反應進行聚合，在每一個增長階段$Sn(Oct)_2$都被釋放出來，這意味著在聚合的每一個階段錫（II）原子和聚合物都不是共價相連的[81，82]。從最近的研究結果看，聚合過程好像是第一種機理，即單體插入到Sn(II)—O鍵中[80~82]。

圖2-3表示了單體插入到Sn—O鍵的機理。$Sn(Oct)_2$首先與含羥基的化合物反應形成錫的醇鹽，它作為聚合反應的真正誘發劑。形成的單醇鹽已經直接被基質輔助鐳射解吸－電離飛行時間質譜（matrix-assisted laster desorpion/ionization time-of-flight mass spectrometry，縮寫作MALDI-TOF MS）證明[82]。用MALDI-TOF檢測二烷氧基鹽沒有成功，但Kricheldorf等[80]提供的1H NMR和 13C NMR的結構清楚地表明瞭第二個二乙基己酸基參與了交換反應。錫醇鹽的形成是一個可逆的過程，羥基化合物或羧基化合物的存在對聚合速度具有顯著的影響，即醇促進聚合速度，而羧酸降低聚合速度[72，81]。類似地，用鹼捕獲羧酸有利於錫醇鹽的形成，提高穩固濃度和整個的聚合速度[82]。

除了錫醇鹽，也報導了其他具有Sn—O共價鍵的錫的化合物（即錫的氫氧化物、錫烷和乳酸鹽），它們能在高溫時形成。這些化合物都有助於引發過程[82，83]。

真正誘發劑的形成：

$$\mathrm{Sn(Oct)_2 + ROH \rightleftharpoons RO{-}SnOct + HOct}$$

$$\mathrm{RO{-}SnOct + ROH \rightleftharpoons RO{-}Sn{-}OR + HOct}$$

R=H或烷基；$\mathrm{Oct = {-}O{-}C({=}O){-}CH(C_2H_5)C_4H_9}$

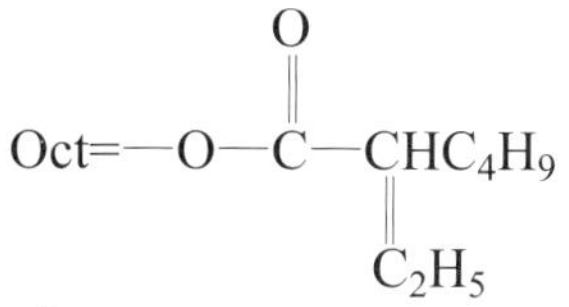

第一個單體加成：

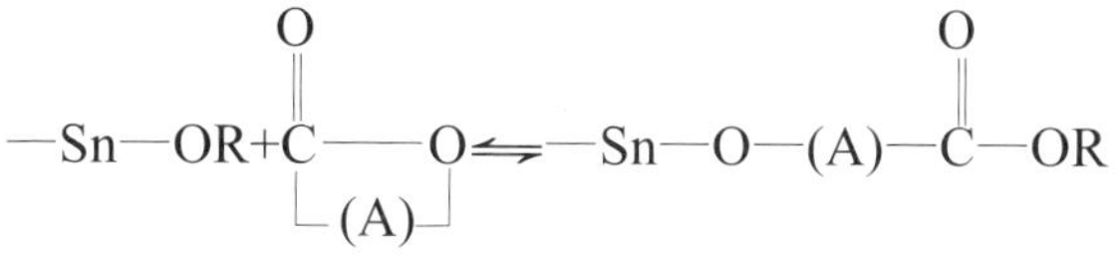

$$\mathrm{{-}Sn{-}OR + \underbrace{C({=}O){-}O}_{(A)} \rightleftharpoons {-}Sn{-}O{-}(A){-}C({=}O){-}OR}$$

鏈增長：

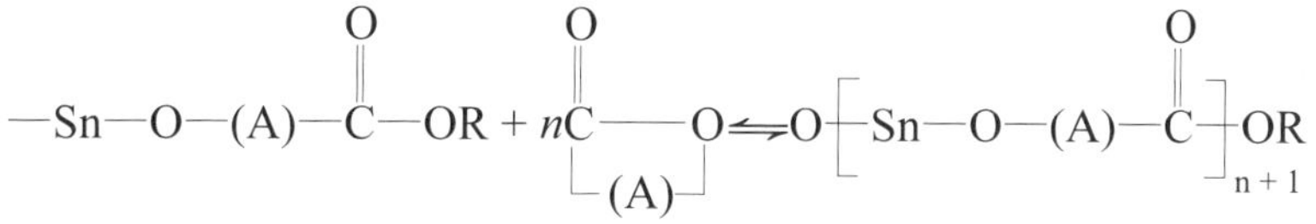

$$\mathrm{{-}Sn{-}O{-}(A){-}C({=}O){-}OR + \mathit{n}\,\underbrace{C({=}O){-}O}_{(A)} \rightleftharpoons O\left[Sn{-}O{-}(A){-}C({=}O)\right]_{n+1}OR}$$

鏈轉移：

$$\mathrm{{-}Sn\left[O{-}(A){-}C({=}O)\right]_{n}OR + ROH \rightleftharpoons {-}Sn{-}OR + H\left[O{-}(A){-}C({=}O)\right]_{n}OR}$$

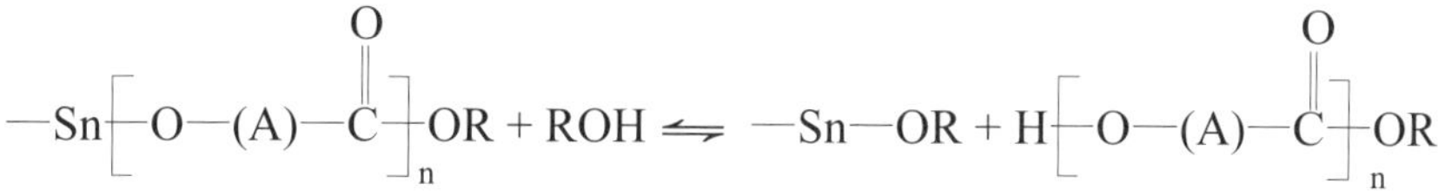

圖2-3 誘發聚合的反應機理〔82〕

錫醇鹽形成後，增長過程經歷了配位插入機理。環狀單體的羰基和錫醇鹽配位，正在增長的鏈通過烷氧鍵與錫連接，然後單體的醯氧鍵斷裂。這樣，形成了一個新的催化活性物質，用於下一個配位的環狀單體的開環〔82〕。與另一個分子的醇發生鏈轉移反應後終止了鏈增長，生成了具有醇官能基的「惰性」物質。當ROH：$\mathrm{Sn(Oct)_2}$的比例不超過2時，ROH主要作為共引發劑。超過這個比例時，醇仍然保留作為誘發化合物的功能，但主要成為鏈轉移試劑。因此，聚合物的分子量是由單體和醇的比率決定的。

②金屬醇鹽　到目前為止，環酯聚合中使用的多價金屬〔如Al, Sn(Ⅳ), Fe, Ti, Y〕醇鹽在實際的應用中缺乏中等溫度下的終止反應〔82〕。在這些金屬的醇鹽中，鋁醇鹽是研究最多的，三異丙醇鋁〔$Al(OPr)_3$〕是可控的環酯聚合中用途最廣的誘發劑。但是，其他金屬的醇鹽也是環酯合成的有效誘發劑。例如，應用鑭系元素的醇鹽，取得了極高的聚合速率；應用錫（Ⅱ）的丁醇鹽，相對分子量（M_n）達到了1000000〔74, 84〕。

研究表明幾個金屬的醇鹽〔$Al(OPr)_3$, $Sn(OBu)_2$, $Fe(OEt)_3$, $Ti(OPr)_4$〕誘發的聚合過程經歷了配位插入機理。誘發過程經過了醯氧鍵斷裂，開環的單體通過烷氧基鍵與金屬相連，另一端則形成含有引發劑烷氧基的酯（圖2-4）〔80〕。在不可逆終止反應和轉移反應不發生的情況下，聚合機理緊緊包括誘發和增長，直到單體轉化完成。由於引發速率相對高於鏈增長速率，分子量分佈很窄，聚合物的分子量可以通過單體和誘發劑的比例預測〔85〕。當聚合在醇存在下完成時，惰性（醇）和活性（醇鹽）之間存在一個快速可逆的轉移反應，分子量通過單體和誘發劑以及醇的相對莫耳數預測〔85〕。

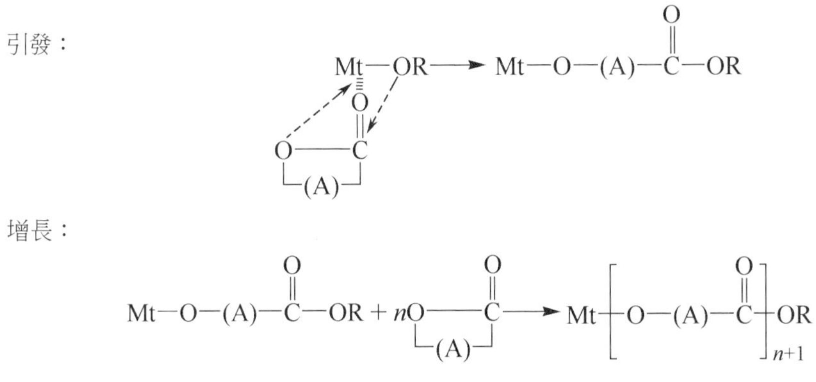

引發：

$$\mathrm{Mt{-}OR} + \mathrm{O{-}(A){-}C(=O)}\ (\text{ring}) \longrightarrow \mathrm{Mt{-}O{-}(A){-}C(=O){-}OR}$$

增長：

$$\mathrm{Mt{-}O{-}(A){-}C(=O){-}OR} + n\,\mathrm{O{-}(A){-}C(=O)}\ (\text{ring}) \longrightarrow \mathrm{Mt}\left[\mathrm{O{-}(A){-}C(=O)}\right]_{n+1}\mathrm{OR}$$

圖2-4　配位插入機理〔80〕

3.影響聚合的條件

(1)催化劑的類型和數量　一般來說，催化劑反應中心路易斯酸酸性增加提高了催化劑的反應活性。由於高的路易斯酸性，鑭系元素的有機複合物是高活性的誘發劑〔74〕。類似地，因為Al—O鍵較高的離子性，三烷氧基鋁催化劑的鏈增長速度高於二烷基鋁單醇鹽〔85〕。文獻報導了錫的催化劑三氟取代後，路易斯酸酸性增加，聚合反應快於$Sn(Oct)_2$引發的聚合〔75〕。除了反應速度外，催化劑的類型也會影響酯交換的活性。Kricheldorf等〔71〕研究了金屬醇鹽催化的聚ε-己內酯尾咬聚合反應，發現尾咬的活性順序為：

$$Al(O^iPr)_3 < Zr(O^nPr)_2 < Ti(O^nBu)_4 < Bu_3SnOMe$$
$$< Bu_2Sn(OMe)_2$$

最適合的催化劑比率依賴聚合的滯留時間。在製備高分子量的聚合物時，單體和誘發劑的莫耳比為（20000：1）～（1000：1）。催化劑比率必須最優化，因為即使聚合速度隨著催化劑的濃度增加（圖2-5）〔74〕，酯交換和其他的副反應也會被催化。

(2)溫度　溫度對聚合速率和殘留的單體濃度具有顯著的影響。如圖2-6(a)所示，整體聚合速率隨著溫度的升高而增加〔74〕。但是，在高溫下可能發生酯交換反應，限制了分子量，擴大了分子量分佈（MWD），產生了環狀低聚物〔85〕。除了酯交換反應外，生成的酯鍵的熱分解也減小了分子量。聚酯鏈的斷裂反應形成了羧基基團和不飽和化合物〔86〕。聚合溫度也會影響單體的平衡濃度，即殘留的單體濃度隨著溫度的增加而增加〔圖2-6(b)〕。

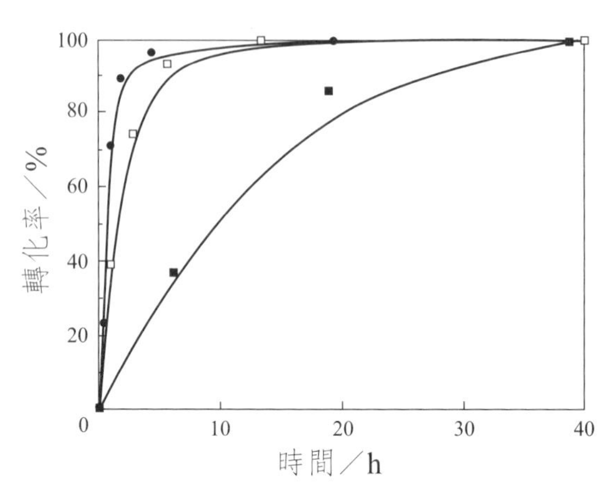

圖2-5　130℃時催化劑比率對L-丙交酯聚合動力學的影響〔74〕
單體和$Sn(Oct)_2$的比率：■1000：1；□ 2940：1；■19200：1

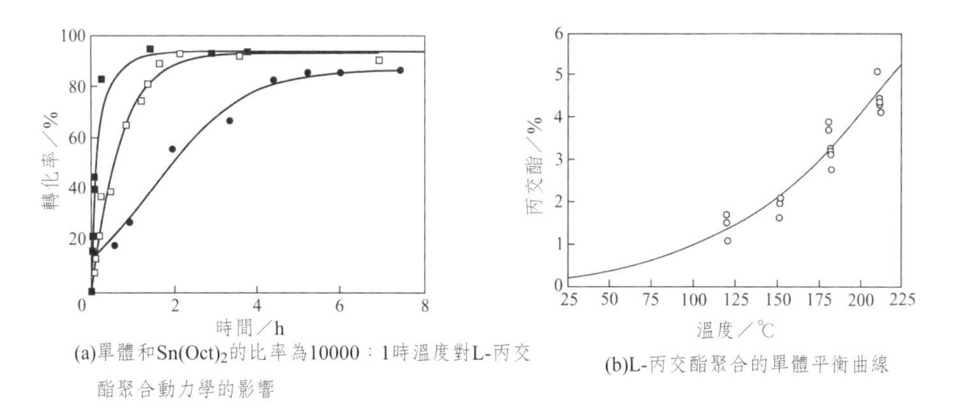

(a)單體和$Sn(Oct)_2$的比率為10000：1時溫度對L-丙交酯聚合動力學的影響

(b)L-丙交酯聚合的單體平衡曲線

圖2-6　溫度對L-丙交酯聚合的影響
■ 220℃；□ 190℃；◆160℃〔74〕

如果反應溫度低於聚合物的解鏈溫度，並且聚合是大量進行的，結晶總是伴隨著聚合的。為了比較結晶對於動力學和單體平衡的影響，Witzke等[74]在相似的條件下製備了無定形聚丙交酯和結晶聚丙交酯，發現結晶增大了聚合速率，而減少了反應平衡時的單體總量。可以假定無定形相中的功能基仍然參與反應，聚合物結晶相則排斥催化劑和丙交酯單體。

通過形成丙交酯再進行開環聚合的方法是目前Natureworks公司和豐田汽車公司為得到商業用途的高分子量聚乳酸採用的方法。

第二節　聚乳酸的性質

在第一章已經介紹了PLA具有區別於其他熱塑性高分子材料的三大特性，即來源於可以再生的植物資源、可以完全生物降解以及低環境負荷性。本節介紹PLA作為熱塑性高分子材料的各種基本性能，包括物理性質、力學性能、光學性能及電性能等。

一、物理性質

表2-3列出了PLLA、PDLLA和PLA立體聚合物的物理特性，一起列在表中的還有R-PHB、PCL和PGA作為對比。

(一)密度[87]

無定形PLLA的密度是1.248g/cm^3，結晶PLLA的密度則是1.290g/cm^3。液態下L型、內消旋型和無定形聚乳酸的密度ρ(g/cm^3)可以用式（2-1）表示（式中T的單位是℃）：

$$\rho = \frac{\rho_{150℃}}{1+\alpha_1(T-150)} \qquad (2\text{-}1)$$

表2-3　一些生物可降解的芳香族聚酯的物理性質

性能	PLLA	PDLLA	PLA立體聚合物	PCL	R-PHB	PGA
熔點／℃	170~190	-	220~230	60	5	225~230
玻璃轉化溫度／℃	50~65	50 ~ 60	65~72	-60	188	40
ΔH_m（結晶度X_c=100%）／（J/g）	93	-	142	142	146	180 ~ 207
密度／（g/cm^3）	1.25~1.29	1.27	-	1.06~1.13	1.177~1.260	1.50~1.69
溶解度參數（δ_p）（25℃）／$MPa^{0.5}$	19~20.5	21.2	-	20.8	20.6	-
$[\alpha]^{25}_{589}$s（氯仿中）／〔°·$cm^3/(dm \cdot g)$〕	-155±1	0	-	0	+44①	-
水蒸氣透過率（25℃）／〔$g/(m^2 \cdot d)$〕	82~172	-	-	177	13②	-
拉伸強度／（kg/mm^2）	12~230③	4~5④	90③	10~80③	18~20③	8 ~ 100③
彈性模數／（kg/mm^2）	700~1000③	150~190④	880③	-	500~600③	400~1400③
斷裂伸長率／%	12~26③	5~10④	30③	20~120③	50~70③	30~40③

① 300nm, 23℃。

② PHV-HB95/5。

③取向纖維。

④未取向薄膜。

式中　$\alpha_1=(7.4\times10^{-4}\pm0.17\times10^{-4})℃^{-1}$。

固態PLA中L型的密度為1.36g/cm^3，內消旋型為1.33g/cm^3，結晶為1.36g/cm^3，無定形為1.25g/cm^3。純晶體的密度可以用式（2-2）計算：

$$\rho_c=\frac{w_c}{1/\rho-(1-w_c)/\rho_a} \tag{2-2}$$

式中，ρ_c是純晶體的密度，ρ是半結晶PLA的密度，w_c是結晶分數，ρ_a是無定形PLA的密度，純晶體和無定形部分PLA的比例（ρ_c/ρ_a）是1.088。

兩種分別含有98% L-乳酸和94% L-乳酸的不同聚乳酸，經測定其密度分別是(1.240±0.002)g/cm^{3}和(1.243±0.002)g/cm^3。

(二)熱力學特性

1.玻璃轉化溫度（T_g）

非立體異構共聚物PLA的T_g取決於共聚用單體的性能及各自單體序列的長度。PLA立體異構體共聚物的T_g在60℃幾乎是常數，與LLA含量基本無關。

根據Ikada和Tsuji的研究[88]，PLA的T_g由其中含有的不同立體構型的丙交酯含量決定。這使得聚乳酸的剛性和韌性有很大變化。典型的聚乳酸的T_g在50～80℃之間，而熔融溫度則在130～180℃之間。430的聚乳酸的T_g為−8.0℃，而22730的聚乳酸的T_g為55.5℃。PLLA的T_g較PDLA高。通常PLA的T_g可以通過Flory-Fox公式計算：

$$T_g = T_g^{\infty} - K/\overline{M}_n \quad (2\text{-}3)$$

式中，T_g^{∞}是$\overline{M}_w$為無窮大時的T_g，而K是一個表示高分子鏈末端基團過剩自由體積的常數。Jamshidi等[89]報導低結晶度的PLLA，T_g^{∞} = 58℃，K=5.50×10^4；無定形的PDLLA，T_g^{∞}= 57℃，K=7.30×10^4。隨著分子量的降低，玻璃轉化時的焓變升高。

2.熔點（T_m）

材料的熱性能如熔點（T_m）、熔化焓（ΔH_m）和結晶度（X_c）等是反映結晶區和無定形區堆砌等的重要參數，表2-3中列出了PLA完全結晶時的熔化焓。用Thompson-Gibbs公式表達T_m和晶片厚度L_c之間的關係為：

$$T_m = T_m^0(1 - 2\sigma/\Delta h^0\rho_c L_c) \qquad (2\text{-}4)$$

式中，T_m^0為平衡熔化溫度，σ、Δh^0和ρ_c分別為比折疊表面自由能、熔化熱和結晶密度。用式（2-4）可以推斷聚合材料的T_m，其值隨L_c升高。

樣品中立體聚合物可以用如下公式估算X_c（%）：

$$X_c = 100 \times (\Delta H_c + \Delta H_m)/[\Delta H_m(X_c = 100\%)] \qquad (2\text{-}5)$$

式中，ΔH_c是冷結晶的熱焓。根據定義，ΔH_c和ΔH_m分別為負值和正值。$\Delta H_m(X_c = 100\%)$為93J/mol。

在乳酸均聚合物和共聚合物中，$T_m(L_c)$和X_c隨可結晶的L-乳醯或D-乳醯單元序列長度的增加而提高，可以通過提高聚合物分子量和減少共聚合單體含量來實現。

(1)聚合物分子量　由於分子鏈的末端效應，當分子量較小時，隨分子量增大熔點升高。而樣品的結晶度則隨著分子量的升高而降低。但當分子量達到或大於某一臨界值時，鏈末端效應可以忽略不計，熔點與分子量無關。

(2)共聚合單體含量　共聚合之單體含量嚴重影響PLA的T_m和X_c。由純L-丙交酯聚合而成的PLLA平衡熔點為207℃，玻璃轉化溫度為60℃。實際上可以得到的純PLA（L型或者D型）熔點大約為180℃，熔融焓為40～50J/g。引入D型或內消旋異構體組分會造成

PLA分子規整程度下降、結晶速度變慢、結晶度下降，導致聚合物的熔點降低。D型或內消旋異構體含量越高，PLA的熔點越低，如圖2-7所示。當內消旋異構體含量從2%增加到15%時，聚乳酸的熔點從160℃下降到了127℃。而當D型或內消旋異構體含量超過15%時，聚合物不再具有結晶性，因此觀察不到熔點。

(3)熱／應力歷程　PLLA的熱歷程可以嚴重影響它的物理性質，因為熱歷程可以誘導結晶度的變化（即長時間的物理老化影響非晶區的比例）。這個現象在儲藏溫度大於結晶玻璃轉化溫度時尤其明顯。Celli和Scandola〔91〕發現PLLA膜分子量降低可以使其玻璃轉化時的鬆弛焓變呈數量級增加。Tsuji和Ikada〔92〕將PLLA退火後發現它的形貌受退火溫度和時間影響很大，因為這些因素可以改變晶粒尺寸和形貌。另外，他們也發現退火效果受退火之間的預處理（如熔融）影響。將PLLA在448K退火，發現其熔融溫度和熱焓隨著退火時

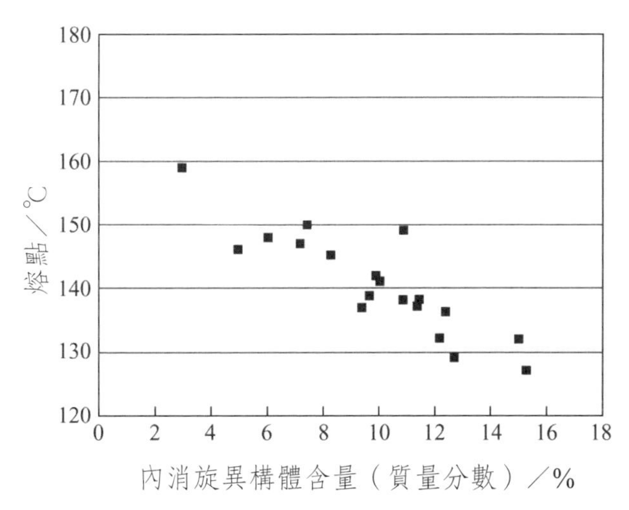

圖2-7　PLA熔點隨內消旋異構體含量的變化〔90〕

間的增加而增加，說明晶體片層厚度增加了。

(4)共摻混合　在PLA聚合物共摻混物的相分離中，當PLA在共摻混物中含量較高時，共摻混物中的其他聚合物對PLA聚合物的熱力學特性影響不大；而當共摻混物部分相容或完全相容時，PLLA的T_m和X_c以及共摻混物的T_g受聚合物共摻混比例影響。

(5)立體聚合物　外消旋PLA的熔點大約為230℃。PLA立體絡合物微晶比PDLA或PLLA同晶具有高的T_m和T_m^0（表2-3）。PLLA和PDLA的1：1混合物的T_g比M_w範圍在5×10^4～1×10^5的非混合PLLA和PDLA的T_g大約高出5℃。該混合物中PLLA和PDLA間發生明顯的立體聚合，無定形區的L-乳醯和D-乳醯單元序列之間的強相互作用導致該區域高密度的鏈堆砌，因此導致T_g升高。

(三)溶解性〔87〕

在25℃下，PLA的溶解度參數δ為19～20.5$MPa^{0.5}$〔93〕。PET的δ為16$MPa^{0.5}$，PS的δ為19$MPa^{0.5}$。

根據Kharas等的報導〔94〕，PLA可以溶於二烷、乙腈、氯仿、二氯甲烷、1, 1, 2-三氯乙烷和二氯乙酸。乙苯、甲苯、丙酮和四氫呋喃只能部分溶解冷的PLA，但是當這些溶液被加熱到沸騰溫度後就能很好地溶解PLA。結晶PLA不溶於丙酮、乙酸乙酯和四氫呋喃。1, 1, 1, 3, 3. 3-六氟-2-丙醇可作為立體聚合PLA的溶劑，但是當L_c提高時會變得不可溶。所有的聚乳酸都不溶於水、乙醇和烷烴〔水的溶解度參數為48$MPa^{0.5}$，環已烷為16.8$(J/cm^3)^{0.5}$；乙醇為26.0$(J/cm^3)^{0.5}$〕。不溶PLA的醇（如甲醇、乙醇等）可以用作PLA的沈澱劑。

(四)滲透性

表2-4列出了PLA、PS及PET薄膜的氣體透過性質比較。

PLA結晶度越高，氣體透過率越小。因為聚合物的結晶會減少可用於擴散的非晶體積，所以結晶度大的聚合物的擴散係數和溶解性比結晶度小的聚合物低。

相對於PET和尼龍6而言，PLA對D-檸檬油精的阻隔性能更加優異。用PLA薄膜塗層的紙張對脂肪族分子（如油和萜烴）具有很高的抵抗性。

(五)燃燒性

PLA燃燒時產生較少量的煙和熱。表2-5列出了PLA與其他塑膠的燃燒熱。

表2-4　PLA、PS及PET薄膜的氣體透過性質（25℃, 0% RH）

專案	PLA（98% L型）	OPS	OPET
CO_2/[10^{-17}kg · m/(m^2 · Pa · s)]	2.77	15	0.13
O_2/[10^{-18}kg · m/(m^2 · Pa · s)]	1.21	27	0.18
H_2O蒸汽／〔10^{-14}kg · m/(m^2 · Pa · s)〕	1.65	0.67	0.11

表2-5　PLA與其他塑膠的燃燒熱

聚合物種類	PLA	PVC	PET	PS	PP	PE
熱焓／（J/g）	19445	17894	31007	41135	46155	45550

二、力學性能及影響因素

(一)力學性能

PLA是一種有相對高熱穩定性的可結晶熱塑性高分子，T_g大約為60℃，結晶溫度（T_c）為125℃左右，熔點（T_m）為170℃，起始失重溫度（D_0）為285℃，1%失重溫度（D_1）為295℃。PLA是一個有酯鍵的脂肪族聚酯，在有水存在熔融時，同PET一樣容易受水、醇、酸和鹼攻擊而發生分子量降低，然而在乾燥的條件下其熔融黏度是穩定的。

PLA的熔融黏度與聚丙烯相比有更高的溫度依賴性，但是在低剪切範圍內對剪切速度依賴性很小，與PS相似，顯示出牛頓流體行為。PLA的熔融體強度低。PLA在170～250℃的溫度範圍可以加工。儘管熔融條件可以從高黏度（>1000Pa · s）到低黏度（約10Pa · s）有很大的調整，還是有可能僅通過控制樹脂溫度應用任何一種成型技術（射出、成膜、紡絲、吹塑、發泡、吹膜等）。

由於PLA熔融黏度對溫度的依賴性很大，射出成型溫度視窗很窄。同PP相比，PLA優先選用在低壓低速下射出。PLA模塑收縮率為模具尺寸的0.2%～0.4%，PS差不多在相同的水平上，因此可以與PS一樣地澆鑄設計。在通常條件下得到的模塑產品是無定形的，顯示了與PS、PET相同或更好的透明度。PLA的軟化點比PET和PS低，卻比PE和PP高。表2-6對比了射出成型PLA樣品和PET、PS的一些物理性質和力學性能。

但是PLA的抗衝擊性和耐熱性差，在室溫下是一種脆的熱塑性材料。加入結晶成核劑、無機填料和其他生物降解高分子共摻混可以提高PLA的抗衝擊性和耐熱性。另外，通過拉伸改變取向度和結晶度有可能提高膜或片狀物的抗衝擊性和耐熱性，達到與取向性聚丙烯（OPP）或PET相同的強度和硬度水平，同時保持其高透明度。表2-7列出了PLA商業薄膜LACEA的一些性能。通過在拉伸過程中最優化退火溫度，還可以把膜修飾成可伸縮性膜。非取向薄片可以通過真空或是在空氣中模塑成有很高的透明度的容器和盤子，而且可以得到很好的尺寸精密度。與聚氯乙烯相比，PLA成型下垂相對要小一些。

表2-6 PLA和PET、GPPS的物理性質和力學性能

性質	PLA	GPPS	PET
拉伸強度／MPa	53	45	58
斷裂伸長率／%	4.1	3	5.5
彎曲強度／MPa	98	76	88
彎曲模數／GPa	3.7	3.0	2.7
Izod衝擊強度／（J/m）	29	21	59
維卡軟化點／℃	58	98	79
熱變形溫度（0.45MPa）／℃	55	75	67
密度／（g/cm^3）	1.26	1.05	1.4
透光率／%	94	90	-
折射率	1.45	–	1.58
體積電阻率／$10^{16}\Omega \cdot cm$	≤1	≤1	≤1
阻燃性（UL94）	HB	HB	HB
T_g/℃	55~60	102	74
T_m/℃	130~170	–	265

表2-7　LACEA薄膜的物理性質

性質	LACEA		日用品塑膠	
	非取向250μm	取向25μm MD/TD	OPP 25μm MD/TD	OPET 25μm MD/TD
拉伸強度／MPa	70	110	130/300	240
斷裂伸長率／%	5	140	170/45	130
彎曲模數／MPa	2.0	3.9	2.0/3.6	4.0
彎曲強度／MPa	–	27/21	9/5	20/5
熱收縮率／%	–	2.4/0.9	1.5/0.2	–
霧度／%	1.0	1.3	2.2	3.0
氣體透過率／〔$cm^3/(m^2 \cdot MPa \cdot d)$〕				
O_2	550	4400	15000	620
N_2	37	8300	–	–
CO_2	1200	17000	51000	2400
H_2O透過性／〔$g/(m^2 \cdot d)$〕	31	160	5	23

PLA通過熔融紡絲可以製造長纖維、短纖維等。產生的紡織品有可以與PET及尼龍相比的物理性能，顯示了大約45～54g/tex的強度和3%～10%的伸長率。這些紡織品有絲綢樣的手感，有很好的染色親和性和光穩定性。紡黏、熔融體噴出、分切等方法都可以用於PLA製造不織布產品。PLA和其他脂肪族聚酯及共聚物、合成纖維等生產複合纖維。

(二)力學性能的影響因素

PLA的力學性能至關重要，這些特性可以通過調整材料參數（分子特性和有序結構等）進行控制。

1.分子量的影響〔95〕

分子量是決定材料特性的重要參數。材料特性與分子量的關係可以用下面的公式表述：

$$P = P_0 - K/M_n \tag{2-6}$$

式中，P是高分子材料的物理特性，P_0是當分子量無窮大時的P值，K是常數。根據該公式，可以發現澆鑄PLLA膜在$1/M_n = 2.5 \times 10^{-5}$以下或$M_n = 4.0 \times 10^4$以上時材料彎曲強度$\sigma_B$非零，並且隨$1/M_n$增大而增大。Eling等報導PLLA纖維對於$1/M_w$有相似的$\sigma_B$依賴性，Perego等報導當PDLLA和無定形PLLA相對分子質量分別高於35000和55000時材料彎曲強度趨於穩定。基本上LA共聚合物poly（LLA-CL）和poly（LLA-DLA）的σ_B和彈性模數小於均聚合物PLLA，而當材料為熔融紡絲和熱拉伸製作時Poly（LLA-DLA）的斷裂生長率比PLLA纖維大。衝擊強度和維卡軟化點隨著分子量和結晶度的增加而增加。另外，Grijpma等研究表明PLLA的衝擊強度會隨材料交聯而提高。

2.D型含量的影響

表2-8[96]列出了PLLA（含98% L型、含94% L型）、PS和PET的一些力學性能。薄膜中更高的L型含量導致更大的拉伸強度。雖然含98% L型PLLA比含94% L型PLLA具有更高的屈服伸長率，含94% L型PLLA的斷裂伸長率比含98% L型PLLA大7倍，這說明含94% L型PLLA的塑性更強。兩種聚乳酸的拉伸強度在已報導的PS的拉伸強度之內。但是，與PET相比，這兩種PLA膜的拉伸強度較小。含98% L型PLLA膜的衝擊強度大約為360g。

3.高度有序結構的影響[95]

PLLA的力學特性取決於材料的高度有序結構，如X_c和L_c（晶體厚度）、T_m。提高X_c可以提高PLLA的σ_B和E值，但導致ε_B下降。

表2-9[97]列出了相同加工條件下不同PLA的力學性能。退火的L-PLA的拉伸強度由於鏈的立構規整性增加而增加，衝擊強度因為晶區的交聯而增加。

表2-8 PLA (98% PLLA, 94% PLLA)、PS、PET薄膜的力學性能

性質	PLA (98% PLLA)		PLA (94% PLLA)		雙向拉伸PS	PET
	MD	CD	MD	CD		
拉伸強度／MPa (kpsi)	72 (10.5)	65 (9.5)	84 (12.2)	74 (10.7)	55~82 (8~12)	27.5 (40)
屈服伸長率／%	5	4	3	4	-	6
斷裂伸長率／%	11	5	78	97	3~40	60~165
彈性模數／GPa	2.11	2.54	2.31	2.87	3.2	2.8~4.1
／kpsi	306.4	368.3	335.4	416.3	464	400~600

表2-9 PLLA的力學性質（樣品係在190℃以射出成型製備）

性質	L-PLA (M_v = 66000)	退火L-PLA (M_v = 66000)	DL-PLA (M_v = 114000)
拉伸強度／MPa	59	66	44
斷裂伸長率／%	7.0	4.0	5.4
彈性模數／MPa	3750	4150	3900
屈服強度／MPa	70	70	53
彎曲強度／MPa	106	119	88
無缺口Izod衝擊強度／（J/m）	195	350	150
缺口Izod衝擊強度／（J/m）	26	66	18
Rockwell硬度	88	88	76
熱變形溫度／℃	55	61	50
維卡軟化點／℃	59	165	52

高的退火（淬火）溫度所製備的PLLA膜的拉伸強度的降低是由於大尺寸球晶的形成所造成的，儘管它們有高的X_c。這些結果表明可以通過改變材料的高有序結構來控制PLLA的力學特性。與其他高分子相似，隨分子取向的提高，PLLA纖維的σ_B和E值升高，但ε_B值下降。Leenslag和Pennings通過幹紡纖維的熱拉伸合成了$\sigma_B = 2.1$GPa和$E = 16$GPa的PLLA。Okuzaki等用區域拉伸以低分子量PLLA（$M_w = 13100$）製備了$\sigma_B = 275$MPa和 $E = 9.1$GPa的PLLA。這些結果證明，分子取向與分子量一樣，都是影響PLLA材料力學特性的重要因素。

4.高分子共混的影響〔95〕

與相容性高分子力學性能不同，相分離的高分子共混物的力學性能在連續相和分散相的相反轉點發生突變。即使共混合物發生相分離，橡膠態PEO或PCL和玻璃態PLLA（或PDLLA）共混合物的σ_B、σ_γ與E值可以通過改變高分子共混比例而在很廣的範圍內變化。有研究表明，PLLA的衝擊強度隨著加入橡膠態的生物可降解高分子（如PCL）有所提高。

研究表明，與非混合的PLLA或PDLA膜相比，PLLA和PDLA的立體聚合物具有更高的拉伸性能。通過凝膠化和球晶限制生長形成的顯微結構可以補強共混物薄膜的拉伸性能。共混物薄膜拉伸性能的提高還可通過L單元和D單元序列的強烈相互作用導致無定形區的高密度鏈填充來實現，其共混薄膜中T_g的提高便是有力的證據。

三、光學性質

(一)紫外線吸收性

很多食物對光敏感，如果汁、維生素、運動飲料、牛奶和食用油等，因此包裝這些食物的聚合物對可見光及紫外線（UV）的吸收是影響食物質量的最主要因素之一。地球上收到的所有波長範圍的光中，紫外線部分只占3%，但是這已經有足夠的能量來引發化學反應，使聚合物老化，使燃料退色及對眼睛造成損壞。紫外線又可以分成3個部分：通常被稱為「黑光」的UV-A（315～400nm），是其中波長最長、能量最低的，在紫外線中占最大部分，可以使人皮膚曬黑和出現黑斑；UV-B，可以被臭氧層部分隔離，是紫外線中能量最高的部分，是使塑膠光降解的主要因素；UV-C（100～280nm），通常用人造光源發射，由太陽發射的UV-C被地球大氣層全部吸收而無法到達地球表面。紫外線吸收與透過可以用來分辨聚合物。

將PLA對190～800nm的光的阻隔性質與商業化之PS、PET、LDPE、玻璃紙進行比較〔98〕。圖2-8中之PLA、PS、PET、LDPE及玻璃紙薄膜的紫外線透過率，圖2-8是PLA及其他商業膜的紫外線及可見光吸收分佈圖。PLA在UV-C（190～220nm）範圍內幾乎不透過紫外線，但是在225nm以後PLA的紫外線透過率急速增長，250nm時紫外線透過率已達到85%，300nm時紫外線透過率達95%，UV-A和UV-B能夠透過。PLA的UV-C透過率低於LDPE，但是UV-B和UV-A透過率均高於PET、PS和玻璃紙。因此，如果要將透明PLA膜用於牛奶等包裝時必須添加紫外穩定劑，從而有效地吸收紫外線，防止其對光

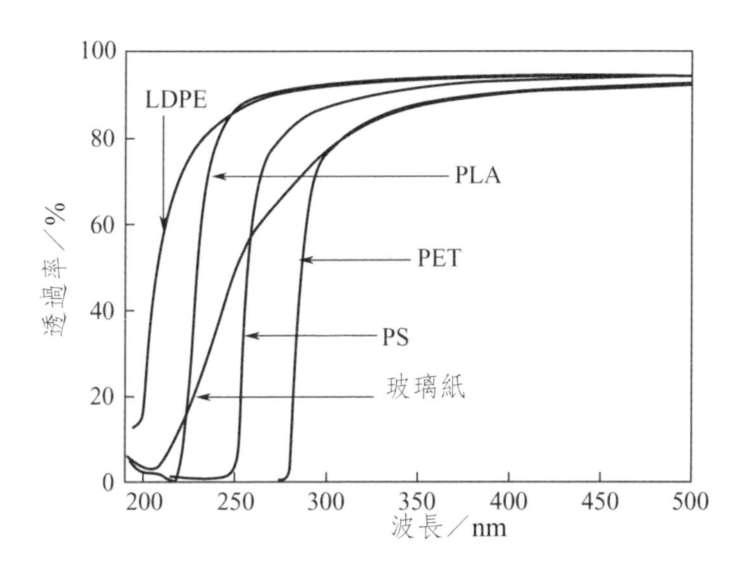

圖2-8 PLA、PS、PET、LDPE及玻璃紙薄膜的紫外線透過率

敏感食物的破壞，保持其外觀和口味，延長保質期。

從分光光度計數據計算得到的黃色指數是描述樣品從透明或白色向黃色轉變的指數。PLA、PS和LDPE具有相同的黃色指數，分別是4.67、4.32及4.67。而玻璃紙和PET具有較高的值6.30、5.71。

(二)折射率〔95〕

所有的聚合物都有一個反映其結構的折射率。聚合物的折射率可以用單體或重覆單元（repeat unit）的分子量、分子體積及其密度和化學結構來計算。PLA及其他商業膜的折射率用Lorentz、Gladstone和Vogel方法計算後所得結果和實驗值一並列於表2-10〔98〕。

表2-10 幾種聚合物的理論及實驗折射率

聚合物	n（實驗值）	n（計算值）		
		Lorentz	Gladstone	Vogel
PE	1.490	1.479	1.478	1.469
PS	1.591	1.603	1.600	1.590
PVC	1.539	1.544	1.543	1.511
PET	1.63~1.68	1.581	1.580	1.560
PLA	1.4（纖維）	1.482	1.492	1.500

注：PLA由Natureworks LLC提供，PLLA含量為98%。

光折射與PLA的各向同性直接相關。PLLA和PDLA在氯仿中的旋光度（$[\alpha]^{25}_{589}$s）分別為–156°・cm^3/(dm・g)和156°・cm^3/(dm・g)。PLLA纖維隨分子取向度的改變雙折射率Δn可以為0.015～0.038。包括單α型晶體的通過高拉伸和淬火後的特性雙折射率用Stein公式估計為0.030～0.033。Kobayashi等發現沿著PLLA螺旋軸的回轉張量組分g_{33}相當大〔$(3.85\pm0.69)\times10^{-2}$〕，其對應的旋光度為$(9.2\pm1.7)\times10^{3°}$/mm，比取向晶體大兩個數量級。Tajitsu等報導了類似的旋光度為$7.2\times10^{3°}$/mm。

(三)紅外光譜

紅外光譜是電磁波譜中介於可見光和微波區域（即2500～15000nm）的光波。PLA的紅外光譜通常經過傅里葉變換（Fourier Transform）[98]。PLA的最大吸收出現在240nm處，是分子骨架中的酯基造成的。PLA在紅外範圍內的吸收峰列於表2-11。在2997cm^{-1}、2946cm^{-1}和2877cm^{-1}處的強峰是CH的伸縮振動，$\nu_{as}(CH_3)$、$\nu_s(CH_3)$和$\nu(CH)$振動造成的。C═O的伸縮振動對應於1748cm^{-1}處的寬峰。1500～1360cm^{-1}之間的

表2-11 PLA（98% L-乳酸）的紅外光譜特徵峰值

峰的名稱	峰的位置／cm^{-1}
—OH伸縮振動峰（自由）	3571
—CH伸縮振動峰	2997（不對稱），2946（對稱），2877
—C═O伸縮振動峰	1748
—CH_3彎曲峰	1456
—CH—變形峰（包括對稱和不對稱彎曲峰）	1382, 1365
—C═O彎曲峰	1225
—C—O—伸縮振動峰	1194, 1130, 1093
—OH彎曲峰	1047
—CH_3搖擺振動峰	956, 921
—C—C—伸縮振動峰	926, 868

峰是1456cm^{-1}的CH_3振動造成的。CH的變形峰（包括對稱和不對稱峰）分別出現在1382cm^{-1}和1365cm^{-1}處。1315cm^{-1}和1300cm^{-1}處的峰是由於CH的彎曲振動造成的。在1300～1000cm^{-1}範圍內可以觀察到酯基中C-O的伸縮振動峰出現在1225cm^{-1}處，ν(O-C)的非對稱振動峰出現在1090cm^{-1}處。在1000～800cm^{-1}之間，956cm^{-1}和921cm^{-1}處出現的峰可以認為是螺旋骨架中CH_3的搖擺振動造成的。871cm^{-1}和756cm^{-1}處的峰是與PLA晶相及非晶相有關的，871cm^{-1}處的峰與非晶相有關，756cm^{-1}處的峰與晶相有關。最後，低於300cm^{-1}的峰可以認為是CH_3的扭轉及C—C骨架的扭轉造成的。

四、電性能[95]

PLLA的壓電常數$-d_{1\xi}$和$-e_{1\xi}$隨拉伸比提高，DR在4～5的時候達到最大值。在鼠脛骨斷後用PLLA棒進行植入內固定，當牽拉PLLA棒時，對在補強癒合組織形成時斷裂骨癒合有促進作用，這種促進是由於鼠的腿運動的牽扯產生壓電電流。另一方面，Pan等報導說剩餘極化強度隨溫度的升高而升高，而感生電場隨溫度的升高而降低。在130℃時剩餘極化強度為96mC/m^2，強制電場為20MV。將PLLA樣品在130℃、50MV/m的電場電暈極化5min，其熱電常數在T_g溫度以上為10μC・K/m^2，在T_g溫度以下為20μC・K/m^2，而在T_g時為0。

五、表面特性[95]

有報導通過PLA表面改性可以提高其親水性。具體方法是接枝一些親水鏈，如丙烯醯胺（AAm）或肽鏈，以及鹼和酶表面水解。鹼和酶處理是通過表面腐蝕斷裂PLA鏈，造成親水端基如羥基和羧基的密度加大，導致前後接觸角的下降分別是74°～102°和43°～59°。此外，還可通過塗覆含有親水鏈的PLA-b-PEO來提高PLLA的親水性。

PLLA膜表面的親水性可以通過簡單地物理混合親水性PVA來提高。前後接觸角可以通過改變聚合物共混比例控制在61°～95°和28°～59°。

六、回收、降解／穩定性

PLA能夠利用現有的各種塑膠回收技術進行回收，包括掩埋、焚燒、機械回收以及化學回收等途徑。

七、聚乳酸性能總結

PLA的纖維、薄膜／片、射出成型製品的基本性能於表2-12總結說明，表中同時列出了另外2種生物降解高分子PBS及澱粉材料的性能和5種通用有機高分子材料PE、PP、PET、PVC和PS的性能。可以看出，與一般樹脂相比，生物降解材料具有與期待取代的樹脂相同或更優的性能，再加上生物降解材料具有一般樹脂材料所無法解決的生物降解能力，這些正好是生物降解樹脂不得不被採用的最基本的原因。

需要說明的是，即使是相同的樹脂，分子量大小不同、成型方式不同，製品性能也會有很大不同。塑膠材料的性能除了力學性能以外還包括熱性能、光學性能、電氣性能、透過／阻隔性能以及表面性能等多方面，這些性能一方面由分子構造、分子量等一次構造決定，另

表2-12　通用塑膠和綠色塑膠的性能比較

樹脂種類		性能																							功能			
		加工性					力學性質				熱性能		光學性質		化學性質		物理性質		耐久性		附加功能性				設計性			
		吹膜成型性	押出成型性	雙軸拉伸性	射出成型性	纖維成型性	拉伸強度	抗衝擊強度	硬度	柔軟性	軟化溫度	耐寒性	透明度	透射率	耐酸耐鹼性	耐溶劑性	氣體阻隔性	耐加熱水性	生物降解性	耐候性	阻燃性	導電性	發泡輕量化	熱封性	光澤度	著色	印刷	浮雕
綠色材料	PLA	●	●	●	●	●	●	▲	●	×	▲	●	★	★	×	●	×	▲	●	●	×	×	▲	▲	●	▲	●	▲
	PBS	●	●	×	★	▲	▲	●	▲	●	×	●	▲	▲	●	●	×	×	●	×	×	×	▲	●	▲	▲	●	●
	澱粉類	●	▲	×	★		▲	▲	●	▲	▲	●	×	×	●	●		×	●	●	×	×	●	×	×	▲	●	×
通用塑料	PE		★	▲	★	●	●	●	▲	●	▲	●	●	▲	★	★	×	×	×	●	×	×	●	●	●	★	▲	▲
	PP	●	★	★	★	●	●	★	●	▲	●	●	●	▲	★	★	×	●	×	●	×	×	▲	×	●	●	●	●
	PET		★	★	★	★	★	★	●	▲	★	●	●	●	▲	●	●	●	×	●	×	×	×	×	●	★	●	▲
	PVC	●	★	●	★		●	●	●	★	●	▲	★	●	★	★	●	▲	×	★	●	×	★	★	★	★	●	★
	PS		★	★	★	▲	●	▲	●	▲	●	●	★	●	★	▲	×	▲	×	★	×	×	●	×	★	★	●	●

注：★為很好；●為一般；▲為中等；×為差。

外通過調節結晶度、取向程度等高次構造也能夠在一定範圍內進行控制。因此，為了提高包括PLA在內的生物降解樹脂在塑膠應用方面的相關物理性能，使其具有實用價值，可以通過一定的分子設計或通過二次加工進行高次結構控制而實現。

PLA相對於石油基高分子材料而言具有更好的價值選擇。PLA的引進將鼓勵農作物材料的使用和開發。隨著PLA價格的降低以及製備大容積PLA設備的出現，將進一步促進其新的應用領域的展開。雖然PLA是一種相對較新的聚合物，但是通過改變其化學組成、分子特點從而有可能改造它的物理、力學及阻隔性能，同時通過PLA與其他聚合物混合也可能製備可降解的塑膠材料。

Natureworks公司持續低價的商業運作保證了PLA在商業領域中的應用。Natureworks公司可以提供各種使用用途的PLA，可以用於各種成型過程（射出、薄膜、拉絲、吹塑、成膜和吹塑薄膜）。市場調查顯示PLA用於包裝材料具有商業可行性。把PLA作為包裝材料使用的眾多先驅公司中的兩個是德國Yoghurt的Dannon和Cutlery的McDonald。近5年來，在歐洲、日本及美國PLA作為包裝材料使用都有所增長，主要使用在保存時間較短的食物領域，如水果、蔬菜，以及包裝領域，包括容器、飲用杯、霜淇淋和沙拉杯、透明和疊片膜以及水泡袋。但是由於PLA作為包裝材料使用時初始造價太高，使得其在熱成型、食物和飲料容器以及覆蓋薄膜領域中仍然是一種價值較高的聚合物。在纖維、紡織物、薄膜製品以及覆蓋紙張領域的應用也正在研究。用於商業的PLA薄膜和包裝具有比PS更好的力學性質，並且具有PET的性質。在今後的10年內，PLA的生產和消費將持續增長。

參考文獻

[1] FAO統計.http://faostat. fao. org/faostat/.

[2] Hofvendahl K et al. *Enzyme Microb. Technol.*, 1997, 20: 301.

[3] Giraud E et al. *Appl. Environ. Microbiol.*, 1994, 66: 4319.

[4] Zhang D X et al. *Process Biochem.*, 1994, 29: 145.

[5] Javanainen P et al. *Biotechnol. Tech.*, 1995, 9: 543.

[6] Shamala T R et al. *Enzyme Microb. Technol.*, 1987, 9: 726.

[7] Ray L et al. Ind. J. *Exp. Biol.*, 1991, 29: 681.

[8] Kurosawa H, Ishikawa H, Tanaka H. *Biotechnol. Bioeng.*, 1988, 31: 183.

[9] Chatterjee M et al. *Biotechnol. Lett.*, 1997, 19: 873.

[10] Cheng P et al. *J. Ind. Microbiol.*, 1991, 7: 27.

[11] Zhang D X et al. *Biotechnol. Lett.*, 1991, 13: 733.

[12] Mercier P et al. J. *Chem. Technol. Biotechnol.*, 1992, 55: 111.

[13] Yumoto I et al. *Biotechnol. Lett.*, 1995, 17: 543.

[14] Amrane A et al. *Appl. Microbiol. Biotechnol.*, 1994, 40: 644.

[15] Amrane A et al. *J. Biotechnol.*, 1996, 45: 195.

[16] Roy D et al. *Appl. Microbiol. Biotechnol.*, 1986, 24: 206.

[17] Roy D et al. *J. Dairy Sci.*, 1987a, 70: 506.

[18] Linko P et al. *Ann. NY Acad. Sci.*, 1984, 434: 406.

[19] Stieber R W et al. *Biotechnol. Bioeng.*, 1981, 23: 535.

[20] Aeschlimann A et al. *Enzyme Microb. Technol.*, 1991, 13: 811.

[21] Roukas T et al. *Enzyme Microb. Technol.*, 1991, 13: 33.

[22] Goksungur Y et al. *J. Chem. Technol. Biotechnol.*, 1997, 69: 399.

[23] McCadkey T A et al. *Appl. Biochem. Biotechnol.*, 1994, 45-46: 555.

[24] Melzoch K et al. *J. Biotechnol.*, 1997, 56: 25.

[25] Chopin A. *FEMS Microbiol. Rev.*, 1993, 12: 21.

[26] Payot T et al. *Enzyme Microb. Technol.*, 1999, 24: 191.

[27] Lund B et al. *Biotechnol. Lett.*, 1992, 14: 851.

[28] Yoo I K et al. *J. Ferment. Bioeng.*, 1997, 84: 172.

[29] Demirci A et al. *Food Chem.*, 1998, 46: 4771.

[30] Borgardts P et al. *Bioprocess Eng.*, 1998, 19: 321.

[31] Kwon S et al. *Enzyme Microb. Technol.*, 2000, 26: 209.

[32] Stiles M E et al. *Int. J. Food Microbiol.*, 1997, 36: 1.

[33] Smith J S et al. *J. Dairy Res.*, 1975, 42: 123.

[34] Thomas T D et al. *J. Bacteriol.*, 1979, 138: 109.

[35] Fordyce A M et al. *Appl. Environ. Microbiol.*, 1984, 48: 332.

[36] Sjoberg A et al. *Appl. Microbiol. Biotechnol.*, 1995, 42: 931.

[37] Hofvendahl K et al. *Enzyme Microb. Technol.*, 1997, 20: 301.

[38] Kandler O. *Antonie van Leeuwenhoek*, 1983, 49: 20.

[39] Garvie E I. *Microbiol. Rev.*, 1980, 44: 106.

[40] Klaenhammer T R et al. Genetics and Biotechnology of Lactic Acid Bacteria. London: Blackie, 1994. 106.

[41] Friedman M R et al. *J. Biotechnol. Bioeng.*, 1979, 12: 961.

[42] Guoqiang D et al. *Appl. Microbiol. Biotechnol.*, 1991, 36: 309.

[43] Norton S et al. *Enzyme Microb. Technol.*, 1994b, 16: 457.

[44] Yahannavar V M et al. *Biotechnol. Bioeng.*, 1991, 37: 544.

[45] Vickroy T B. the Practice of Biotechnology: Commodity Products. New York:

Vickroy, 1985. 761.

[46] Fukuzaki H et al. *Makromol. Chem.*, 1989b, 190: 2571.

[47] Hiltunen K et al. *Macromolecules*, 1997a, 30: 373.

[48] Hiltunen K. Synthsis and Characterization of Lactic Acid Based Poly (ester-urethanes) //Acta Polytechnica Scadinaica, Chemical Technology Series. Espoo, Finnish: 1997. 251.

[49] Hiltunen K et al. J. *Appl. Polym. Sci.*, 1997c, 64: 865.

[50] Kricheldorf H R et al. *Polym. Bull*, 1985, 14: 497.

[51] Witzke D R et al. *Polym. Prep.*, 1998, 39: 86.

[52] Enomoto K et al (Mitsui Chemicals Co) . US 5310865. 1995.

[53] Ichikawa F et al (Mitsui Chemicals Co) . US 5440008. 1995.

[54] Kashima T et al (Mitsui Chemicals Co) . US 5428126. 1995.

[55] Ohta M et al (Mitsui Chemicals Co) . US 5440143. 1995.

[56] Ajima M et al. *Bull Chem. Soc. Jpn.*, 1995, 68: 2125.

[57] Loontjens T et al. *J. Appl. Polym. Sci.*, 1997, 65: 1813.

[58] Luston J et al. *J. Appl. Polym. Sci.*, 1999, 72: 1047.

[59] Kylma J et al. *Polymer*, 2001, 42: 3333.

[60] Hiltunen K et al. *Macromolecules*, 1996, 29: 8677.

[61] Hiltunen K et al. *J. Environ. Polym. Degr.*, 1997b, 5: 167.

[62] Hiltunen K et al. *J. Appl. Polym. Sci.*, 1997, 67: 1011.

[63] Buchholz B. US 5302694. 1994.

[64] Kim S H et al. *Macromol. Symp.*, 1999, 144: 277.

[65] Moon S I et al. *J. Polym. Sci. Part A: Polym. Chem.*, 2000, 38: 1673.

[66] Miyoshi R et al. *Int. Polymer. Processing* XI, 1996, 9: 320.

[67] Moon S I et al. *Polymer*, 2001, 42, 11: 5059.

[68] Lofgren A et al. *J. Macromol. Sci. Rev. Macromol. Chem. Phys*. C, 1995, 35 (3): 379.

[69] Kricheldorf H R et al. *Macromol. Symp.*, 1996, 103: 85.

[70] Dunsing R et al. *Eur. Polym. J.*, 1988, 24: 145.

[71] Kricheldorf H R et al. *Macromo. Chem.*, 1993, 194: 1665.

[72] Kricheldorf H R et al. *Polymer*, 1995, 36: 1253.

[73] Dgee P et al. *Macromol. Symp.*, 1999, 144: 289.

[74] Agarwal S et al. *Macromol. Rapid Commun.*, 2000, 21: 195.

[75] Moller M et al. *J. Polym. Sci. ·Part A: Polym. Chem.*, 2000, 38: 2067.

[76] Zhang X et al. *J Polym Sci. ·Part A: Polym. Chem.*, 1994, 32: 2965.

[77] In't Veld P et al. *J. Polym. Sci. ·Part A: Polym. Chem.*, 1997, 35: 219.

[78] Schwach G et al. *J. Polym. Sci. ·Part A: Polym. Chem.*, 1997, 35: 3431.

[79] Storey R F et al. *J. Macromol. Sci. ·Pure Appl. Chem.*, 1998, 35: 723.

[80] Kricheldorf H R et al. *Macromoledules*, 2000, 33: 702.

[81] Kowalski A et al. *Macromol. Rapid Commun.*, 1998, 19: 567.

[82] Kowalski A et al. *Macromolecules*, 2000a, 33: 689.

[83] Kricheldorf H R. *Macromol. Symp.*, 2000, 153: 55.

[84] Kowalski A et al. *Macromolecules*, 2000b, 33: 1964.

[85] Mecerreyes D et al. *Macromol. Chem. Phys.*, 1999, 200: 2581.

[86] Rafler G et al. *Acta Polym.*, 1992, 43: 91.

[87] Auras R et al. *Macromol. Biosci.*, 2004, 4: 835.

[88] Ikada Y et al. *Macromol. Rapid Commun.*, 2000, 21: 117.

[89] Jamshidi S H et al. *Polymer*, 1988, 29: 2229.

[90] Drumright R E et al. *Adv. Mater*, 2000, 12: 1841.

[91] Celli A et al. *Polymer*, 1992, 33: 2699.

[92] Tsuji H et al. *Polymer*, 1995, 36: 2709.

[93] Tsuji H et al. *J. Appl. Polym. Sci.*, 2001, 79: 1582.

[94] Kharas G B et al. Plastics from Microbes. Munich: Hanser Publishers, 1994. 93.

[95] 土肥羲治著，生物高分子，第四卷，陳國強譯，北京：化學工業出版社，2004. 173.

[96] Farrer K T H. *Packag News*, 1983.

[97] Garlotta D et al. J. Polym. Environ., 2001, 9: 63.

[98] Auras R. [Ph. D. Thesis]. East Lansing: Michigan State University, 2004. 268.

第三章

聚乳酸改性

第一節　聚乳酸的補強改性

一、補強改性聚乳酸的背景和應用

PLA來源為植物資源，並且可以完全生物降解，首先應用於包裝材料領域。隨著PLA應用的深入開展，PLA在電子、電器、汽車、建築材料等領域作為耐久性工程塑膠的應用已有報導，因此補強PLA的研究和應用具有很好的發展前景。但是，由於純PLA樹脂結晶速度很慢，成型製品收縮率大、尺寸穩定性差，本身質脆、加工熱穩定性差，以及製品耐久性差等缺點，限制了其作為工程塑膠的應用。PLA強度改善的研究剛剛起步，目前主要方法是採用玻璃纖維補強、天然纖維補強、奈米複合及填充補強等技術。

PLA的補強材料從幾何形狀來劃分，大體上可分為片狀和纖維狀兩類，而纖維狀的又分為合成纖維和天然纖維（表3-1）。其中，天然／生物纖維正在逐步取代合成補強纖維在傳統的環境友善複合材料製備中的應用，採用天然纖維補強生物降解PLA樹脂成為對生物降解樹脂補強改性的一種備受矚目的技術。本節將對這些技術進行系統介紹。

表3-1 PLA的主要補強材料

幾何形狀		補強材料
片狀		滑石粉，雲母，高嶺土，蒙脫土
纖維狀	合成纖維	玻璃纖維，碳纖維
	天然纖維	醋酸纖維素，洋麻纖維，劍麻纖維，黃麻纖維，亞麻纖維，馬尼拉麻纖維，微晶纖維素，舊報紙纖維，竹子纖維，木纖維

經過補強改性以及耐熱性、耐久性、阻燃性改進的PLA材料已經開展了商業應用。例如，2005年日本愛知世博會使用了PLA材料做牆板，東麗和豐田汽車公司開發了PLA車用腳墊和備用輪胎蓋板，日本NEC、富士通等公司製造了以PLA為主材料的電腦外殼，其他還有PLA在隨身聽、DVD機、手機外殼上的應用等。

二、玻璃纖維補強聚乳酸的製備和控制因素

玻璃纖維（Glass Fiber, GF）具有高強度、耐候、耐熱、絕緣性好等特點，與其他纖維比較，玻璃纖維的價格很低，是廉價高性能補強材料。玻璃纖維補強PLA能夠提高PLA的力學性能和熱變形溫度。如表3-2所示，40%的長玻璃纖維補強PLA的拉伸強度、彎曲強度分別是純PLA的1.6倍、1.7倍，彎曲模數是純PLA的3.1倍，衝擊強度是純PLA的5.2倍，熱變形溫度由純PLA的58℃提高到167℃；如表3-3所示，30%的短玻璃纖維補強PLA的拉伸強度、彎曲強度分別比純PLA提高了27.5%、10.2%，彎曲模數比純PLA提高了148.5%，衝擊強度比純PLA提高了53.3%，熱變形溫度提高了10℃左右。

表3-2 40%玻璃纖維補強PLA力學性能比較[1]

專案	標準	PLA	PLA/GF (60/40)	性能提高率
拉伸強度／MPa	ASTM D638	66	108	63.6%
彎曲強度／MPa	ASTM D790	107	180	68.2%
彎曲模量／MPa	ASTM D790	3490	10870	211.5%
Izod缺口衝擊強度／（kJ/m²）	ASTM D256	5	26	420.0%
熱變形溫度／℃	ASTM D648	58	167	187.9%
樣品中GF長度／mm	–	–	2.0	–

注：原料PLA是日本鍾紡合纖株式會社的Lacton TM100。原料GF是單纖直徑為16μm的長玻璃纖維。

表3-3 30%玻璃纖維補強PLA力學性能比較[2]

專案	標準	PLA	PLA/GF (70/30)	性能提高率
拉伸強度／MPa	ASTM D638	62.9±4.9	80.2±1.6	27.5%
彎曲強度／MPa	ASTM D790	98.8±1.0	108.9±1.2	10.2%
彎曲模量／GPa	ASTM D790	3.3±0.1	8.2±0.3	148.5%
Izod缺口衝擊強度／（kJ/m²）	ASTM D256	25.7±1.3	39.4±1.1	53.3%
熱變形溫度（0.46MPa）／℃	ASTM D648	64.5	73.9	14.6%
樣品中GF長度／mm	–	–	0.39~0.41	–

注：原料PLA商品名為Biomer L 9000，M_w=20000，M_n=10100，由德國的Biomer提供。原料GF是平均長度為3.17mm的短玻璃纖維。

(一)玻璃纖維補強作用機理

玻璃纖維補強PLA的強度是純PLA強度的幾倍，這就是抵抗外力作用的貢獻。無論是長玻璃纖維還是短玻璃纖維補強PLA，在共混過程中，玻璃纖維在螺桿押出機高剪切力的作用下被切成一定長度的纖維，均勻地分佈在PLA基體樹脂中。混合押出過程中，玻璃纖維會沿軸向方向產生一定程度的取向，當製品受到外力作用時，從基材傳到玻璃纖維，力的作用方向會發生變化，即沿纖維取向方向傳遞。這種傳遞作用在一定程度上起到力的分散作用，換言之，即為能量的分散作用，從而補強了材料承受外力作用的能力，在宏觀上顯示出材料的拉伸強度、彎曲強度等力學性能的大幅度提高。

(二)玻璃纖維補強PLA生產的主要控制因素

玻璃纖維補強PLA的生產過程中，玻璃纖維的分散、玻璃纖維與PLA基料的黏結、玻璃纖維尺寸及其分佈、各種助劑的正確運用、加工條件的調整、螺桿組合及轉速的控制等因素均會影響產品的性能。只有把握每個環節，精心調製，才可能產生高品質的產品。

(1)玻璃纖維單纖的直徑對補強PLA的力學性能的影響　一般來說，玻璃纖維的直徑控制在8～20μm範圍內。玻璃纖維太粗，與PLA的黏結性差，因而產品力學性能下降。玻璃纖維太細，易被螺桿剪切為細微粉末，因而失去纖維的作用，另外細纖維的製造成本高。

(2)玻璃纖維長度對補強PLA的影響　玻璃纖維長度對補強PLA的力學性能及外觀產生較大的影響，玻璃纖維的長度一般控制在2～3mm為最好。從理論上講，製品中的玻璃纖維長度越長對PLA補強效果越好，但將帶來製品表面粗糙及翹曲等問題。玻璃纖維的長度與其原始長度無關，而與螺桿組合結構和轉速有關。因此，要控制玻璃纖維的長度應從調整螺桿結構及轉速入手。

(3)玻璃纖維含水量的影響　一般玻璃纖維製造過程中，經表面處理劑浸濕，玻璃纖維的表面吸附一定量的水分。玻璃纖維的表面水在熔融押出過程中將使PLA產生水解反應，導致PLA發生降解，從而降低補強PLA的力學性能。

(4)玻璃纖維表面處理的影響　玻璃纖維生產過程中一般需進行表面浸濕處理，浸濕表面及保護玻璃纖維不受磨損，同時為玻璃纖維與聚合物基體間提供良好的黏結介面。玻璃纖維浸潤劑主要成分是偶合劑。玻璃纖維生產過程中偶合劑用量偏小，所以使用時要適當添加一定量的偶合劑，或者再對玻璃纖維進行一次表面處理。適合玻璃纖維表面處理的偶合劑主要是矽烷類化合物，這類化合物除與玻璃纖維表面基團反應外，分子中含有的氨基、羰基、羧基或環氧基與PLA大分子發生一定的化學結合，或有較好的相容性。其中，含有氨基的矽烷類化合物，如γ-氨丙基三乙氧基矽烷、γ-二乙氨丙基三甲氧基矽烷，效果最好。

(5)玻璃纖維含量對補強PLA性能的影響　一般來說，玻璃纖維含量越高，補強PLA的力學性能越好。但實際生產中應根據市場需求來確定玻璃纖維的含量。玻璃纖維含量過高，熔融體的流動性下降，會對成型加工造成一定的影響，對於大型結構複雜的製件必須考慮如何保證產品的流動性，同時還應改變加工方法以滿足製品的要求。玻璃纖維含量過高，還對設備磨損嚴重，縮短螺桿的使用壽命。補強PLA的玻璃纖維含量一般控制在5%～60%。玻璃纖維含量還會對補強PLA的熱變形溫度、成型收縮率等產生影響。

(6)玻璃纖維含量對PLA表面性能的影響　玻璃纖維的加入大幅度提高了PLA的力學性能，但對其表面光潔度產生了消極的影響。隨著玻璃纖維含量的增加，補強PLA製品的表面變得越來越粗糙，或在製品表面產生明顯的玻璃纖維流紋而失去原有的光澤，特別是黑色製品的表面會出現泛白現象，在玻璃纖維包覆不佳時玻璃纖維易出現外露而影響製品外觀。因此，對於表面要求高的製品，在高玻璃纖維含量的情況下，必須添加一些表面改性劑，如玻璃纖維分散劑之類的助劑，以改善玻璃纖維在基體中的分散，達到均勻分佈，從而提高製品表面光潔度。

(7)共混溫度對補強PLA性能的影響　共混押出的溫度對補強PLA的成型性、製品表面光潔度和力學性能有很大的影響。押出溫度太低，玻璃纖維的包覆效果差，往往會出現玻璃纖維外露現象，外表粗糙無光澤，顆粒疏鬆，脆性大，產品的衝擊強度較低。押出溫度太高，則易造成PLA的熱氧化分解，產品力學性能下降，外觀變黃甚至變成灰色。因此，應根據基料的不同、玻璃纖維含量的不同選擇適當的押出溫度。共混押出溫度選擇的原則是控制在略高於基材熔點的溫度範圍內。在實際操作中可根據玻璃纖維入口熔融體流動情況來確定熔融區溫度，根據押出帶條光澤度來確定計量段、壓縮段的各區溫度。在押出過程中還應注意螺桿溫度梯度與分佈的控制，應防止某一區域的溫度過於集中或超溫現象，而押出溫度分佈與螺桿結構有密切的關係。

(8)螺桿轉速對補強PLA性能的影響　在補強PLA製造過程中，螺杆轉速的控制非常重要。螺桿轉速的高低間接反映熔融體在螺桿中的停留時間，熔融材料停留時間的長短直接影響基料的熔融、塑化、混合效果及玻璃纖維的分散程度，其次還影響產量。螺桿轉速太低時，螺桿的剪切作用小，導致玻璃纖維分散不勻，物料不能得到充分的塑化與混合，使得補強PLA性能不勻。螺桿轉速太高時，其剪切混合作用補強，但由於螺桿的高轉速運動會產生很大的摩擦熱，導致螺桿溫度過高而使基材及部分助劑產生熱分解，影響產品質量。因此，應根據不同產品及溫度可控情況確定螺桿轉速。螺桿轉速設定的原則是：低玻璃纖維含量時，可適度提高轉速；高玻璃纖維含量時，應採用中低轉速；對於阻燃補強，由於阻燃劑易產生熱分解，宜採用低轉速。

(三)玻璃纖維補強PLA的種類

玻璃纖維補強PLA主要有以下幾種。

① 玻璃纖維補強PLA。

② 玻璃纖維補強、填充PLA。玻璃纖維補強PLA中添加一定量的無機填料。無機填料的加入不僅降低了製品的翹曲性，還可以提高製品的剛性，這是製造高強度、高剛性、低翹曲的PLA複合材料的有效途徑。

③ 玻璃纖維補強、阻燃PLA。用於電器及電氣設備部件，除要求較高的強度以外，還要求具有一定的阻燃性。可以選擇添加合適的阻燃劑，製備阻燃補強PLA。主要生產技術要點如下：阻燃劑選擇時要考慮其阻燃效率和分散性；由於低分子阻燃劑的加入，會使材料的衝擊性能下降，應該根據用途考慮是否添加適量的彈性體，以改善材料的衝擊強度；選擇合適的共混押出溫度，既要保證玻璃纖維均勻分散，又要注意防止阻燃劑分解。

④ 補強、增韌PLA。玻璃纖維補強PLA的拉伸強度和彎曲強度很高，但其低溫性能不十分理想。對於一些既要在高溫環境中使用又要在低溫環境中使用的應用場合，單純的玻璃纖維補強滿足不了要求，必須加入彈性體，以提高其低溫韌性。

三、天然植物纖維補強聚乳酸的製備和控制因素

(一)天然植物纖維補強聚合物概述

1.天然植物纖維種類

天然植物纖維補強高分子能夠提高材料的強度和硬度。常用的天然植物纖維可以分為3類，見表3-4。這些天然植物纖維的基本成分是纖維素和木質素，它們的含量根據植物原料的種類而各不相同。木纖維主要用作塑膠的填充材料，而非木纖維尤其是韌皮非木纖維能夠對塑膠起到很高的補強作用。

2.天然植物纖維特點

與玻璃纖維相比，天然植物纖維及其複合材料具有如下性能方面的優勢：①生態保護性能，麻纖維生長期短，對生長環境要求不高；②其生長過程無需農藥和化肥；③生長、收穫、加工的能量消耗較少；④對二氧化碳的吸收能力強，具有減緩「溫室效應」的作用；⑤使用過程無有害的游離化學物質和玻璃纖維微粒；⑥無需化學膠黏劑，可在一步法成形過程中與基材熱黏合；⑦替代化纖和塑膠等人造材料，可節約有限的石油資源；⑧焚燒時無毒物排放，填埋後可生物

表3-4　補強天然植物纖維分類

分類		舉例
秸稈纖維		玉米秸，麥秸，稻草
非木纖維	韌皮	洋麻，亞麻，黃麻，大麻，苧麻
	葉	劍麻，赫納昆葉纖維（Henequen），蕉麻
	種子／果	棉花，椰子殼纖
維木纖維		軟木，硬木

降解；⑨可再生循環利用。表3-5對植物纖維和玻璃纖維的特點進行了比較。

非木纖維的拉伸強度高於E-玻璃纖維，密度低，比強度相當。模數和比模數見表3-6。洋麻、亞麻、劍麻、大麻纖維等非木纖維已經在工業上成功用於對聚丙烯的補強。

表3-5　玻璃纖維和天然植物纖維的特點比較

專案	玻璃纖維	天然植物纖維
吸入後對健康的危害	有	無
成本	3~4倍	1倍
回收性	無	有
生產時能量消耗	高	低
對減少CO_2作用	無	有
密度	高（2.5g/cm^3）	低（1.2~1.6g/cm^3）
再利用性	無	有
堆肥化	不可生物降解	可生物降解
纖維摩擦	能量48.3MJ/kg	能量3.4MJ/kg（中國蘆葦纖維）
分離	困難	容易
抗破碎性	低	高
吸音性有	低	高

表3-6　玻璃纖維和一些天然植物纖維模數比較

纖維種類	密度／（g/cm^3）	模數／GPa	比模數（模量／密度）
E-玻璃	2.55	73	29
大麻	1.48	70	47
亞麻	1.4	60~80	43~57
黃麻	1.46	10 ~ 30	7 ~ 21
劍麻	1.33	38	29
椰子殼	1.25	6	5
棉花	1.51	12	8

3.天然植物纖維補強塑膠的特點

天然植物纖維複合材料具有剛度、韌性、斷裂特性良好，隔熱、吸聲性能好，燃燒速率低，尺寸穩定性好，耐候性好，低溫性能好等特點。天然植物纖維的比強度（強度／重量）高於玻璃纖維補強材料，因此可以實現15%的輕質化，這是目前最具吸引力的技術開發動力之一。

4.天然植物纖維補強塑膠的成型加工

保持纖維和高分子基材直接適宜的黏結程度是製備力學性能優良的複合材料的關鍵。天然植物纖維具有親水性，與疏水性的高分子材料之間相容性差。對天然植物纖維表面進行化學改性能夠有效地提高和高分子的結合程度，這些化學改性包括除蠟、鹼處理、乙烯基接枝、乙醯化作用、漂白、過氧化處理、異氰酸酯處理、用矽烷或其他偶聯劑處理等[3]。

天然植物纖維補強塑膠複合材料的成型方式取決於纖維形態與聚合物基體種類。天然植物纖維通常切碎或以非織纖維形式使用。模壓成型是常用的加工生物複合材料的方法。植物纖維填充聚合物的成型可採用與玻璃纖維填充聚合物的成型一樣的押出成型、熱成型以及射出成型等方法。加工時要注意，機械混合時高剪切容易造成纖維損傷，從而引起材料力學性能下降，因此要對加工方式進行精心選擇，最大程度地減少或消除對纖維的損傷。傳統的塑膠加工和複合材料生產的加工方法結合天然纖維的加工特點，是各種技術開發專案的切入點。

5.天然植物纖維補強塑膠的應用

以前天然材料在塑膠中的應用大多採用作為填充料的木粉，製備價格便宜的「木塑材料」。然而，以韌皮纖維為主的麻纖維可比木粉對塑膠提供更好的力學補強作用，而且成本也更低。這種「麻塑材料」在代替一些玻璃纖維複合材料時具有很大的潛力，已在建築行業如建築構架和屋頂等，汽車行業如轎車的門板、車廂內襯板、行李廂、頂棚、座椅背板、衣帽架、儀錶盤、發動機罩和變速箱蓋等部件逐步得到應用。如德國R + S公司生產的天然纖維複合材料門板用於的1999版SAAB 9S轎車；Visteon公司採用一步模壓成形方法生產了福特公司Mondeo牌汽車的門板；荷蘭的供應廠商為福特公司的Focus牌汽車生產採用大麻纖維補強PP材料的發動機護罩，其重量比用玻璃纖維的材料輕30%；2000年德國大眾的奧迪（Audi）公司展出了一輛用麻纖維氈補強聚氨酯樹脂作為車門內裝飾板的Audi Az中型轎車，該車是世界上第一款批量生產的全鋁合金車身汽車，它的重量比一般的轎車輕得多。今後，天然植物纖維複合材料在汽車、電子電器、建材工業等領域具有更廣闊的應用前景。

6.天然植物纖維補強塑膠加工的課題

生物複合材料市場快速發展，商業的競爭對超強度生物複合材料的設計製造需求越來越大。天然植物纖維補強塑膠加工過程中存在的主要問題是[4]：①由於天然植物纖維自身密度小、表面粗糙，所以流動性差，因而傳統的押出機的餵料裝置不能正常工作，需要專門設計的餵料系統；②纖維含量難以準確計量；③天然植物纖維通常要在230℃以下加工。這樣就限制了一些需要較高溫度加工的聚合物和製造方式的應用，在替代玻璃纖維方面這可能是主要的問題；④耐濕性差，衝擊強度低。研究表明這些問題可以通過對纖維進行前處理、聚合物基體改性和優化加工方法解決。密歇根州立大學研究表明韌皮纖維補強複合材料能夠顯著提高材料的彎曲和拉伸性能，葉纖維能夠提高材料的衝擊性能。如果對生物纖維進行鹼處理或矽烷處理，這些性能還能夠進一步提高。

(二)天然植物纖維補強PLA

從節約資源和保護環境的角度考慮，用天然植物纖維補強生物降解高分子從而製備生物複合材料的研究和產品開發越來越引起關注。已經報導的補強PLA用的天然植物纖維品種多樣，有劍麻〔5〕、洋麻〔6〕、黃麻〔7〕、馬尼拉麻〔8〕、亞麻〔9〕、紙纖維〔2, 10〕、甜菜纖維〔11〕、竹子纖維〔12〕等。纖維的種類及尺寸、纖維的分散、纖維與PLA基體的黏結、螺桿組合及轉速的控制、押出切粒後粒子的長度等因素均會影響產品性能。大多數天然植物纖維添加以後，材料的拉伸強度、彎曲強度和彈性模數、熱變形溫度等都能夠得到不同程度的提高，其中對PLA補強效果最顯著的是洋麻纖維。

1.洋麻纖維補強PLA

(1)洋麻（kenaf）洋麻（圖3-1）是自然界吸收二氧化碳水平最高的一種植物，其生長速度非常快，光合作用的速度是普通植物的3～9倍，具有卓越的固碳作用，1t洋麻能夠吸收1.5t CO_2，因此普遍認為它具有極高的防止地球溫室效應的功能。現在，從澳大利亞開始，世界各地都在種植洋麻。洋麻一直以來用作造紙和飼料的原料，其他方面的用途還沒有很好地開發。

圖3-1　洋麻（圖片引自http://www.nec.co.jp）

(2)PLA／洋麻複合材料的特點

①剛性和耐熱性　洋麻纖維補強PLA是具有優異的耐熱性、剛性和成型加工性的高性能複合材料。長度小於5mm的洋麻和PLA混煉，製備洋麻纖維補強PLA複合材料。洋麻纖維的改性效果見表3-7。

表3-7表明，洋麻纖維補強PLA複合材料熱變形溫度和剛性隨著洋麻纖維含量增加明顯地提高。研究結果顯示，這是因為一方面是洋麻纖維本身的防止材料變形的作用，另一方面洋麻纖維促進了PLA基體樹脂的結晶。

過去採用成型後退火處理以促進結晶，容易引起製品變形，而且生產周期長。添加洋麻可以促進PLA結晶化，大幅度縮短成型周期，生產效率明顯提高。對改性前後材料的流變學研究表明，洋麻纖維的

表3-7　洋麻纖維改性PLA及玻璃纖維改性ABS的性能比較

項目	PLA/kenaf				ABS/GF	
纖維添加量（質量百分比）／%	0	10	15	20	0	20
熱變形溫度／℃	66	72	107	120	86	100
彎曲模量／GPa	4.5	5.4	6.3	7.6	2.1	7.3
彎曲強度／MPa	132	111	110	93	70	110
缺口衝擊強度／（kJ/m^2）	4.4	3.8	3.2	3.1	19	4.6

添加對PLA的剪切黏度沒有很大影響。

②韌性　洋麻纖維改性後，PLA材料的彎曲強度和衝擊強度降低。觀察複合材料的衝擊斷面發現衝擊時洋麻纖維大部分不會斷碎，因此推測，如果脫除短纖維，只保留長纖維，會增加受衝擊時纖維從基體樹脂中拔出的能量，或者提高纖維與基體樹脂的介面結合力，能夠改善複合材料的衝擊強度。結果表明（表3-8），除去洋麻纖維中的短纖維部分，或者添加一種同時能夠提高介面黏合力的聚乳酸-脂肪族聚酯共聚物的增韌劑，複合材料的衝擊強度得到改善。

在混練押出PLA和洋麻纖維複合材料時，如果使用剪切力較弱的單螺桿押出機，減少洋麻纖維的微粉化程度，也會提高複合材料的衝擊強度和彎曲強度。

脫除微粉後洋麻纖維比表面積減小，降低了PLA結晶能力，所以脫除微粉的洋麻纖維改性PLA複合材料的熱變形溫度略有降低，但仍然優於ABS樹脂或玻璃纖維補強ABS樹脂。而添加增韌劑的洋麻纖維改性PLA複合材料的各項力學性能均高於ABS樹脂。因此，它們可以

表3-8　洋麻纖維補強PLA的特性和增韌劑添加效果

性能	PLA	PLA + kenaf (< 5mm)	PLA + kenaf (5mm)	PLA + 增韌劑	PLA+kenaf (5mm) + 增韌劑	PLA+GF	ABS+GF
纖維添加量（質量百分比）／%	–	20	20	0	20	20	20
增韌劑添加量（質量百分比）／%	–	0	0	20	20	–	–
缺口衝擊強度／（kJ/m^2）	4.4	3.1	5.5	9.1	7.8	5.1	4.6
彎曲模量／GPa	4.5	7.6	7.1	4.0	6.8	7.8	7.3
彎曲強度／MPa	132	93	115	106	72	138	110
熱變形溫度／℃	66	120	109	66	104	120	100

替代ABS樹脂在工業上的某些應用。

NEC公司和UNITIKA公司已經聯合將利用上面的改性技術得到的洋麻纖維改性PLA複合材料實現商品化，這種近乎100%由植物成分組成的複合材料於2004年9月開始在NEC的手提電腦部件上使用。2006年3月，NEC公司與UNITIKA公司再度聯合推出了可用於製造手機外殼的PLA/kenaf複合材料。DoCoMo已將這種新型環保材料用於其新款手機——FOMA™N701iECO的外殼機身製造，PLA使用量為37g，表面積的75%由PLA覆蓋。

中村[13]等用熱壓成型方法製備了洋麻纖維含量為40%的洋麻纖維束補強PLA材料，發現材料的各項力學性能均有顯著提高（表3-9），最突出的是彎曲強度提高了323.2%，衝擊強度提高了774.4%，拉伸強度提高了622.5%，彎曲模數提高了201.3%。

表3-9 PLA及添加洋麻纖維的PLA複合材料的力學性能比較

性能		PLA	PLA/Kenaf	提高率／%
拉伸	強度／MPa	20.9	151	622.5
	變形率／%	0.43	1.36	216.3
	模量／GPa	4.84	15.8	226.4
壓縮	強度／MPa	112	93.7	-16.3
	變形率／%	2.73	2.67	2.2
	模量／GPa	4.91	15.0	205.5
彎曲	強度／MPa	31.9	135	323.2
	變形率／%	0.65	3.96	509.2
	模量／GPa	3.75	11.3	201.3
衝擊強度／（J/m）	3.9	34.1	774.4	

2.亞麻纖維補強PLA

Oksman等[9]用雙螺桿押出機製備了含有亞麻（flax）纖維量為30%～40%的PLA／亞麻複合材料，並將押出產物模壓成測試樣條，研究其加工及力學性能，並且與PP／亞麻複合材料進行了比較。研究結果顯示，PLA／亞麻複合材料的力學性能非常好，材料強度比用於汽車面板的PP／亞麻材料高出50%。增塑劑的添加對合成材料的衝擊強度沒有任何好處。介面黏結研究證明，需要進一步改進介面黏結力，從而提高PLA／亞麻複合材料的力學性能。PLA／亞麻複合材料在押出和模壓加工過程中具有與PP複合材料相似的易操作性能。

3.回收的纖維素（舊報紙纖維）補強PLA

纖維素（cellulose）是世界上產量最豐富的可再生資源，每年通過光合作用生成的纖維素可達83000萬噸。從專門種植用來做紙漿的軟木材，或者從硬質和軟質木材混合物中提取纖維素，壓延和加熱後製造成白紙。報紙中包含許多像這樣通過機械作用、研磨、精製，從紙漿用木材中提取出來的纖維。軟木含有大量相互纏結和伸長的纖維，但是強度不高。最常用的軟木有松樹、雲杉、白楊。

纖維素／聚合物複合材料優點很多，如低成本、低密度、高比強度、良好的生物降解性和力學性能。纖維素是非摩擦材料，機械磨損小。然而，由於纖維素的加工熱穩定性差，在聚合物熔融體中分散性不好，因而沒有廣泛應用於補強熱塑性塑膠。纖維與基材之間的介面性質是製備性能優良的複合材料的關鍵，而介面性質受多種因素影響，如纖維的粗糙度、纖維表面／纖維包覆層的化學性質、基材的性質等。用物理／化學的方法對纖維／聚合物進行改性引起人們極大的重視。

Masud等[10]用一種微混合和成型設備製成了用回收報紙纖維（RNCF）補強的PLA生物複合材料，RNCF含量為30%。其力學性能和熱性能與PLA/Talc和PP/Talc進行了對比。這些用RNCF補強的材料與用滑石粉補強的材料具有相似的力學性能，而與PLA相比具有更高的拉伸和彎曲模數。PLA/RNCF（含量為30%）的拉伸模數為6.6GPa，與PP/Talc相當。動態力學分析（DMA）測試表明，儲能模數和損耗模數上升，力學損耗因數（tan δ）減小。DSC實驗資料顯示純PLA和PLA/RNCF的玻璃轉化溫度與熔融溫度相似。SEM顯示RNCF在PLA母料中具有良好的分散性。TGA試驗顯示複合材料熱分解溫度大約為350℃。因此，與滑石粉填充聚合物相比，RNCF填充聚合物複合材料具有良好的熱性能、力學性能，可以作為優良的生物高分子的補強材料。

Masud等[10]通過雙螺杆押出機和射出機加工得到標準的玻璃纖維和回收報紙纖維補強PLA複合材料。此外，為了對比PLA/RNCF和PLA/GF複合材料，同時加工生產了玻璃纖維補強的PP複合材料。與最初的樹脂相比較，RNCF補強的複合材料的拉伸和彎曲模數顯著提高。SEM形態研究結果表明兩種纖維在PLA基材中均達到了均一的分散。採用DMA和TGA研究對比了PLA/RNCF、PLA/GF和PP/GF複合材料的力學性能、熱性能。DMA結果證實PLA/RNCF複合材料的儲能和損耗模數比對應的純聚合物值升高，然而力學損耗因數下降。TGA實驗結果顯示與純PLA相對比，添加玻璃纖維可提高生物複合材料的熱穩定性能。PLA/RNCF的熱變形溫度與玻璃纖維補強的複合材料相當。這些研究有利於開發生物降解複合材料。

Huda等[14]押出製備了PLA和回收報紙纖維素的綠色／生物基

複合材料，然後進行注塑成型加工，研究了纖維素含量不同的複合材料的物理-力學性能和相形態。與純PLA樹脂相比，複合材料的拉伸和彎曲模數有了顯著的提高。從DMA結果可以看出加入纖維素後PLA的儲能模數增加，這是因為應力從PLA基體上轉移到纖維素上。從DSC和TGA結果看出加入纖維素（即使加入的纖維素質量分數高達30%）後並沒有顯著影響PLA的結晶度和熱降解性。總之，回收報紙纖維素是一種補強生物降解高分子，非常有潛力。

4.黃麻纖維補強PLA

生物降解性聚合物可以與植物纖維混合製備生物降解複合材料。在David等[7]的研究中，先將一種商業化PLA製成薄膜，然後與黃麻纖維墊（jute fiber mat）複合，測定複合材料的拉伸強度，並且用掃描電子顯微鏡觀察了拉伸樣條的斷裂面，還用體積排阻色譜法研究此過程中PLA材料的降解。在180～220℃範圍內，複合材料的拉伸強度比純PLA高得多，斷裂特徵屬於脆性斷裂，幾乎無纖維拔出。在SEM下還發現在某些情況下黃麻纖維束和PLA基材之間出現了孔穴。製備過程中PLA分子量分佈變化很小。

5.甜菜漿纖維補強PLA

研究的總體目標是通過為加工副產品尋找新的應用領域來提高美國糖用甜菜（sugar beet）附加價值。美國糖用甜菜工業的經濟活動估計有2600億美元，但受到了來自世界市場競爭的威脅。美國甜菜糖工業可產生大量的殘渣，要麼低價賣作動物飼料，要麼必須採用環境許可的方式處理掉，而這無疑增加了開銷。現在已經認識到為這些由甜菜糖加工而來的大量低附加值的副產物尋找有利的用途對未來工業效益相當重要。

甜菜紙漿是高功能細胞壁聚多糖的豐富源泉，含有膠酯、半纖維素和纖維素。在非食品領域的一系列不同的新產品為這些多糖聚合物提出了一種新的拓寬市場的策略。毫無疑問，增值的產品具有獨特的功能性，並且在當前的市場範圍內環保產品中具有價格的競爭性。

Liu等〔11〕通過熱壓的方式製備了PLA／糖用甜菜紙漿複合材料。合成的熱塑性塑膠具有較低的密度，但是拉伸強度與純PLA相似，並且具有相同的幾何特徵。拉伸性質取決於糖用甜菜紙漿的含水量和複合材料的加工方法。與糖用甜菜紙漿相比，複合材料的抗水性能補強。這可能是由於具有疏水性質的PLA與紙漿基體之間的相互作用引起的。這類複合材料在作為輕質建築材料應用方面具有潛在價值。

6.竹子纖維補強PLA〔12〕

研究了以賴氨酸基二異氰酸酯（lysine-based diisocyanate, LDI）為偶合劑對PLA、PBS和竹子纖維（BF）性能的影響。通過添加LDI，PLA/BF和PBS/BF兩種複合材料的拉伸強度、防水性和介面黏結力提高，但是由於聚合物基材和BF之間交聯而使流動性變差。隨著LDI含量增加，兩種複合材料結晶溫度升高，熱焓減小。在兩種化合物中，熔融熱都因加入LDI而減小，但是熔點沒有明顯的變化。這兩種複合材料的熱分解溫度也比純聚合物低，但是含有LDI的複合材料熱降解溫度比不含LDI的高。PLA/BF 和 PBS/BF的酶生物降解性能也分別用蛋白酶K和脂肪酶PS進行了研究，兩種複合材料都能快速地被細菌分解，添加LDI可延緩降解。

7.幾丁聚醣（殼聚糖動物纖維）補強PLA〔15〕

幾丁聚醣（殼聚糖chitosan）是一種天然的生物高分子，主要來自甲殼類、昆蟲、軟體動物以及微生物的細胞壁。與纖維素一樣的是，幾丁聚糖也是一種無支鏈的多糖，主要成分是葡萄糖；不一樣的是，纖維素在C2鍵處由羥基取代，而殼聚糖具有乙醯胺殘留物。幾丁聚糖是一種無毒、生物降解的和生物相容的高分子。

將幾丁聚糖和PCL、PBS、PLA、PBAT、PBSA熔融共混，其中幾丁聚糖／PBS共混物中含質量分數為25%～70%的幾丁聚糖，其他幾丁聚糖／聚酯混合物中含質量分數為50%的幾丁聚糖。添加幾丁聚糖後，PBS和PBSA的熔點降低，含質量分數為50%幾丁聚糖的PCL、PBS和PBSA的結晶度下降；共混物的拉伸強度降低，但拉伸模數增大。用顯微鏡觀察發現，外層是聚酯相，核心是幾丁聚糖和聚酯的共混物。幾丁聚糖和PLA的共混物斷裂表面是一種脆性斷裂。幾丁聚糖和PCL、PBS、PBSA的共混物的斷裂表面呈現纖維外露，這是聚合物細絲被拉伸的結果。隨著共混物中幾丁聚糖含量的增加，斷裂表面延性變小（即變脆）。幾丁聚糖凝聚成球狀或聚集成外殼。

8.羥基磷灰石纖維補強PLA〔16〕

Toshihiro等用熱壓法製備PLA和羥基磷灰石纖維（HAF）複合材料，羥基磷灰石纖維長為40～150μm，直徑為2～10μm，由β-$Ca_3(PO_3)_2$纖維改性得到。將PLA溶解在二氯甲烷中，然後和纖維混合，混合物完全乾燥後進行熱壓，壓力為40MPa，溫度為180℃。即使只是加入很少量的HAF也能提高複合材料的彈性模數，彎曲強度幾乎沒有下降，當纖維的質量分數為20%～60%時彈性模量高達5～10GPa。最大應變隨著HAF含量的增加而減小，且樣條呈現出脆性斷裂，這說明由於複合材料中PLA和HAF結合處的變形使HAF可以有效地分擔一部分應力。

四、聚乳酸奈米複合材料的製備和控制因素

PLA奈米複合材料具有十分突出的特性。利用奈米材料改性PLA的最大優點是奈米材料用量很小，卻能使PLA的性能產生很大的變化，既能提高PLA的耐熱性、力學性能，又能提高其生物降解速度。

奈米材料的出現為實現生物高分子材料功能化、高性能化開闢了新的途徑，對高分子材料改性的基礎理論和科學的發展產生了重大的影響，給高分子材料產業帶來了一場重大革命，有人說21世紀是奈米材料時代。

(一)奈米材料的一般特徵與功能

奈米材料是指平均直徑在100nm以下的材料，是一種多組分分散體。奈米材料的研究始於20世紀70年代，以金屬、陶瓷粉末為起點，現已在微電子、冶金、化工、國防、核技術、航太、醫學與醫藥工程中得到廣泛應用。20世紀90年代以來，在聚合物改性中的應用研究日益活躍，並取得了很多重要成果。奈米材料越來越受到高分子材料界的廣泛關注。

1.奈米材料的一般特徵

①尺寸小，能產生量子效應。眾所周知，當超細微粒的尺寸與光波的波長、傳導電子的德布羅意波長、超導態的長度及透射深度等物理尺寸相當時，周邊性條件將被破壞，其磁性、光吸收性、熱阻、化學活性等都發生很大的變化。

②結構效應，優異的分散性。研究證明，具有層狀結構的奈米矽酸鹽經離子交換處理後具有較強的化學活性，高分子物質可以插入層

狀結構中，形成穩定的高分散體系。

③表面及介面效應。由於奈米材料粒徑及小，其表面原子既有長程式又有無程式的非晶層。表面原子與總原子數之比隨粒徑的減小而增大，產生許多懸空鍵，即存在很多不飽和活性中心，使奈米材料的化學反應、塑性變形、磁性等方面表現出一般材料不具有的特性。

2.奈米材料的功能性

不同種類的奈米材料的微細結構不同，不現出不同的特性，這種不同的特性對聚合物改性產生下列作用：①具有優良的補強增韌雙重功能；②賦予聚合物優良的耐熱性；③具有良好的氣體阻隔性；④賦予聚合物優良的加工性；⑤改善聚合物表面吸水性與尺寸穩定性；⑥改善與提高聚合物的電、磁等性能。

(二)用於PLA的奈米材料種類與特徵

奈米材料大致上分為無機和有機兩大類，無機奈米材料可分為層狀結構材料和普通無機材料，有機奈米材料可分為液晶聚合物、彈性體等。為了保持生物降解樹脂的生物降解性能，用無機奈米材料改性PLA的研究比較多。

1.層狀無機奈米材料

層狀無機奈米材料的基本特徵是具有層狀結構，聚合物可以通過一定的方式插入這種材料的層間，從而達到奈米級分散。這種材料具有補強增韌作用，還有氣體阻隔、隔熱等性能。典型的層狀無機奈米材料有以下幾種：①天然層狀無機物，如滑石、雲母、黏土等；②人工合成層狀物，如沸石、鋰蒙脫土；③層狀金屬氧化物，如V_2O_5、M_2O_3等，這些氧化物具有特殊的功能性，如半導體性、電變色性；

④層狀過渡金屬二硫化物；⑤層狀金屬鹽，如磷酸鹽、磷酸酯鹽等。

2.無機奈米粒子

這類無機奈米材料具有棒狀、球狀、針狀結構特徵。主要有以下幾種：①奈米$CaCO_3$，是用途最廣的填料，對聚合物有一定的增韌作用，最大特點是填充量大，並可以提高塑膠之間的表面光潔度；②奈米SiO_2，具有較強的抗紫外輻射性能和增韌作用，適用於要求耐候性高的場合；③奈米TiO_2，具有補強增韌作用以及增白、耐候功能；④奈米Al_2O_3，在聚合物中分散性優良，是理想的紅外、紫外遮罩材料。

(三)PLA奈米複合材料的製備技術

聚合物奈米複合材料的製備關鍵在於奈米材料在聚合物中的分散程度，即保證奈米材料在聚合物中均勻分散。製備方法大致分為兩大類：原位聚合法和共混法。

1.原位聚合法

原位聚合法是將奈米材料溶解到單體溶液中，使奈米材料在攪拌作用下均勻分散在溶液中，單體進行聚合反應生成聚合物，奈米材料在聚合物中實現均勻分散。對於層狀結構的矽酸鹽奈米材料（LS），要將單體插入矽酸鹽片層間進行聚合反應，所形成的大分子將片層撐開，從而使矽酸鹽片層均勻地分散在大分子鏈間。

2.共混法

從加工過程來看，共混法分為熔融共混和溶液共混。這種方法加工方式簡單。熔融共混比溶液共混更為簡單，更適合聚合物改性。但是奈米材料的表面處理和分散顯得更為重要。對於層狀結構的奈米材料要使用適當的插層劑，這種化合物首先插入矽酸鹽片層間，與聚合物共混時插層劑與聚合物發生物理或化學反應，最終使高分子物質插入矽酸鹽片層間。

(四)PLA/LS奈米複合材料的製備

公開的資料中主要採用共混法製備PLA/LS奈米複合材料，有熔融共混，也有溶液共混。製備的PLA/LS奈米複合材料性能優於純PLA，特別是結晶速率加快，耐熱性提高，這是其他改性方法無法比擬的。

PLA奈米複合材料所用的LS主要有蒙脫土、雲母等無機材料。其中使用最多的是蒙脫土。蒙脫土資源豐富，容易有機化處理，製備的PLA/LS奈米複合材料性能優異。

1.蒙脫土的有機化改性

蒙脫土是由中心層為氧化鋁或氧化鎂八面體，層外為二氧化矽四面體構成的層狀結構組成的LS。這種LS的層間存在可交換的陽離子，由於層間陽離子的水合作用，蒙脫土能懸浮分散於水中，通過陽離子交換反應，有機陽離子能嵌入蒙脫土層間，使得具有良好親水性的蒙脫土轉變成親油性蒙脫土，這是實現蒙脫土奈米級分散於PLA基體中的重要基礎。

有機化改性劑主要是季銨鹽、胺鹽類有機化合物，這種化合物帶有一定的陽離子，通過一定的反應條件與矽酸鹽中的無機陰離子進行交換反應而嵌入蒙脫土層間，使蒙脫土的晶層發生剝離，拉大其層間距。由於這些有機物與PLA有很好的親和性，當這種經有機化改性的蒙脫土與PLA熔融共混時，蒙脫土層間的有機化合物可與PLA大分子鏈末端基反應，使PLA大分子嵌入蒙脫土層間，實現蒙脫土奈米級分散。

因此，有機化改性劑在PLA和蒙脫土之間扮演架橋作用。常用的改性劑有氨基乙酸、12-氨基月桂酸鹽酸鹽、14-氨基十四烷酸胺鹽、16-氨基十六烷酸胺鹽、18-氨基十八烷酸胺鹽。

2.PLA/LS奈米複合材料製備的技術要點

有機化層狀矽酸鹽（OMLS）的製備是實現奈米級分散的基礎。影響LS有機化效果的因素是：蒙脫土的雜質越少，其有機化效果越好；有機改性劑的碳鏈越長，越有利於有機物向蒙脫土層間插入；適度的酸性條件有利於有機改性劑與LS中的無機陽離子交換；插入蒙脫土層間的有機物種類不同，與PLA大分子鏈末端基反應難易程度不同，蒙脫土在PLA基體中的分散程度也會不一樣。從奈米複合材料製備方法上看，採用熔融共混法製備PLA/OMLS奈米複合材料時，適度剪切的螺紋組合是保證OMLS在PLA基體中實現奈米級分散的關鍵。

Krikorian等[17]最近研究了有機改性劑相容性對蒙脫土在PLA中分散性的影響。三種工業化的OMLS見表3-10。奈米複合材料採用溶液插層技術製備。XRD和TEM（圖3-2）研究表明，PLA/C15A奈米複合材料中主要是PLA大分子進入蒙脫土層間的插層結構，PLA/C25A奈米複合材料中同時存在插層和剝離兩種結構；而PLA/C30B中蒙脫土呈剝離狀態，蒙脫土片層均勻地分散在PLA基體中。這些結果說明，採用與PLLA基體相容性好的有機改性劑能夠促使蒙脫土在基體中形成剝離結構。對於C30B，有機改性劑中的二醇與PLA分子中的C＝O鍵之間的作用力是導致體系呈現剝離結構的主要因素。

Sinha等[18]首先將季銨鹽改性的蒙脫土（C18-MMT）和PLA進行預混合，同時加入非常少量的PCL低聚物O-PCL作為相容劑，研究

表3-10 有機蒙脫土的性質〔17〕

種類	改性程度／（mmol/100g）	有機改性劑化學結構
Cloisite 30B	90	$H_3C-N^+(CH_2CH_2OH)_2-HT$
Cloisite 25A	95	$H_3C-N^+(CH_2CH_2OH)(HT)$–（支鏈烷基）
Cloisite 15A	125	$H_3C-N^+(CH_2CH_2OH)(HT)-HT$

注：HT是氫化牛脂，包括約65% C18，約30% C16，約5% C14。

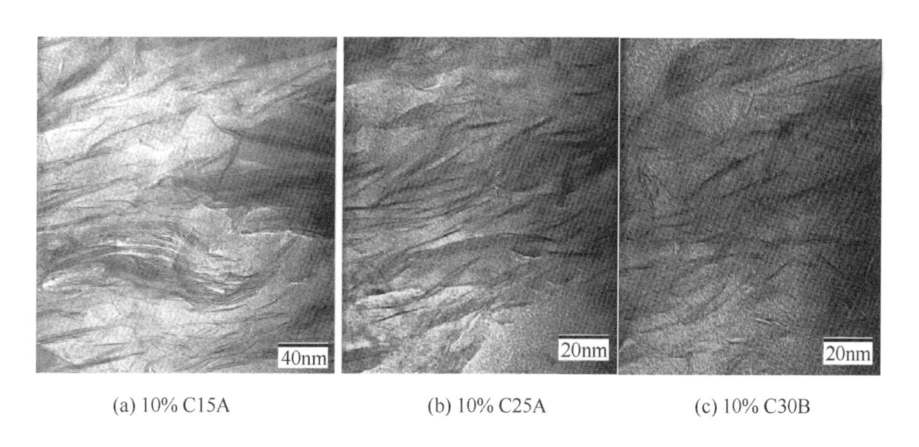

(a) 10% C15A (b) 10% C25A (c) 10% C30B

圖3-2 PLA奈米複合材料的TEM照片〔17〕

了O-PCL對PLA/MMT結構形態和性能的影響，發現加入O-PCL相容劑使片層結構顯示更好的平行堆積和更強的絮凝結構（矽酸鹽片層之間的端羥基相互作用）。由於蒙脫土片層和PLA基體之間強烈的相互作用，對基體PLA起到了補強作用。

(五)PLA奈米複合材料的性能與應用

與PLA相比，PLA奈米複合材料呈現顯著提高的力學性能和許多其他性質。通常固相和熔融物的模數都提高，強度和熱穩定性提高，氣體透過性降低，生物降解性能提高。與傳統的填料補強體系相比，奈米複合材料的這些性能的提高主要是由於基體與層狀矽酸鹽之間強烈的介面作用力。

1.熱變形溫度

有機蒙脫土在生物可降解聚合物中的奈米分散也可以提高聚合物的熱變形溫度。Sinha等[19]研究了純PLA和各種PLA／有機化的合成氟雲母（OMSFM）奈米複合材料在不同載荷下的熱變形溫度值，顯示在0.98MPa的中等負荷下HDT顯著提高，PLA的HDT為76℃，OMSFM添加量分別為4%、7%、10%時PLA複合材料的HDT分別達到了93.2℃、101.7℃、115℃。PLA奈米複合材料的HDT隨著載荷增加而降低，複合材料的Tm沒有變化。

2.熱穩定性

通常使用熱重分析來研究聚合物材料的熱穩定性。作為溫度的函數，由於高溫階段降解後形成不穩定產物引起的重量損失可以檢測得到。在惰性氣體氛圍下加熱時，可以發生非氧化降解反應，而在空氣或氧氣氛圍下則可發生氧化降解。通常，添加蒙脫土之後聚合物基材的熱穩定性提高，蒙脫土對可揮發的降解產物起到良好隔熱並阻止物質傳遞的作用。

Bandyopadhyay等[20]首次報導了熱穩定性提高的由PLA和有機改性的氟石（FH）或MMT複合的生物可降解奈米複合材料。這些複合材料是通過熔融插層的方法製備的。他們發現在FH或MMT層間插層的結構在可以使純PLA完全降解的條件下有效地阻止熱降解的發生。他們認為，層狀矽酸鹽可以作為進入的氣體和氣態產物的屏障，這一方面提高了起始降解溫度，另一方面也使得降解溫度範圍變寬。通過對可揮發的降解產物的良好隔熱並阻止物質傳遞的作用，蒙脫土的添加加速了焦炭的形成。

近年來，大量的文獻報導了添加不同種類OMLS的PLA奈米複合材料。最近，Chang等[21]採用TGA深入研究了三種不同OMLS改性的PLA奈米複合材料。表3-11總結了其研究結果。添加C16-MMT或C25A的混合物，複合材料開始降解的溫度（T^{i}_{D}）隨著OMLS含量的增加直線下降。另外，由DTA-MMT黏土製備的奈米複合材料在黏土的添加量為質量分數2%～8%範圍內初始降解溫度基本保持不變。這一結果表明複合材料的熱穩定性與製備複合材料的蒙脫土的熱穩定性直接相關。

表3-11 PLA/OMLS複合材料薄膜的TGA測試結果

黏土（質量百分比）／%	C16MMT		DTAMMT		C25A	
	T_{D}	Wt_{R}^{600}/%	T_{D}	Wt_{R}^{600}/%	T_{D}	Wt_{R}^{600}/%
0	370	2	370	2	370	2
2	343	4	368	4	369	4
4	336	6	367	5	348	4
6	331	6	368	7	334	6
8	321	8	367	8	329	7

注：T_{D}是重量損失2%時的起始降解溫度，Wt_{R}^{600}是樣品在600℃時的殘餘重量。

Paul等[22]也用TGA觀察到，隨著蒙脫土含量的增加，PLA奈米複合材料的熱穩定性提高，黏土的最大添加量為質量分數5%。進一步增加蒙脫土的含量，複合材料的熱穩定性降低。這一現象可以通過OMLS含量的函數中剝離／分層的程度來解釋。實際上，在少量添加時剝離結構起主導作用，單剝離的矽酸鹽的量不足以引起熱穩定性的顯著提高。OMLS的含量增加相對地提高了剝離粒子的含量，從而提高了奈米複合材料的熱穩定性。然而，當OMLS的含量超過臨界值後，由於在聚合物基體中有限區域內的形狀限制，使得這種高縱橫比的材料形成完全剝離的結構變得越來越困難了，因而熱穩定性不能得到進一步的提高。

3.力學性能

在PLA中加入2%～10%有機改性的蒙脫土，可以大幅度提高PLA的力學性能與熱性能。表3-12列出了添加不同比例工業化有機黏土Cloisite25的PLA複合材料薄膜的拉伸性能。表3-13列出了PLA複合材料在25℃下根據ASTM D-790標準製備的射出樣品的彎曲模數和彎曲強度。

表3-12 PLA／蒙脫土奈米複合材料薄膜的拉伸性能[21]

專案	PLA	2% C25A	4% C25A	6% C25A	8% C25A
拉伸強度／MPa	19	31	28	26	22
彈性模數／MPa	208	231	263	302	276
斷裂伸長率／%	850	1200	1100	1080	1040

表3-13 PLA／蒙脫土奈米複合材料的彎曲性能[19]

專案	PLA	4% C18-MMT	7% C18-MMT	10% C18-MMT
彎曲模數／GPa	4.84	6.11	5.55	7.25
彎曲強度／MPa	86	94	101	78

4.氣體阻隔性

奈米複合材料中，由於矽酸鹽片層使氣體分子穿過基體材料的路徑曲折、延長，從而能夠提高聚合物的氣體阻隔性能。奈米複合材料的氣體阻隔性能與LS的尺寸大小以及在聚合物基體中的分散程度有關。表3-14列出了不同OMLS的添加量對PLA氧氣阻隔性能的影響。添加10%的OMLS，能夠使PLA的氧氣透過率下降到結晶的一半。

5.生物降解性

PLA基體的一個主要問題是與廢棄物堆積的速度相比其降解速率較低。在PLA基體中加入OMLS，可使材料的生物降解性能顯著地提高。這可能是因為OMLS的加入使PLA分子量降低，因此不穩定末端基團的含量增加，導致生物降解速率提高〔23〕。

6.結晶行為及形態

聚合物分子鏈插入到矽酸鹽層中會引起結晶性能的變化，從而影響材料的力學性能和各種其他性能。PLA/OMLS中的PLA的結晶是異相成核機理，分散的OMLS起到了成核劑的作用，成核劑密度增加而使小球晶數目增加。含有OMLS的PLA晶體的規整度比純PLA低，可能是由於PLA分子鏈插入到矽酸鹽層中和不作為成核劑的OMLS團聚顆粒可以存在於球晶中而引起規整排列的晶體片層的破壞造成的。PLA/OMLS奈米複合材料的總體結晶速率相比純PLA有所提高。

表3-14 PLA/OMLS複合材料薄膜的氧氣透過性能〔18〕

性能	樣品	PLA	添加4%OMLS	添加6%OMLS	添加10%OMLSO2
透過率／〔$cm^3/(m^2 \cdot d)$〕	C16-MMT	777	449	340	327
	DTA-MMT	777	455	353	330
	C25A	777	-	430	340

7.流變性質及發泡成型

PLA等生物降解聚合物在發泡過程中會受到一定的限制，因為這類聚合物沒有高應力誘導硬化，而高應力誘導硬化是用來抵擋泡孔增長過程中拉伸力的最基本要求。高分子鏈的支化，與另一種共聚物接枝，或者共混支化聚合物和線型聚合物是增加其黏度的基本方法，使其能夠適合發泡。PLA/OMLS有較高的模量，且在單軸拉伸過程中有應力誘導硬化作用〔24〕，因此可以進行發泡成型加工（詳細內容請參閱本章第四節）。在這些結果的基礎上，Sinha等〔25，26〕進行了PLA及奈米複合材料在超臨界二氧化碳輔助下的發泡研究。

第二節　聚乳酸的耐熱改性

一、聚乳酸的耐熱性

非結晶性高分子如PS的耐熱性能基本上由玻璃轉化溫度Tg決定，而結晶性高分子的耐熱溫度通常在T_g與熔點T_m之間，提高結晶度會促使熱變形溫度向T_m靠近。PLA是一種具有160～180℃較高熔點的結晶性高分子，由於具有優異的透明性和生物降解性能，被期待代替不可降解的一般塑膠，在容器、薄膜等包裝材料領域，服裝、地毯、汽車內飾品等纖維領域，電子電器外殼等成型材料方面展開廣泛的應用。

但是，通過射出成型方法得到的PLA製品的熱變形溫度只有58℃左右，遠低於通用塑膠的PS和PP。即與PP相比，同樣是結晶性高分子，T_m也比較相近，並且PLA的T_g遠高於PP，但PLA成型品的耐熱性比PP低得多。其主要原因是，PLA雖然是結晶性高分子，但是在實際成型過程中幾乎不結晶。PLA耐熱性差正是由於PLA結晶速率非常慢引起的。一般高分子的結晶速率與分子鏈段的運動能力和二次成核概率有關。PLA的酯基之間只有一個甲基碳原子，分子鏈呈螺旋結構，與同是聚酯的PBT及PET相比分子鏈的活動性非常低。因此，除了在薄膜和纖維成型加工中通過拉伸取向提高二次成核概率從而促進PLA結晶以外，單純的押出成型、射出成型或熱成型中，PLA幾乎不能夠結晶。

耐熱性差使PLA的應用受到了很大的限制。比如，用作包裝容器時，不適於要求耐熱的容器如餐盤、湯碗、杯子等的食品用途，不能適用於微波爐加熱的容器。即使用於無耐熱要求的管材、建材、板、文具、箱盒、預付卡、IC卡等材料，在夏季的倉庫保管盒運輸中也可能發生變形。耐熱性差更加限制了PLA作為工程塑膠在家電、電子、電器、汽車零件方面的應用，很少暴露在高溫下的家用電器部件，對於實際的應用而言需要具有100℃以上的高熱變形溫度，而要暴露於高溫下的汽車產品領域則要更高的熱變形溫度。因此，改善PLA的耐熱性對於開拓PLA的應用領域非常重要。

影響PLA結晶速率的因素主要有三方面：PLA的結構、成型條件以及結晶成核劑。結構因素主要包括分子對稱性、分子鏈柔軟性、分子量和支鏈結構的有無等。特別要注意的是PLA是一種具有不同光學異構體的高分子，純PLLA和PDLA是結晶性高分子，而兩種光學異構體共存的PDLLA分子的結晶性與PPLA或PDLA的含量有關，當PLLA或PDLA含量大於15%時，PDLLA不具有結晶性，即使添加結晶成核劑也無濟於事，這時可採用除提高結晶度以外的其他的改善耐熱性的方法進行改性。成型條件包括冷卻速度、有無取向操作以及取向程度大小、取向速度快慢等。結晶成核劑包括成核劑種類、添加量、形狀及粒徑等因素。為了提高PLA的結晶度，雖然可以通過在射出成型時設定比較高的模具溫度、延長冷卻時間來解決，但是這樣造成了成型周期延長，不利於高效生產，因此必須改善PLA材料本身的結晶性能。

二、提高耐熱性的方法

提高PLA耐熱性的主要技術是改善PLA的結晶性能，提高PLA的結晶度。另外還有與高T_g高分子共混、引入交聯結構、纖維補強以及奈米複合技術等技術。

(一)改善PLA結晶性能

1.成核劑種類

在PLA樹脂中加入成核劑能有效地提高PLA的結晶速率，不僅可以提高PLA的熱變形溫度，而且可以提高成型加工性能（如容易脫模等）、縮短成型周期，是改善PLA耐熱性能的一種重要方法。已發現的成核劑有無機類、有機類化合物，有機高分子。各種成核劑列於表3-15。

表3-15 PLA用結晶成核劑

種類	名稱
單體	石墨
金屬氧化物	二氧化矽
黏土類	滑石（水合矽酸鎂）、高嶺土、黏土、雲母、蒙脫土
無機鹽類	乳酸型（乳酸鈣）、鹼性無機鋁化合物（氫氧化鋁、氧化鋁、碳酸鋁和水滑石化合物等）、$BaSO_4$、矽酸鹽化合物（Na，Al）、GF、貝殼粉
有機酸類	苯甲酸鹽、山梨糖醇化合物、金屬磷酸鹽、安息香酸鹽（Na，K，Ca）、芳香族和脂肪族醯胺化合物
高分子物質	聚羥基乙酸及其衍生物、聚乙醇酸和／或衍生物、碳纖維、有機纖維、木粉、竹粉、對苯二甲酸和間苯二酚構成的全芳香族聚酯細粉末

在無機化合物中，滑石粉、二氧化矽等是常用的成核劑，蒙脫土等具有層狀結構的無機奈米材料對PLA具有很好的成核作用。

在有機化合物中，金屬磷酸鹽的成核作用最好，尤其是4, 6-二叔丁基苯基磷酸鈉或氫氧化2, 2-亞甲基雙（4, 6-二叔丁基苯基）磷酸鈉鹽和鋁鹽更為明顯。

與成核劑有協同作用的PLA結晶促進劑主要有高級脂肪酸酯、脂肪醯胺，如芥醯胺、硬脂醯胺、油醯胺、亞乙基雙硬脂醯胺、亞乙基雙油醯胺、亞乙基雙月桂醯胺、鄰苯二甲醯胺等。這類化合物中有的還具有增韌、增塑、脫模作用，能改善製品的表面光澤。

根據需要還可以適當添加一些低熱導率填料，填料可以補強由PLA複合物結晶引起的熱能變化，低熱導率可以降低PLA的冷卻速率，從而促使PLA結晶度提高。具有低熱導率的無機填料有滑石、二氧化矽、碳酸鈣、硫酸鋇、高嶺土、雲母、蒙脫土、矽酸鹽化合物、玻璃纖維和礦物纖維，有機填料有石墨、碳纖維、有機纖維、木粉和竹粉等。這些填料可單獨使用，或以兩種或更多的混合物使用。

2.影響結晶成核效果的因素

成核劑種類、形狀、粒徑以及添加量都會對PLA的結晶性能產生影響。成核劑可以兩種或兩種以上配合使用。具有定向形狀的成核劑一般成核效果比較好，定向的形狀是指長軸與短軸的比或長軸與厚度的比較大的結構，如纖維狀、片狀等。例如，以金屬磷酸鹽為結晶成核劑時發現，與球形、球形／纖維形混合形金屬磷酸鹽相比，纖維形金屬磷酸鹽（指其中長軸／短軸 ≥ 10）成核效果最好，製備的PLA製品具有最高的彎曲模量[27]。成核劑的平均粒徑越小越好，最好小於5μm。這是因為，成核劑的平均粒徑越小，相同添加量下比表面積越大，成核效果越好。成核劑的添加量一般控制在0.1%～20%之間，添加太少時成核效果不明顯，添加量過大時會造成在PLA中分散不好，從而使成核效果下降。

3.成核劑選擇的原則

成核劑作為一種加工改性劑，既可改善PLA的結晶性能，又能提高PLA的某些其他性能如耐熱性、彎曲彈性模數、韌性等，提高成型加工性能，縮短成型周期等。幾乎在所有改性PLA中都必須考慮成核劑的應用。成核劑的配合、品種的選擇對改性PLA性能產生一定的影響。

成核劑的選擇原則如下。

①成核效果好，用量最小。在改性PLA體系中，低分子化合物含量增加，將導致材料性能下降。

②對PLA無反應活性。有機金屬化合物對PLA有裂解的催化作

用，鋅鹽類化合物可能與PLA發生酯交換副反應，導致PLA降解。

③分散性好。由於成核劑加入量很小，分散不均勻則影響成核劑作用，要求成核劑熔點較低。

④分解溫度高。在PLA熔融溫度下不發生分解。

4.結晶PLA的製備

(1)滑石粉成核劑製備結晶PLA層狀矽酸鹽類無機物，如滑石、蒙脫土、蛭石、溶脹性氟雲母等，都可以作為PLA的結晶成核劑。其中由於滑石是存在於自然界中的無機物質，價格非常低廉，且對環境無害，可廣泛應用於工業生產，故成為最合適的結晶成核劑。

滑石不僅起到結晶成核劑作用，還能對基材補強。滑石粉的粒徑、含量、形狀規整程度等對成核效果影響很大。比較適宜的滑石的平均粒徑是0.1～5μm。粒徑太小，會因分散不好或產生二次凝聚，不能充分發揮作為結晶成核劑的效果，因此得到的成型製品的耐熱性不充分；粒徑太大，滑石除了起結晶成核劑的作用外，成為成型製品中的缺陷，對材料的物性或表面狀態會造成不良影響。滑石的含量一般占原料總量的10%～20%比較合適。當含量太少時，只生成少量結晶核，不能充分發揮作為結晶成核劑的效果，造成材料耐熱性不充分；含量過高時，容易引起材料發脆，對物性造成不良影響。

為了使結晶成核劑有效地分散在PLA基體樹脂中，可以使用分散劑。分散劑要選擇既與PLA有良好相容性又與結晶成核劑有良好潤濕性的物質。大量的研究表明醯胺類有機化合物對提高滑石在PLA基體中的分散最有效。醯胺類化合物可以是芥醯胺、硬脂醯胺、油醯胺、亞乙基雙硬脂醯胺、亞乙基雙油醯胺、亞乙基雙月桂醯胺等。使用時可以選取其中的一種或兩種以上組合。

添加少量增塑劑也有助於改善PLA結晶速率。可以適當選用與PLA樹脂相容性好且在成型過程中熱穩定性好的增塑劑，如鄰苯二甲酸酯（包括鄰苯二甲酸二辛酯）、檸檬酸酯、乳酸酯（如乳酸乙酯）、丙交酯、礦物油、磷酸三苯酯、甘油、乙酸甘油酯和丁酸甘油酯等。就製備完全生物降解PLA材料而言，可以首選可生物降解的物質。增塑劑添加量不宜過高，否則會在成型品表面析出，並且降低材料的耐熱性。

為了進一步促進採用結晶成核劑的結晶速率，可根據需要配合使用有機過氧化物等交聯劑與助交聯劑，使PLA基體樹脂產生輕度交聯，從而提高材料的耐熱性。

日本UNITIKA公司對光學純度90%以上、殘留丙交酯量為質量分數0.1%～0.6%的PLA，添加質量分數為15%的林化成株式會社生產的MWHS-T滑石粉作為結晶成核劑（平均粒徑2.75μm），再添加質量分數為1%的成核助劑芥醯胺（日本油脂化學株式會社產品），使用雙螺桿押出機（由日本製鋼所生產的TEX442型）進行熔融混煉，在230℃制得PLA共混物。然後，使用裝有1000mm的T形模頭、直徑90mm的單螺桿押出機，在押出溫度215℃下將該PLA共混物進行熔融押出，緊貼在40℃的鑄輥上，得到厚350μm的未拉伸片材。對製得的片材在間接加熱真空成型機上，設定模具溫度110～140℃，保持1～30s熱處理，得到長寬高為150mm×110mm×20mm的容器成型體。該成型體材料在20℃/min的升溫條件下採用示差掃描熱分析儀測定，其結晶溶解熱焓ΔH_m與結晶熱焓ΔH_c絕對值之差$\Delta H_m-\Delta H_c$達到25J/m以上，用XRD測定製品結晶度大於35%，130℃以下的結晶速率是0.05min以上。對成型容器注入90℃熱水，5min後目測觀察容器完全沒有變形，耐熱性好。該PLA共混物可以用於要求耐熱性好的包裝容器的成型加工，可以用於加壓成型、真空成型或真空壓空成型的任何一種成型方式。

日本豐田公司以日本滑石粉公司的Microace P-6滑石粉為成核劑，配合旭電化工株式會社的Adekastab CDA-6化合物，與豐田自動車株式會社PLA「5400」（相對分子質量160000），在雙螺桿押出機中充分混合、切粒、乾燥以後，進行射出成型，模具溫度為110℃，冷卻時間為120s。對成型所得的試驗片的結晶性能、力學性能進行測試，並且對試驗片製造中的脫模性及變形進行目視評價。實驗結果證明以滑石粉配合Adekastab CDA-6化合物為成核劑的PLA在射出成型時成型性優良，脫模時也沒有變形，從表3-16看出成型品的彎曲模數和Izod缺口衝擊強度優良，HDT（0.45MPa負荷）可以提高到137℃以上。與之相對應，只加滑石粉的PLA成型性較差，材料的剛性、韌性及耐熱性的提高幅度均沒有前者明顯。

表3-16 滑石粉填充PLA的性能

性能	PLA/Talc	PLA/Talc／雙醯胺（100/1/1）	PLA/Talc/CDA-6（100/1/2）
結晶焓／（J/g）	−43.9	−43.2	−46.2
玻璃轉化溫度／℃	60.2	59.8	60.0
脫模性／變形	差／變形	差／無變形	好／無變形
彎曲強度／MPa	99.1	112.2	107.8
彎曲模數／MPa	3685	3876	4893
Izod缺口衝擊強度／（kJ/m^2）	6.9	5.5	7.2
低負載熱變形溫度／℃	102.3	111.3	137.0

射出成型時模具溫度的設置非常重要，通常設置在材料結晶起始溫度到結晶終止溫度之間的範圍，能夠使PLA在模腔內容易結晶，而且易得到尺寸精確度優良的成型品。如果溫度過低或過高，由於結晶速率慢，成型時固化時間長，不具有實際應用價值。

(2)纖維補強PLA的耐熱性在玻璃纖維補強PLA體系中，隨玻璃纖維含量的增加，材料模量提高，補強PLA的熱變形溫度也隨之提高。

研究發現〔28〕，如果使用長玻璃纖維補強PLA，並且在成型製品中玻璃纖維的平均長度在2.0mm以上，可以製備高剛性（彈性模量）、高強度（拉伸強度和彎曲強度）、高耐衝擊性以及高耐熱性的PLA材料。見表3-17。

通常短玻璃纖維補強PLA的熱變形溫度提高的幅度不大。東山〔29，30〕等發現，在PLA/GF體系中添加一定量的滑石粉作為結晶成核劑，可大幅度地提高製品的熱變形溫度、彈性模數。如表3-18所示，對比樣品1和樣品4可以看出，當PLA中添加質量分數為30%的短玻璃纖維時，在1.82MPa的高載荷下HDT僅為58℃，而同時添加質

表3-17　玻璃纖維補強PLA力學性能比較〔28〕

專案	標準	PLA	PLA/GF (60/40)
拉伸強度／MPa	ASTM D638	66	108
彎曲強度／MPa	ASTM D790	107	180
彎曲模數／MPa	ASTM D790	3490	10870
Izod缺口衝擊強度／（kJ/m^2）	ASTM D256	5	26
熱變形溫度（1.82MPa）／℃	ASTM D648	58	167
樣品中GF長度／mm	–	–	2.0

注：原料PLA是日本鐘紡合纖株式會社的Lacton TM100，原料GF是單纖直徑為16μm的長玻璃纖維。

量百分比為15%的短玻璃纖維和質量百分比為15%滑石粉時，HDT升高到127℃。

為了保證滑石粉在基體中良好分散，滑石粉最好選用平均粒徑為0.5～1.5μm。滑石粉含量最好為總質量的5%～25%。滑石粉的含量太少，對耐熱性提高效果不顯著；滑石粉的含量過高，材料變脆，抗衝擊性能下降。表3-18中樣品2，滑石粉的含量為3%時，HDT提高到74℃，提高的幅度不大；樣品3，當滑石粉的含量為5%時，HDT急劇提高到105℃；樣品5，滑石粉的含量為28%時，彎曲模數和HDT雖然很高，但衝擊強度卻明顯下降。滑石粉最好經過環氧樹脂乳液或聚氨酯樹脂乳液進行表面處理，這樣可以保證滑石粉與基材PLA樹脂之間存在較強的結合性，既可提高材料的熱變形溫度，又可提高衝擊強度。

天然植物纖維洋麻添加到PLA中也能夠顯著提高材料的剛性和耐熱性。長度小於5mm的洋麻和PLA混煉，製備洋麻纖維補強PLA複合

表3-18 PLA/GF/Talc的力學性能

性能	樣品1	樣品2	樣品3	樣品4	樣品5
填料含量					
玻璃纖維／%	30	15	15	15	15
滑石粉／%	0	3	5	15	28
拉伸強度／MPa	114	78	99	110	89
彎曲強度／MPa	180	105	166	180	154
彎曲模數／MPa	9678	6183	6844	8441	12633
Izod缺口衝擊強度／（kJ/m^2）	8.3	5.8	8.7	7.5	3.5
熱變形溫度（1.82MPa）／℃	58	74	105	127	120

注：原料PLA是日本三井化學的Lacea H-100J；滑石粉是日本滑石粉公司的SG-2000，平均粒徑1.0μm；玻璃纖維是日本旭纖維玻璃公司的長度為3mm的短玻璃纖維。

材料。洋麻纖維含量在15%以上，PLA在1.8MPa荷重下的熱變形溫度和剛性大幅改善，熱變形溫度能夠提高到107℃，超出了通常用於電子器械殼體材料的ABS樹脂。用DSC測試的複合材料在100℃時的等溫結晶結果顯示，單純PLA需30min以上才會出現結晶的放熱峰，而洋麻纖維改性PLA可縮短到5～6min。可見，洋麻纖維補強PLA複合材料熱變形溫度和剛性的提高不僅是洋麻纖維本身的防止材料變形的作用，而且還是洋麻纖維促進了PLA基材樹脂的結晶引起的。

(二)共混技術

PLA是生物降解樹脂中耐熱性最高的品種，要進一步提高PLA的耐熱性，主要通過PLA與非生物降解樹脂共混來實現。這種PLA／非生物降解高分子合金開發應用的價值不在於是否能夠完全生物降解，而是利用了PLA的「植物來源」特性。因為PLA的使用可以減少材料中石油基高分子的用量，從而節省石油資源，減少生產廢棄時向大氣排放的CO_2量，因此這種合膠的開發應用也同樣具有節省資源和保護環境的意義。

1.與高耐熱高分子共混

小林等〔31〕把PLA分別與耐熱溫度高的幾種工程塑膠PBT、PET、PA6、PA12、PC等熔融共混，然後熱壓成型，製備了耐熱性和各項力學性能都有大幅度提高的PLA合膠片材。材料的具體性能見表3-19。與通常製備合膠方法不同之處在於採用高剪切熔融共混、對共混體系快速冷卻、熱成型時控制熱壓時間和冷卻速度，得到各相尺度為0.01～2μm的共連續結構或分散相粒子間距為0.01～2μm的海島結構的奈米材料。

表3-19 PLA／各種工程塑膠（質量比80/20）合膠的性能

專案	PLA	PLA/PBT	PLA/PET	PLA/PA6	PLA/PA12	PLA/PC
拉伸強度／MPa	66	73	72	71	72	70
耐熱性①／℃	74	186	245	202	175	145

①耐熱性測試方法是把尺寸為50mm×10mm×0.5mm的射出成型的PLA樣條水平放置，一端固定，一端自由，在一定溫度的烘箱中放置60min，當自由端下垂3mm時所對應的烘箱溫度。

不相容的兩種高分子物質共混時，如果這兩種高分子物質的溶解度參數比較接近，在高剪切作用下能夠達到很好相容。一旦剪切停止、溫度下降，兩種高分子會因旋節線分解發生微觀相分離。在相分離初期，只是一相從另一相析出的共連續均勻分散結構，相籌尺寸在奈米級。這種相分離如果繼續發展，相籌尺寸急劇增大，最後發展成相籌尺寸為數微米的粗大宏觀分散結構。因此，如果在相分離初期就通過快速冷凍等方法將其結構固定，就會得到各相尺度為0.001～2μm的共連續結構或分散相粒子間距為0.001～2μm的海島結構的奈米合膠。製備這種奈米合膠的關鍵是兩種高分子的溶解度參數比較接近，另外還要控制發生相分離的溫度、兩種高分子各自的分子量大小等因素。

PBT、PET、PA6、PA12、PC等樹脂的溶解度參數與PLA比較接近（表3-20）。另外，這些高分子的分子鏈含有酯基、氨基、羧酸基，這些基團裡都含有羰基，因此與PLA分子有很好的親和性。PLA和這些樹脂因旋節線分解會發生相分離，得到的合膠的相籌尺寸一般在數百奈米，合膠材料的耐熱性和力學性能都能夠大幅度提高。

表3-20　各種塑膠的溶解度參數

塑料名稱	PLA	PBT	PET	PA6	PA12	PC
溶解度參數／（cal/cm^3）$^{0.5}$	9.6	10.8	10.3	10.6	9.5	9.7

注：1cal = 4.182J。

2.與高T_g的高分子共混

提高PLA的耐熱性，可以通過與一種T_g比較高且與PLA具有良好相容性的高分子共混的技術來實現。由於能夠滿足這些條件的生物降解樹脂種類有限，最近日本對PLA／非生物降解聚合物共混體系進行了大量研究。

從同時提高PLA的耐熱性和透明性角度考慮，PMMA由於具有高T_g和高透明性，是PLA共混物的首選樹脂。PLA/PMMA合膠具有良好的耐熱性、透明性、成型性和耐久性。

耐熱性和透明性優良的PLA/PMMA合膠製備的關鍵是選擇與PLA有良好相容性的PMMA。當二者完全相容時，一方面PMMA分子鏈將會阻礙PLA分子鏈運動，使共混物中PLA的結晶度下降，保持透明性，另一方面，PLA的T_g由於受到PMMA的影響，將會得到一定程度的提高，而PMMA的T_g將會下降，二者合為一個T_g，介於PLA與PMMA的Tg之間。共混物的耐熱性將由這個T_g決定。

矢野等[32]發現，當PMMA的重均分子量小於30萬時，通過熔融混煉能夠得到相容性良好的透明PLA/PMMA材料，合膠的光折射率都在90%以上，DSC升溫曲線上只觀察到一個T_g，並且沒有出現PLA的熔點，說明PLA是以無定形形態存在於合膠中。合膠的性質見表3-21。PMMA的相對分子質量大於30萬時，與PLA的相容性變差。Eguiburua等[33]用二烷溶解PLA和M_n = 48萬的PMMA，得到兩

表3-21　PLA/PMMA共混物（M_n = 10萬）的性質

PLA/PMMA比例	材料性質			
	T_g/℃	T_m/℃	光折射率／%	HDT(1.82MPa)/℃
100/0	58	168	90	57
80/20	62	–	91	60
70/30	64	–	91	62
50/50	73	–	91	69
30/70	89	–	91	78
10/90	105	–	92	94

者的共混合膠。DSC測試表明共混物在較寬的溫度範圍出現多個T_g。Zhang等〔34〕用溶解／沈澱法製備了PLA和M_n = 100萬的PMMA的共混合膠，DSC曲線上出現多個T_g峰。可以判斷PLA和PMMA沒有完全相容。實際應用時PMMA的分子量也不能低於2萬，否則不能充分提高PLA的耐熱性。

如果在PLA/PMMA合膠製備時添加合適的彈性體，還可以得到抗衝擊性能同時提高的耐熱、透明PLA共混材料〔35〕。

(三)奈米複合技術

PLA/OMLS奈米複合材料呈現顯著提高的力學性能和許多其他性質。通常固相和熔融體的模量都提高，強度和熱穩定性提高，生物降解性能提高，氣體透過性降低。與傳統的填料補強體系相比，奈米複合材料的這些性能的提高主要是由於基體與層狀矽酸鹽之間強烈的介面作用力。

Sinha等〔36〕研究了純PLA和各種PLA/OMSFM奈米複合材料在不同載荷下的HDT值，顯示在0.98MPa的中等載荷下HDT顯著提高，

PLA的HDT為76℃，蒙脫土添加量分別為4%、7%、10%時PLA複合材料的HDT分別達到了93.2℃、101.7℃、115℃。PLA奈米複合材料的HDT隨著載荷增加而降低，複合材料的Tm沒有變化。分散的黏土顆粒補強、更穩定的力學性能以及高結晶度和插層結構是顯著提高PLA的HDT的主要原因。

UNITIKA公司通過獨創的奈米水平的高分子配合設計和結晶化控制開發了比PLA/Talc複合材料的結晶速率再快10倍（大約1min左右能夠結晶）的PLA/Clay奈米複合材料，商品名為「Terramac」。圖3-3是DSC測定的各種PLA的等溫結晶曲線。通常，純PLA的結晶速率非常慢，需要退火處理大約100min才開始結晶。添加成核劑滑石粉之後，PLA結晶速率提高10倍左右，在退火10min以後就開始結晶。但是這與射出成型或熱成型的成型加工時間（10s～1min）相比仍然太慢，因而無法實用。UNITIKA公司開發的PLA/Clay奈米複合材料的結晶速率高出PLA或PLA/Talc材料1～2個數量級。這項技術關

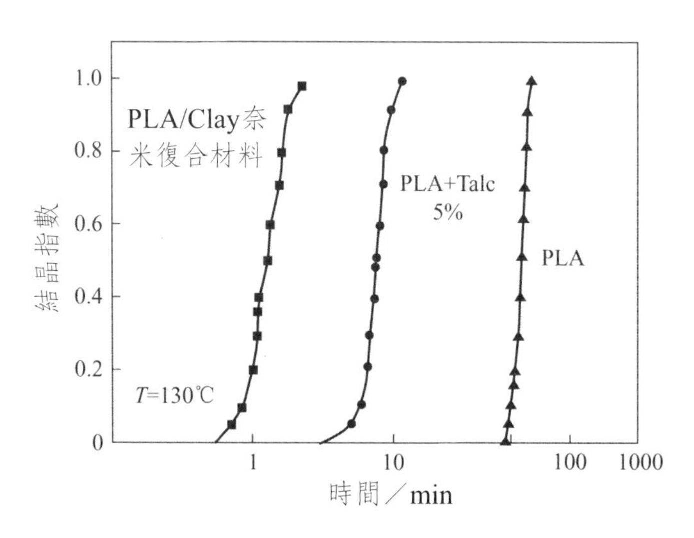

圖3-3　DSC測定的各種PLA的等溫結晶曲線

鍵在於成型加工時促進PLA一次及二次成核的奈米水平的分子設計和配方設計技術的開發使用。

(四)交聯技術

通過添加化學引發劑和用高能量射線照射〔37〕等方法，輕度提高PLA分子的交聯度，增加相對分子質量增加、降低分子的運動能力，從而改善高分子材料的耐熱性、力學性能、耐化學藥品性能，並且還會賦予材料形狀記憶功能。

如果PLA分子產生的交聯度達到一定程度，使分子鏈運動得到足夠的束縛，即使在加熱溫度等於或高於玻璃轉化溫度時非晶體部分也不能自由運動，既能夠提高PLA耐熱性和力學性能，還能夠使PLA保持良好的透明性。

高能射線的種類可以是電子射線、α射線、β射線、γ射線等放射線，或者是波長較短的紫外線、X光射線等，一般使用γ射線較多。放射線的能量要根據交聯助劑種類、添加量以及希望獲得的交聯程度確定，如果能量太低，不夠使交聯助劑發生斷鏈而產生活性自由基；而過量的輻射會引起PLA降解。添加交聯助劑可以提高材料的交聯度，交聯助劑是具有高能射線下容易產生活性自由基的多官能團化合物，如多官能團異氰酸酯化合物、烯丙基類化合物、過氧化合物等。交聯助劑種類和添加量的選擇非常重要，有幾個原則：①使材料達到一定程度的交聯度；②最好促使PLA產生分子之間的交聯，避免分子內交聯；③在T_g以上能夠避免PLA產生球晶。三烯丙基異氰脲酸酯（TAIC）是一種常用的性能良好的交聯助劑〔38〕。

近藤等〔37〕對添加不同量的交聯助劑TAIC經過能量為10kGy的γ

射線輻射交聯得到的PLA薄膜材料熱性能考察發現，含有3%的交聯助劑的PLA經過放射線輻射後，在鼓風烘箱中於110℃放置10min，材料仍然保持透明以及形狀和尺寸的穩定，而沒有添加交聯助劑的樣品放入烘箱後很快變形，顏色也因結晶而變得白色不透明。前者還具有高度的力學性能、耐化學藥品性、耐摩擦能力和成型加工性。

實用化的例子有日本住友電工超效能高分子公司用工業電子線發生裝置對PLA進行照射交聯，開發了耐100℃高溫的PLA射出成型品，可以製造成透明的水杯、飯盒等硬質容器。還開發了電線電纜保護用PLA熱收縮套管，可應用於家電、電子機械、汽車、航空等領域。

三、耐熱聚乳酸品種

UNITIKA公司的研究人員[39]首次開發了高耐熱PLA樹脂品種Terramac\R（表3-22），PLA的剛性和耐熱性得到了大幅度提高，在0.46MPa載荷下HDT由原來的58℃提高到了120℃以上。但是這種耐熱PLA樹脂在射出成型時模溫要設定在110℃左右，使PLA充分結晶，才能得到具有足夠高耐熱性的產品。由於成型品傳熱速度較慢，到完全冷卻為止的成型周期多少有些延長。為解決這個問題，該公司現在正在開發改良品種和PLA合膠新品種，同時也在探討對射出成型機導入快速冷卻、快速加熱等系統。未改性的PLA目前為止只用作日用生活雜物的射出成型品，而耐熱PLA樹脂將能夠在電子、辦公室事務器材外殼、汽車內飾件領域作為工程塑膠展開廣泛應用。

表3-22 Terramac®耐熱級射出成型PLA樹脂牌號和性能

專案	ISO	標準 (TE-2000)	耐熱 (TE-7000)	耐熱 (TE-7307)	耐熱 (TE-7300)
外觀	–	透明	不透明	不透明	不透明
密度／（g/cm^3）	1183	1.25	1.27	1.42	1.47
熔點／℃	–	170	170	170	170
拉伸強度／MPa	527	63	70	54	54
斷裂伸長率／%	527	4	2	2	1
彎曲強度／MPa	178	106	110	85	98
彎曲模數／GPa	178	4.3	4.6	7.5	9.5
Charpy缺口衝擊強度／（kJ/m^2）	179	1.6	2.0	2.5	2.4
熱變形溫度（0.45MPa）／℃	75	58	110	120	140
成型收縮率／%	–	0.3~0.5	1.0~1.2	1.0~1.2	1.0~1.2
模溫設置	–	低溫	高溫	高溫	高溫

UNITIKA公司還開發了高耐熱PLA片材，通過射出成型、真空成型或熱壓成型生產的PLA製品耐熱性高，比如水杯等能夠承受開水而不變形、容器等可以經受微波爐加熱，並且成型周期短，加工性能與現有製品相差無幾。用這種樹脂經過押出成型得到的剛性片材或發泡片材的熱成型製品的耐熱性，通過了日本家庭用品品質保證法規定的耐熱溫度高於120～130℃的認定。超市中目前大量使用的塑膠托盤、塑膠杯子、塑膠碗等食品容器等的材料原來是PSP，近年來為適應微波爐容器PPF材料使用量快速延伸。今後，耐熱PLA材料將成為PPF材料有力的競爭對手。

第三節　聚乳酸的增韌改性

一、聚乳酸的增韌改性方法

PLA強度和剛性高，但柔軟性和抗衝擊性差，常溫下是一種硬而脆的材料。如果應用於韌性要求高的場合，或者製造像PE一樣柔軟的薄膜，必須對PLA進行增韌增塑改性。目前主要有共聚改性、共混改性以及通過成型加工方法改性技術3種方法。

1.共聚改性

通過共聚的方法在PLA分子鏈上引入另一種分子鏈，使PLA大分子鏈的規整度下降，使其降低乃至完全喪失結晶能力，或削弱高分子的相互作用，使玻璃轉化溫度、熔點、黏流溫度降低，提高PLA的韌性或柔軟性。直接聚合和開環聚合都可用來製備共聚物。可以調節共聚單體的種類、乳酸和其他單體的比例來改變聚合物的性能，如結晶度、玻璃轉化溫度、熔點、韌性、硬度、黏性、降解性等。對乳酸共聚物的組成、微結構、性能和應用已有大量研究，能夠改善PLA柔韌性的共聚物主要有聚酯和聚醚類，聚酯如聚己內酯，聚醚的嵌段共聚物如聚乳酸-聚四亞甲基醚二醇嵌段共聚物、聚乳酸-聚丙二醇嵌段共聚物、聚乙二醇（PEG）、PLA-PEG-PPG、聚碳酸三甲酯（PTMC）、聚環氧丙烷（PPO）、聚矽氧烷（PDMS）等。

2.共混改性

聚合物的共混是聚合物性能改性的一種更經濟的方法。PLA可以和彈性體、韌性好的聚合物、填料或增塑劑共混。彈性體如ABS、SEBS、PVC改性劑、MBS等，韌性好的聚合物如PC、PE等。如果維持聚乳酸原有的生物降解性能，廣為熟知的是向PLA體系添加PBS、PES、PBAT等生物降解樹脂。共混改性能夠有效地提高PLA的柔韌性，但是往往會使PLA喪失寶貴的透明性。

3.通過成型加工方法改性

該法是對PLA進行拉伸取向以提高衝擊強度等機械性能，主要以薄膜應用而展開的通過成型加工方法進行的改性方法。

商業上成功通過共聚合技術提高PLA韌性的例子很少，目前最為經濟有效的方法是通過共混技術以及成型加工過程中的拉伸取向方法改善PLA的韌性或柔軟性。在選擇PLA的增韌改性劑時，除了考慮一般塑膠共混增韌時的相容性、成型流動性等關鍵因素以外，還要考慮對PLA降解性能、透明性、成本、食品接觸安全性的影響。目前商品化的柔韌PLA製品大多數還含有一定量的非生物降解組分，並且對PLA的透明性有影響。日本DIC公司開發了一種可以生物降解的PLA嵌段共聚物Plamates®作為PLA的抗衝擊改性劑，Plamates\R能夠在提高PLA柔韌性的同時程度很小地影響PLA的透明性，備受商業界關注。

二、提高聚乳酸的抗衝擊性能

(一)非生物降解樹脂共混增韌

商品化的常用於PVC或尼龍的抗衝擊改性劑，雖然不具有生物降解性能，但是與PLA共混可以顯著改善PLA的抗衝擊性能，如ACR、ABS、EVA、SEBS-MAH、EPDM等。這些抗衝擊改性劑均具有彈性或橡膠性質，模數比主體聚合物PLA低，抗衝擊改性劑內均勻分佈的橡膠相可吸收或擴散衝擊能量，從而防止裂紋蔓延。為獲得理想的衝擊改善，要求橡膠相均勻分佈、抗衝擊改性劑與主體聚合物相容良好。為確保低溫衝擊強度，抗衝擊改性劑必須具備極低的Tg。要根據耐衝擊性、流動特性、耐氣候老化性、低溫韌性、高溫穩定性、成本等各個方面的平衡選擇合適的抗衝擊改性劑等級。

ABS具有良好的耐衝擊性和加工流動性，它是丙烯腈、苯乙烯、丁二烯三元共聚物的複相結構，其形態為兩相體系，一相為連續相SAN，另一相為接枝SAN的PB，接枝SAN使兩相相容，因此ABS的性能平衡既與單體比例有關，又與兩相分子結構有關。ABS的組成和結構對PLA性能影響顯著。PLA和PB含量分別為65%和70%的ABS樹脂（BlendexTM 415、BlendexTM 338）熔融共混，共混比為80：20，考察共混合金的力學性能顯示，抗衝擊強度由PLA的2kJ/m^2分別提高到26kJ/m^2和44kJ/m^2，斷裂伸長率由10%分別提高到230%和325%，但是拉伸強度由PLA的63MPa分別下降到44.1MPa和35.7MPa。

丙烯酸酯類抗衝擊改性劑ACR是由甲基丙烯酸甲酯接枝到丙酸酯分子上製成的。最典型的衝擊改性劑ACR是以聚丙烯酸丁酯交聯彈性體為核，其外層接枝上甲基丙烯酸甲酯-丙烯酸乙酯共聚物，形成一種具有核殼結構的共聚物，其殼層與PVC有良好的相容性，其核在共混體中起增韌作用，因此ACR能夠有效改善PVC的抗衝擊性能。使用ACR（ParaloidTM KM334）對PLA增韌研究顯示，PLA/

ACR（85/15）的Dart衝擊強度為18kJ/m^2，斷裂伸長率為165%，拉伸強度下降到44.1MPa。

另有研究顯示馬來酸酐接枝熱塑性彈性體SEBS也能夠提高PLA的斷裂伸長率到100%左右。熱塑性聚氨酯橡膠添加15%能夠使PLA的衝擊強度提高13.5倍，斷裂伸長率提高到230%左右。

除了現有的塑膠抗衝擊改性劑以外，柔韌性高的塑膠如PE、PC等也可以通過熔融共混提高PLA的韌性。關鍵問題是提高它們與PLA之間的相容性，使分散相均勻細微分散在PLA基體中，並且與介面的結合性好。例如，利用奈米合金化技術開發的PLA/PC合金中，分散相的平均尺度小於10nm，PLA的衝擊強度從25J/m^2提高到200J/m^2，PLA的熱變形溫度也由57℃提高到了110℃以上。

通過這些材料對PLA的共混增韌改性，PLA的抗衝擊強度和斷裂伸長率會得到很大程度的提高，但是改性後的PLA變得不可完全降解，並且失去了寶貴的透明性（PLA奈米合金例外），另外多數情況下不再具有食品接觸安全性。為此，選用合適的生物降解樹脂品種增韌PLA，製造100%可以生物降解的PLA柔韌性材料，並且保持PLA原有的透明性，成為PLA柔韌改性研究的一種挑戰。

(二)生物降解樹脂共混增韌

以不破壞PLA生物降解性能為前提，將PLA與生物降解高分子進行共混改性，從而提高PLA抗衝擊性能的研究已經開展了很多。這些合膠的抗衝擊機理在於材料受到衝擊時由於內部形成微裂紋而吸收大量的能量，這與一般的抗衝擊性樹脂如HIPS、ABS、PVC/MBS的作用機理一樣。這些生物降解高分子有已經商品化的聚酯類高分子，其中以脂肪族聚酯PBS和PBSA、PCL、脂肪族-芳香族生物降解聚酯PBAT等為主，另外還有PEST、PTMAT、PHBV、PVA等。這些樹脂一種或幾種與PLA共混，通過改變添加量可以調節改性PLA材料的剛性與韌性之間的平衡。

1.PLA/PCL共混體系

PCL高分子可以從Union Carbide公司購得，商標是TONE™。PCL作為熱塑性高分子，已經發展應用為可以生物降解的包裝材料。PLA的最大缺點是在張力作用下由於物理老化會產生脆性破壞。相反地，PCL的柔韌性很好，但是強度較差，T_g只有-60℃，熔點只有60℃，在許多方面的應用顯得太低。因此，將PLA和PCL共混，可以結合各自的優點，得到韌性好且強度高的材料。

為了提高PLA的韌性，人們對PLA/PCL共混物的研究非常重視，包括各種影響因素，如共混比例、分子特徵（分子量等）、共混方法和條件等對共混物的形態、相結構、結晶、熱性能以及力學性能的影響。已有文獻[40，41]報導了PLA/PCL為不相容共混物體系。為了改善共混物的相容性，可以添加預先合成的嵌段共聚物PLA-co-PCL、PCL-b-PEG等作為共混體系的相容劑。另一種改善PLA和PCL相容性的方法是用催化劑和偶合劑反應共混[42]，研究發現亞磷酸三苯酯（TPP）是一種很有效的偶合劑，表3-23列出了以TPP為偶合劑製備的PLA/PCL不同比例下的力學性能。純PLA、PCL的斷裂伸長率分別是3%和600%。共混物PLA/PCL（80/20）的斷裂伸長率是28%，比純PLA有所提高，但是幅度不是很大。然而，在PLA/PCL（80/20）中添加2%的TPP以後，共混物的斷裂伸長率提高到了127%。研究結果顯示，TPP使PLA和PCL在共混過程中發生酯交換反應，生成介面

表3-23 PLA/PCL不同比例下的力學性能[42]

共混物組成 PLA/PCL/TPP	拉伸強度／MPa	斷裂伸長率／%	彈性模數／10^4MPa
100/0/0	49.0	3	33.0
80/20/0	44.9	28	8.48
80/20/2	33.6	127	14.7
80/20①/2	23.4	23	13.0
80/20②/2	22.9	11	11.9
60/40/0	19.7	5	10.9
60/40/2	23.9	7	10.3
40/60/0	18.9	23	2.38
40/60/2	11.6	3	4.99
20/80/0	20.4	440	2.62
20/80/2	17.5	560	2.87
0/100/0	18.9	600	2.55

① PCL767。② PCL300，PCL787。

相容劑，促進組分均勻分佈，從而顯著提高了PLA的斷裂伸長率。

2.PLA/PBS共混體系

聚琥珀酸丁二醇酯（PBS）是由丁二醇和琥珀酸共聚生成，聚琥珀酸己二酸丁二醇酯（PBSA）是由丁二醇、琥珀酸和乙二酸共聚生成的生物降解脂肪族聚酯。已經由日本昭和高分子公司以商品名Bionolle 出售，前者是Bionolle#1000，後者是Bionolle#3000。其生物降解能力後者較前者得以改進。

PBS和PBSA的熔點分別為114℃和94℃，玻璃轉化溫度分別為−32℃和−45℃。它們具有很高的拉伸強度，但彎曲模數低，即它們既有韌性又有彈性。具有優異的可加工性，能被製成多種產品，如薄膜、注塑產品、長絲和不織布。通常PBS和PLA共混的目的是提高

PLA韌性、斷裂伸長率和加工性能。

圖3-4～圖3-7給出了PLA/PBSA共混物的力學性能隨PBSA含量變化的關係。從圖中可以看出，共混物的拉伸屈服強度和模數隨著PBSA含量增加而減小，伸長率隨著PBSA含量增加而增大。這可能是由於PBSA具有低模數、低斷裂強度和良好的斷裂伸長率。共混物的衝擊強度隨著PBSA含量的增加而增大。當添加質量百分比為30%～50%的Bionolle#3000到PLA中時，PLA的衝擊強度比純PLA提高了100%～150%（85～120J/m^2）。PLA/PBS抗衝擊性能提高，是由於銀紋形成過程中吸收了大量的衝擊應力。

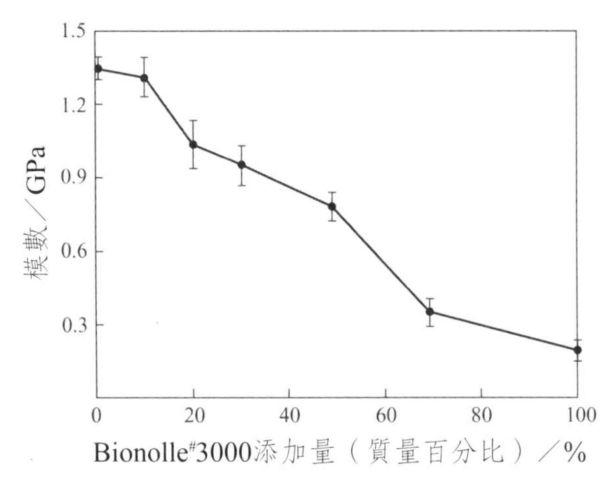

圖3-4　PLA/PBSA共混物的模數隨PBSA含量的變化關係

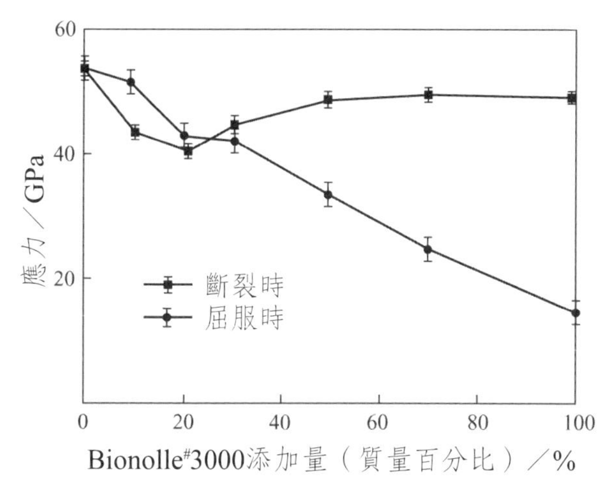

圖3-5 PLA/PBSA共混物的應力隨PBSA含量的變化關係

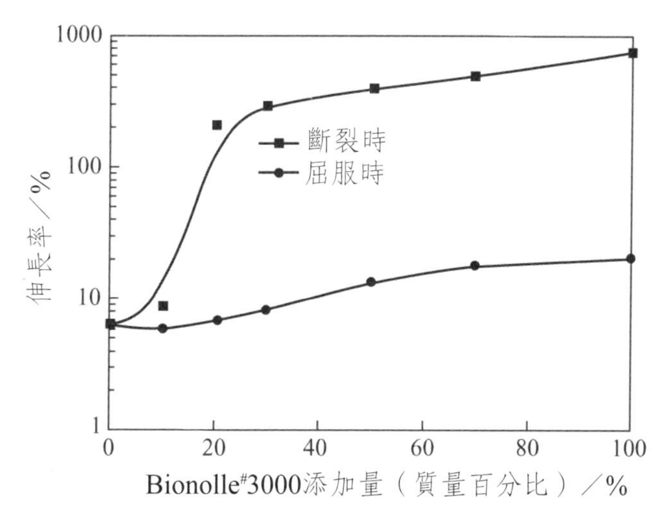

圖3-6 PLA/PBSA共混物的伸長率隨PBSA含量的變化關係

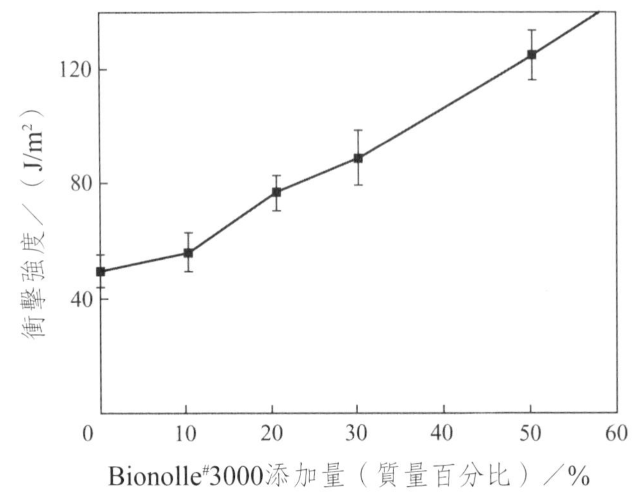

圖3-7 PLA/PBSA共混物的衝擊強度隨PBSA含量的變化關係

3.PLA/PEG共混體系

聚乙二醇（PEG）是一種結晶的熱塑性水溶聚合物。不同生產廠家可以得到相對分子質量從1000到20000範圍內的PEG產品，T_g根據分子量從−60℃到−75℃變化。PEG常用於潤滑劑、中間體、包紮材料、溶劑、載體、化妝品、藥物、紙張、食品、紡織品和塗覆。

PEO分子量不同對PLA的增韌效果不同。較高分子量的PEO是PLA的良好增韌劑。通常當PEO含量超過15%以後效果顯著，PEO質量百分比為20%的PLA/PEO的玻璃轉化溫度接近室溫，斷裂伸長率大於500%，並且具有橡膠特性。

表3-24總結了PLA/PEO混合物的拉伸強度、彈性模數和伸長率。可以觀察到，PEO的含量為20%時，材料在斷裂時的拉伸強度和伸長率都有所增加。斷裂時伸長率和拉伸強度的增加對薄膜的使用極其重要。同時發現，吹塑比為3.5時，吹塑薄膜具有良好的力學性能。

表3-24 PLA/PEO混合物的力學性能[43]

共混物（質量比）	PLA/PEO (85/15)	PLA/PEO (80/20)
拉伸比（MD/TD）	3.5/5	3.5/5
拉伸屈服強度（MD/TD）／MPa	29.6/24.1	17.2/14.5
拉伸斷裂強度（MD/TD）／MPa	26.9/22.7	38.6/31.0
彈性模數（MD/TD）／GPa	1.44/1.07	0.45/0.35
斷裂伸長率（MD/TD）／%	42/36	170/150

較小分子量的PEG對PLA有良好的增塑效果。純PLA是具有高模量、低斷裂伸長率的脆性材料，加入小分子量PEG（400）20%後，PLA的斷裂伸長率隨小分子量PEG含量的增加顯著提高，從4%提高到160%，同時模數從2.05GPa降低到0.98GPa。

4.PLA/PBAT共混體系

聚己二酸／對苯二甲酸丁二醇酯PBAT是一種可完全生物降解的脂肪族-芳香族聚酯，玻璃轉化溫度和熔點分別為-29℃和115℃，在天然酶的催化下幾星期就可以降解。PBAT由BASF公司工業生產，商品名為Ecoflex\R，是一種用作膜押出和押出塗覆的柔韌性很好的塑膠，斷裂伸長率為710%左右。Ecoflex\R由於具有很好的韌性和生物降解性，可以很好地改善PLA的韌性，同時保持其生物降解性[44]。

PLA/PBAT共混物隨著PBAT含量（質量分數5%～20%）的增加，材料的拉伸強度和模數下降（圖3-8），但伸長率和韌性顯著提高（圖3-9）。由拉伸試驗和SEM結果看出，隨著PBAT的加入，共混物從純PLA的脆性斷裂轉變為韌性斷裂。PLA相和PBAT相之間的分子鏈脫離（debonding）導致PLA基體韌帶發生了大的塑性形變。

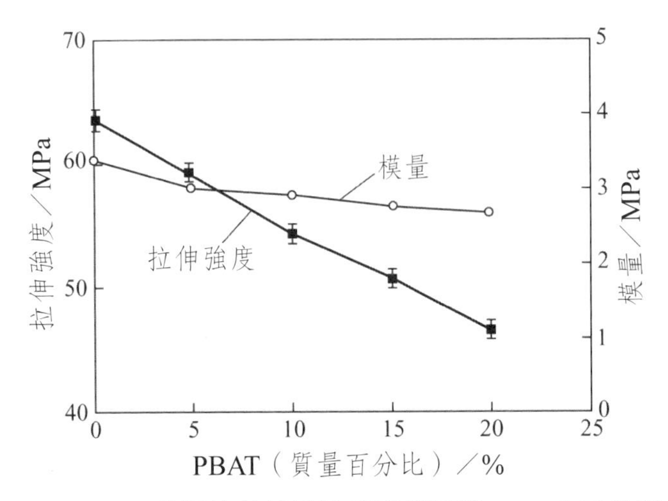

圖3-8　PLA/PBAT共混物的拉伸強度和模量隨PBAT含量的變化關係

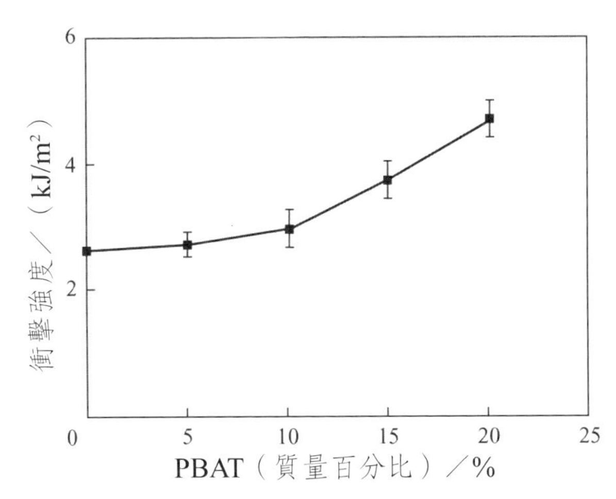

圖3-9　PLA/PBAT共混物的衝擊強度隨PBAT含量的變化關係

PBAT和PLA不相容，如果添加相容劑，可以進一步提高共混合金的力學性能。例如，可以添加反應性的增容劑，可以形成PBAT-相容劑-PLA共聚物，通過調節相容劑的量和加工條件等控制反應程度，能夠使該共聚物分散在PLLA和PBAT的相介面，起到乳化劑作用，從而提高相容性，減小PBAT在PLA中的分散尺度，提高各項力學性能。

5.PLA／聚乳酸嵌段共聚物共混體系

PCL、PBS及PBAT等和PLA形成的共混材料是增韌的PCL等組分為分散相、PLA為連續相的海島型分散結構。合膠之抗衝擊性能雖然提高，但是由於分散相的平均直徑通常大於1μm，妨礙了可見光的透過，材料的透明性受到損失。

造成這種問題的原因是共混組分與聚乳酸相容性不好，因此解決的關鍵在於提高增韌劑與PLA的相容性，使增韌劑在PLA基材中的分散相尺寸減小，可以同時控制材料的透明性和抗衝擊性能。上倉正雄等[45]合成了一種乳酸-二元醇-二元羧酸的三嵌段共聚物，這種聚乳酸共聚物隨多元醇、二元酸成分和含量的各種變化表現出與PLA不同的相容性，通過調節共聚物中共聚單體的組成和組分可以改變對PLA的相容性，從而改變PLA/PLA共聚物共混材料的衝擊強度及透明性。

PLA和這種PLA共聚物熔融共混、連續成膜製備的200μm厚的膜片的衝擊強度和霧度隨共聚物含量的變化如圖3-10、圖3-11所示，PLA/PBS的性能也同時列出，以進行對比。可以看出，PLA共聚物在改善PLA衝擊強度方面具有與PBS相當的效果，但是隨著共聚物添加量增加，薄膜的透明度不會發生大幅度下降，而隨著PBS的添加量增加，PLA薄膜的霧度急劇提高，說明透明度快速喪失。

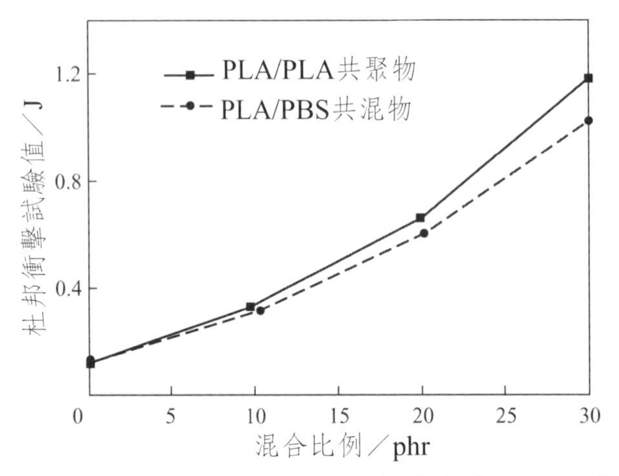

圖3-10　PLA/PLA共聚物和PLA/PBS共混物薄膜（200μm厚）的衝擊強度與增韌組分含量的關係[46]

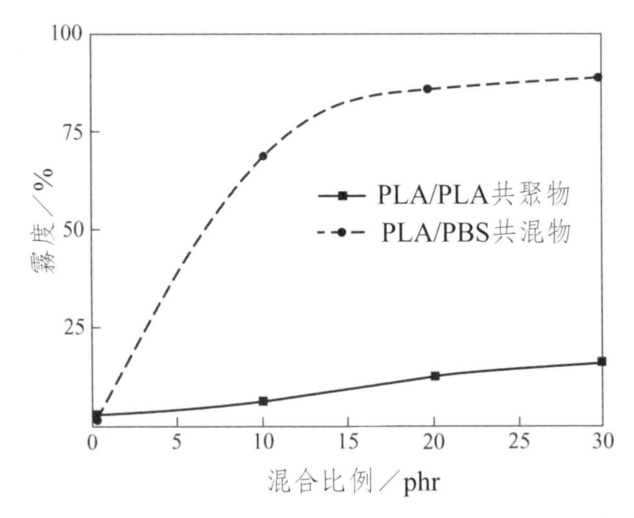

圖3-11　PLA/PLA共聚物和PLA/PBS共混物薄膜（200μm厚）霧度與增韌組分含量的關係[46]

觀察PLA/PLA共聚物以及PLA/PBS共混材料的微觀結構，由圖3-12可以看出，PBS在PLA基體中的分散粒徑都在2μm以上，而PLA共聚物由於和PLA基體相容程度高，共聚物的分散相尺度小於0.5μm。

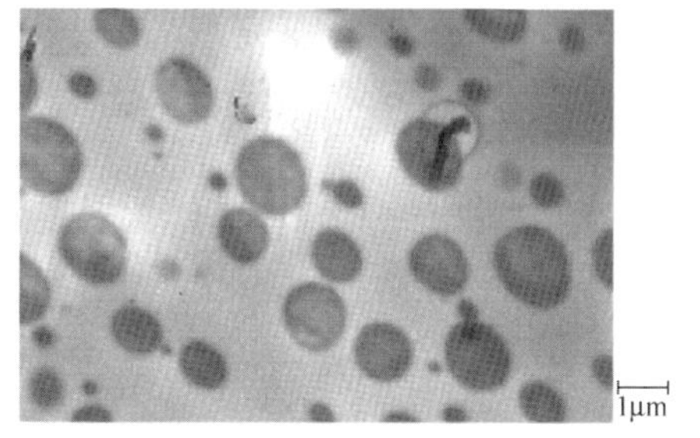
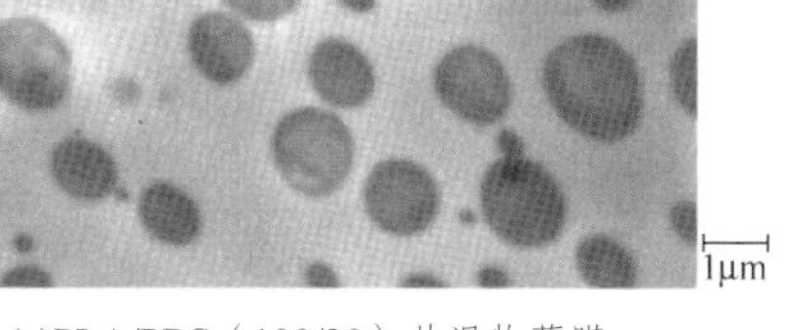

(a)PLA/PBS（100/30）共混物薄膜　　(b)PLA/PLA共聚物（100/30）共混物薄膜

圖3-12　共混物薄膜的TEM照片〔45〕

通過選擇與PLA共聚的聚酯成分，可以賦予聚酯共聚物生物降解性能。圖3-13是上面使用的PLA聚酯共聚物的生物降解性能，測試採用ISO14855標準堆肥測試方法，作為標準物的纖維素的結果也列在圖中。這種PLA共聚物40天左右有60%降解，超過了日本BPS（生物降解塑膠委員會）180天發生60%以上降解的規定。可以推測，添加PLA共聚物，可以調節PLA生物降解速度。

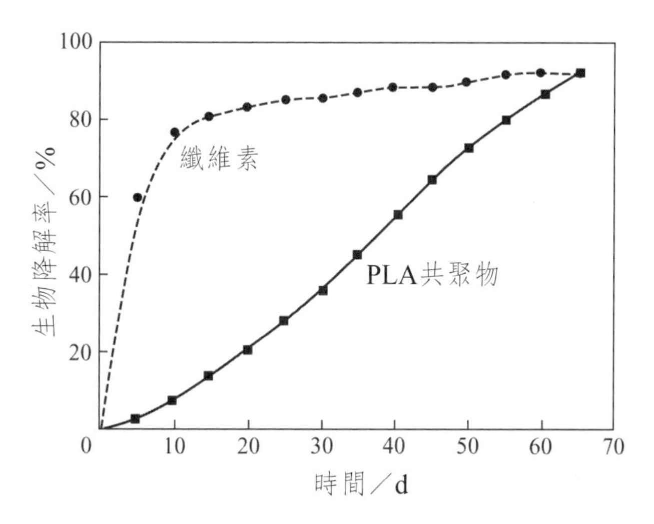

圖3-13　PLA共聚物的生物降解性能〔45〕

三、增塑改性聚乳酸

增塑改性就是在高聚物中混溶一定量的高沸點、低揮發的增塑劑，從而增加其塑性，賦予製品柔韌性，改善成型加工性能。增塑劑可以使PLA玻璃轉化溫度降低，賦予其柔軟性。增塑劑也有助於改善PLA結晶的速度。增塑劑按照分子量大小可分為單體型增塑劑和聚合型增塑劑。單體型增塑劑是分子量較小的簡單化合物，一般有明確的結構和分子量，相對分子質量多在200～500之間，分子尺寸與聚合物的單體（或高分子中重復單元）相當。聚合型增塑劑是相對分子質量在1000以上的線型聚合物，這種增塑劑揮發性小，耐遷移、耐抽出，還可以改善塑膠的力學強度。

對PLA的增塑改性是很早以前就開展的工作。通常是添加低分子量的增塑劑，主要針對醫療領域PLA的應用，對PLA的柔軟性加以改進。隨著PLA生產成本的降低，PLA越來越多地應用於一般包裝、食品包裝膜。PLA薄膜，尤其是應用於吹膜成型加工的薄膜，柔軟性能的提高成為極待解決的一大課題。現在研究的主要模式是像對PVC添加增塑劑那樣期待對PLA增塑。乳酸、低聚物乳酸、傳統的許多增塑劑都可以作為PLA的增塑劑。

選擇PLA增塑劑的主要原則是：與PLA有良好的相容性；在加熱和熱成型條件下穩定性好；揮發性小，遷移性小；耐化學藥品性、耐光性好；安全衛生性好；可生物降解性好；性價比高。鄰苯二甲酸酯（如鄰苯二甲酸二辛酯）、檸檬酸酯、乳酸酯（如乳酸乙酯）、丙交酯、礦物油、磷酸三苯酯、甘油、乙酸甘油酯和丁酸甘油酯、聚乙烯醇、月桂酸酯等都曾經用作PLA的增塑劑。其中建議使用那些可以生物降解的品種。增塑劑一般添加0.5%～30%，視不同的製品要求而定，通常增塑劑可以在熔融混合中加入。

但是，PLA和PVC不同的是，PLA是一種結晶性聚合物，根據添加增塑劑量的不同，經過一定時間以後，增塑劑容易在表面滲出。產生這種現象的原因是增塑劑和PLA非晶部分的樹脂相容，增加了這部分分子鏈的柔韌性，從而使其容易運動，外部一旦施加能量則這部分非晶PLA會逐漸結晶，這樣材料中的非晶部分減少，多餘的增塑劑從材料表面析出。增塑劑的滲出容易使薄膜發生黏連，或者隨著時間延長而失去薄膜的透明性和彈性。如何解決這個問題是非常重要的一件課題。

也有一些研究工作是通過PLA與其他生物降解樹脂共混以提高PLA的柔軟性。一般高分子量的樹脂與PLA共混後不會產生像低分子物質那樣的滲出現象，但是不能像低分子物質那樣在提高柔軟性的同時保持PLA優良的透明性。

四、聚乳酸柔韌改性劑Plamate®

在前面提到，DIC公司通過對形態的控制合成了PLA、多元醇和二元羧酸得到的聚酯嵌段共聚物，作為PLA衝擊改性劑已經商品化，商品名Plamate®，具有生物降解性能。共聚物的分子結構如下：

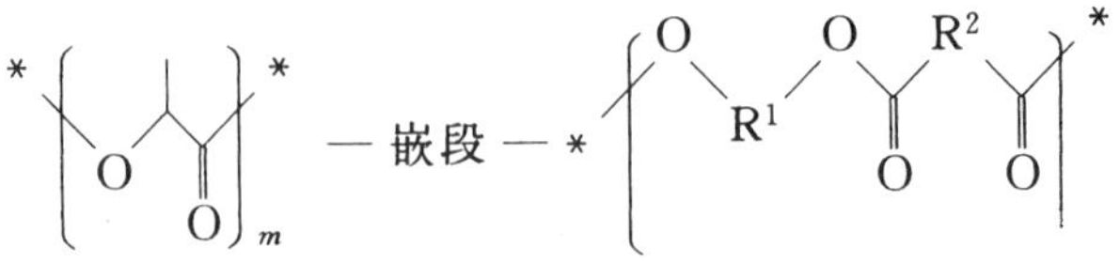

— 嵌段 —

1.抗衝擊改性劑Plamate\R：PD-150

PD-150是重量平均分子量在10萬以上、熔點為165℃、玻璃轉化溫度為52℃的淡黃色粒狀樹脂。該改性劑在PLA熔融成型加工時使用。PD-150添加到PLA中，能夠改善衝擊強度、彎曲強度、抗撕裂強度，提高斷裂伸長率，並且使透明性和耐熱性降低程度小。除了改善PLA的物性，還能夠顯著提高PLA薄膜的成型加工性能。

表3-25列出了PLA/PD-150（90/10）押出成型的200μm無拉伸片材的性能評價結果，為便於比較PLA的無拉伸材料和同樣是硬質塑膠的PS的雙軸拉伸片材的性能也列在表中。PLA單獨成型品透明性優異，表現在霧度值低，但是抗衝擊性能和耐折強度差。添加10%的PD-150以後，抗衝擊性能提高到可以實用的0.3J，為PLA的3倍，同時耐折強度和抗撕裂強度也得到改善，特別是耐折強度，比A-PET還要高。另一方面，改性後的霧度值為8%，達到實用透明材料的標準。這種既能夠提高衝擊強度又能夠維持PLA原有的透明性的性質是其他聚合物所無法實現的。表3-26列出了PD-150添加後PLA材料射出成型品的各項性能。射出成型時材料無拉伸取向或只有微小的拉伸取向，所以材料的性能與上述無拉伸片材類似。隨著添加量的增多，成型品的Izod衝擊強度提高。

表3-25 PLA/PD-150（90/10）片材的性能評價[45]

專案	實驗方法	PLA	PLA/PD-150 (90/10)	OPS	PVC	A-PET
杜邦衝擊試驗值／J	JIS K5400	0.1	0.3	0.4	1.4	1.7
霧度／%	JIS K7105	2	8	1~3	2~5	1~2
拉伸強度／MPa	JIS K7127	60	55	82	53	65
斷裂伸長率／%	JIS K7127	5	25	4	112	65
模數／GPa	JIS K7127	3	2.2	2.9	2.4	1.7
撕裂強度／N	JIS K7182	0.8	2.7	0.9	–	7.8
MIT耐折強度／回	JIS K8115	70	> 5000	10	1600	> 2000

表3-26 PD-150添加後PLA材料射出成型品的各項性能[45]

專案	PLA	PLA/PD-150 (90/10)	PLA/PD-150 (80/20)	PLA/PD-150 (70/30)	PS	PET
密度／（g/cm^3）	1.26	1.25	1.24	1.23	1.04	1.34
熔融指數①／（g/10min）	3.3	6.5	7.6	9.3	5.5	-
Izod缺口衝擊強度／（kJ/m^2）	2.5	3.7	4.3	5.3	1.7	4~5
拉伸強度／MPa	68	65	56	52	46	55~60
斷裂伸長率／%	4~5	80	80	80	1.8	300
彎曲強度／MPa	102	89	82	76	70	90~100
彎曲模數／GPa	3.5	3.2	3	2.9	3.1	2.5~3.0
維卡軟化點②／℃	61	60	58	57	95	75

① 190℃，2.16kg負荷。② 升溫速率50℃/h，實驗方法為JIS K6871。

改性劑與PLA在押出機中熔融押出片狀材料後，在玻璃轉化溫度以上拉伸定形，得到50m的拉伸取向薄膜，其各項性能見表3-27。與無拉伸薄膜相同，薄膜透明性好，衝擊強度比純PLA也有大幅度提高。由於純PLA薄膜進行拉伸取向後衝擊強度也能夠提高，通常在拉

表3-27 PLA/PD-150雙向拉伸薄膜（50μm，拉伸比為2×2）的物理性能[46]

專案		測試方法	PLA	PLA/PD-150 (80/20)	PLA/PD-150 (70/30)	OPP	LDPE	PET
密度／(g/cm³)		JIS K6871	1.26	1.24	1.23	0.91	0.92	1.34
薄膜衝擊強度／J		DIC method	0.1	0.9	1.0	0.9	1.1	1.0
霧度／%		JIS K7105	0.7	3	5	2.2	9	3
拉伸強度／MPa	MD	JIS K7127	78	65	51	100	14	235
	TD		91	45	41	180	–	–
斷裂伸長率／%	MD	JIS K7127	79	78	88	140	340	130
	TD		31	93	106	30	–	–
1%割線模數／GPa	MD	JIS K7127	3	2.7	2.5	1.9	0.2	4
	TD		2.8	2.5	2.1	3.1	–	–

伸率為10倍以下PD-150的效果才能夠更好地發揮。另外，PD-150添加後，彈性模量初期的第二模數峰有一定程度降低，但是還沒有達到使材料飄動的柔軟性。所以，如果想得到像包裝材料那樣柔軟的PLA材料，後面講述的PLA柔軟性改性劑將非常有效。

探討不同PD-150含量的PLA材料的維卡軟化點發現，隨著PD-150添加量的增加，維卡軟化點下降，但是下降幅度不大，在添加20% PD-150時維卡軟化點僅僅下降4℃。因此，PD-150並非像普通增韌劑那樣引起PLA耐熱性能的大幅度下降，這是該產品的另一特點。這主要是因為PD-150具有海-島的相結構，從而其軟化點溫度與PLA相差不會很大。

2.增塑改性劑Plamate®：PD-350

隨著PLA在包裝領域應用的推進，作為柔軟性包裝薄膜的需求日益增加。PD-150雖然提高了PLA的抗衝擊性能，但是不能夠使PLA模數降低，實現柔軟化。為此，DIC公司開發了PLA柔軟改性劑PD-350，添加30%以後能夠大幅度提高PLA薄膜的柔軟性（表3-28），使其具有與OPP薄膜相同的手感。柔軟PLA薄膜可以應用於垃圾袋、農業用膜、超市購物袋等方面。

表3-28 PLA及其共混物薄膜的性能

專案		測定方法	PLA/PD-350	PLA/PBS	PLA
材料組成		–	77/23	77/23	100
厚度／μm		–	30	30	30
拉伸比		–	3×3	3×3	3×3
拉伸條件	預熱溫度／℃	–	60	70	70
	拉伸溫度／℃	–	68	71	74
	熱設置溫度／℃	–	120	120	120
熔融指數（190℃, 2.16kg）／（g/10min）		JIS K6871	15.5	–	4.2
1%割線模數／GPa	MD	JIS K7127	2.6	2.7	3.6
	TD		2.4	2.4	3.4
拉伸強度／MPa	MD	JIS K7127	95	105	100
	TD		75	85	105
斷裂伸長率／%	MD	JIS K7127	60	50	50
	TD		70	70	70
Elmendorf撕裂強度／N	MD	JIS K7128	0.18	0.15	0.17
	TD		0.27	0.15	0.27
薄膜衝擊強度／J		DIC method	0.9	0.9	0.9
霧度／%		JIS K7105	0.8	11.1	1.3
光澤度／%		JIS K7105	129	53	126

五、增韌增塑聚乳酸品種

市場上已經有商品化的增韌PLA樹脂以及柔軟PLA薄膜。表3-29列出了Terramac®增韌PLA的性能，表3-30列出了三菱樹脂公司柔軟PLA薄膜的一些性能。其他商品化PLA薄膜的性能可以參考第六章內容。

表3-29　Terramac®增韌級射出成型PLA樹脂牌號和性能〔47〕

專案	ISO	標準（TE-2000）	增韌級（TE-1030）	增韌級（TE-1070）
外觀	–	透明	–	不透明
密度／（g/cm³）	1183	1.25	1.24	1.24
熔點／℃	–	170	170	170
拉伸強度／MPa	527	63	51	34
斷裂伸長率／%	527	4	170	>200
彎曲強度／MPa	178	106	77	50
彎曲模數／GPa	178	4.3	2.6	1.4
Charpy缺口衝擊強度／（kJ/m²）	179	1.6	2.3	5.6
熱變形溫度（0.45MPa）／℃	75	58	51	54
成型收縮率／%	–	0.3~0.5	0.3~0.5	0.3~0.5

表3-30 三菱樹脂公司未取向PLA薄膜的性能[48]

專案		CP（標準）	CN（柔軟）	CT（耐熱、耐衝擊）
厚度／μm		400	30	400
霧度／%		3.1	10	不透明
拉伸強度／MPa	MD	65	57	50
	TD	66	58	45
斷裂伸長率／%	MD	6	780	40
	TD	6	910	40
拉伸模數／GPa	MD	2.8	0.4	1.8
	TD	2.6	0.4	1.6
熱收縮率／%	MD	0.5	0.5	–
	TD	0.5	0.5	–
耐熱性／℃		50	–	90
透濕性（40℃，90%RH）／〔g/(m^2 · d · 25μm)〕		300~500		–
O_2透過率（25℃, 50%RH）／〔cm^3/(m^2 · d · MPa · 25μm)〕		600~1200		–
CO_2透過率（25℃, 50%RH）／〔cm^3/(m^2 · d · MPa · 25μm)〕		3000~7000		–
N_2透過率（25℃, 50%RH）／〔cm^3/(m^2 · d · MPa · 25μm)〕		300~600		–

第四節　聚乳酸熔融體強度的提高

一、聚乳酸熔融體特徵

聚合物的熔融體強度是指熔融體在一定條件下受到力（如牽引或拉伸力）的作用而斷裂，此時這個力定義為聚合物的熔融體強度。熔融體強度反映聚合物熔融體的抗延伸性及抗熔垂性，它是決定產品成型時材料加工特性的一個非常重要的性質。近年來，熔融體強度已經被認為是聚合物成型過程涉及到拉伸和牽引操作的重要的成型參數之一，如熔融體抽絲、押出塗佈、吹塑、吹膜、發泡以及熱成型，這些成型過程受材料熔融體強度影響很大，材料熔融體強度決定這些成型過程。例如在吹膜中，一個關鍵的加工參數是膜泡的穩定性，這一參數就是由材料的熔融體強度決定的。

PLA由於分子鏈中長支鏈少，熔融體強度特別低，應變硬化不足，造成了PLA吹膜時膜泡不穩定易破裂。在熱成型中，對於PLA這種硬而脆、熔融體強度很低的聚合物，成型過程只能在很窄的溫度範圍內進行。如果溫度太低，片材雖軟化但沒有完全熔融，導致成型製品的形狀不能與模具的形狀精確地相同；如果溫度過高，片材尺寸不穩定，在重力的作用下將過分下垂（熔垂），最終導致熱成型製品壁厚不均，甚至會使片材撕裂。PLA由於熔融體強度低，發泡成型十分困難，很難得到高倍率的發泡成型體，因為PLA缺乏應力硬化性質，而這是需要用來抵擋後面泡孔增長過程中的拉伸力的最基本的要求。

高分子鏈的支化，與另一種共聚物接枝，或共混支化聚合物和線性聚合物，是增加其黏度的基本方法，以使其能夠適合發泡。

二、提高聚乳酸熔融體強度的方法

針對PLA的分子結構特點，可以從以下兩個方面來提高其熔融體強度:一是提高PLA的平均分子量，二是在PLA分子中引入長支鏈結構。高分子量PLA的生產會造成聚合反應時間延長，生產效率低，並且有較長的熱歷史使PLA容易變色及降解等問題，因此，實際工業生產中的PLA相對分子質量上限往往到50萬左右。所以，在PLA分子中引入長支鏈結構是提高PLA熔融體強度的主要方式。具體方法有共聚改性、反應押出、奈米技術以及副射線照射技術。

(一)共聚改性

可以通過共聚方法在PLA分子中引入支化結構，如丙交酯和環氧化脂肪或油共聚〔49〕、丙交酯和雙環內酯共聚單體共聚〔50〕，用過氧化物處理PLA〔51, 52〕，在PLA聚合時加入多官能團引發劑〔53, 54〕。共聚改性存在許多問題，如由於支化劑和丙交酯的反應活性不一致，共聚效果不好，支化PLA熔融體強度並沒有提高；反應過程比較難控制，產品質量不穩定；PLA聚合反應時間延長等。其中丙交酯和雙環內酯共聚單體進行共聚能夠得到高熔融體強度的PLA，但是共聚單體價格昂貴，聚合過程容易產生凝膠，共聚物性質隨共聚單體含量變化敏感，因此只適合特殊應用場合的PLA的生產。

(二)反應押出

反應押出是在PLA熔融押出過程中加入支化劑（主要指能與PLA分子鏈上的酯基、羧基以及羥基發生反應的多官能團化合物），得到支化PLA，從而增加PLA的熔融體強度。這種方法關鍵是支化劑的選取，支化劑主要包括帶有3個或更多個官能團的異氰酸酯、酸酐、環氧化合物、有機過氧化合物等。

下面分別論述不同支化劑在提高PLA熔融體強度中起的作用。

1.有機過氧化物

PLA分子末端的端羧基和端羥基上的氫屬於活潑氫，過氧化物通過自由基奪氫反應使PLA分子鏈發生一定程度的交聯，從而提高PLA的熔融體強度。有機過氧化物包括烷基過氧化物、過氧化酮、酯類過氧化物、醯類過氧化物等，選用時以熱穩定性好的優先，一般添加量為質量百分比0.5%～2.0%。

日本三井化學公司[55]使用2, 6-二甲基-2, 5-雙（叔丁過氧基）己烷0.5%（質量百分比）和重量平均分子量為14.7萬的PLA，用單螺桿押出機在170～210℃熔融共混，得到的PLA材料熔融體強度從純PLA的0.6g提高到了5.0g。添加有機過氧化物，還能夠提高PLA和其他樹脂的相容性與斷裂伸長率。例如，為了擴大PLA樹脂在軟質包裝袋等方面的應用，通常採用與柔韌性好的生物降解樹脂PCL、PBS等共混的方法改善PLA的柔軟性。共混改性的PLA材料雖然得以軟化，彈性模數降低，但是斷裂伸長率往往提高不多。如果添加少量的有機過氧化物，能夠顯著提高材料的斷裂伸長率（表3-31）。表3-31中有機過氧化物為2, 6-二甲基-2, 5-雙（叔丁過氧基）己烷，用PO表示。從

表3-31　有機過氧化物對PLA共混物熔融體強度和力學性能的影響

組成（質量比）	熔融體強度／g	彈性模數／MPa	斷裂伸長率／%
PLA/PCL/PO (50/50/0)	0.6	1000	90
PLA/PCL/PO (50/50/0.5)	12	1000	260
PLA/PBS/PO (50/50/0)	0.6	1300	120
PLA/PBS/PO (50/50/0.5)	2.5	1500	200

表3-31可以看出，在PLA/PCL（50/50）共混物中添加質量百分比為0.5%的PO以後，材料的熔融體強度從0.6g提高到12g，是原來的20倍，而斷裂伸長率也從原來的90%提高到260%；在PLA/PBS（50/50）共混物中添加質量百分比為0.5%的PO以後，材料的熔融體強度提高到2.5g，斷裂伸長率提高到200%。

由於有機過氧化物的反應活性較高，用量一定要嚴格控制，過量使用會導致聚合物產生過度交聯，失去熱塑性，或者即使它能夠保持一定的熱塑性，仍然會形成部分高度交聯的凝膠，造成某些力學性能如衝擊強度下降。

2.含環氧官能團聚合物

由於PLA中的端羥基和／或端羧基能夠與環氧官能團發生反應，和含有環氧官能團的丙烯酸類共聚物熔融共混能夠有效地在PLA分子中引入長支鏈，提高PLA熔融體強度，改善PLA的吹膜、吹塑、發泡等成型性。含有環氧官能團的基團有甲基丙烯酸縮水甘油酯、丙烯酸縮水甘油酯、（3, 4-環氧環己基）甲基丙烯酸甲酯等。例如，用含有GMA的苯乙烯－丙烯共聚物[56]（日本東壓合成公司的牌號為ARUFON UG-4030，M_w = 11000，T_g = 52℃，環氧價 = 1.8mmol/g，固體）2.5%（質量百分比）對PLA共混改性，一維拉伸黏度測試顯示改性PLA呈現顯著的應變硬化行為，應變硬化度從純PLA的0.15提高到0.76，PLA分子的多分散度（M_w/M_n）從反應前的1.5提高到反應後的2.6。改性後的PLA樹脂具有良好的發泡成型性，泡孔均勻，直徑在68～102μm之間，而未改性PLA泡孔破裂嚴重，並且大小不均勻，直徑介於20～240μm之間。

用日本油脂會社生產的一種含環氧官能團的丙烯酸聚合物擴鏈（牌號為Bulenma-CP-50M，相對分子質量10000，環氧當量310g/mol，EP1）改性PLA樹脂[57]，添加0.8%（質量分數），熔融體強度從0.6g提高到1.7g，熔融黏度從5.55×10^2Pa．s增加到8.36×10^2Pa．s。由於PLA的熔融體強度提高，使吹膜成型性能良好，牽引速度和吹脹比提高，從而對薄膜的厚度和幅度設定更為自由。而且這種擴鏈劑添加量1%～3%（質量分數）下的PLA薄膜的霧度分別為2.5%、3.3%及4.2%，比起純PLA的2.0%提高不是很多，完全滿足使用要求，通常的LDPE袋子霧度為10%～15%，半透明HDPE袋子霧度大約20%。

含環氧官能團共聚物用作PLA支化劑能夠有效抑制或減少PLA凝膠化程度，又有抑制PLA熔融加工過程中水解的作用。通過控制擴鏈劑的添加量，使改性的PLA樹脂中含有少量的自由環氧官能團，能夠以母料形式添加到未改性的線型PLA樹脂中，製備支化度可以任意調節的PLA樹脂，還可以作為相容劑或作為共押出成型中的黏合層用樹脂[58]。

共聚物分子量及環氧官能團的莫耳含量、添加量、熔融共混溫度、加熱時間、剪切速率、PLA水分含量以及樹脂中催化劑殘留量等都會影響擴鏈反應結果。

3.多異氰酸酯化合物

多異氰酸酯化合物能夠與PLA的端羧基反應，從而在PLA分子中引入支化結構，提高其熔融體強度〔59～61〕。

多異氰酸酯化合物種類影響與PLA末端羧基之間的反應活性。研究表明〔62〕，芳香族多異氰酸酯化合物能夠有效提高PLA的熔融體強度。芳香族多異氰酸酯化合物主要包括二苯甲烷二異氰酸酯（MDI）、2, 4-甲苯二異氰酸酯（TDI）、亞苯二甲基二異氰酸酯（XDI）和MDI的官能度為2-5的混合物（MDImix）等。圖3-14是分別在PLA樹脂中添加1%（質量百分比） MDI、TDI、XDI、MDImix和HDI反應押出後PLA樹脂的熔融體強度變化情況。實驗用PLA重均分子量14.7萬，熔融體強度0.6g，芳香族異氰酸酯化合物MDI、TDI等改性的PLA材料熔融體強度提高到原來的2.5～3..8倍，而脂肪族異氰酸酯化合物六亞甲基二異氰酸酯、HDI由於與PLA反應活性差，對PLA熔融體強度沒有提高。

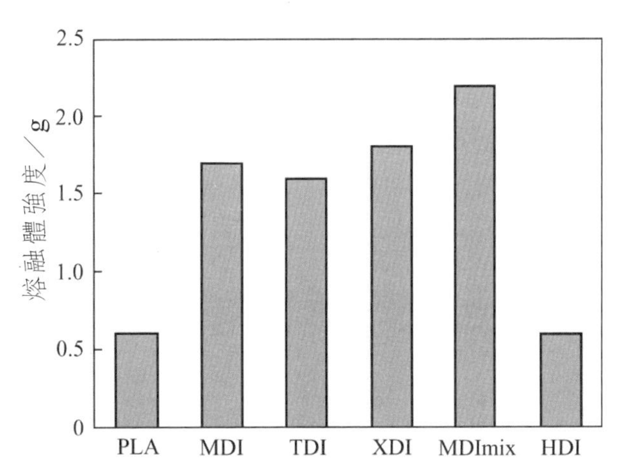

圖3-14　添加1%（質量分數）不同異氰酸酯化合物種類對PLA熔融體強度的影響

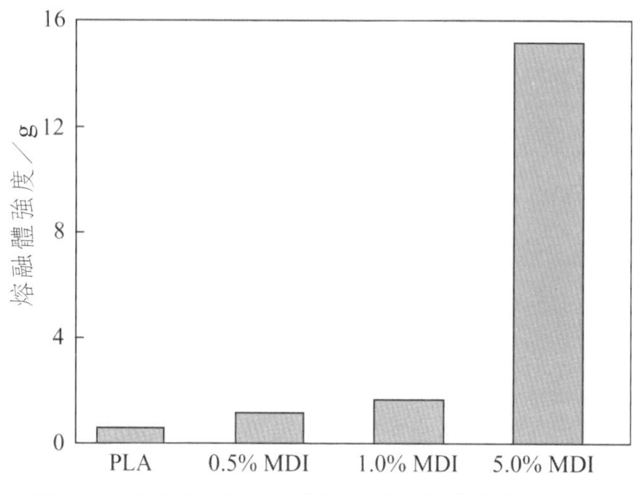

圖3-15　不同含量MDI對PLA熔融體強度的影響

控制多異氰酸酯化合物的添加量和PLA的水分含量，對製備高熔融體強度PLA非常關鍵。添加量最好為質量百分比0.5%～5%，如圖3-15所示，PLA的熔融體強度隨MDI量增大而升高。過量添加則造成PLA凝膠化嚴重，失去流動性而不能成型，另外過多的芳香族多異氰酸酯化合物在PLA樹脂降解時釋放到環境中，不利於環保。

在用異氰酸酯化合物對PLA增加熔融體強度時要注意，由於PLA高溫下易水解，PLA中水含量對熔融體強度提高程度影響很大，水含量最好控制在0.005%～0.010%以下。水含量越高，PLA熔融體強度提高得越不明顯，當水含量超過0.2%時添加MDI根本無法提高PLA的熔融體強度。PLA樹脂中水含量對MDI增加熔融體強度效果的影響如圖3-16所示。

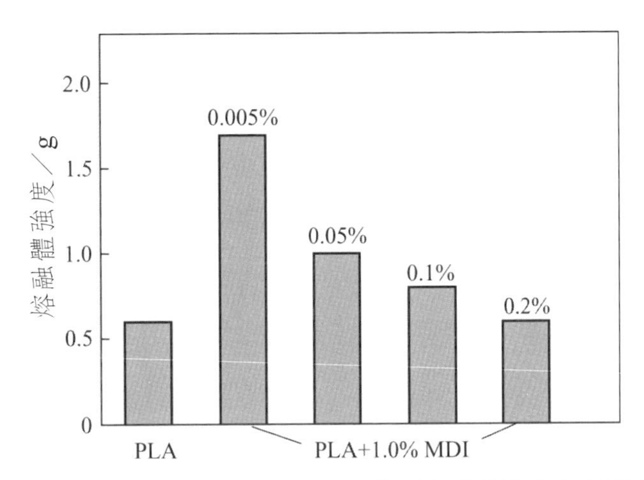

圖3-16　PLA樹脂中水含量對MDI增加熔融體強度效果的影響

(三)輻射交聯

聚合物材料的輻射交聯作為一種化學加工方法已經得到了廣泛的應用。其原理是在交聯劑存在的情況下選擇合適的輻射源和劑量輻照PLA，使PLA分子鏈中產生長支鏈結構和適度交聯，從而提高PLA的熔融體強度。在製備高熔融體強度PLA過程中使用最多的是電子輻射和γ射線。在輻射過程中，離子化輻射應具有足夠的能量，以穿透被輻射的線型聚合物實體。能量必須使分子結構離子化和使原子結構激發，但不能大到影響原子核，而且輻射劑量過大會造成斷鏈降解或過度交聯。電子射線照射量在1～40kGy之間比較合適，如果太小，PLA材料無法產生足夠的交聯度，熔融體強度得不到提高。

交聯劑一般選用含有兩個或多個雙鍵的低分子化合物，為了在較低的濃度下獲得高的交聯度，具有丙烯酸類交聯助劑最為有效。例如三烯丙基異氰脲酸酯、三甲基烯丙基異氰脲酸酯、三烯丙基氰脲酸酯、三甲基烯丙基氰脲酸酯等。其中，優先選用三烯丙基異氰脲酸酯，它能夠在低濃度下對聚乳酸表現出高效果。交聯助劑添加量一般為1～7份。吉岡等研究表明在PLA材料中加入3份的TAIC，用13kGy電子射線輻射以後，能夠提高PLA材料的熔融體強度。該材料如果含有熱分解型發泡劑，在熱風發泡爐內240℃下發泡3min，可以得到外觀良好的發泡材料，其凝膠含量為47%。而使用其他交聯劑，例如7份的帶活性羥基交聯劑，6份的二乙烯基苯或者3份的三羥甲基丙烷代替TAIC，同樣經過電子輻射以後，不能夠有效提高PLA的熔融體強度，表現在發泡成型性差。其對應的凝膠含量分別為21%、25%和30%。

在輻照體系中加入少量抗氧劑，例如汽巴甲基精化公司（Cibageigy Co.）的抗氧劑Irg1010，可抑制輻照造成的PLA降解。

輻射源和輻射劑量、交聯劑種類及含量、輻射時間等因素控制很關鍵。這種方法容易產生凝膠化反應。

(四)奈米技術

PLA奈米複合材料在剪切流動中表現流凝性，在拉伸中呈現應力硬化性質。圖3-17是純PLA及其奈米複合材料在175℃時黏度隨剪切速率的變化，純PLA表現出類牛頓行為，PLA奈米複合材料則表現出顯著的剪切變稀行為，並且由於在高剪切速率下矽酸鹽片層沿著流動方向強烈取向，PLA奈米複合材料的穩態剪切黏度可與純PLA相比。Sinha等[24]用拉伸流變儀在170℃、Hencky應變速率為0.01～1s^{-1}下對熔融PLA奈米複合材料（含5%蒙脫土）進行了拉伸流變測試。圖3-18是PLA奈米複合材料瞬態拉伸黏度與時間關係的雙對數圖，圖中顯示了PLA奈米複合材料強烈的應變誘導硬化，而純PLA因黏度低而無法精確進行流變測試。然而，他們證實了即使與含3%蒙脫土PLA奈米複合材料具有相同的分子量和多分散性的純PLA也不能發生拉伸中的應力誘導硬化和剪切流動中的流凝現象。

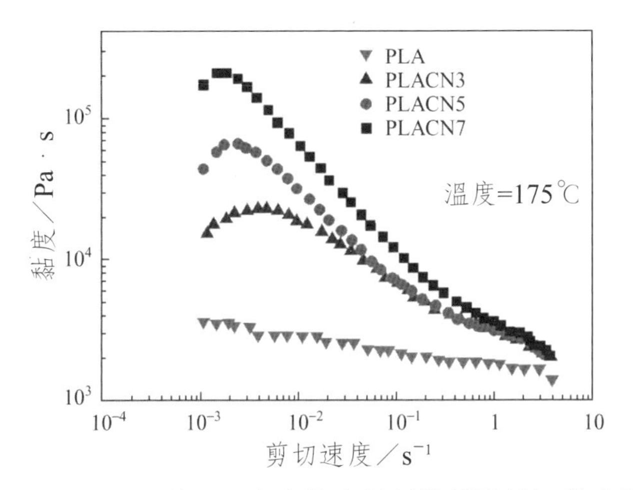

圖3-17 不同MMT含量的PLA奈米複合材料的穩態剪切黏度與剪切速率的關係[24]

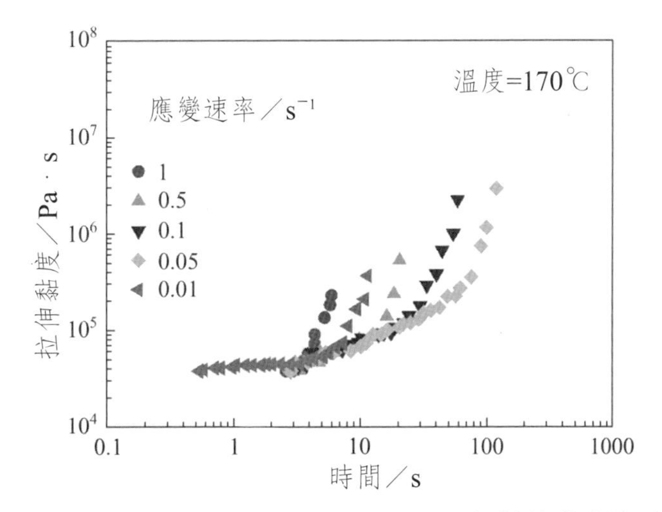

圖3-18 170℃下PLACN5（PLA和5% C18MMT）拉伸黏度隨時間的變化[24]

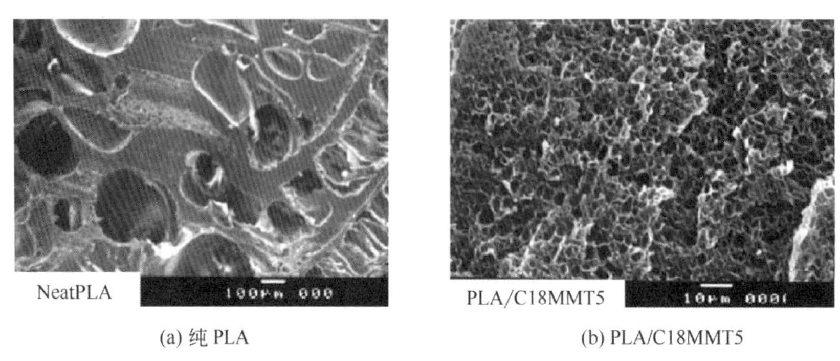

(a) 纯 PLA　　(b) PLA/C18MMT5

圖3-19　發泡樣品淬斷面的SEM照片（發泡溫度140℃）〔25〕

PLA奈米複合材料發泡成型性良好。圖3-19為發泡材料淬斷面的SEM照片，在奈米複合材料中所有的泡孔均表現出了良好的均勻的封閉孔結構，而純PLA的泡孔則表現為具有大孔徑的不均一的孔結構（約230μm）。同時，與純PLA的泡孔相比較，奈米複合材料的泡孔孔徑尺寸較小且具有大的孔密度，表明分散的矽酸鹽顆粒可以作為泡孔形成的成核點〔63〕。隨著有機蒙脫土含量的增加，泡核尺寸降低，泡核和發泡密度也降低〔64〕。填料的分散在發泡過程中對控制泡核尺寸具有重要的作用。形狀參數和處理過程中儲能模量與損耗模量對泡核的成長和合併有很大的影響，這可以使得聚合物奈米複合材料在形成奈米微孔的同時不損失其力學性能。

日本UNITIKA公司在成功開發耐熱PLA奈米複合材料的基礎上，通過奈米水平的分子設計、化學修飾技術和特殊的熔融混煉技術相結合開發耐熱、高倍率押出發泡片材用的PLA樹脂〔65〕。開發的押出發泡級PLA樹脂HV-6200的MI和通用PLA的對比見表3-32，其熔融體強度為460mN，大約為純PLA樹脂的46倍。圖3-20是這種樹脂拉伸黏度的變化。可以看出，HV-6200具有高熔融體強度，且呈現較高的應變硬化性質。

PLA的押出發泡板材通過熱成型（真空、壓空成型）能夠得到形狀不同的各種產品。例如，可以在盛裝熱水和微波爐加熱的食品容器、碗、餐盒等一次性餐具與一次性杯子等食品領域，電子部件承載底盤等資訊機器、家電用途，水果包裝材料等農林水產用途，絕熱板材等建築用途，顯示器芯材等廣告宣傳媒體用途等方面展開廣泛應用。

表3-32　高耐熱PLA押出發泡樹脂的熔融指數和熔融體強度〔65〕

樹脂種類	MI(190℃, 2.16kg)/(g/10min)	熔融體強度（190℃）／mN
HV-6200	12	460
純PLA	80	10

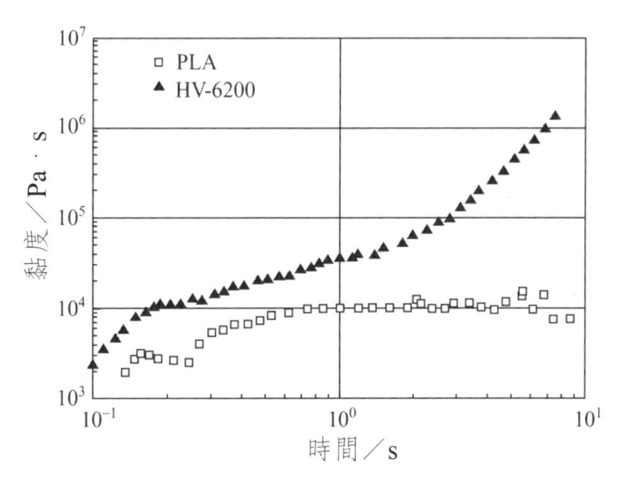

圖3-20　高耐熱PLA押出發泡樹脂的拉伸黏度變化曲線（170℃，應變速率$0.5s^{-1}$）〔65〕

第五節　聚乳酸耐久性的提高

一、聚乳酸的耐久性特點

目前為止對PLA製品基本上不追求長的使用壽命（大約3年以下），容器、包裝材料或一次性製品等使用後的廢棄處理往往會帶來環境問題，因此這類製品領域關注的是PLA製品的生物降解性能。最近，由於PLA製品在電子、電器、汽車領域應用的展開，該領域往往要求有5～10年的耐久性，與關注PLA製品的生物降解性能相比利用PLA樹脂的低環境負荷特性、作為耐久性材料的研究正在積極展開中。PLA是脂肪族聚酯，高溫、高濕特別是鹼性環境中水解比較嚴重。圖3-21是PLA樹脂在不同溫度、濕度情況下分子量變化情況。從圖3-21中可以看出，溫度和濕度對聚乳酸的降解影響很大，特別是溫度的影響。因此，想要拓寬聚乳酸的應用範圍，賦予其耐久性是非常必要的。

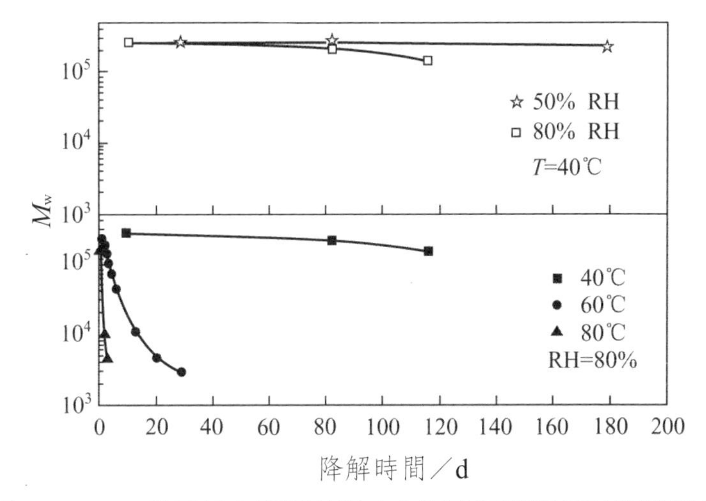

圖3-21　PLA分子量在不同的溫度和濕度下隨降解時間的變化

二、影響聚乳酸水解的主要因素

PLA製品水解速率受到PLA結構、組成、成型加工條件以及保存或使用條件的影響（表3-33）。為了抑制水解，提高PLA的耐久性，必須從包括加工時水分的控制、殘留催化劑及殘留單體量控制、鹼性化合物的控制、末端官能團控制等幾個重要方面全面考慮。

表3-33　影響PLA水解速率的主要因素

分類	影響
結構因素	末端基濃度，結晶度
組成／添加劑等	殘留單體含量，殘留催化劑量，鹼性化合物
成型加工條件	含水率，加工溫度，加熱時間
保存、使用條件	溫度，濕度，pH值

三、提高聚乳酸耐久性的方法

由於PLA分子中－COOH基、－OH基上存在活潑氫（活潑氫指的是N-H或O-H基上的氫，這些氫比C-H上氫的反應活性高，尤其是生物高分子中－COOH基、－OH基、$-NH_2-$基和－NHCO－基上的氫都屬於活潑氫），容易引起PLA在加工中或者在較高使用溫度下分子量降低。添加一些化合物對PLA的羧基進行封端，能夠減少生物降解高分子物質中活潑氫含量，從而抑制活潑氫對高分子物質的催化水解，使PLA在較長時間內保持原有性質，如強度、韌性及透明性等，提高其耐久性。

改善PLA水解穩定性可從兩方面著手：一種是在大分子鏈中引入耐水解分子結構單元，另一種是添加化學助劑——耐水解穩定劑。後者由於簡單可行，是目前改善PLA水解穩定性的主要方法。

(一)水解抑制劑種類和作用機理

極易與生物高分子物質中的活潑氫發生反應的化合物有碳二亞胺、異氰酸酯、唑啉、環氧化合物等。碳二亞胺由於能夠和高分子熔融混煉，並且少量添加時有抑制水解的效果，最為理想。

1.碳二亞胺〔66～69〕

碳二亞胺（CI）含有官能團－N ═ C ═ C ═ N－，分為單碳二亞胺（分子中只含一個官能團）和多碳二亞胺（含兩個或兩個以上官能團，PCI）。單碳二亞胺常溫下為亮黃色至棕色液體或結晶固體，溶於有機溶劑，如丙酮、氯苯、二氯甲烷等，不溶於水。多碳二亞胺常溫下為黃色至棕色片狀粉末，相對分子質量一般大於600。

碳二亞胺包括二環己基碳二亞胺、雙異丙基碳二亞胺、雙甲基碳二亞胺、二辛基碳二亞胺、聯苯碳二亞胺、萘基碳二亞胺等。幾種單碳二亞胺的熔點見表3-34。

Bayer公司以1,3,5-三異丙苯-2,4-二異氰酸酯縮合，並採用2,6-二異丙苯單異氰酸酯封端，得到碳二亞胺耐水解穩定劑。其中，Stabaxol-1為單碳二亞胺，簡稱TIC，前者碳二亞胺質量分數為11%；Stabaxol-P為多碳二亞胺。其他商品化的碳二亞胺品種還有二環己基碳二亞胺（DCC）、N, N-二異丙基碳二亞胺（DIC）等。

碳二亞胺是優良的耐水解穩定劑，一般添加0.3%～1%即可產生顯著的抗水解性。它可捕獲PLA因水解產生的游離羧基，常溫下快速反應生成穩定的醯脲，從而提高PLA材料的水解穩定性。反應機理如下：

$$\mathrm{R{-}N{=}C{=}N{-}R} + \mathrm{R'{-}\overset{\overset{\displaystyle O}{\|}}{C}{-}OH} \longrightarrow \mathrm{R{-}NH{-}\overset{\overset{\displaystyle O}{\|}}{C}{-}\underset{\underset{\displaystyle R}{|}}{N}{-}\overset{\overset{\displaystyle O}{\|}}{C}{-}R'}$$

東麗專利〔70〕對PLA纖維改性時，選用4, 4'雙環己基甲基碳二亞胺和4, 4'四亞甲基碳二亞胺。東麗專利〔71〕碳二亞胺化合物主要指

表3-34　幾種單碳二亞胺的熔點

碳二亞胺名稱	熔點／℃
二（2, 6-二異丙基苯基）碳二亞胺	47~49.5
二〔4-（1-甲基-1-苯基乙基）-2, 6-二異丙基苯基〕碳二亞胺	59
二（4-苯氧基-2, 6-二異丙基苯基）碳二亞胺	70
二（4-叔丁基-2, 6-二異丙基苯基）碳二亞胺	80

N，N'雙（2,6-二異丙基苯）碳二亞胺，為Bayer公司的TIC，添加量為0.72%。

2.異氰酸鹽

與生物降解高分子鏈上的活潑氫反應活性極高的異氰酸酯化合物主要包括2, 4-甲代亞苯基二異氰酸酯、2, 6-甲代亞苯基二異氰酸酯、間亞苯基二異氰酸酯、對亞苯基二異氰酸酯、4, 4'-二苯甲烷二異氰酸酯、2, 4'-二苯甲烷二異氰酸酯、2, 2'-二苯甲烷二異氰酸酯、3, 3'-二甲基-4, 4'-聯苯二異氰酸酯、3, 3'-雙甲氧基-4, 4'-聯苯二異氰酸酯、3, 3'-二氯-4, 4'-聯苯二異氰酸酯、1, 5- 二異氰酸酯、1, 5-四氫 二異氰酸酯、四亞甲基二異氰酸酯、1, 6-環己二異氰酸酯、十二亞甲基二異氰酸酯、三甲基環己二異氰酸酯、1, 3-環己烯二異氰酸酯、1, 4-環己烯二異氰酸酯、二甲苯二異氰酸酯、四亞甲基二甲苯二異氰酸酯、氫化二甲苯二異氰酸酯、賴氨酸二異氰酸酯、異佛爾酮二異氰酸酯、4, 4'-雙環己基甲烷二異氰酸酯、3, 3'-二甲基-4, 4'-雙環己基甲烷二異氰酸酯等。

這些二異氰酸酯化合物已經商品化。典型的多異氰酸酯化合物如Coronate（氫化4, 4'-二苯甲烷二異氰酸酯，日邦聚氨酯生產）和Millionate（芳香族二異氰酸酯，日邦聚氨酯生產）。固態的聚異氰酸酯比液態的更容易進行熔融混煉，因此聚異氰酸酯化合物中的一個異氰酸基團被一種修飾劑取代更好，比如多羥（基）脂肪醇或芳香族多元醇。

異氰酸酯的化學性質非常活潑，極易與含有活潑氫的化合物如醇、酸、胺、醚、水及鹼等迅速反應。以二異氰酸酯為例，能夠與PLA的端羥基發生反應，如下所示：

$$3ROH + 3OCN{-}C_6H_4{-}NCO \longrightarrow$$ 三（4-ROCONH-苯基）異氰脲酸酯（ROC(=O)NH-C_6H_4- 取代之三嗪三酮環）

3.唑啉[72]

唑啉化合物與PLA中水解產生的羧基發生反應。以2, 2'-雙唑啉〔2, 2'-bis（2-oxazoline）〕（BOZ）為例，與羧基發生加成反應，如下所示：

BOZ + RCOOH —偶合→ $RCOOCH_2CH_2NHCOCONHCH_2CH_2OCOR$

BOZ + RCOOH —封端→ $RCOOCH_2CH_2NH$—（2-唑啉基）

常用的唑啉化合物還有2, 2'-雙（5, 6-二羥基-4-氫-1, 3-噁嗪）、N, N'-環己烷-雙（2-氨基甲醯基-2-噁唑啉）、2, 2'-鄰亞苯基雙（2-唑啉）、2, 2'-間亞苯基雙（2-唑啉）、2, 2'-對亞苯基雙（2-唑啉）、2, 2'-對亞苯基雙（4-甲基-2-唑啉）、2, 2'-間亞苯基雙（4-甲基-2-唑啉）、2, 2'-對亞苯基雙（44'-二甲基-2-唑啉）、2, 2'-間亞苯基雙（44'-二甲基-2-唑啉）、2, 2'-對乙烯基雙（2-唑啉）、2, 2'-對四亞甲基雙（2-唑啉）、2, 2'-對環己雙（2-唑啉）、2, 2'-對八亞甲基雙（2-唑啉）、2, 2'-對乙烯基雙（4-甲基-2-唑啉）、2, 2'-二亞苯基雙（2-唑啉），等等。

過氧化物、環氧化合物、酸酐等也能夠與PLA的端羧基或端羥基發生反應，從而提高PLA的耐水解性。這些化合物除了能夠對PLA的端羧基封端，有的還能夠對PLA分子鏈起到擴鏈、支化作用，適量加入這些化合物能夠提高其熔融體強度，從而改善PLA的加工性能和力學性能。

作為水解抑制劑，上述化合物可以單獨使用或幾種複合使用。多碳二亞胺由於能夠和高分子物質熔融混煉，並且少量添加有抑制水解的效果。

(二)水解抑制劑對PLA耐久性的影響

水解抑制劑添加量、混煉溫度、加工溫度及停留時間要進行嚴格控制。

1.水解抑制劑的用量

水解抑制劑的用量一方面要根據最終產品對降解速率的要求即力學強度下降的要求確定，另一方面要根據PLA中羧端基含量確定。由於殘留低聚物丙交酯水解也會產生羧基，決定水解抑制劑的添加量時要同時考慮PLA的端羧基、由丙交酯和單體產生的端羧基的量。

一般選擇PCI的量等於所有端羧基含量的1.5倍時，既能夠減少未反應的水解抑制劑的量，又同時對所有端羧基封端。如果添加量太少，會造成對PLA端羧基的封端反應不完全，致使加工中或使用過程中PLA的降解速率太快，製品性能劣化過早。圖3-22是添加不同含量碳二亞胺化合物對PLA樹脂經過耐水解加速試驗後相對黏度變化情況，實驗條件是30g PLA樹脂顆粒和300mL水在密閉容器、130℃分別保持1～2h，測量相對黏度的變化。添加量太多也不好，未反應的水解抑制劑會影響材料的力學性能、流動性、加工性或表觀性能等。未反應的碳二亞胺化合物在200～250℃高溫下長時間停留會發生劇烈的

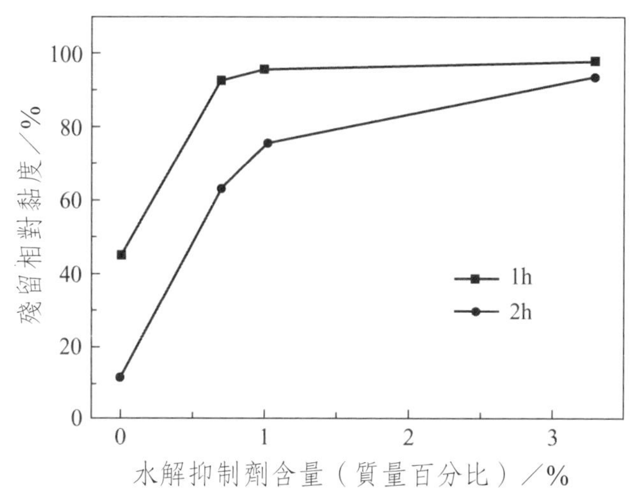

圖3-22 樹脂相對黏度保持率隨碳二亞胺添加量的變化

熱降解，從而導致PLA樹脂或製品嚴重變色，並容易凝膠化。

2.水解抑制劑的添加方式

添加的方式可以是熔融加工中通常添加劑的加入形式。可以在樹脂造粒混煉過程中加入，也可以在製品加工過程中加入。後者由於可以減少水解抑制劑在高溫環境中的停留時間，防止熱分解的發生，對PLA水解抑制效果好一些。例如，熔融紡絲製備PLA纖維時，可以分別熔融PLA和PCI，然後在紡絲箱體內靜態混合器中混合後直接紡絲。

水解抑制劑在加工溫度下的停留時間最好小於30min。

耐水解性能變化可以通過在一定溫度和濕度環境下的耐水解加速試驗研究，測定試驗前後PLA樹脂或製品黏度變化情況或／和強度變化情況。

四、耐久性聚乳酸的開發現狀與應用

PLA由於極易水解，其應用在一些對耐久性有要求的領域受到嚴重管約，如衣料用途、產業資材、汽車內飾品領域，成為在這些領域應用推廣的瓶頸。在服裝領域，雖然PLA纖維能夠染色，但是與PET、尼龍纖維相比，由於對染料的吸收率低，很難深度上色。為此往往通過在較高溫度如110℃以上進行染色來解決。但是，在110℃以上染色，由於PLA急劇水解，纖維強度受到嚴重損害，不能滿足使用強度要求。在農林園藝等暴露在自然環境中的應用中，由於環境中水分含量高，加上夏天高溫酷曬，通常PLA的水解速率很快，對一些製品強度要求高的情況，如植物生長攀岩用的繩索等，往往因使用壽命太短而無法應用。在日常生活用品的某些領域，對PLA製品也有耐水解性的要求，如可以多次使用的塑膠餐具會經常面臨高溫鹼性洗滌、高溫乾燥殺菌等操作，通常的PLA樹脂製備的這些產品在使用一星期以後就明顯開始降解，根本無法滿足使用要求。在汽車內飾件、電子電器等耐久性產品的應用中，對材料強度的保持性的要求更高。

隨著PLA應用領域的拓展，許多研究者在提高PLA的耐水解性方面開展了深入研究，一些公司紛紛開發了耐久性高的PLA樹脂品種或PLA產品。下面舉幾個例子。

示例1：雖然對PLA樹脂可以在聚合過程中添加脂肪族醇類進行端羧基封端而提高耐水解性〔73, 74〕，採用添加脂肪醇並降低紡絲溫度能夠降低PLA纖維中端羧基濃度，但是這些方法不能同時提高PLA的耐熱性。日本東麗公司採用特定的碳二亞胺化合物對PLA樹脂端羧基封端，同時提高了PLA纖維的耐熱性和耐水解性。圖3-23是普通PLA

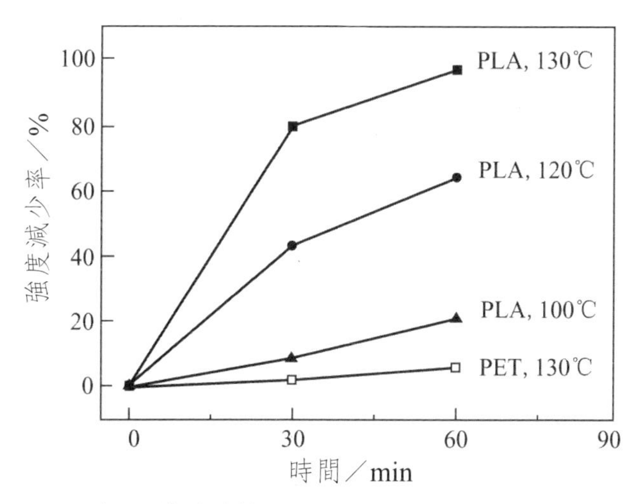

圖3-23 不同水解加速試驗條件下PLA纖維強度降低率與時間的關係

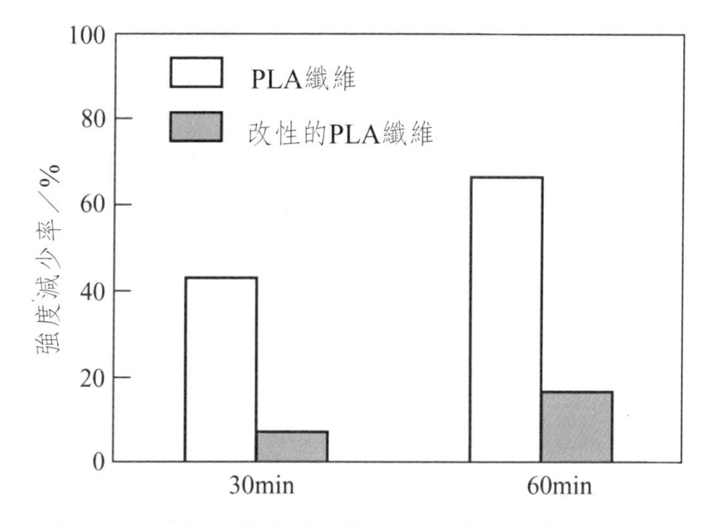

圖3-24 耐水解改性前後的PLA纖維強度降低率對比

纖維經過不同溫度下耐水解加速試驗以後強度的下降情況，並且與PET纖維進行對比，可以看出PLA的水解速率隨著溫度升高以及時間延長急劇增加。圖3-24是經過耐水解改性前後的PLA纖維耐水解加速試驗的強度的下降情況。改性後PLA纖維的強度降低率顯著下降，即耐水解性明顯提高，說明碳二亞胺化合物能有效地對PLA端羧基封端。進一步通過優化碳二亞胺添加量、反應活性以及抑制有害氣體的釋放等研究，實現了產業化生產。東麗公司將該PLA纖維和植物洋麻纖維經過壓合成型生產了汽車備用輪胎箱蓋，成功應用於2003年豐田Prius汽車上。這種箱蓋由100%植物纖維構成，屬於碳循環製品，LCA計算CO_2排放量僅為普通石油基產品的1/10。

示例2：UNITIKA公司研究人員綜合控制PLA樹脂殘留催化劑及殘留單體量、末端官能團含量、水分含量及加工條件等影響PLA水解的幾種重要因素，開發了耐久性PLA樹脂品種。圖3-25是50℃、95%濕度下PLA經過水解加速試驗的結果。通常的PLA經100h左右強度就完全喪失，而耐久、耐熱型PLA樹脂TE-8210經過1000h試驗以後能夠維持原有強度的95%。在更加嚴峻的條件下，即溫度60%、95%濕度下進行水解試驗，這種耐久型PLA樹脂TE-8210經過1000h以後仍然能夠維持原有強度的90%。

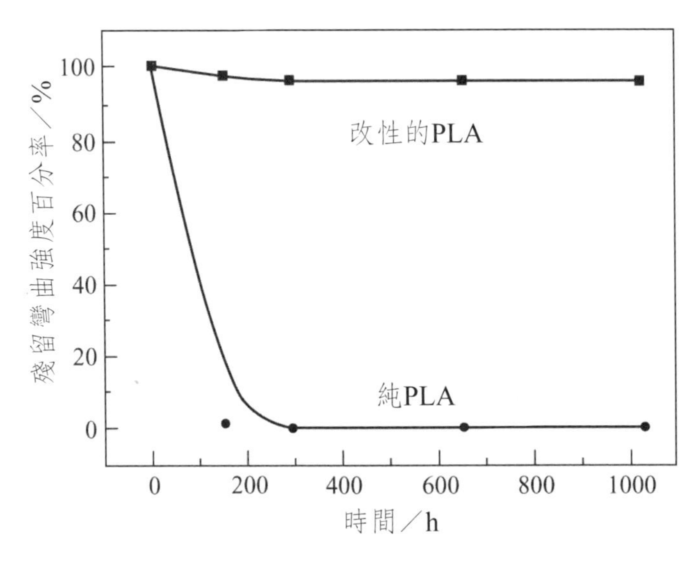

圖3-25　50℃, 95%濕度下PLA經過水解加速試驗結果

表3-35　耐久性餐具多次使用後性能隨時間的變化

使用時間／月	彎曲強度／MPa	彎曲模數／GPa	斷裂變形率／%	析出量①／（μg/mL）
0	91.0	5.92	3.27	4.6
1	93.0	5.77	3.25	2.8
2	89.4	6.24	2.76	2.5
4	92.0	5.86	3.13	2.3
6	92.0	5.87	3.14	2.8

①析出試驗按照日本食品衛生法規定的對使用溫度超過100℃餐具的析出試驗標準進行。

塑膠餐具通常要在高鹼性環境、高溫乾燥殺菌的洗碗機中洗滌。洗碗機洗滌條件：鹼性洗滌劑pH = 9～11，60～70℃高溫洗滌大約1min，80～100℃高溫乾燥、消毒40～100min。通常PLA樹脂製備的餐具在這樣的環境中1星期左右就開始分解，完全沒有耐久性。使用UNITIKA公司開發的高耐熱、高耐久性樹脂TE-8210，通過射出成型製備成託盤、碗等製品，在公用餐廳進行試驗，經日本經濟產業省驗證可以在洗碗機中反覆使用，6個月以上無任何力學強度、析出物含量上的質量問題，結果見表3-35。

第六節　聚乳酸的阻燃改性

PLA阻燃性能屬於UL-94HB級，燃燒時只形成一層剛剛可見的碳化層，然後很快液化、滴下並燃燒。只有加入阻燃劑後，才能達到UL-94V-0級，能夠在電子電器製品外殼、電器回路基板等領域應用。

一、阻燃聚乳酸的配方設計

阻燃PLA製造過程中應考慮幾方面的問題，這就是製品對阻燃等級的要求，對力學性能的要求，對表面性質、加工性能及著色性能的要求等。根據使用要求確定阻燃劑種類與用量、助劑的選擇與加工條件是十分重要的。

1.阻燃劑種類

PLA的阻燃改性可以加入反應型的阻燃劑和添加型阻燃劑。反應型阻燃劑用量較大，要涉及聚合加工條件的改變，比較複雜，因此通常對PLA的阻燃改性都是採用添加型阻燃劑。這種方法簡單易行，在能滿足對PLA阻燃要求的同時又有相對較低的價格。

添加型阻燃劑加入到塑膠中，是以物理的分散形態與樹脂基體混合而存在，從而發揮阻燃作用。PLA阻燃改性劑包括溴系、氯系、磷系、氮系、矽系以及無機阻燃劑等。不同阻燃劑的阻燃效果和阻燃機理不同，有的單獨使用就能顯示出阻燃效果，有的需複配使用才可顯示阻燃效果。

不同品種的阻燃劑在一定程度上解決了一些領域對阻燃PLA的需求，但是在實際應用中也暴露了不少問題。例如，目前在塑膠中使用最廣泛的阻燃劑中含有鹵素及磷系化合物等成分，含鹵阻燃劑毒性較大，在阻燃PLA燃燒時會產生濃煙及有毒、有強烈腐蝕性氣體二噁英；以有機磷化合物為代表的磷系阻燃劑根據種類的不同可能會導致土壤污染等，存在慢性毒問題；鎂鋁阻燃劑雖有優良的阻燃和抑煙性能，但因添加量大而存在使塑膠成型加工性和物理力學性能下降等問題。隨著人們安全意識和可持續發展意識的日益補強，綠色環保產品受到普遍關注。因此，阻燃PLA材料發展的方向是：高性能功能化PLA成為主流，綠色環保型阻燃PLA的品種需求越來越多；阻燃劑的使用呈多元化、複合型發展。

2.阻燃配方設計的原則與要求

PLA阻燃體系的組成與阻燃效果、力學性能有密切關係。PLA阻燃體系包括基料、主輔阻燃劑、助劑等組分，對不同的PLA、不同用途其組成是不一樣的。阻燃劑的選擇主要從阻燃效率、產品性能、毒性等方面考慮。

①環保、安全　沒有重金屬，低毒性，對設備腐蝕盡可能小。避免使用含鹵阻燃劑、氧化銻等重金屬配合劑、硼化物等重金屬。磷系、氮系阻燃劑毒性低，可以在低含量下產生較好的阻燃效果。水合氫氧化鋁、水合氫氧化鎂等雖然為了使塑膠獲得足夠的阻燃性能有時必須大量添加，也屬於環保型阻燃劑。新一代矽系阻燃劑作為高分子阻燃劑以其高效、低煙、低毒、無污染、對塑膠的加工性能和物理力學性能影響甚小及阻燃性優異等優點而引人注目。

②高效、穩定、耐久　大多數阻燃劑均會降低材料的力學性能、加工性能、產品電性能等，因此要求阻燃劑的阻燃效果高，在能夠滿足阻燃要求情況下使用量盡可能少。PLA由於熱穩定性差、易水解、易變色，在配方設計時既要考慮阻燃劑本身的熱穩定性，又要充分考慮阻燃劑對PLA熱性能的影響，否則會因PLA樹脂降解、變色而導致製品力學和外觀等性能下降。阻燃劑必須耐久性優良，無明顯的表面遷移。

③低成本　因此，在研製開發新型阻燃PLA時要進行優化設計。主要從以下幾方面入手：研製開發新型阻燃劑和對現有阻燃劑進行改

性；更多地利用不同阻燃劑間的協同效應；向阻燃劑中添加其他改性劑；使阻燃劑在PLA基體中充分分散；研製開發阻燃性好的聚合物／奈米無機化合物複合材料。

二、無鹵阻燃聚乳酸的開發現狀與應用

目前公開報導的關於無鹵阻燃PLA研究開發還不多，主要使用的是磷系、氮系、矽系以及無機阻燃劑等對PLA進行阻燃改性。下面按照阻燃劑種類分類介紹。

1.磷系阻燃劑

磷系阻燃劑是阻燃劑中最重要的一種，主要包括磷酸酯、磷腈、膦化物和氧化磷。其中，磷酸酯系列資源豐富、品種多、價格低廉、用途廣，是阻燃劑的主要系列。紅磷一般歸入無機阻燃劑。

磷系阻燃劑阻燃機理如下。

①燃燒時分解生成磷酸或多磷酸，然後進一步形成高黏性熔觸玻璃質或緻密的炭層，以固體形態使基質與熱和氧隔絕開來。

②捕捉自由基　在燃燒中分解生成PO·或HPO·等自由基，在氣相狀態下捕捉活性·H或·OH自由基。

③膨脹　它能促進形成蓬鬆的高度多孔性炭層，故而有固相之功能。磷系阻燃劑之所以能發揮阻燃功能可以理解為上述各種阻燃機理的組合，各機理的作用則因燃燒體系的不同而各異。關鍵在於它們都具有磷酸衍生物的功能。

磷酸酯阻燃劑阻燃效果好，但最大缺點是耐高溫性能差。磷腈、

膦化物和氧化磷的耐高溫性能均比磷酸酯好，特別是膦化物，具有卓越的耐高溫性。但是由於它們的阻燃效果差或價格昂貴，目前使用還不太普遍。常見的磷系阻燃劑有磷酸三苯酯（TPP）、雙磷酸酯、聚磷酸銨（APP）、環狀磷酸酯等。

磷酸三苯酯（TPP）是第一代磷酸酯阻燃劑，曾經在工程塑膠如PC/ABS和PPO/HIPS中得到廣泛應用，但由於熱與水解穩定性欠佳，其高溫場合的應用逐漸被穩定性好的雙磷酸酯如間苯二酚雙-2-磷酸二苯酯（RDP）和雙酚A-2-雙磷酸二苯酯（BDP）等取代。由於PLA的加工溫度不高，通常在180～230℃之間，因此可以選用TPP阻燃劑。如用美國Supresta LLC的TPP（Phosflex TPP，含磷質量分數9.5%）對PLA進行阻燃研究顯示，添加10%能夠使PLA的氧指數從21.4提高到25.4，阻燃級別達到UL 94 V-0級，並且在180℃下保持良好的熱穩定性，在PLA製品表面沒有析出現象。但是TPP對PLA有一定的塑化作用，使PLA的玻璃轉化溫度略有降低。

環狀磷酸酯化合物是一種磷含量高的磷酸酯阻燃劑，其阻燃性能比RDP好，具有優異的耐久性，如用其阻燃處理的紡織品經50次常規洗滌後仍然能保持良好的阻燃性，且具有良好的耐光熱穩定性，沒有泛黃現象。可用於紡織品阻燃，聚酯、尼龍等工程塑料阻燃，適用於浸漬和塗層阻燃整理加工等場合。但是價格比較昂貴。利用Albright & Wilson Americas公司的環狀磷酸酯Antiblaze 1045（黏性液體，含磷質量分數20.8%）、Antiblaze*N（黏性液體，含磷質量分數21%）對PLA阻燃研究顯示，阻燃效果好，添加質量分數3%就能夠使PLA阻燃級別達到V-0級。但使PLA的T_g略有降低，對PLA有一定的塑化作用，而且Antiblaze 1045在製品表面有析出。

2.氮系阻燃劑

目前已獲得應用的氮系阻燃劑主要有雙氰胺、聯二脲、胍鹽、三聚氰胺及其鹽。含氮化合物作為阻燃劑的主要用途之一是與含磷阻燃劑並用以得到磷、氮協同效應，因此有時解釋為氮系阻燃劑為三聚氰胺（又稱美耐皿或蜜胺，簡稱MA）及其與磷的化合物。三聚氰胺磷酸鹽和三聚氰胺氰尿酸鹽（MCA）是阻燃市場最具有發展潛力的品種。

MCA的阻燃機理一般認為是物理阻燃方式。其阻燃作用在於MCA改變了PA的熱降解歷程，使之快速直接碳化，形成不燃性碳層，這些碳層因膨脹發泡作用而覆蓋在材料表面，形成薄層，隔絕了氧氣與介面的接觸，從而有力地抑制了材料的繼續燃燒。此外，分解產生的水、氮氣等不燃氣體通過發泡作用使材料變成膨脹體，大幅降低了熱傳導性，也有利於材料的離火自熄，且放出的氣體無害。MCA在材料的阻燃過程中表現出促進碳化和發泡的雙重功能，是其發揮阻燃效果的關鍵。

氮系阻燃劑一般為白色晶狀細粉末。對粒度分佈要求較嚴，如粒徑在10～50μm，則容易分散。密度為1.5～1.7g/cm^3。作為阻燃劑新品，氮系阻燃劑有很多優點。如高效阻燃，不含鹵素，無腐蝕作用，因而減少了機械被腐蝕問題；耐紫外光照；電性能好，在電子電器製品中優勢最為明顯；不退色，不噴霧；可回收再利用。氮系阻燃劑目前主要應用於聚烯烴和聚醯胺中。對於非補強尼龍，添加量在8%～10%時，可燃等級就能達到V-0級，成本／性能比例優異，價廉。氮系阻燃劑MC系列廣泛用於酚醛樹脂、環氧樹脂製造絕緣材料，MCA作為環氧樹脂阻燃劑可將氧指數由24%～26%提高到46%～48%，且特別適用於阻燃電器元件和部件。

三聚氰胺磷酸鹽和三聚氰胺氰尿酸鹽都能夠有效地提高PLA的阻燃性。研究顯示，分別添加14%三聚氰胺磷酸鹽（例如Supresta LLC的Fyrol MP，平均粒徑10μm，含磷質量分數13.8%，含氮質量分數38%）和15%三聚氰胺氰尿酸鹽（例如Supresta LLC的Fyrol MC，平均粒徑2.5μm，含氮質量分數49%），可將PLA氧指數分別提高到28.8%和27.5%，體系在180℃保持良好的熱穩定性，不會引起PLA變色。

3.矽系阻燃劑

矽系阻燃劑被認為是真正「環境友好型阻燃劑」，其品種有矽油、矽樹脂、矽橡膠、帶功能基的聚矽氧烷、聚碳酸酯－矽氧烷共聚物、丙烯酸酯－矽氧烷複合材料及矽凝膠、低熔點玻璃、二氧化矽、微孔玻璃等。

矽系阻燃劑同磷系和鹵系相比有很大的優勢，具有燃燒熱釋放速率小、產煙量低、火焰傳播速度慢、熱分解物安全性好、改善材料加工性能及提高其低溫衝擊強度、阻燃效果高（在塑膠中僅添加0.1%～1.0%就有阻燃作用並能改善塑膠的成型加工性，添加1%～8%即可減少燃燒發煙量、放熱量和一氧化碳生成量）等優點，越來越受到重視，新型高效含矽阻燃材料的研製已經成為阻燃材料的熱門材料。

聚矽氧烷是最常用的含矽阻燃劑，尤以聚二甲基矽氧烷改性阻燃材料最多。聚矽氧烷能夠阻燃的機理主要是加熱時聚矽氧烷和塑膠發生交聯反應，形成起隔熱和阻隔外界空氣作用的碳化層，從而抑制燃燒深化。另外，燃燒時聚矽氧烷從塑膠內部向表面遷移，並在表面形成均質的阻燃層，由於聚矽氧烷本身具有阻燃性，從而抑制燃燒。

聚矽氧烷的分子結構對其阻燃效果有很大影響。例如，使聚矽氧烷的側鏈含有芳環化合物，可以提高其與PC 的相容性和聚矽氧烷自身的阻燃性；使主鏈含有特有的支化結構，可以提高聚矽氧烷自身的耐熱性；可調節芳環含量、主鏈的支化度、分子量和端基的反應性，可以改變其熔融黏度、表面能（內聚力），從而使聚矽氧烷在燃燒時適度向塑膠表面遷移，提高阻燃效果。

矽氧烷系阻燃劑雖可用於多種不同塑膠，但鑒於價格較高，故宜選擇性地應用於層次較高的工程塑膠或工程塑膠合膠中，如PC、PC/ABC 合金。目前在中國大陸使用量和生產量很少，在美國、日本採用較多。日本生產矽氧烷系阻燃劑的生產廠家有信越化學工業、東麗－道康寧有機矽、通用電氣－東芝有機矽、日本尤尼契卡（UNITIKA）等公司。

至今已實用化的矽氧烷系阻燃技術有：添加矽樹脂粉末；高分子量矽油與有機金屬化合物、金屬化合物配合使用；矽橡膠與有機金屬化合物、氣相法白炭黑並用；矽凝膠與碳酸鉀並用；矽氧烷接枝聚合物與紅磷配合使用；通過接枝反應，在分子內引入矽原子。例如美國GE 公司在中國推廣的SFR-100是透明黏稠狀的矽氧烷系聚合物，它與硬脂酸鎂、氫氧化鋁、APP和季戊四醇按不同比例配合，可以達到較佳的阻燃和抑煙效果。高聚合的SFR-1000是顆粒狀的，更適合在高聚物阻燃處理中應用。

聚二甲基矽氧烷、聚苯基甲基矽樹脂、甲基矽氧烷-聚碳酸酯嵌段共聚物是常見的聚矽氧烷阻燃劑。日本富士通公司研究[75]發現，聚二甲基矽氧烷、聚甲基苯基矽樹脂對提高PLA的阻燃性非常有效。

例如，使用日本信越矽公司的X40-9850、道康寧矽公司的MB50-315等添加到PLA中，添加量在質量百分比為3%～10%之間，即可使PLA樹脂阻燃性達到UL94 V-0級。聚矽氧烷還能夠提高PLA的衝擊強度，但是添加量不能過高，否則會引起材料的強度以及成型品外觀性能下降。

富士通公司研製了阻燃PC/PLA合膠，其中添加了對PC阻燃效果非常高的聚矽氧烷阻燃劑品種，使合金阻燃等級達到UL94 V-0級，同時對材料的抗衝擊性能、耐熱性和成型性加以改善，成功用於手提電腦外殼的製備。

日本出光公司〔76〕也研製了無鹵阻燃、高耐熱和抗衝擊性能的PLA/PC合膠，通過添加20%～30% PC、聚矽氧烷或甲基矽氧烷-聚碳酸酯嵌段共聚物PC-PDMS（相對分子質量1.7萬，PDMS含量為質量分數4%），少量環氧化合物以及少量無機物如SiO2、滑石粉、雲母等，通過控制各組分含量比例，可以使PLA阻燃性達到V-0級，衝擊強度是純PLA的2～5倍，熱變形溫度由原來的53℃提高到68～76℃。改性的PLA可以應用於OA機器、電子電器部件及汽車部件。

低熔點玻璃、二氧化矽、微孔玻璃等也可作為矽氧烷系阻燃劑。矽氧烷系阻燃劑有成本偏高的缺點，採用這些類似填充劑和增量劑的目的就是和矽氧烷配合使用，可以在滿足阻燃要求前提下降低矽氧烷的用量，從而降低成本。

低熔點玻璃作為阻燃劑的阻燃機理是：燃燒時熔化的無機玻璃能夠隔斷塑膠和外界空氣的接觸；另外，由於無機玻璃熔化，會提高材料組成物的黏度，降低流動性，減少新的材料成分暴露在空氣中的機會，從而抑制塑膠深度燃燒。低軟化點玻璃在燃燒時不容易產生有害氣體，保證了在日常生活用品領域中的使用安全性。低熔點玻璃選用時要考慮種類、熔點、形狀以及添加量幾方面的因素。常見的低熔點玻璃有蘇打石灰石玻璃、磷酸玻璃等。從環保角度考慮，要避免使用含鉛類的品種。熔點最好介於400～600℃之間，如果太高，樹脂燃燒初期的放熱量不足以使其融化，阻燃效果就不好，而溫度太低則在樹脂熔融加工中就有融化的可能。低熔點玻璃粒徑越小，阻燃效果越大，同時長徑比越大對力學性能提高越有利。添加量一般為質量百分比為3%～20%。

日本專利[77]報導了低軟化點玻璃和聚矽氧烷對PLA的阻燃效果。PLA和質量分數為3%的石灰石玻璃共混物的阻燃等級達到UL94 V-2級，進一步添加質量分數為5%的聚矽氧烷，能夠在保持阻燃性UL94 V-2級的同時提高材料的抗衝擊性能。除了無機玻璃，可以根據不同產品的性能要求添加第三組分，如經過矽烷偶合劑表面處理的玻璃纖維或碳纖維等，以均衡PLA的生物降解性能、環保性、阻燃性和力學性能之間的關係。

4.水合金屬氧化物阻燃劑

該類阻燃劑主要有氫氧化鋁、氫氧化鎂、硼化物、紅磷等。其中無鹵非磷的氫氧化鋁、氫氧化鎂也被認為是真正的「環境友好型阻燃劑」。

氫氧化鋁和氫氧化鎂的阻燃機理是高溫時發生脫水反應，吸熱降溫，生成的水蒸汽還對可燃氣體起稀釋作用。氫氧化鋁單位質量的吸熱量較大，但在245～320℃內幾乎完全脫水，故只適用於熱分解溫度較低的通用塑膠。氫氧化鎂的阻燃效果較氫氧化鋁差，經過表面處理的產品阻燃性能有所改善。氫氧化鎂具有較高的起始熱分解溫度

（320℃），因而適用於高溫分解型塑膠。

氫氧化鋁與氫氧化鎂阻燃劑的主要缺點是為達到良好的阻燃效果填充量必須很大，一般填充量占阻燃塑膠的40%～60%（質量百分比）。這樣大的填充量必然導致樹脂在混煉、成型時的流動性變差和成型品的物性降低。為了解決這一問題，可採用控制粒徑和粒徑分佈、適合的表面處理，如用矽氧烷偶合劑、鈦酸酯偶聯劑、長鏈脂肪酸及其鹽、疏水性濕潤劑處理的辦法。近年來，為降低氫氧化鋁與氫氧化鎂的填充量，開發了與多種阻燃助劑配合使用的專利技術，使用的阻燃助劑包括金屬氧化物、金屬絡鹽、硼酸鋅、錫酸鋅、紅磷、炭黑、硫酸鹽、硝酸鹽、脂肪酸金屬鹽、鹼式碳酸鎂、矽氧烷低聚物、鎳和錫的氫氧化物等。氫氧化鋁與氫氧化鎂兩者必要時也可配合使用，如氫氧化鋁和矽粉與氫氧化鎂配合用於聚烯烴的阻燃，這方面的研究很多。採用奈米層狀矽酸鹽和氫氧化鋁／氫氧化鎂配合使用，既可以降低氫氧化鋁／氫氧化鎂的添加量，又可以提高材料的加工性及部分力學性能。

表3-36 阻燃PLA的性質

專案	PLA①	補強阻燃PLA	增韌阻燃PLA	補強阻燃PC
阻燃性	HB	5V, V-0	5V, V-0	5V, V-0
Izod缺口衝擊強度／（kJ/m^2）	3.2	4.2	10	5.0
熱變形溫度（1.8MPa）／℃	65	110	100	137
螺旋流動／mm	195	120	129	120
彎曲模數／GPa	4.2	10	11	3.9
彎曲強度／MPa	81	81	80	101

① 分子量（M_w）為148000。

日本NEC公司[78]從環境保護角度出發，使用安全性高的吸熱型金屬氫氧化物阻燃劑開發了高阻燃PLA，其基本性能見表3-36。NEC通過調整金屬氫氧化物的組分和組分之間的含量比例，並且和獨自開發的炭化促進劑配合使用，使金屬氫氧化物添加量由通常的60%下降到40%左右。另外，通過添加流動改性劑和補強劑，使PLA的耐熱性、力學性能和成型性等主要的實用特性完全達到了電子電器製品的要求。

5.其他

日本UNITIKA公司根據PLA纖維原材料特性、纖維形狀以及不織布的組織結構進行優化設計，在不添加任何防火阻燃劑的情況下，成功開發出防火性指標的氧指數LOI值（JIS K 7201標準燃燒試驗）達到23～30的PLA纖維，而不織布氧指數LOI值達到與氨綸相匹敵的28～30。PLA纖維防火阻燃機理尚不是很清楚，初步推斷是由於PLA本來的燃燒熱較低，加熱熔融時容易軟化流動，造成纖維之間縫隙消失，對氧氣起到阻隔作用，從而抑制燃燒，表現出自熄性。所製造的不織布已經在火車臥鋪車廂的床罩上使用，今後計劃應用於汽車地毯底布、後備箱內敷層、壁材、天井材、壁面、頂棚等。

UNITIKA公司的PLA纖維製品通過了日本防火協會的製品防火認定。經過認定的是能夠自發性卷縮的複合短纖維HP8F，螺旋狀的結構使得纖維具有優良的蓬鬆性、緩衝性、反彈性、耐凹陷性。該產品即使發生火災，同聚酯纖維相比，燃燒不蔓延，燃燒熱低，釋放有害氣體量遠少於聚酯纖維，因此從火災安全方面考慮有很大優勢。除了開發HP8F作為填充棉應用外，該公司計劃今後將其廣泛推廣應用到家庭布製之工藝內飾品、汽車內飾品中。

參考文獻

[1] Kitano K (Sumitomo Chemical Co). JP 2005336220. 2005.

[2] Masud S et al. *Compos. Sci. Technol.*, 2006, 66: 1813.

[3] Mohanty A K et al. *Compos. Interf.*, 2001, 8 (5): 313.

[4] Nechwatal A. *Compos. Sci. Technol.*, 2003, 63: 1273.

[5] Iannace S et al. *J. Appl. Polym. Sci.*, 2001, 79: 1084.

[6] Takashi N et al. *Compos. Sci. Technol.*, 2003, 63: 1281.

[7] Placketta D et al. *Compos. Sci. Technol.*, 2003, 63: 1287.

[8] Teramoto N et al. *Polym. Degrad. Stabil.*, 2004, 86: 401.

[9] Oksman K et al. *Compos. Sci. Technol.*, 2003, 63: 1317.

[10] Masud S et al. *Ind. Eng. Chem. Res.*, 2005, 44: 5593.

[11] Liu S L et al. *J. Agric. Food. Chem.*, 2005, 53: 9017.

[12] Lee S H et al. *Composites: Part A*, 2006, 37: 80.

[13] 中村美帆子．洋麻補強聚乳酸複合材料的力學研究及其對社會可持續發展的貢獻度評價／／平成16年度畢業論文發表資料，東京：2005。

[14] Huda M S et al. *J. Mater. Sci.*, 2005, 40: 4221.

[15] Correlo V M et al. *Mater. Sci. Eng. A*, 2005, 403: 57.

[16] Toshihiro K et al. *Biomaterials*, 2001, 22: 19.

[17] Krikorian V et al. *Chem. Mater.*, 2003, 15: 4317.

[18] Sinha R S *et al. Prog. Mater. Sci.*, 2005, 50: 962.

[19] Sinha R S et al. *Chem. Mater.*, 2003, 15: 1456.

[20] Bandyopadhyay S et al. *Polym. Mater. Sci. Eng.*, 1999, 81: 159. [21] Chang J H et al. *J. Polym. Sci.* Part B: *Polym. Phys.*, 2003, 41: 94.

[22] Paul M A et al. *Polymer*, 2003, 44: 443.

[23] Sinha R S et al. *Macromol. Rapid. Commun.*, 2003, 24: 815.

[24] Sinha R S et al. *Macromol. Mater. Eng.*, 2003, 288: 936.

[25] Fujimoto Y et al. *Macromol. Rapid Commun.*, 2003, 24: 457.

[26] Sinha R S et al. *J. Nanosci. Nanotech.*, 2003, 3: 503.

[27] Ito F (Suzuki Motor Co (US)). US 2004157967. 2004.

[28] Kitano K (Sumitomo Chemical Co). JP 2005336220. 2005.

[29] Higashiyama H (Asahi Fiberglass Co). JP 2005220177. 2005.

[30] Higashiyama H (Asahi Fiberglass Co). JP 2005200517. 2005.

[31] Kobayashi S et al (Toray Industries). JP 2004250549. 2004.

[32] Takuma Y et al (UNITIKA Ltd). JP 2005171204. 2005.

[33] Eguiburua J L et al. *Polymer*, 1998，39 (26) : 6891.

[34] Zhang G B et al. *J. Polym. Sci. Part B: Polym. Phys.*, 2003, 41: 23.

[35] Fujii S et al (UNITIKA Ltd). WO 2005123831. 2005.

[36] Sinha R S et al. *Chem. Mater.*, 2003, 15: 1456.

[37] Komdo Y (Kri Inc). JP 2005336325. 2005.

[38] Kanazawa S (Sumitomo Electric Fine Polymer). JP 2005306943. 2005.

[39] http://www.unitika.co.jp/plastics/terramac/04.html.

[40] Stolt M et al. *J. Appl. Polym. Sci.*, 2003, 91: 196.

[41] Wang S et al. *Polym. Adv. Technol. Sci.*, 1999, 72: 477.

[42] Wang L et al. *Polym. Degrad. Stab.*, 1998, 59: 161.

[43] Yue C L et al. in: Society of Plastics Engineers——ANTEC. Indiana: 1996. 1161.

[44] Jiang L et al. *Biomacromolecules*, 2006, 7: 199.

[45] 上倉正雄等，ポリ乳酸の脆性の改良，DIC *Technical Review*, 2004, 10: 1.

[46] http: //www. dic. co. jp/rd/topics/plamate. html.

[47] http: //www. unitika. co. jp/plastics/terramac/04. html.

[48] http: //www. mpi. co. jp/product/detail/5/index. html.

[49] Gruber P R et al(Cargill Inc). US 5359026. 1994.

[50] Drumright Ray E et al (Cargill Dow LLC). WO 02100921. 2002.

[51] Gruber P R et al(Cargill Inc). US 5594095. 1997.

[52] Gruber P R et al(Cargill Inc). US 5798435. 1998.

[53] Spinu M et al (Du Pont). US 5210108. 1993.

[54] Spinu M. (Du Pont). US 5225521. 1993.

[55] Yoshida I et al (Mitsui Chemicals Inc). JP 2001026658. 2001.

[56] Nemoto T et al (Mitsubishi Plastics Ind). JP 2005239932 2005.

[57] Yamaguchi T et al (Okura Industrial Co Ltd). JP 2005343970 2005.

[58] Randall J R et al. WO 2006002372. 2006.

[59] Yasutoshi K et al (Dainippon Ink & Chemicals, Japan Vilene Co Ltd). JP 9158021. 1997.

[60] Hitomi M et al (Sekisui Chemical Co Ltd). JP 10017756. 1998.

[61] Hitomi M et al (Sekisui Chemical Co Ltd). JP 10077395. 1998.

[62] Yoshida I et al (Mitui Chemicals Inc). JP 2000212260. 2000.

[63] Nam P H et al. *Polym. Eng*. Sci., 2002, 42: 1907.

[64] Di Y et al. J. *Polym. Sci. Part B*: *Polym. Phys*., 2005, 43: 689.

[65] http://www. unitika. co. jp/rd_center/letter/05. 1. 27/02. htm.

[66] Matsumoto H, et al (Toray Industries). JP 2001261797. 2001.

[67] Furukawa T (Kanebo Led, Kanebo Synthetic Fibers Led). JP 2006111735.

2006.

[68] Sato N et al (Sony Corp). JP 2003327803. 2003.

[69] Matsumoto H et al (Toray Industries). JP 2002030208. 2002.

[70] Ochi T et al (Toray Industries). JP 2003301327. 2003.

[71] Matsunoto H et al (Toray Industries). JP 2002030208. 2002.

[72] Kanamori K (Shimadzu Corp). JP 2002338791. 2002.

[73] Kunio K et al (Toyo Boseki). JP 7316273. 1995.

[74] Mamoru K et al (Toyo Boseki). JP 9021017. 1997.

[75] Namiki T et al (Fujitsu Ltd). JP 2004131671. 2004.

[76] Nodera A et al (Idemitsu Kosan Co). JP 2006052239. 2006.

[77] Nozaki K et al (Fujitsu Ltd). JP 2004250500. 2004.

[78] Ohshima K et al. Technology and Market Development of Green Plastic Polylactide (PLA).

第四章

聚乳酸合膠

- 聚乳酸合膠的品種和性能特徵
- PLA/PCL合膠
- PLA／澱粉共混物
- PLA/PBS或PLA/PBSA合膠
- PLA/PHA合膠
- PLA/PEG及PLA/PEO合膠
- PLA/PVA合膠
- 聚乳酸與其他聚合物的合膠

第一節　聚乳酸合膠的品種和性能特徵

對PLA改性的主要目的在於提高PLA的加工性能、力學性能、生物降解性能和降低成本等。改性PLA品種主要包括PLA共聚物、合金和複合材料三大類。與共聚合成相比，PLA合膠化和複合化是比較簡單又快速的改性途徑。

一、聚乳酸合膠的品種

提高聚乳酸的耐熱性、柔韌性、降解性能和降低成本，是PLA合膠化和複合化的主要目標。PLA可與多種塑膠並用，製成各種PLA合膠，應用於包裝、日用品、電子電器等領域。根據共混組分的生物降解性不同，可以將PLA共混體系分為完全生物降解體系和部分生物降解體系兩大類。

1.PLA／完全生物降解高分子共混體系

組成共混體系的另一組分是完全生物降解高分子。這類共混材料使用後在自然條件下可以逐漸破壞，最後完全降解為小分子物質，與環境同化，從而在根本上解決塑膠消費後造成的污染問題。這樣的完全生物降解高分子有生物合成及化學合成的PCL、PBS、PBAT、PHA、PVAc，還有天然大分子物質，如澱粉等。

2.PLA／非完全生物降解高分子共混體系

PLA的另一種共混體系是非完全生物降解體系，即共混物的另一組分是非生物降解性聚合物。這樣的聚合物主要有聚甲基丙烯酸甲酯、聚丙烯酸甲酯、線型低密度聚乙烯、聚碳酸酯等。在PLA發生降解後，共混體系的第二組分仍以微小的固體顆粒形式存在，不能完全生物降解。但是，從原料角度分析，與完全使用石油基高分子組成的材料相比，這種共混物由於使用了一定量的生物基高分子PLA，在一定程度上減少了石油資源的消耗，降低向大氣中CO_2的排放量，因此同樣具有環保意義。

二、相容劑簡介

採用物理共混方法製造聚合物合膠，關鍵是要解決聚合物之間的相容性。所謂相容性是指聚合物兩相之間相互融合的程度和分散的狀態。相容性好的聚合物混煉後可以達到分子級別的分散，並形成均相結構，聚合物的兩相間接觸面積大，黏力強，可以形成細分散結構，而又保持微相分離的狀態；相容性不好的聚合物經過混煉後，各種聚合物成分獨立地凝集成團，兩相處於分離狀態，兩相介面很小，聚合物之間的黏結力弱，易發生分層、剝離現象。因此，聚合物相容化的辦法是在聚合物共混中加入相容劑。

相容劑是在共混的聚合物組分之間起到所謂「偶聯（偶合，coupling）」作用的共聚物，又稱為增容劑、介面乳化劑等。

1.相容劑的作用原理

在聚合物共混過程中，相容劑的作用有兩方面的含義：一是使聚合物易於相互分散，以得到宏觀上均勻的共混產物；另一個是改善聚合物體系中兩相介面的性能，增加相間的黏合力，使其具有長期穩定的性能。改善聚合物之間相容性的方法較多。

相容劑分子中具有能與共混各聚合物組分進行物理的或化學的結合的基團，是能將不相容或部分相容組分變得相容的關鍵。由於相容劑種類、製造方法較多，產品結構不一，各種相容劑在聚合物共混物中的作用機理是完全不同的。

(1)非反應型相容劑的作用原理　非反應型相容劑一般包括能起增容作用的嵌段共聚物和接枝共聚物。如在聚合物A（P_A）和聚合物B（P_B）不相容共混體系中加入A-b-B（A與B的嵌段共聚物）或A-g-B（A與B的接枝共聚物），依靠在其大分子結構中同時含有與共混物組分PA及PB相同的或共溶作用強的聚合物鏈，可在P_A及P_B兩相介面處起到「乳化作用」或「偶合作用」，使兩者的相容性得以改善。其增容作用可以概括為：①降低兩相之間的介面能；②在聚合物共混過程中促進相的分散；③阻止分散相的凝集；④強化相間黏結。

具有合適結構的嵌段或接枝共聚物都可以作為不相容共混體系的表面活性劑或乳化劑。這是由於乳化作用使聚合物粒徑尺寸明顯降低。造成這種現象的原因主要是介面張力的下降和立體穩定作用抑制了相同聚合物組分的聚集或聚集速率，後者的作用可能更重要。在某些情況下，嵌段共聚物的加入還會造成兩相之間形成互穿網路（Interpenetrating Polymer Network, IPN）。理想的情況是嵌段共聚物位於兩相之間的介面區，它的兩個嵌段分別與兩個聚合物相互容，因此兩相之間的黏合強度會大大提高。接枝共聚物所起的作用與此類似。

嵌段（Block）或接枝（Graft）共聚物要起到理想的增容效果，它們的分子量、結構等方面與其增容效果有密切的關係，如下所述。

①嵌段共聚物的嵌段A和嵌段B（或接枝共聚物的主鏈A和支鏈B）應分別與共混物中聚合物組分A和B相同或有良好的相容性。

②只有當嵌段共聚物中各嵌段A或B（或接枝共聚物的主鏈A和支鏈B）的分子量與其對應的共混物中組分P_A及P_B分子量接近或稍小時，增容效果最好。

③接枝共聚物的支鏈和主鏈的數目等結構特徵對增容效果影響較大。支鏈的分子量、數目過大，由於構象的限制，會阻礙共混組分的貫穿作用，不能產生理想的增容效果。接枝共聚物應以長支鏈且密度不高為宜，當雙嵌段的兩鏈段長度相等時增容效果最佳。

④儘管較短的鏈段易於擴散到共混聚合物組分的兩相中，但要使介面有足夠的黏結強度，鏈段的分子量都要適當地大於共混組分的分子量。如果接枝或嵌段的鏈段過長，它只能以無規線團的狀態存在，不易進入兩相中，增容效果反而不好。

⑤通過大分子單體法製備的簾狀或梳型接枝共聚物結構規整，便於進行聚合物合金的分子設計，增容效果優於嵌段共聚物。

對於非A和非B組分共混體系，如聚合物C和聚合物D共混，如果A與C相容性好、B與D相容性好，嵌段共聚物A-b-B或接枝共聚物A-g-B亦可成為C與D、A與D、B與C共混體系的相容劑。同樣地，嵌段共聚物C-b-D或接枝共聚物C-g-D也可以作為這些體系的相容劑。後者往往應用更多。

(2)反應型相容劑的作用原理　反應型相容劑主要是一些含有可與共混物組分起化學反應的官能團的共聚物。它們特別適合於那些相容性差且帶有易反應官能團的聚合物之間共混的增容。反應增容的概念包括：外加反應型相容劑與共混物組分反應而增容；使共混聚合物組分官能化，並憑藉相互反應而增容。

反應型相容劑帶有具有一定反應活性的基團是其有增容效果的關鍵。常見的反應活性基團有馬來酸酐、環氧基和氧氮雜茂戊環等。具有這些反應基團的相容劑與聚合物共混時，在熱、力的作用下會與共混組分之間發生如下類型的反應，從而達到增容的目的：①羧基或酸酐與氨基的反應；②環氧基與羧基的反應；③羧基與唑　基的反應；④羧基或氨基與異氰酸酯的反應；⑤醯基內醯胺與氨基的反應；⑥碳二亞胺與羧基的反應。

(3)低分子相容劑的作用機理　低分子量化合物相容劑是一種特殊的反應型相容劑，其作用是通過催化作用、共交聯、交聯和接枝反應使共混物體系形成共聚物。同高分子相容劑相比，添加量少，一般僅為0.1%～3.0%（質量百分比）。

2.相容劑的種類

相容劑的分類方法很多，有按照分子大小不同、按照其中聚合物種類不同、按照反應性質即在聚合物共混體系中的作用不同分的，還有按照其加入共混體系中方式不同等分類。其分類方式見表4-1。

表4-1　相容劑的分類

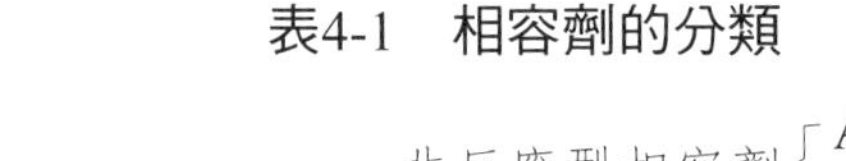
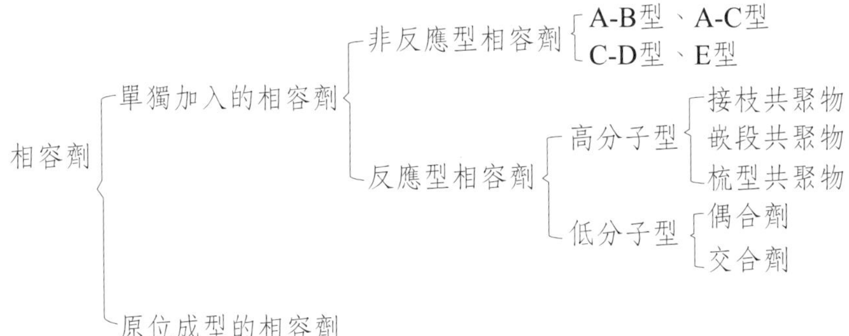

(1)非反應型相容劑　非反應型相容劑多為由兩種成分構成的高分子聚合物。從結構上看，大多數為嵌段共聚物和接枝共聚物。

①A-B型：由聚合物A及聚合物B形成的嵌段或接枝共聚物。

②A-C型：由聚合物A及能與聚合物B相容或反應的C形成的嵌段或接枝共聚物。

③C-D型：由非A、非B但分別能與它們相容或反應的聚合物C及聚合物D組成的接枝或嵌段共聚物。

④E型：由非A、非B的兩種單體組成的能與聚合物A及聚合物B組成相容或反應的無規共聚物。

(2)反應型相容劑　反應型相容劑是一種分子鏈中帶有活性基團（如羧基、環氧基）的聚合物，由於其非極性聚合物主體能與共混物中的非極性聚合物組分相容，而極性基團又能與共混物中的極性聚合物的活性基團反應，故能起到較好的相容作用。表4-2列出了反應型高分子相容劑與共混聚合物之間的相容作用。

反應型相容劑按照其含有的活性基團不同，可分為馬來酸（酐）型、丙烯酸型、環氧改性型、唑啉改性型和鏈間鹽形式等。表4-3列出了反應型相容劑的分類及應用實例。其特點如下。

表4-2　反應型高分子相容劑與共混聚合物之間的相容作用

環氧改性	型PS-g-環氧改性PS，環氧化天然橡膠（ENR）	環氧基／羧基或酸酐或氨基
唑啉改性型	唑啉改性PS	唑啉／羧基
鏈間鹽形式	PCL-co-S-GMA，磺化PS鋅鹽，磺化PS鋅鹽和硬脂酸鋅	生成鏈間鹽反應

表4-3　反應型相容劑的分類及應用實例

相容劑	共混物
酸或酸酐改性PO/EVA	PO/PA(PC, PET)
EPR、EPDM等	PO/EVOH，PS/EVOH
離子聚合物	PO/PA
有機矽改性PO	PA／聚酯
噁唑啉改性PS	PS類／PA(PC, PO)，PA/PC
聚苯氧基樹脂	PC/ABS(SMC)，PE/ABS
聚己內醯胺	PVC/PS
SMAH	PC/PA(PBT)
酸酐改性SEBS	PA/PPO, PP/PA(PC), PS/PO, PE/PET
醯亞胺共聚物	PA/PC
過氧化聚合物	EPR／工程塑料

①烯烴和苯乙烯系列樹脂採用共聚法引入羧酸（酐）者居多。

②反應型相容劑用於PA與聚烯烴或苯乙烯系樹脂共混者居多，用於熱塑性聚酯和其他工程塑料共混則相對較少，其中有些屬於氫鍵鍵合增容。

③添加量少，效果明顯。一般加入3%～5%（質量分數），最多可達20%（質量分數）左右。

④反應型接枝共聚物相容劑居多，嵌段共聚物只占少數。

⑤使用反應型相容劑時，共混體系易產生副反應，可能會影響共混物的性能和質量，混煉和成型條件不易控制。

⑥反應型相容劑應用廣泛，不僅可以使聚合物合金具有各共混組分的優良性能，還可以增加和改善某些性能，並兼具其他用途，如塗料、表面改性劑等。

(3)低分子相容劑　低分子相容劑也屬於反應型相容劑，可與共混聚合物組分發生反應。其應用見表4-4。

(4)反應型相容劑和非反應型相容劑比較　反應型相容劑與非反應型相容劑的區別見表4-5。

表4-4　低分子相容劑及其應用

聚合物A	聚合物B	相容劑
PET	PA6	對甲基苯磺酸
PA6	NR	PF＋六亞甲基四胺＋交聯劑
PMMA	丙烯基聚合物	過氧化物
PPE	PA66	
PBT PC	MBS, NBR 芳香族PA	氨基矽烷、環氧矽烷或含多官能團的環氧樹脂等
PBT	EPDM-g-富馬酸	聚醯胺

表4-5　反應型相容劑與非反應型相容劑的比較

專案	反應型	非反應型
優點	1.添加少量即有很大的效果 2.對於相容化難控制的共混物效果大	1.容易混煉 2.使共混物性能變差的危險性小
缺點	1.由於副反應等原因可能使共混物的性能變差 2.受混煉及成型條件制約 3.價格較高	需要較大的添加量

第二節　PLA/PCL合膠

一、PLA/PCL合膠概述

PCL是一種熱塑性高分子，結構式為：

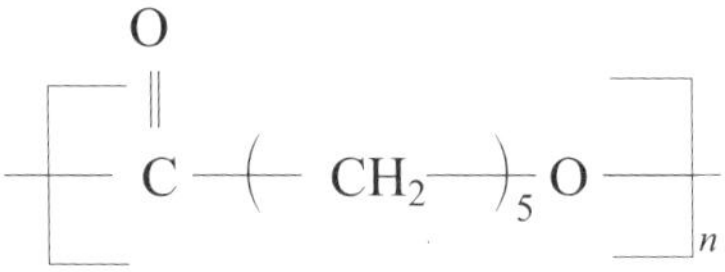

$$\left[\overset{\overset{\displaystyle O}{\|}}{C} - \left(CH_2 \right)_5 O \right]_n$$

PCL的T_g是-60℃，T_m是60℃。已經被Union Carbide公司工業化生產，商品名為TONE™。PCL是一種化學合成的生物降解高分子，可以製成薄膜、容器等，在農林、包裝業等領域應用。PCL與澱粉和它的衍生物共混材料也已經商業化生產，可以用來製造購物袋等。

PCL的柔韌性很好[1]，生物降解速率較快，因此與PLA共混主要目的是提高PLA的韌性和生物降解速度。PLA/PCL共混物已被廣泛研究，包括各種影響因素，如高分子的比例、分子特徵（分子量等）、共混方法和條件等對共混物的形態、相結構、結晶、熱性能以及力學性能的影響。用溶劑揮發[2, 3]或熱處理[4, 5]得到的共混物的形態和相結構受共混物組成比例、分子特徵、共混方法和結晶溫度影響。PLA/PCL共混物中，PLLA和PCL都能夠結晶[4~7]。共混物的力學性能可以通過共混物組成比例來調節[5, 6]。

表4-6 PLLA、PCL和共混體系的玻璃轉化溫度（DMTA）測試結果

PLLA/PCL	T_g/℃	
	PLLA	PCL
0/100	–	–36.8
100/0	70.1	–
90/10	71.1	–37.5
80/20	72.2	–36.6
70/30	71.8	–37.2

將PLA和PCL共混，共混物存在兩個明顯的玻璃轉化溫度（見表4-6），因此PLA/PCL共混體系不相容，必須添加合適的相容劑來提高PLA/PCL合金的力學性能。P(LLA-co-εCL)共聚物[8]、PLLA-PCL-PLLA三元嵌段共聚物[9, 10]、亞磷酸三苯酯偶聯劑[11]等可以提高PLLA和PCL的相容性。

二、相容劑及作用

1.以P(LLA-co-εCL)作為相容劑

P(LLA-co-εCL)共聚物可以通過L-LA和ε-CL一步法開環聚合製備。P(LLA-co-εCL)是PCL/PLLA共混合膠的很好的相容劑[12]。

由於P(LLA-co-εCL)與PLA和PCL都具有相容性，對PLLA而言，共聚物相容劑上的柔性鏈段使PLLA的鏈活動能力補強，從而提高PLLA的重結晶能力；對PCL而言，共聚物相容劑上的剛性鏈段制約了PCL的結晶。表4-7列出了添加不同含量相容劑的PLA/PCL(50/50)的DSC升溫溫度。由DSC升溫曲線可以看出，共混物中PLLA的重結

表4-7　添加不同含量的PCL/PLLA(50/50)共混物的重結晶溫度

添加的PLLA-PCL質量分數／%	共混物的重結晶溫度／℃
0	84.3
5	91.1
10	95.3
20	100.7

晶峰隨相容劑含量的增加向低溫移動，說明PLA的重結晶能力補強。圖4-1是PLA/PCL(50/50)中PCL的結晶度隨相容劑添加量的變化。可以看出，PCL的結晶度隨相容劑含量的增加而下降。這說明，由於加入的P(LLA-co-εCL)和PCL是相容的，因此控制了PCL的結晶。

添加P(LLA-co-εCL)能夠提高PLA/PCL合膠的力學性能。用澆鑄成膜法製備不同比例的PLLA/PCL薄膜，添加10%P(LLA-co-εCL)共聚物。力學性能測試表明，當PLA/PCL合膠中PLLA含量為50%～80%時，添加P(LLA-co-εCL)共聚物能夠提高薄膜的彈性模量和拉伸強度，如圖4-2(a)、圖4-2(b)所示。這說明P(LLA-co-εCL)共聚物的確提高了PLA和PCL兩相之間的相容性，減少了介面缺陷。PLA為任意含量時，添加P(LLA-co-εCL)共聚物都能夠提高薄膜的斷裂伸長率，如圖4-2(c)所示。PCL/P(LLA-co-εCL)的斷裂伸長率比純PCL也有所提高，可能是由於P(LLA-co-εCL)充滿在PCL球晶邊界，從而補強了邊界處抵抗斷裂變形的能力。

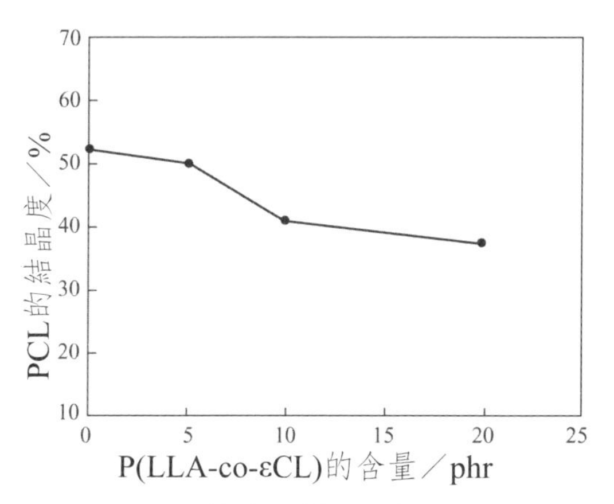

圖4-1 增容劑P(LLA-co-εCL)的含量對PCL在PCL/PLLA(50/50)共混物中的結晶度的影響

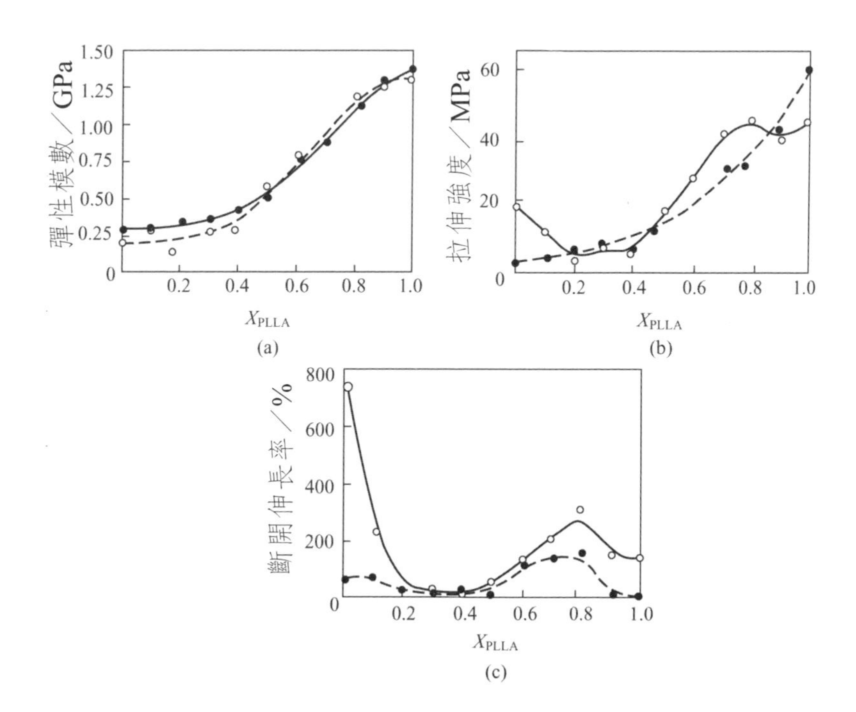

圖4-2 PLLA/PCL共混物的力學性能

---不添加P(LLA-co-εCL)；——添加質量分數為10%的P(LLA-co-εCL)

2.以PLLA-PCL-PLLA作為相容劑

Maglio等[9]將PLLA/PCL/PLLA-PCL-PLLA於200℃在密練機、氮氣保護下熔融共混10min，轉速為40r/min。PLLA/PCL比例為70/30，PLLA-PCL-PLLA對共混物的含量分別為1%、4%、7%。然後將共混物熱壓成型，研究其熱性能和力學性能，並用SEM觀察斷裂面，發現相容劑有助於PCL在PLLA中的分散（圖4-3），從而提高PLLA的韌性（表4-8）。

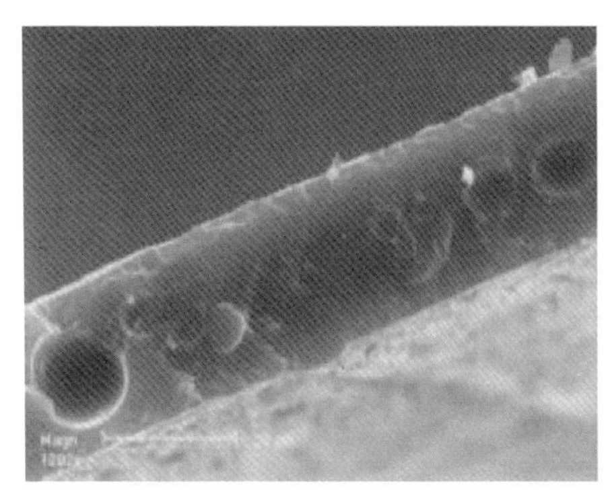

(a) PLLA/PCL(70/30)

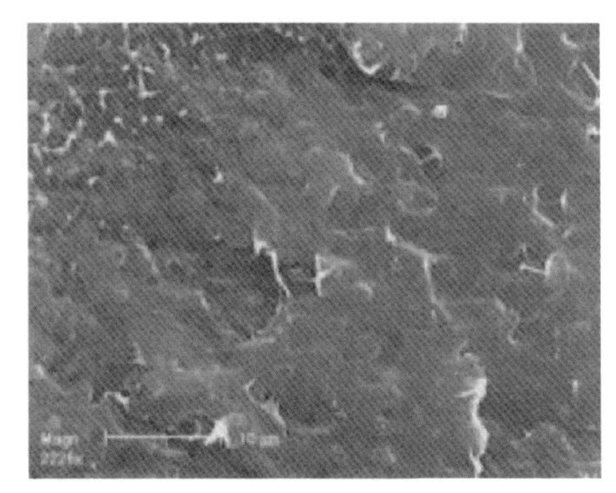

(b) PLLA/PCL/PLLA-PCL-PLLA(70/30/4)

圖4-3 PLLA/PCL共混物液氮脆斷面的SEM圖

添加4%相容劑，PCL分散尺度從10～15μm減小到3～4μm

表4-8 PLLA/PCL(70/30)及PLLA/PCL/PLLA-PCL-PLLA(70/30/4)共混物的力學性能

共混物	拉伸模數／MPa	屈服應力／MPa	斷裂伸長率／%
PLLA/PCL(70/30)	1400	–	2
PLLA/PCL/PLLA-PCL-PLLA(70/30/4)	1400	16	53

Dell等[13]在PLLA/PCL共混體系中加入三嵌段共聚物PLLA-PCL-PLLA，用以提高兩組分的相容性。PLLA/PCL共混物經低溫脆斷、磨平、刻蝕得到的掃描電鏡照片如圖4-4所示，照片中被刻蝕掉的分散的球狀區域就是PCL粒子。可見，隨著分散相PCL含量的增加，其粒子直徑逐漸增大。三嵌段共聚物PLLA-PCL-PLLA作為增容劑加入到PLLA/PCL中後，使PCL的粒徑明顯減小（圖4-5），並且加入2%的三嵌段共聚物的增容效果就非常明顯。

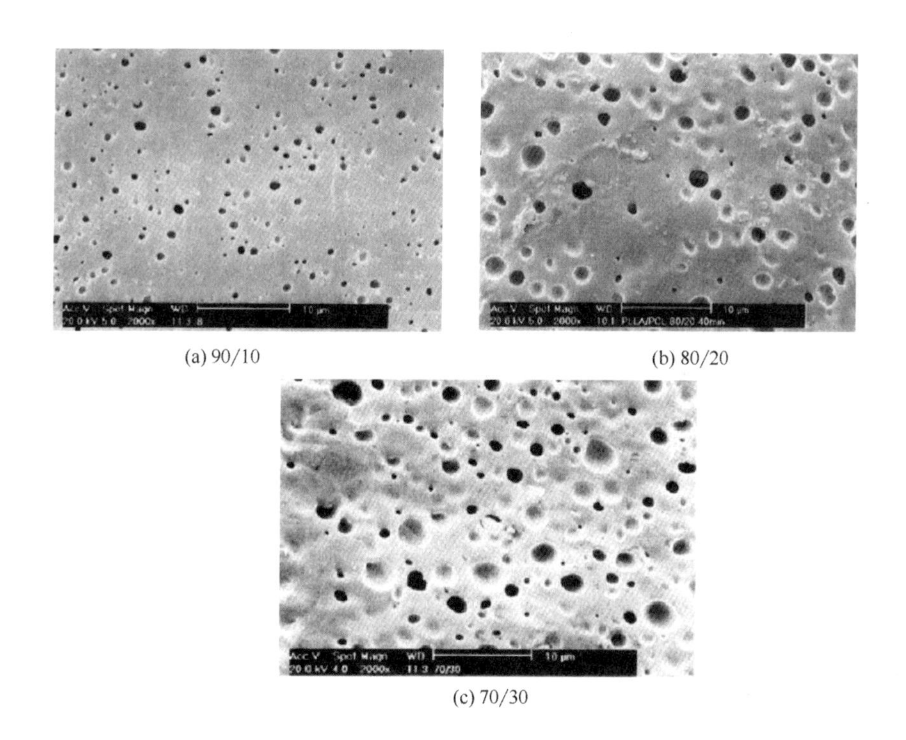

(a) 90/10　　(b) 80/20　　(c) 70/30

圖4-4　PLLA/PCL兩相共混物被磨平刻蝕後的SEM圖

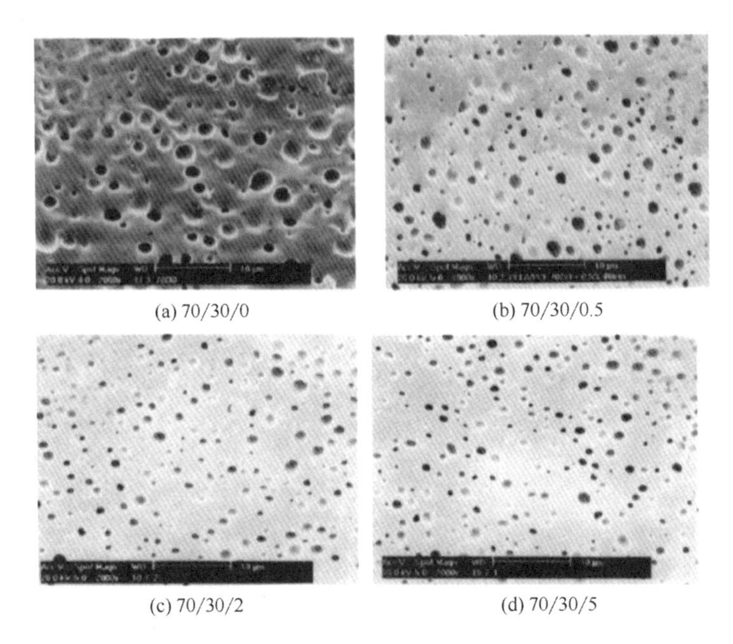
(a) 70/30/0
(b) 70/30/0.5
(c) 70/30/2
(d) 70/30/5

圖4-5 PLLA/PCL/PLLA-PCL-PLLA三相共混物被磨平刻蝕後的SEM圖

3.以TPP作為反應偶合劑

Wang等[11]在PLA/PCL（PLA含4%內消旋體）體系中，以亞磷酸三苯酯為反應偶合劑，在熔融狀態下進行混合。結果表明，在共混過程中發生酯交換反應，生成介面相容劑，促進組分均勻分佈，提高了體系的PLA的斷裂伸長率（圖4-6）。生物降解研究表明，PLA/PCL/TPP的降解速率比純PLA或純PCL快得多，而PLA/PCL的降解速率居於純PLA和純PCL之間，見表4-9。

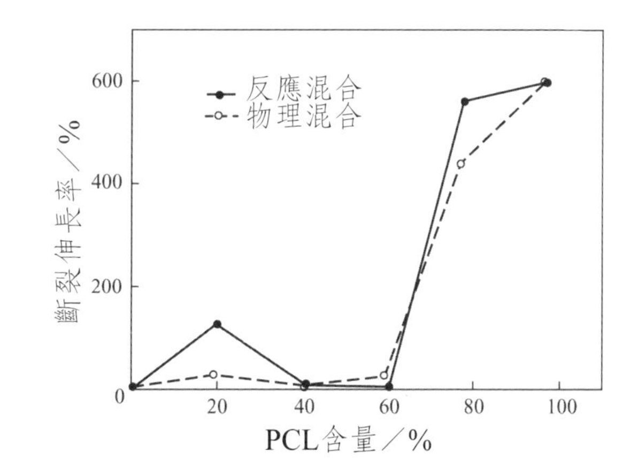

圖4-6 PLA/PCL共混物斷裂伸長率與PCL含量的關係

表4-9 PLA/PCL共混物在Tris/HCL緩衝液中降解的質量損失

PLA/PCL/TPP	總質量損失／(μg/mm^2)			
	4h	8h	12h	24h
100/0/0	14	27	31	49
80/20/0	7.3	12.2	14.2	29.5
80/20/2	37.8	61.6	80.9	112.5
80/20①/2	14.4	29.0	44.0	89.1
80/20②/2	15.9	33.1	45.1	81.0
60/40/0	4.0	9.9	11.4	21.9
60/40/2	19.1	22.6	35.2	69.9
40/60/0	3.7	6.8	8.1	14.3
40/60/2	7.1	7.3	7.5	10.5
20/80/0	1.0	2.0	2.2	4.1
20/80/2	1.9	2.4	3.5	4.8
0/100/014	0.6	0.9	1.3	1.4

①PCL787。②PCL300。

4.其他相容劑

Na等〔1〕用DSC研究了添加PCL-b-PEG嵌段共聚物的PLLA/

PCL、PDLLA/PCL共混物的相容性和相行為。結果表明，由於PLA和PCL-b-PEG的PEG嵌段是相容的，因此PCL-b-PEG可以作為PLA/PCL共混物的相容劑。加入PCL-b-PEG後，PLA/PCL共混物的力學性能得到改善，見表4-10。

Chen等[14]研究表明，添加2%PEO-PPO能夠提高PLLA/PDLLA及PLLA/PCL的相容性和斷裂伸長率，但是材料強度下降。

三、PLA/PCL的降解性質

PLA的降解速率較慢，通常和PCL等降解速率較快的高分子共混，以提高PLA的降解速率。

Tsuji等[7]通過澆鑄成膜法製備了不同比例的PLLA/PCL合金（PLLA質量分數X_{PLLA}分別為0.25，0.5和0.75），考察了共混物在磷酸鹽緩衝溶液水解過程中的分子量、拉伸強度、熔點及質量變化。

表4-10　PLLA/PCL及PDLLA/PCL的力學性能

共混物	PCL-b-PEG含量／%	PLA/PCL力學性能		
		最大拉伸應力／MPa	斷裂伸長率／%	拉伸模數／MPa
PLLA/PCL(80/20)	0	22±4	11±3	590±200
	5	21±1	24±6	600±100
	10	19±2	31±8	1040±80
PDLLA/PCL(80/20)	0	18±1	5±1	810±40
	5	13±1	7±3	690±190
	10	11±1	46±13	650±50

通過對合膠在37℃、pH = 7.4的磷酸鹽緩衝溶液中水解20個月的考察發現，水解導致聚合物分子量下降，拉伸強度減小，聚合物熔點降低。$X_{PLLA} = 0.5$和0.75合膠薄膜的殘餘質量、分子量、拉伸強度隨水解下降的速度比純PLLA快得多，而$X_{PLLA} = 0.25$合膠薄膜的斷裂伸長率下降最慢。對比由分子量變化計算而得的水解速率常數，$X_{PLLA} = 0.75$的共混物的水解速率常數為7.02×10^{-3}，比純PLLA和純PCL的3.07×10^{-3}和5.20×10^{-3}都大。PLLA熔點T_m = 179℃，經過20個月水解以後，$X_{PLLA} = 0.5$和0.75合膠及純PLLA的PLLA熔點T_m分別下降到161℃、160℃和175℃，但是$X_{PLLA} = 0.25$合膠中PLLA的T_m卻從176℃上升到177℃。PCL的結晶度隨水解進行明顯上升，不受PLLA含量影響。

Tsuji等[2]對土壤中不同比例的PLLA/PCL合膠的生物降解進行了20個月的研究。結果發現PCL薄膜和$X_{PLLA} = 0.25$的PLLA/PCL合膠薄膜分別在4個月和12個月後消失，而$X_{PLLA} = 0.75$的合膠薄膜和純PLLA薄膜在20個月後仍然大量存在。PLLA含量少的共混物薄膜殘餘質量、分子量、拉伸強度、斷裂伸長率的降低程度比PLLA含量高的明顯（圖4-7～圖4-9）。純PLLA、$X_{PLLA} = 0.5$和0.75的PLLA的熔點在20個月生物降解後沒有變化，維持在179℃。對降解以後薄膜的形態研究（圖4-10、圖4-11）發現，$X_{PLLA} = 0.25$的合膠中在PLLA相生成微孔結構，而在$X_{PLLA} = 0.5$和0.75的合膠中形成多孔結構，其孔結構是由於PCL首先發生了生物降解形成的。研究表明PLA在土壤中降解緩慢，而PCL的生物降解速率遠大於PLA。添加PCL能夠促進PLA的生物降解速率。

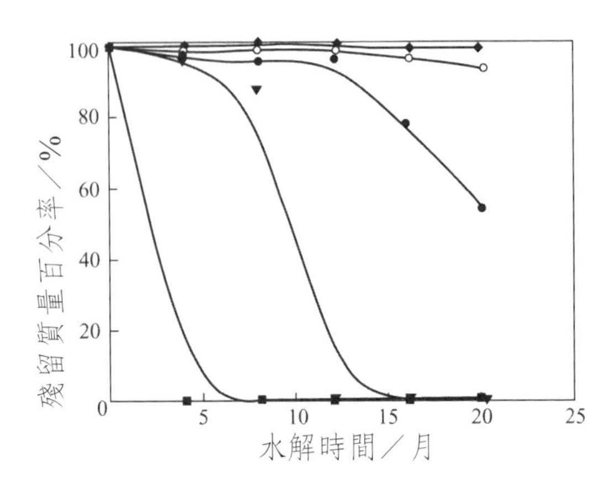

圖4-7 不同X_{PLLA}的合膠薄膜的殘餘質量分數與水解時間的關係
■X_{PLLA} = 0；▼X_{PLLA} = 0.25；●X_{PLLA} = 0.5；○X_{PLLA} = 0.75；◆X_{PLLA} = 1

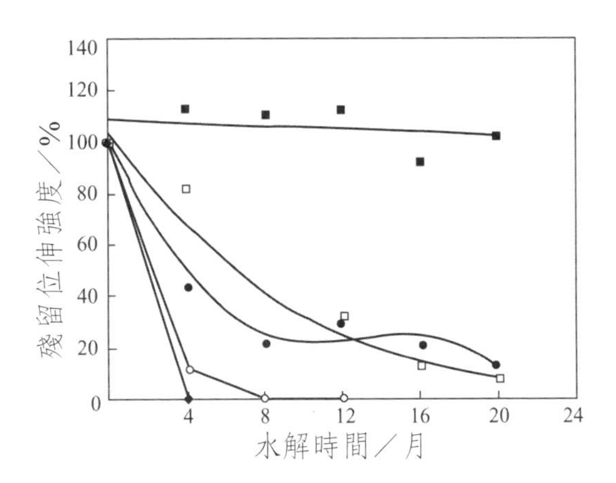

圖4-8 不同X_{PLLA}的合膠薄膜的殘餘拉伸強度與水解時間的關係
■X_{PLLA} = 1；□X_{PLLA} = 0.75；●X_{PLLA} = 0.5；○X_{PLLA} = 0.25；◆X_{PLLA} = 0

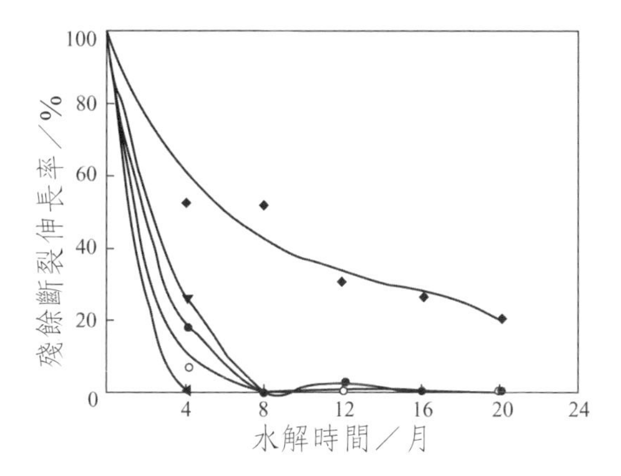

圖4-9 不同X_{PLLA}的合膠薄膜的殘餘斷裂伸長率與水解時間的關係
■X_{PLLA} = 0；▼X_{PLLA} = 0.25；●X_{PLLA} = 0.5；○X_{PLLA} = 0.75；◆X_{PLLA} = 1

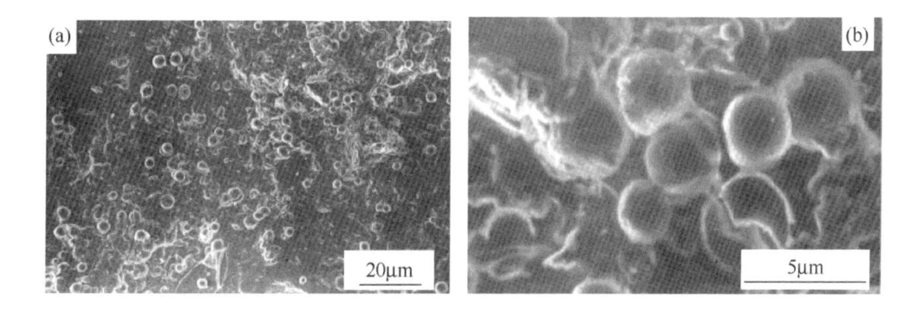

圖4-10 X_{PLLA} = 0.25的PLLA/PCL合膠薄膜於土壤中降解4個月的SEM圖
(b)是(a)的局部放大圖

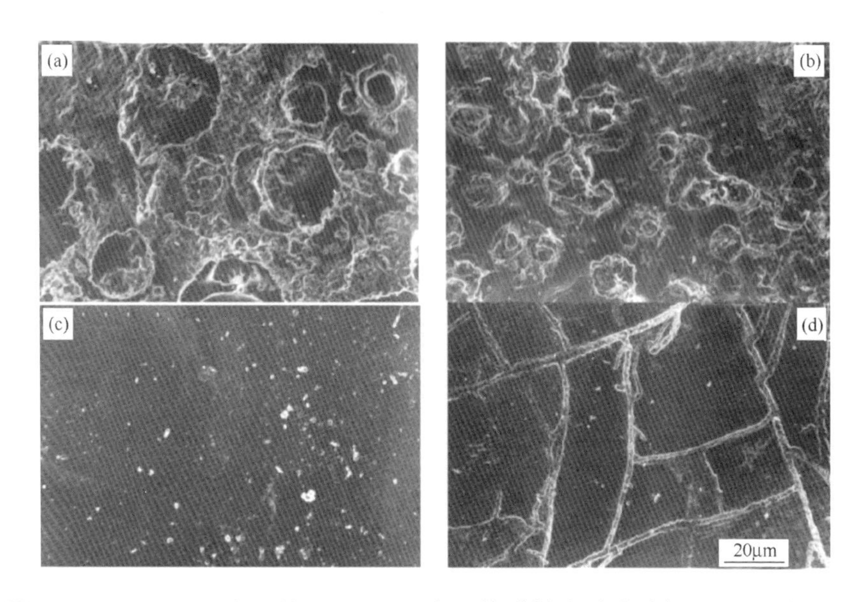

圖4-11　不同PLLA含量的PLLA/PCL合膠薄膜於土壤中降解20個月的SEM圖
(a)X_{PLLA} = 0.25；(b)X_{PLLA} = 0.75；(c)X_{PLLA} = 1；(d)X_{PLLA} = 1

第三節　PLA／澱粉共混物

PLA／澱粉共混物是最有前景的PLA共混物之一，因為澱粉是一種由農產品生產的來源豐富、價格便宜的生物高分子，它的小顆粒結構使得它能很好地作為填料和聚合物共混。將完全可再生的澱粉和PLA共混得到很好的生物降解材料已得到廣泛的研究。澱粉能夠影響PLA的結晶性能。澱粉種類、大小不同，對PLA的結晶行為影響不同。直接將澱粉和PLA共混得到的產品脆性大且對濕度敏感，兩者間的介面連接很差，親水性澱粉和憎水性PLA基體之間的介面結合力很差。添加反應型以及非反應型增容劑第三組分能夠有效地提高它們之間的介面結合力。典型的第三組分有PCL、PVOH、增塑劑、生物合成聚酯。加入這些第三組分得到的產品韌性較好。

一、PLA／澱粉結晶性

Park等[15]報道了線型PLLA／玉米澱粉和六臂星型PLA／玉米澱粉的熱性能，其中所用的線型PLLA和星型PLA的相對分子質量分別為367000和61000。表4-11和表4-12給出了對PLA／玉米澱粉複合材料的DSC分析的峰值（初始溫度指T_g）和焓值。

表4-11　線型PLA／澱粉複合材料的熱性能（DSC測定）

澱粉含量／%	T_g/℃	T_c/℃	ΔH_c/(J/g)	T_m/℃	ΔH_m/(J/g)
0	56.8	121.8	41.0	168.7	42.4
5	56.5	105.0	41.1	167.8	44.8
10	57.0	104.2	42.4	169.0	48.0
15	57.0	104.4	45.4	167.8	50.6
20	56.8	105.2	48.7	170.0	54.5
30	56.8	105.0	54.9	170.0	62.0

表4-12　星型PLA／澱粉複合材料的熱性能（DSC測定）

澱粉含量／%	T_g/℃	T_c/℃	ΔH_c/(J/g)	T_m/℃	ΔH_m/(J/g)
0	52.8	128.4	-	149.9	-
5	52.0	114.6	8.2	143.8	8.6
10	52.5	116.0	7.8	144.0	8.2
15	52.3	116.7	8.0	143.7	8.2
20	52.2	124.3	6.6	145.8	7.0
30	53.1	125.4	3.7	147.3	4.7

當添加澱粉時，線型PLA和星型PLA／玉米澱粉複合材料的玻璃轉化溫度基本保持不變，但是結晶性能受到影響，澱粉起到了成核劑的作用，對於線型PLA／玉米澱粉複合材料，隨著澱粉添加量的增加，結晶速率提高，結晶和熔融的焓值變大。對於星型PLA／玉米澱粉複合材料，當澱粉的含量小於（質量百分比）5%時對PLA有成核作用，而在高的澱粉添加量的情況下澱粉發生團聚，團聚的澱粉尺寸變大，大的澱粉顆粒阻礙了晶體的生長。澱粉添加對星型PLA的總體影響大於對PLA的影響。

光學顯微鏡的研究結果表明線型PLA和星型PLA的球晶在110℃呈放射狀生長。球晶的大小和形狀取決於複合材料中澱粉的含量。隨著澱粉含量的增加，球晶的直徑下降，並且形狀越不規則。這說明澱粉起到了PLA成核劑的作用。SEM結果說明澱粉的添加量達到5%時澱粉顆粒與PLA基體之間具有良好的黏結力。隨著澱粉含量的增加出現了空穴，這是由於澱粉與基體之間脫黏引起的。在星型PLA／玉米澱粉複合材料中更容易觀察到空穴，且空穴的直徑大於線型PLLA／玉米澱粉複合材料。

二、力學性能及吸水性能

Wang等〔16〕和Ke等〔17〕均發現糊化澱粉可以提高拉伸強度。但是由於糊化澱粉的吸水作用，隨著澱粉濕度的增加，共混物的拉伸強度和斷裂伸長率下降。

Ke等〔18〕還研究了含有不同直鏈澱粉的PLLA／澱粉共混體系的

吸水性能。共混體系中，隨著澱粉含量的增加，吸水量增加。

Kim等[19]報道了PLLA／澱粉複合材料的力學性能，研究所用的PLLA的數均分子量和重均分子量分別為190000和360000。表4-13總結了PLLA／玉米澱粉和PLLA／直鏈澱粉共混物的力學性能。Kim等從SEM的結果發現澱粉顆粒與PLLA基體不相容。此外，Kim等還研究了PLLA／澱粉／增塑劑三元複合材料薄膜的拉伸和熱性能，表4-14給出了實驗結果。

由於植物的種類和遺傳背景不同，其所含澱粉的種類也各不相同。Sun等[20]對比了玉米澱粉與小麥澱粉的作用，研究了PLLA／澱粉複合材料的力學性能。所用PLLA的相對分子質量為120,000，表4-15是其力學性能的總結。研究還表明，在PLA和澱粉顆粒之間存在一定的黏結性能，但黏結性能較差。澱粉添加量的增大導致複合材料

表4-13 PLLA/CS（玉米澱粉）和PLLA/HACS（直鏈澱粉）共混物的力學性能比較

材料		拉伸強度／MPa	斷裂伸長率／%	模數／GPa
PLLA		60.0	3.1	2.5
PLLA/CS	93/7	48.5	3.1	2.5
	84/16	48.7	2.6	2.8
	79/21	49.5	2.5	2.8
	70/30	46.5	2.4	3.2
	60/40	38.5	2.0	3.0
PLLA/HACS	84/16	61.5	2.6	3.1
	79/21	59.0	2.5	3.1
	70/30	54.0	2.2	3.4
	60/40	45.4	2.0	3.2

表4-14　添加不同增塑劑的PLA／澱粉（80/20）薄膜的力學性能

材料	拉伸強度／MPa	斷裂伸長率／%	模數／GPa	T_g/℃	T_m/℃	ΔH_f/(J/g)
PLA／澱粉	48.0	2.5	2.8	59.0	172.1	43.4
PLA／澱粉+5%PCL	40.0	3.1	2.0	55.7	171.1	31.6
PLA／澱粉+5%PEG400	30.8	3.0	1.1	49.4	169.2	39.3
PLA／澱粉+5%丙三醇	30.3	4.7	0.7	49.9	168.8	44.7
PLA／澱粉+5%月桂醇	20.5	1.5	1.3	47.0	169.0	45.1

表4-15　PLLA／玉米澱粉和PLLA／小麥澱粉複合材料的力學性能

材料	拉伸強度／MPa	斷裂伸長率／%	模數／GPa
PLLA	61±1.07	6.33±0.33	1.204±0.132
PLLA／玉米澱粉			
80/20	42.4±2.7	2.9±0.24	1.613±0.054
60/40	33±1.04	2.44±0.18	1.496±0.153
50/50	32.4±3.4	2.15±0.21	1.633±0.088
40/60	23.9±1.5	1.52±0.10	1.734±0.142
30/70	18.9±0.43	1.10±0.09	1.832±0.110
20/80	13.2±2.4	0.84±0.16	1.739±0.059
PLLA／小麥澱粉			
80/20	44.7±3.8	3.96±0.2	1.327±0.152
60/40	41.2±3.8	2.96±0.17	1.551±0.158
50/50	35.9±1.8	2.39±0.11	1.669±0.092
40/60	29.7±1.2	1.94±0.08	1.661±0.105
30/70	22.3±1.5	1.19±0.13	1.954±0.192
20/80	16.4±1.3	1.12±0.15	1.594±0.140

的拉伸強度和斷裂伸長率下降。小麥澱粉與PLLA基體之間的黏結力比玉米澱粉稍好，但是仍然很弱。這可能是由於澱粉顆粒大小和形狀的變化引起的。小麥澱粉的平均粒徑大於玉米澱粉，因此PLA與小麥澱粉之間的接觸面積可能比PLA與玉米澱粉之間的接觸面積大。PLA與澱粉之間的黏結力可能是由於兩相之間的極性和PLA羰基與澱粉的羥基之間的氫鍵引起的。

三、提高PLA／澱粉介面結合力

PLA和澱粉的共混物由於缺乏介面結合力導致材料的性能並不好。將反應性官能團引入到基體和填料中進行反應加工，或者添加非反應性相容劑，可以合成一系列商業化的複合材料和合膠。

在停留時間較短的反應押出中，通常引入的官能團有異氰酸酯基、氨基、酐、羧酸基團、環氧官能團、唑啉。羥基／異氰酸酯基、氨基／酐、氨基／環氧、酐／環氧、氨基／內醯胺、氨基／唑啉是反應性加工常用的搭配組合。這些偶合反應提高了複合、層壓或塗覆時的介面結合力，並且提高了不相容共混物的介面結合力，降低了分散相尺寸。反應押出技術已經用於將一系列官能團引入到天然高分子物質中。

1.二異氰酸酯

Wang等[21]研究發現，加入質量分數為0.5%的MDI後，澱粉／PLA(45/55)共混物的力學性能大幅改善。Hiltunen等[22]研究發現，二異氰酸酯可以和PLA反應形成氨基甲酸乙酯，且二異氰酸酯可作為擴鏈劑增大分子量。因為含有大量的羥基，使得澱粉可以和二異氰酸酯反應。

在含有MDI的澱粉／PLA共混物中，MDI作為偶合劑，在PLA和澱粉之間生成共價鍵，提高兩者間的介面結合力。發生的偶合反應如下。

第一步：

$$(\text{PLA 或澱粉})\text{—OH} + \text{O}{=}\text{C}{=}\text{N}\text{—}C_6H_4\text{—}CH_2\text{—}C_6H_4\text{—N}{=}\text{C}{=}\text{O} \longrightarrow$$

$$(\text{PLA 或澱粉})\text{—O—}\overset{\overset{\text{O}}{\|}}{\text{C}}\text{—NH—}C_6H_4\text{—}CH_2\text{—}C_6H_4\text{—N}{=}\text{C}{=}\text{O}$$

第二步：

$$(\text{PLA 或澱粉})\text{—COOH} + \text{O}{=}\text{C}{=}\text{N}\text{—}C_6H_4\text{—}CH_2\text{—}C_6H_4\text{—N}{=}\text{C}{=}\text{O} \longrightarrow$$

$$(\text{PLA 或澱粉})\text{—}\overset{\overset{\text{O}}{\|}}{\text{C}}\text{—NH—}C_6H_4\text{—}CH_2\text{—}C_6H_4\text{—N}{=}\text{C}{=}\text{O} + CO_2$$

偶合反應受到澱粉中水分含量的影響。澱粉是一種由重覆的葡萄糖單元構成的多糖類物質，具有高吸水性。從化學角度講，大多數粒狀澱粉是下面兩類澱粉的混合物：一種是含有的葡萄糖單元通過1,4-苷鍵連接的直鏈澱粉；另一種是支鏈澱粉，含有1,6-苷鍵短支鏈的高支化結構。小麥澱粉是結晶度為36%的半結晶支鏈澱粉，水的吸收主要在非晶區。澱粉顆粒的結晶度和分子排列順序在水存在下加熱會被破壞，生成凝膠。通常情況下，水充當澱粉非晶區的增塑劑。小麥澱粉在高濕度下（濕度大於30%）玻璃轉化溫度大約為50℃，但在低濕度下（濕度等於或小於30%）玻璃轉化溫度和熔點隨著濕度的降低而增大。

由於異氰酸酯的高反應活性，MDI會被澱粉顆粒裡吸收的水消耗掉，發生的反應如下所示，從而導致澱粉和PLA間的介面處的偶合作用減弱：

$$H_2O + O{=}C{=}N{-}C_6H_4{-}CH_2{-}C_6H_4{-}N{=}C{=}O \longrightarrow H_2N{-}C_6H_4{-}CH_2{-}C_6H_4{-}N{=}C{=}O + CO_2$$

含有乾燥澱粉（濕度為0.5%）的共混物具有最高的強度和最好的拉伸率。為了減少乾燥澱粉的加工成本，可以在180℃、起始澱粉濕度為5%～10%時將PLA和共混物共混。共混物的拉伸強度和伸長率隨著澱粉濕度增加而下降。在濕度為20%時，嵌入到PLA基材中的澱粉顆粒腫脹，導致共混物的強度變差，吸水性變大。浸泡在水裡30天的吸水率約20%，而MDI-15%的複合材料吸水率約14%～16%。

表4-16列出了不同澱粉濕度的PLA／澱粉／MDI（50/50/0.5）複合材料的力學性能。

2.PVOH

聚乙烯醇（PVOH）含有聚醋酸酯（PVA）的不能水解的殘留官能團，與澱粉有很好的相容性〔17〕。將聚乙烯醇加入PLA／澱粉

表4-16 不同澱粉濕度的PLA／澱粉／MDI（50/50/0.5）複合材料的力學性能〔23〕

材料	拉伸強度／MPa	斷裂伸長率／%
澱粉濕度0%	63.8	5.25
澱粉濕度10%	58.3	4.47
澱粉濕度15%	57.0	4.36
澱粉濕度20%	39.8	2.92

（50/50）共混物中，可以提高兩者的相容性，從而改善共混物的力學性能。

低分子量的PVOH（如M_w = 6000）能夠和澱粉部分相容，並且當含量高於30%時和澱粉形成連續相（見圖4-12）。PVOH含量在40%以內時，PLA／澱粉（50/50）共混物的拉伸強度隨著PVOH含量的增加而增大，隨著PVOH分子量的增加而減小。含有膠狀澱粉的共混物具有較高的強度。但是，膠狀澱粉也會導致更大的吸水性。含有40%和50%PVOH的共混物也有較大的吸水性。當PVOH含量為30%時，分子量對吸水性的影響很小。

3.馬來酸酐接枝PLLA

Carlson等[24]在反應押出條件下採用自由基引發馬來酸酐接枝PLLA，這種馬來酸酐官能化PLLA可以與澱粉上的羥基相互作用，提高介面的結合力。

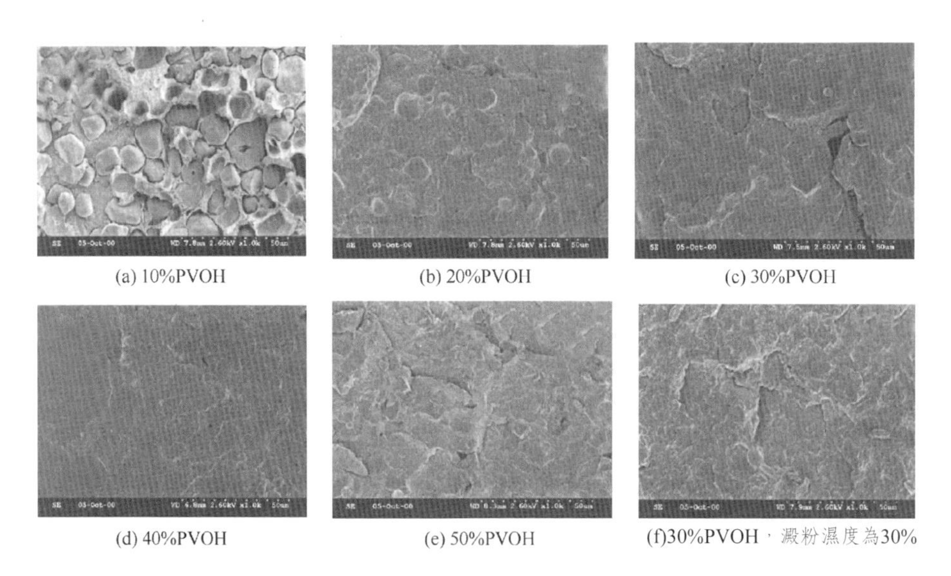

(a) 10%PVOH　(b) 20%PVOH　(c) 30%PVOH

(d) 40%PVOH　(e) 50%PVOH　(f)30%PVOH，澱粉濕度為30%

圖4-12　添加不同含量PVOH（M_w = 6000）的澱粉／PLA（50/50）共混物的斷面SEM圖

4.糊化澱粉

Park等[25]將PLLA與澱粉共混，將澱粉用不同含量的丙三醇進行糊化後再與PLLA進行共混。澱粉的糊化破壞了澱粉顆粒之間的結晶，降低了澱粉的結晶度，補強了澱粉與PLLA介面間的黏結性，因此力學性能比PLLA／純澱粉有所提高。加入丙三醇後，L-PLA的玻璃轉化溫度、熔點和結晶溫度降低（見表4-17），這說明丙三醇在L-PLA中充當增塑劑。

表4-17　L-PLA／澱粉共混物的DSC資料

樣品	PLA／澱粉	丙三醇含量（質量分數）／%	T_g/℃	T_c/℃	ΔH_c/(J/g)	T_m/℃	ΔH_f/(J/g)
L-PLA	-	-	64.2	129.0	13.8	176.1	27.1
	-	5	58.9	89.3，113.6（雙峰）	35.6	173.0	39.00
	-	10	56.9	89.6，106.8（雙峰）	34.8	172.1	44.6
L-PLA／澱粉	90/10	0	60.8	106.2	31.7	175.6	37.0
	80/20	0	60.5	99.8	31.1	173.9	37.7
	70/30	0	61.1	107.2	30.0	175.1	32.5
L-PLA/G0	90/10	0	61.1	110.5	28.6	176.1	30.8
	80/20	0	59.0	101.7	30.5	172.4	38.4
	70/30	0	60.9	108.5	29.3	174.7	31.5
L-PLA/G1	90/10	1.96	58.1	90.5，110.5（雙峰）	29.9	172.5	37.4
	80/20	3.85	55.4	85.9，101.9（雙峰）	27.0	168.9	41.9
	70/30	5.66	55.2	91.1，108.8（雙峰）	26.6	171.9	30.2
L-PLA/G2	90/10	3.85	57.4	90.4	24.7	170.0	42.3
	80/20	7.41	55.2	88.5	27.8	166.2	45.6
	70/30	10.71	57.2	91.4	25.7	169.6	41.0
L-PLA	90/10	5.66	56.9	89.2	19.5	168.5	39.6
	80/20	10.71	55.3	91.7	27.9	168.2	46.3
	70/30	15.25	56.8	92.7	26.5	167.4	44.0

在L-PLA／純澱粉共混物中，T_m和T_g不隨澱粉含量的增加而變化，但T_c變低，且結晶放熱峰的寬度變得比純L-PLA窄，結晶焓和熔融焓比純L-PLA大。這些結果說明澱粉充當成核劑提高了L-PLA的結晶。

5.馬來酸二辛酯

Zhang等[26]研究發現，低含量（小於5%）的馬來酸二辛酯（DOM）也可以作為相容劑改善PLA／澱粉共混物介面結合力，進而改善其拉伸性能。DOM含量大於5%時，充當增塑劑，提高共混物的斷裂伸長率，同時減少加工時的熱損失。DOM含量增加，共混物的吸水性增加。

6.PLA-AA

PLA-AA和澱粉具有良好的相容性。PLA-AA的-COOH基和澱粉的-OH基反應，二者相容性好。與PLA／澱粉共混物相比，PLA-AA／澱粉共混物具有較好的力學性能，尤其是拉伸強度和斷裂伸長率提高顯著，且吸水性低，降解慢。

四、降解

通過對澱粉和PLA的生物降解的研究發現，溫度和相對濕度在降解的過程中起到了非常重要的作用[27]。

Kim等[19]研究了PLLA和PLLA／澱粉複合材料的熱降解。結果發現，對於PLLA，熱降解的起始溫度是310℃，降解結束的溫度是400℃。對於PLLA／澱粉複合材料，降解起始溫度在220～230℃之間，降解主要發生在280～340℃之間。玉米澱粉的含量越高，降解的初始溫度越低。

五、PLA／澱粉發泡材料

澱粉是一種比較廉價的發泡材料。Willett等〔28〕將PLLA／澱粉共混後，用水作發泡劑，用雙螺桿押出製備出低密度的發泡材料。Fang等〔29〕研究發現，添加PLA能夠提高澱粉發泡材料的熱力學性能，降低泡孔材料密度、可壓縮性。含有40%PLA和濕度為19%的共混物可生產出具有良好物理性質和力學性能的開孔泡沫塑膠。

第四節　PLA/PBS或PLA/PBSA合膠

一、PBS或PBSA的基本性質

日本昭和高分子公司的生物降解樹脂Bionolle產品主要包括兩種類型的脂肪族聚酯：聚丁二酸丁二醇酯（polytetramethylene succinate, PBS）和聚丁二酸己二酸丁二醇酯〔poly (butylene succinate adipate), PBSA〕。前者是Bionolle#1000，後者是Bionolle#3000。這些脂肪族聚酯分別由丁二醇、丁二酸（#1000），丁二醇、丁二酸和己二酸（#3000）組成。其結構重復單元見表4-18。與#1000相比，#3000的生物降解能力得到改進。

表4-18　Bionolle產品的結構式和縮寫

聚丁二酸丁二酯（PBS）	$\left(O-CH_2-CH_2-CH_2-CH_2-O-\overset{\overset{O}{\Vert}}{C}-CH_2-CH_2-\overset{\overset{O}{\Vert}}{C}-C \right)$	Bionolle＃1000
聚丁二酸己二酸丁二醇酯（PBSA）	$\left[O-CH_2-CH_2-CH_2-CH_2-O-\overset{\overset{O}{\Vert}}{C}-\left(CH_2 \right)_x-\overset{\overset{O}{\Vert}}{C} \right]$ $x=2,4$	Bionolle＃3000

PBS和PBSA的熔點分別為114℃和94℃，玻璃轉化溫度分別為-32℃和-45℃，密度分別為1.26g/cm^{3}和1.23g/cm^3，MFR範圍為1.0～3.0g/10min（190℃，2.16kg），相對分子質量在20萬～25萬之間，取決於應用，分子量分佈窄，$M_w/M_n \approx 3$。PBS的結晶速率非常快。

Bionolle產品有很高的拉伸強度，但彎曲模數低，即它們既有韌性又有彈性。Bionolle具有優異的可加工性，適宜的加工溫度為140～230℃。能被製成多種產品，如薄膜、注塑產品、長絲和不織布。可以得到數種熔融體流動指數不同的產品，所以可用典型的模塑設備以簡單的方法來模塑操作。

PLA與PBS合金化目的在於提高PLA的韌性、斷裂伸長率和加工性能。

二、PLA和PBS的相行為及形態

1.PLA/PBS的相容性

表4-19給出了PLA/PBS共混物的DSC資料〔30〕。純PLA在

110℃和150℃之間出現了一個較寬的結晶峰（在相應的DSC曲線上可以看出），在176℃左右出現一個熔融峰；純PBS在92℃處出現一個尖銳的放熱峰（在相應的DSC曲線上可以看出），在114℃處出現一個熔融峰。特別指出的是，兩者的玻璃轉化溫度相差接近100℃。但是PLA/PBS共混物在整個組成範圍內只有一個玻璃轉化溫度，並且隨著PBS含量的增加而降低，這說明在非晶區兩者可能是相容的。共混物的玻璃轉化溫度隨著PBS含量的增加而降低的程度不是很大，不符合經典的Fox方程或Gordon-Taylor方程。PBS在室溫下能結晶，因此DSC加熱或冷卻速率要足夠慢，以便讓PBS結晶。由於晶體的存在，非晶區的含量在整個共混物組成範圍內是不同的，即非晶區內PBS的含量比PLA少。因此，不能僅僅用玻璃轉化溫度的變化來判斷兩者的相容性。

表4-19 PLA/PBS共混物的DSC資料

PLA/PBS（質量百分比）	PBS		PLA			
	T_g/℃	T_m/℃	T_g/℃	T_m/℃	ΔH_f/(J/g)	X/%
100/0	–	–	64.2	176.1	27.1	28.5
90/10	–	113.6	60.2	174.7	39.6	41.6
80/20	–	113.4	60.0	173.9	36.1	38.0
70/30	–	113.9	59.3	173.8	35.1	36.9
60/40	–	114.1	58.4	173.4	34.8	36.6
50/50	–	114.0	58.4	173.9	35.1	36.9
30/70	–	114.0	56.6	171.9	34.3	36.1
0/100	–34.0	113.7	–	–	–	–

2.PBS促進PLA結晶

PLA/PBS共混物在整個組成範圍的DSC曲線上出現兩個不同的熔融峰，這說明PLA/PBS共混物屬於半晶／半晶共混物。雖然PLA和PBS的放熱峰的溫度差別很大，當PBS含量只有10%時，在100℃左右出現一個尖銳的單峰。此外，與純PLA相比，共混物的結晶度大大增加。這些結果表明，對PLA來說，PBS是一種很好的增塑劑。

3.結晶結構

圖4-13給出了不同配比的PLA/PBS共混物在120℃下等溫結晶12h的WAXD（寬角X射線繞射）圖。純PLA在16.5°出現一個強烈的繞射峰，在19°出現一個弱峰，分別對應（110）面和（203）面。純PBS在22.9°出現一個對應於（110）面的強峰，在22.0°、19.7°和29.3°分別出現對應於（021）面、（020）面和（111）面的3個弱峰。從共混物的WAXD圖上沒有觀察到由兩相間共結晶而產生的新峰或峰的移動。這說明共結晶不像預想的那樣發生在兩聚合物之間，而是兩組分

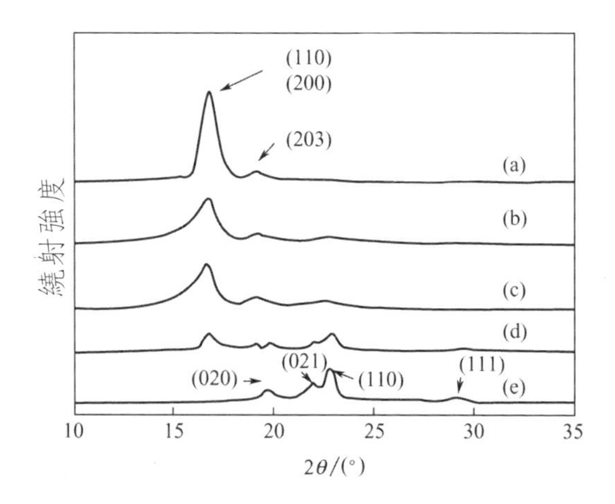

圖4-13　PLA/PBS在120℃下等溫結晶12h的WAXD晶型繞射

PLA/PBS：(a)100/0；(b)70/30；(c)50/50；(d)30/70；(e)0/100

的晶區發生了分離，導致基體產生相分離，形成純的兩相，即結晶誘導相分離。用小角X射線繞射測得在共混體系中PBS相被「驅逐」出PLA晶層相區，這使得PLA的長周期非晶區層厚度明顯降低。PBS含量大於40%時，用偏振光顯微鏡可以觀察到明顯的結晶誘導相分離。

三、PLA/PBSA的力學性能

Ma和McCarthy[31]研究了PLA/PBSA共混物（其中PBSA為日本昭和高分子生產的Bionolle#3000，$M_w = 23300$，熔點為91℃；PLA為Cargill公司生產，$M_n = 70100$，含96%L型）。圖4-14～圖4-16給出了PLA/PBSA共混物的拉伸等性能隨PBSA含量變化的關係。可以看出：共混物的拉伸模數和屈服強度隨著PBSA含量增加而減小，屈服伸長率和斷裂伸長率隨著PBSA含量增加而增大。這可能是由於PBSA具有低模量、低斷裂強度和良好的斷裂伸長率。共混物的斷裂強度隨著PBSA含量增加而減小，然後又升高。純PLA試樣不會發生屈服現象；共混物PLA/PBSA（90/10）在屈服後迅速斷裂；共混物PLA/PBSA（80/20）會發生細頸現象，但發生細頸後很快斷裂；共混物PLA/PBSA（50/50）發生細頸後，應力隨著應變的增大而增加，直到超過屈服應力。

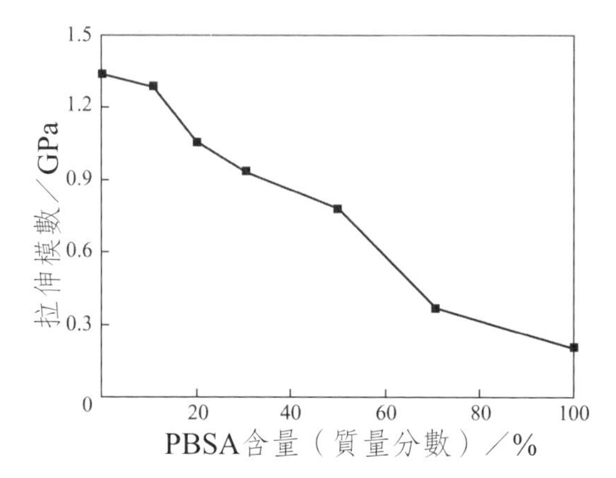

圖4-14　PLA/PBSA共混物的拉伸模數隨PBSA含量的變化曲線

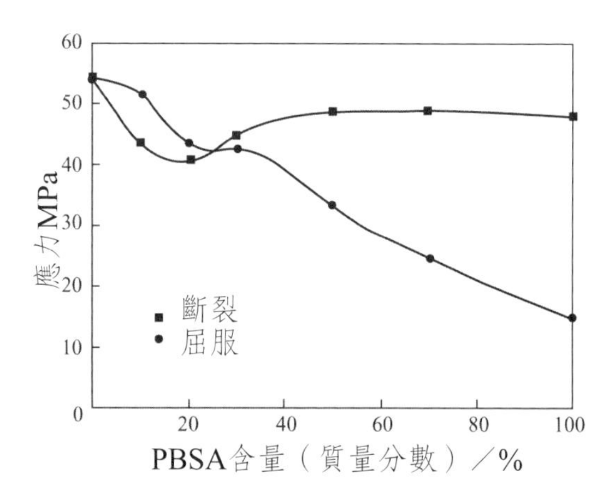

圖4-15　PLA/PBSA共混物的應力隨PBSA含量的變化曲線

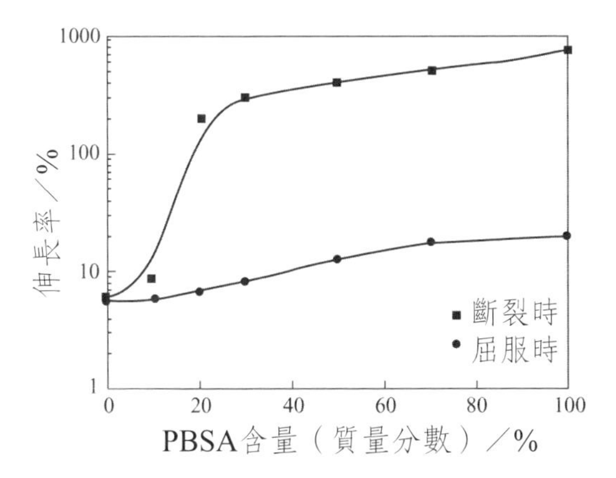

圖4-16　PLA/PBSA共混物在屈服以及斷裂時的伸長率隨PBSA含量的變化曲線

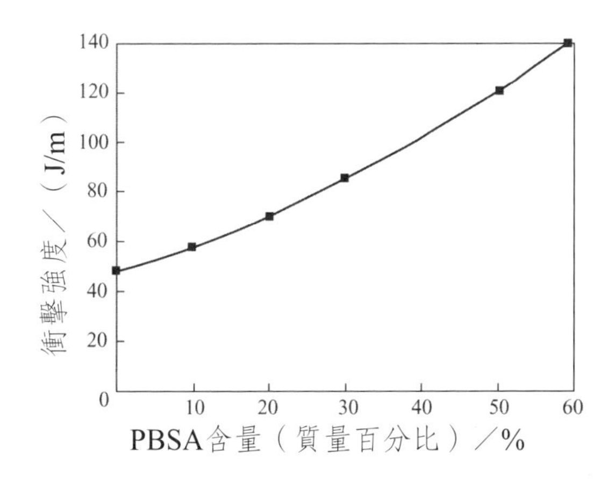

圖4-17　PLA/PBSA共混物的衝擊強度隨PBSA含量的變化曲線

由圖4-17可以看出，PLA/PBSA共混物的衝擊強度隨著PBSA含量的增加而增大。當添加質量百分比為30%～50%的PBSA到PLA中時，PLA的衝擊強度提高了100%～150%（85～120J/m）。純PBSA和共混物PLA/PBSA（30/70）在室溫下不會發生衝擊斷裂。

四、PLA/PBSA的生物降解性能

PLA被蛋白酶K降解。PBSA在蛋白酶K溶液中不會發生降解。土壤的生物降解試驗發現PBSA的降解速率相當大，而PLA的降解速率相對慢[31]。降解45天後發現，PBSA降解了100%，而PLA只降解了14%。含有質量百分比為70%和50% PBSA的共混物的降解速率相對快，降解45天後發現PLA/PBSA（30/70）降解了77%，PLA/PBSA（50/50）降解了65%。這些值同所預計的差不多。但是，PBSA含量少於質量分數30%的共混物的降解率比所預計的小。

在堆肥條件、溫度為55℃時試驗20天發現，PBS的質量損失很大，而PLA幾乎沒有質量損失。對PLA/PBS共混物來說，質量損失在純PLA和純PBS之間，且隨著PBS含量的增加而增大。

第五節　PLA/PHA合膠

一、概述

聚羥基脂肪酸酯（polyhydroxyalkanoate，縮寫作PHA）是由微生物合成的最具有代表性的一類脂肪族聚酯。PHA的結構式為：

$$\left[-\underset{\displaystyle |}{\overset{\displaystyle R}{CH}}-CH_2-\overset{\displaystyle O}{\overset{\displaystyle \|}{C}}-O- \right]_n$$

式中，R為正烷基側鏈，範圍從甲基到壬基。

由於PHA具有同通用塑膠相似的熱塑性，又能夠在環境中完全降解為水和二氧化碳，因此作為生態環境材料而受到重視。部分PHA材料已經有廣泛的商業應用，推動了其大規模的工業生產。

PHA的物理性質和加工性質可以通過改變高分子的組成得到控制，因而PHA類聚酯具有從堅硬的結晶性塑膠到高彈性的橡膠所具備的一系列不同性質。目前已經有150多種PHA被合成或發現，包括在支鏈中含有3～14個碳原子的烷基側基和官能團（鹵素、烯烴、芳烴、噻吩等）。根據側鏈碳原子的數量可將它們粗略地分成兩類，即含有C_3～C_5的短烷基的短側鏈PHA和含有C_6～C_{14}的較長烷基側鏈PHA。其中有5種短側鏈PHA具有應用價值，分別是聚3-羥基丁酸酯（P3HB或PHB，結構式中R為$-CH_3$）、(*R*)-3-羥基丁酸和(*R*)-3-羥基戊酸共聚物（P3HB3HV）、聚4-羥基丁酸酯（P4HB）、3-羥基丁酸和4-羥基丁酸共聚物（P3HB4HB）、(*R*)-3-羥基辛酸和(*R*)-3-羥基乙酸共聚物（P3HO3HH）。

PHB於1925年被Lemoigne在革蘭陽性菌巨大芽孢桿菌的細胞質中發現，是PHA中發現最早且研究最為深入的一種。PHB是一種非常硬的結晶性聚合物，拉伸強度與聚丙烯相當，熔點為177℃，無定形態的密度是$1.177g/cm^3$，結晶態的密度在1.23～$1.26g/cm^3$之間。

P3HB3HV可以通過以葡萄糖和丙酸作為羅氏真菌的碳源進行發酵，是一種柔韌的熱塑性聚合物。20世紀80年代實現商業化生產，並首先以BiopolTM作為商標被英國ICI公司投入市場。Biopol可以在傳統的設備上進行押出、注塑、押吹成型、熱塑、定向或非定向澆鑄和吹膜、單絲和複絲紡紗、塗覆、發泡等成型加工。PHBV根據3HV單體含量的不同，通常結晶度在39%～69%之間，3HV含量越高，聚合物的結晶度越低，彈性越強。

長側鏈PHA是類橡膠的材料，具有生物相容性、水分敏感性、氧氣透過性等優良性質，但由於是從生物質得到的，產量相當小，從而導致工業化困難。其中一種含有不飽和鍵的長側鏈PHA卻具有相對較高的產量，並且其性質可以通過在側鏈上發生化學反應引入官能團調節，因此在應用開發中具有獨特的前景。目前已經有其在壓敏黏合劑、生物降解橡膠中的應用報道。

PHA可以被環境中不同微生物分泌的胞外PHA解聚酶降解。PHA解聚酶可以解聚PRHB，但是不能解聚PSHB。

PHA的降解速率較快，並且有一些品種韌性好，可以通過PLLA和PHA共混實現對PLLA降解性能和力學性能的調控。因此，PLLA/PHA體系的研究主要集中在相容性、結晶性和力學性能、降解性能幾個方面。

二、PLA/PHB相容性研究

PLA和PHB都是手性高分子，各組分的分子量、旋光異構體性質對PLA/PHB的相容性影響很大，特別是PLLA的分子量決定了共混組分的相容性。

1.等規PLA和等規PHB的相容性

Blumm和Owen[32]用偏光顯微鏡研究了PRHB/PLLA（其中PLLA相對分子質量為159400和1759）共混物的球晶結構、生長速率和熔融行為，發現PHB能夠與低分子量的PLLA完全相容，但是與高分子量的PLLA熔融時發生相分離，樣品冷卻以後觀察到兩種結構的球晶存在，其中一些組成比例的球晶成長過程中互相貫穿。Koyama和Doi[33]同樣發現，PRHB（M_w = 650,000）能夠與低分子量PLLA（$M_w \leq 18,000$）完全相容，卻與相對分子質量高於20,000的PLLA不相容。各組分的分子量對體系的相容性影響很大，特別是PLLA的分子量決定了共混組分的相容性。

2.無規PLA和等規PHB的相容性

Koyama和Doi[34]研究了PRHB（M_n = 300,000）和PDLLA（M_n = 9,000和21,000）共混物的形態及生物降解性能。樣品是通過澆鑄成膜，然後在室溫下老化三星期製備。用DSC考察玻璃轉化溫度，發現低分子量的PDLLA（M_n = 9,000）和PRHB具有相容性，共混物PHB/PDLLA在純PRHB的玻璃轉化溫度（4℃）和純PDLLA的玻璃轉化溫度（44℃）之間只觀察到一個T_g。用偏光顯微鏡觀察，PRHB球晶的生長速率隨著PDLLA含量的增加而降低，PDLLA組分進入到了PHB球晶的晶層結構之間。

3.等規PLA和無規PHB的相容性

Ohkoshi等[35]研究PLLA（M_w = 680,000）和無規立構的PHB（ataPHB）（M_w = 9,400和140,000）的共混體系，從玻璃轉化溫度的變化分析發現，在純PLLA和純ataPHB的玻璃轉化溫度（59℃和0℃）之間，PLLA同高分子量ataPHB（M_w = 140,000）的共混物存在兩個玻璃轉化溫度，說明兩組分是不相容的；而PLLA同低分子量的ataPHB（M_w = 9400）共混，直至PLLA/ataPHB中ataPHB的含量增加到質量百分比為50%，共混物仍只有一個玻璃轉化溫度，從而可以認為該體系是相容的。

共混體系的相容性影響著結晶組分的結晶行為。PLLA/ataPHB低分子量共混物在200℃熔融後，在設定的結晶溫度下進行等溫結晶，球晶半徑的生長與結晶時間呈線性增加，而且結晶溫度和共混物的組成決定了它的生長速度。需要指出的是，通常在結晶聚合物／非晶聚合物相容的共混體系中，由於非晶組分的稀釋作用，結晶組分的晶體生長速度由於非晶聚合物的存在而降低。然而，在相容的PLLA/ataPHB中，ataPHB的加入卻促進了PLLA球晶的生長，純PLLA大約在130℃時球晶生長速度達到最大值4.2μm/min，而在共混物中大約在110℃球晶生長速度達到最大值12.2μm/min。這可能是由於低分子量ataPHB的黏度遠遠低於PLLA（M_w = 680,000）的黏度，在結晶過程中ataPHB分子促進了PLLA分子鏈的活動性，加速了PLLA球晶的生長。此外，在PLLA等溫結晶時，ataPHB組分嵌入到PLLA生長的球晶中，而且沒有影響到PLLA球晶的生長。ataPHB的加入誘導了PLLA片晶生長發生周期性的扭轉，在PLLA/ataPHB（75/25）共混物中PLLA球晶出現了明顯的環帶形貌（圖4-18）。對於不相容的PLLA/ataPHB體系，PLLA球晶生長速度只由結晶溫度決定，而與共混物的組分無關。

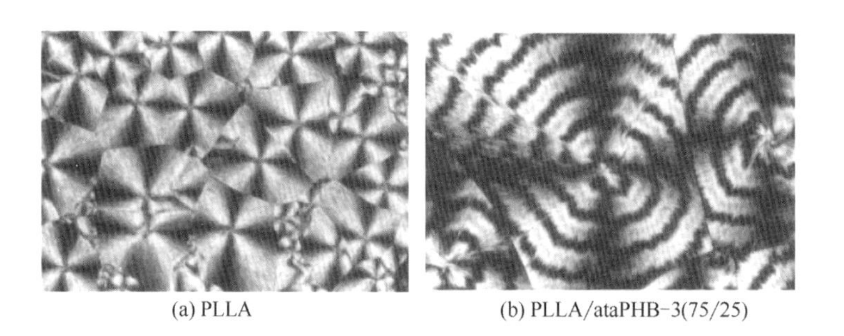

(a) PLLA (b) PLLA/ataPHB-3(75/25)

圖4-18 PLLA及其共混物在130℃下結晶的球晶偏光顯微鏡照片

三、PLA/PHA的力學性能

Takagi等[36]製備了PHA/PLA共混物以及化學改性PHA（ePHA）/PLA共混物。其中由發酵方法得到的PHA是一種含有不飽和鍵的長側鏈PHA，通過化學改性得到的ePHA中含有30%環氧基團。PHA和ePHA的性質見表4-20。這種PHA具有高彈性的特點，ePHA和PHA的彈性相當，但ePHA比PHA的結晶速度慢。化學結構如下：

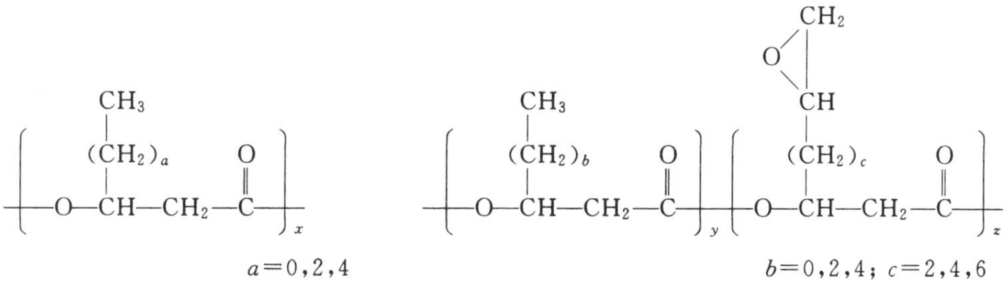

$$\left[-O-\underset{\underset{CH_3}{|}}{\underset{(CH_2)_a}{\underset{|}{CH}}}-CH_2-\overset{O}{\overset{\|}{C}}-\right]_x \qquad a=0,2,4$$

PHA

$$\left[-O-\underset{\underset{CH_3}{|}}{\underset{(CH_2)_b}{\underset{|}{CH}}}-CH_2-\overset{O}{\overset{\|}{C}}-\right]_y\left[-O-\underset{\underset{CH(-O-)CH_2}{|}}{\underset{(CH_2)_c}{\underset{|}{CH}}}-CH_2-\overset{O}{\overset{\|}{C}}-\right]_z \qquad b=0,2,4;\ c=2,4,6$$

ePHA

根據HIPS的增韌機理，彈性材料混入硬質塑膠中可以提高衝擊韌性。Charpy衝擊試驗測試結果（圖4-19）表明：PLA/PHA和PLA/ePHA共混物的衝擊強度高於純PLA；隨著彈性組分的增加，總

表4-20　PHA和ePHA的性質

名稱	重覆單元組成（莫耳分率）／%				性質		
	3HHx①	3HO②	3HD③	E3HA④	T_m/℃	T_g/℃	M_w
PHA	14.6	76.5	8.9	–	51.5	–38.6	2.3×10^5
ePHA	9.7	53.1	7.8	29.4	50.5	–84.3	2.8×10^6

①3-羥基己酸酯。②3-羥基辛酸酯。③3-羥基癸酸酯。④3-烴基脂肪酸酯（側鏈含有環氧官能團）。

的吸收能增大；彈性組分含量相同時，ePHA共混物的衝擊強度均高於PHA共混物。對比這兩種共混物，ePHA共混物具有高的裂紋發展值，因此可以吸收高的衝擊能。特別是含有30%ePHA的共混物，衝擊強度是純PLA的16倍，並且衝擊之後不斷裂。

由於PLA本身具有較高的拉伸強度（55.2MPa），與彈性體共混以後拉伸強度下降，但是PLA/ePHA下降的程度低於PLA/PHA（圖4-20）。因此，PLA/ePHA共混物的物理性能優於PLA/PHA共混物。

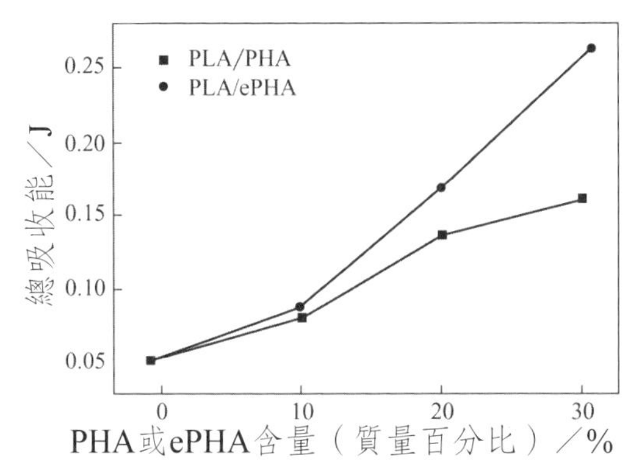

圖4-19　PLA/PHA和PLA/ePHA共混物衝擊時總吸收能隨PHA或ePHA含量的變化關係

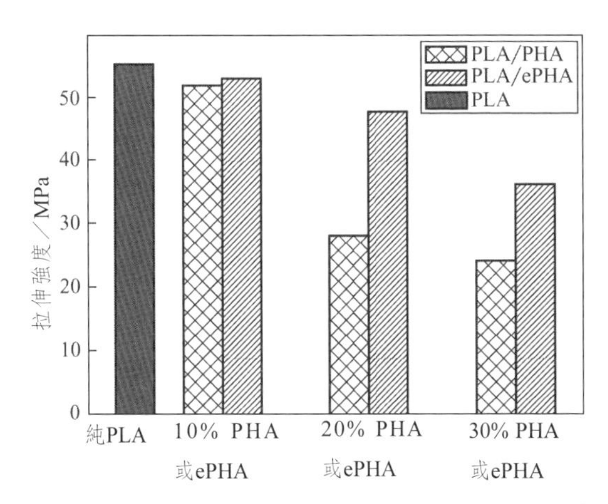

圖4-20　PLA/PHA和PLA/ePHA共混物的拉伸強度隨PHA或ePHA含量的變化關係

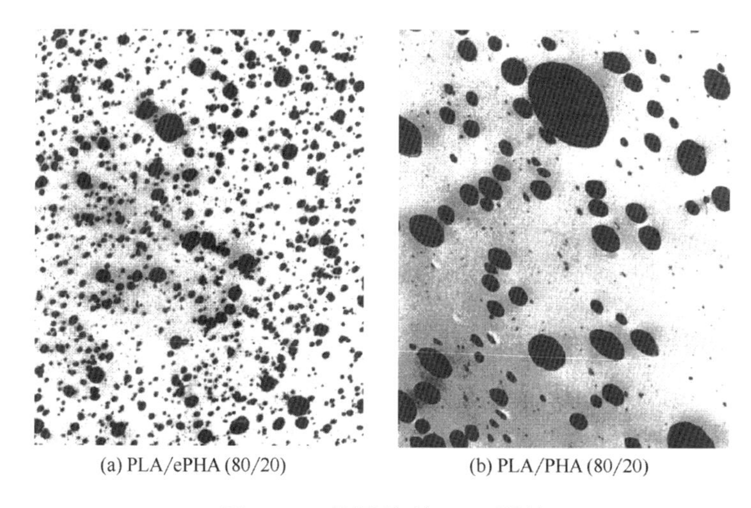

圖4-21　共混物的TEM照片

採用TEM對PLA/PHA和PLA/ePHA（80/20）共混物的斷裂表面研究看出（圖4-21），彈性體ePHA和PHA均勻分散在PLA基材中，從而能夠吸收大量衝擊能。其中PHA分散相直徑大約為1～5μm；而含有環氧側鏈的ePHA則分散更加細微，直徑為0.1～1μm，因此表現出比PHA更好的對PLA增韌效果。

四、PLA/PHA的降解性能

生物降解實驗表明PLA共混物保持了它們原有的生物降解性[34]，由於PHA是典型的高生物降解塑膠，PLA/PHA共混物更容易水解和受到微生物的攻擊，其生物降解速率大於純PLA。例如，對PLA/PHA和PLA/ePHA共混物樣條在30℃有氧條件下置於活性淤泥中120天，觀察其質量損失和表觀形態，圖4-22是樣品質量損失率隨著降解時間變化情況。在開始的30天內，所有的樣品表面平滑，且沒有測量到質量損失。70天以後，PLA/PHA和PLA/ePHA的共混物表面出現了由於降解引起的明顯的空穴，質量也開始減少。120天以後，PLA樣品仍然具有平滑表面，且無質量損失；然而PLA與PHA和ePHA的共混物則表現出了部分的生物降解，質量損失分別為6.5%和8%，樣品表面空穴增多。而且共混物的降解程度分別隨著PHA和ePHA含量的增加而增大。

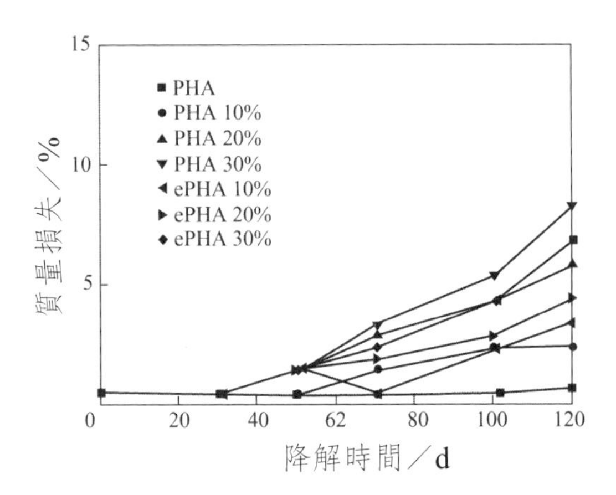

圖4-22　PLA、PHA共混物和ePHA共混物在活性污泥環境下的質量損失與降解時間的關係

第六節　PLA/PEG及PLA/PEO合膠

一、膠金化目的

聚氧乙烯（PEO）是環氧乙烷經多相催化通過陰離子開環聚合生成的水溶性高分子，與聚乙二醇（PEG）在形式上具有相同的結構式，一般以分子量不同來區分，相對分子質量2萬以下的稱為PEG，2萬以上的稱為PEO。

可以得到相對分子質量從1000到20,000範圍內的PEG產品，而且均為水溶性的，並隨著分子量的增加溶解度下降。PEG也可溶於很多極性溶劑中，如氯仿、丙酮、乙醇，但不溶於碳氫化合物。PEG熔融體是牛頓流體，其玻璃轉化溫度（T_g）根據分子量從-60℃到-75℃變化。聚乙二醇有較多的端羥基，既可進行酯化等反應，又易與電子受體基團締合或自動氧化。PEG常用於潤滑劑、中間體、包紮材料、溶劑、脫模劑、載體和化妝品、藥物、紙張、食品、紡織品和化學專業領域中的塗料。

相對分子質量從7萬至500萬時，稱為聚氧乙烯或聚氧亞乙基，英文縮寫PEO，是一種結晶的熱塑性水溶聚合物。其中相對分子質量從數十萬到數百萬的稱為超高分子量聚氧乙烯。PEO的玻璃轉化溫度是-54℃，熔點是74℃。聚氧乙烯可押出成型，用於水溶性包裝材料、絮凝劑、陶土黏合劑和水流減阻劑等多種用途。

PLA和PEG〔37～41〕、PEO〔42～47〕合膠化目的在於PEG、PEO是水

溶性高分子，能夠和PLA相容，將非常有效地改善PLA材料的生物降解性能和力學性能。PEO生物相容性好、毒性非常低，廣泛應用在生物醫學領域，所以，PEO還能夠提高PLLA的生物相容性。

二、相容性及結晶性

1.PEG/PLA相容性

PEG與PLA具有良好的相容性。Sheth等[40]用DSC、DMA研究表明PLA與平均相對分子質量為20,000的PEG共混物只存在一個玻璃轉化溫度，對於純PLA，觀察到的T_g約為57℃。添加10%PEG時，T_g降低到約為45℃。70/30的共混物的玻璃轉化溫度為37℃。通過DSC探討PLA/PEO共混物中二者熔融溫度的變化以及T_g的特徵，表明PLA和PEO同樣具有良好的相容性。純PLLA和純PEO的T_g分別是57℃和-54℃。而PLA/PEO共混物的T_g只有一個，隨著PEG含量變化的關係基本滿足Fox方程式。

2.結晶性能

對於PLA/PEG共混物，由於PEG的塑化作用，PEG的添加能夠顯著促進PLA的結晶速度，並提高結晶度。PEG的存在不影響PLA的熔融峰值。對於PEG含量在30%及以上的共混物，可以觀察到PEG的熔融放熱曲線。PEG熱焓值隨PLA含量增加而下降。PEG可以在室溫下結晶，同時在聚合物從熔融態冷卻的過程中也可能結晶。

結晶形態研究也表明PEG的存在加速了PLA球晶的生長。在所有比例的PLA/PEG共混物中，PLA的球晶結構處於主導地位，並且球晶的尺寸隨著PEG含量的增加而增大（圖4-23）。在PEG含量分別為30%、50%和70%的共混物中PLA表現出了與純PLA不同的形態，即代替典型的馬耳他交叉可以看到暗的和亮的圓環。這些樣品進一步加熱到80℃，PEG組分熔融，在PEG熔融過程中黑色的圓環變得越來越黑，然而開始的圖案保持不變（圖4-24）。很明顯，PEG的存在加速了PLA球晶的生長。已經發現，一些普通的增塑劑可以加速PLA球晶的生長，但並不影響其模式。

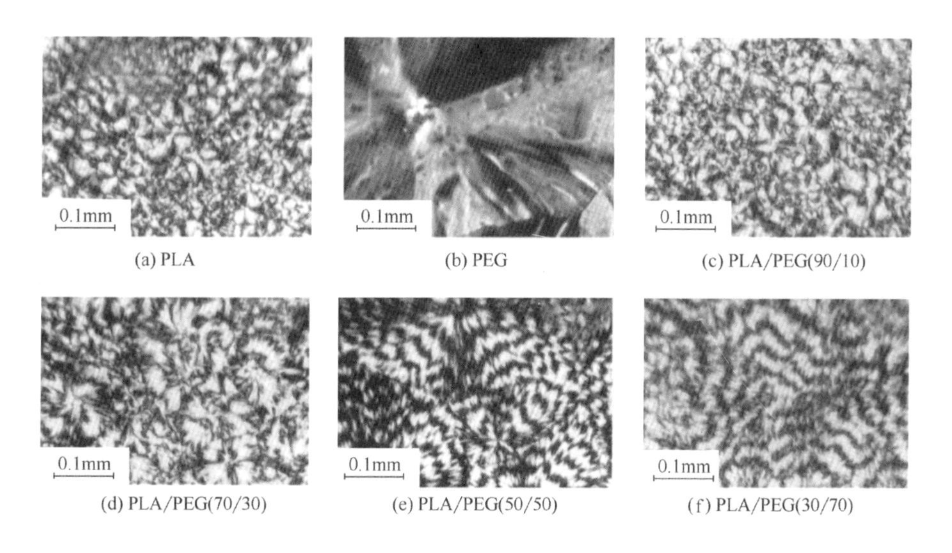

圖4-23　PLA、PEG及PLA/PEG共混物在130℃以0.2℃/min的速率冷卻時的偏光顯微鏡照片

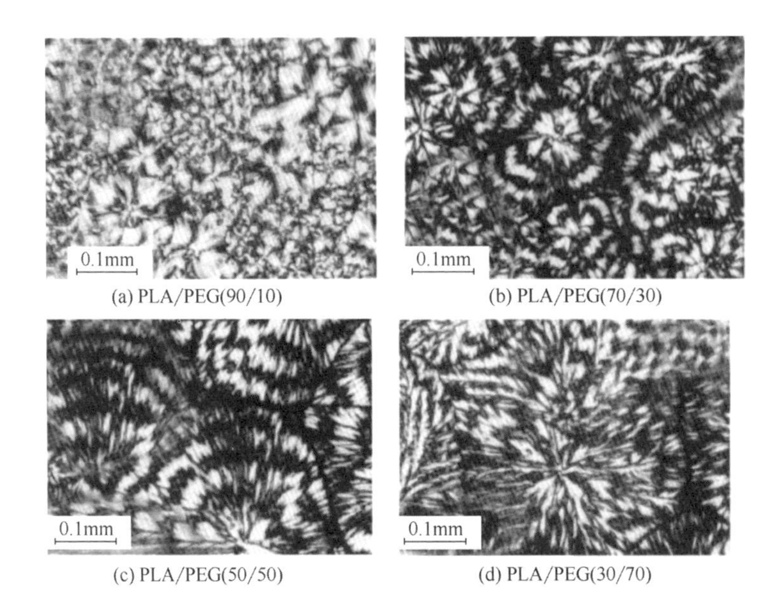

圖4-24 PLA/PEG共混物在130℃以0.2℃/min的速率冷卻後再加熱到80℃的偏光顯微鏡照片

三、力學性能

1.PLA/PEG的力學性能

純PLLA是具有高模量、低斷裂伸長率的脆性材料，PEG對PLLA有良好的增塑效果，能夠提高PLA的斷裂伸長率，降低模量。增速效果受到PEG分子量大小的影響。如表4-21所示，小分子量PEG400比中等分子量的M-PEO使PLA的斷裂伸長率提高得更多，達到160%，增速效果最好。

表4-21 增塑後的聚乳酸的熱性能和力學性能

樣品	T_g/℃	T_c/℃	T_w/℃	結晶度／%	模數①／MPa	斷裂伸長率／%
純PLA（M_n = 49000）	58	無	152	1	2050(44)	9(2)
M-PEO						
10%	34	94	148	22	1571(51)	18(2)
20%	21	75	146	24	1124(33)	142(19)
PEO1500						
10%	41	105	152	17	–	
20%	30	85	148	25	–	
PEO400						
10%	30	82	147	26	1488(39)	26(5)
20%	12	67	143	27	976(31)	160(12)

①括弧裡的數位表示標準偏差。

2. PLA/PEO的力學性能

PEO是PLA的良好增韌劑。Nijenhuis等[43]採用溶液共混的方法製備了PLLA/PEO共混物，其中PLLA為M_v = 650,000，PEO為M_w = 400,000。PEO的加入明顯增加了材料的韌性。如圖4-25所示，當PEO含量小於10%時，體系的力學性能沒有顯著的改變。當PEO含量增至15%時，斷裂伸長率增至50%。當PEO含量為20%時，共混物的玻璃化溫度接近室溫，斷裂伸長率為500%，並且具有橡膠特性。PEO含量大於10%以後，在拉伸過程中將會觀察到成頸現象。PEO含量超過15%以後，共混物成為非常柔韌的材料。

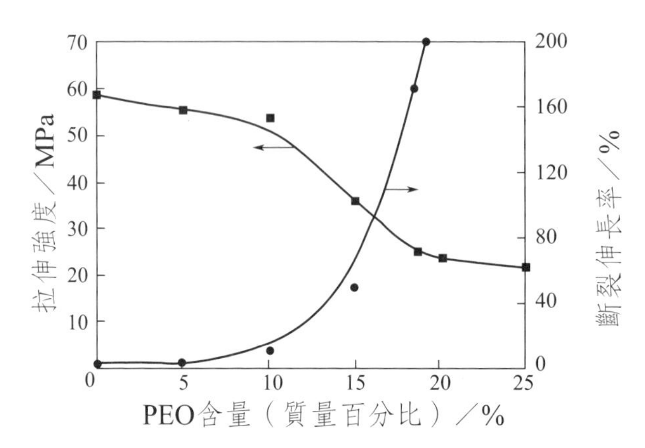

圖4-25 PLA/PEO共混物的拉伸強度和斷裂伸長率隨PET含量的變化曲線

Yue等[39]對PLA/PEO的吹膜性能進行了研究。所用PLA為Cargill公司生產，M_w = 140,000，內消旋體含量8%；PEO為Union Carbide公司生產，M_w = 200,000。研究表明，當共混物中PEO含量超過15%時，PLA/PEO能夠滿足材料吹膜所必需的彈性和伸長率。表4-22列出了吹制PLA/PEO共混物薄膜的拉伸強度、彈性模數和斷裂伸長率。與PEO含量15%的薄膜性質相比較，PEO含量為20%時薄膜在斷裂時的拉伸強度和伸長率進一步增加，其中斷裂伸長率分別增加到170%和150%（吹脹比分別為3.5和5）。吹脹比為3.5時，吹製薄膜的力學性能最好。

表4-22 PLA/PEO共混物的力學性能

專案	PLA/PEO(85/15)		PLA/PEO(80/20)	
吹脹比	3.5	5	3.5	5
屈服拉伸強度／MPa	29.6	24.1	17.2	14.5
斷裂拉伸強度／MPa	26.9	22.7	38.6	31.0
彈性模數／GPa	1.44	1.07	0.45	0.35
斷裂伸長率／%	42	36	170	150

四、降解性能

1.PLA/PEG酶降解

PLA/PEG共混物以及純PLA的熔融押出薄膜容易被蛋白酶K降解。圖4-26給出了不同配比（100/0，90/10，70/30，50/50和30/70）的PLA/PEG共混物由於酶降解引起的淨質量損失。這些由酶引起的額外的質量損失隨著PEG含量的增加而增加。原因可能是由於一些溶解的PEG使得共混物的多孔性提高，從而導致與酶接觸的PLA的表面積變大。

2.PLA/PEG水解

PLA/PEG共混物會發生水解，造成質量損失，質量損失是由於水解和PEG的溶解引起的。質量損失能夠引起降解前後的組分比例的變化，這個變化與降解前共混物中PEG的含量有關。當PEG含量較高時，共混物的質量損失主要是PEG溶於水造成的。

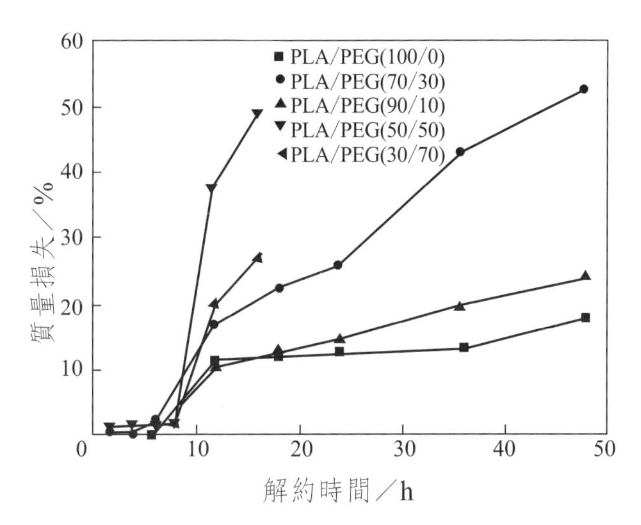

圖4-26　PLA/PEG共混物質量損失與酶降解時間的關係曲線

3.PLA/PEO水解性能

高分子材料的降解可以通過探討質量變化、分子量變化、力學性能如拉伸強度變化等方法進行評價。圖4-27是幾種組成比例不同的PLA/PEO共混物拉伸強度隨水解時間的變化。水解過程初期，材料的吸水、重結晶可以提高它們的拉伸強度和韌性。相比之下，直接購買的PLA由於具有較高的結晶度，吸水受到限制，沒有出現拉伸強度的增長。探討水解實驗過程中材料質量的變化顯示（圖4-28），純PLA在30天內沒有質量損失，而PLA/PEO混合物卻發生了質量損失。水解過程中質量的損失主要是共混物中PEO組分的溶解造成的。另外，由於PEO是親水性高分子，使得PLA/PEO具有一定的親水性，共混物中PLA的水解速率與純PLA相比會有所加快。

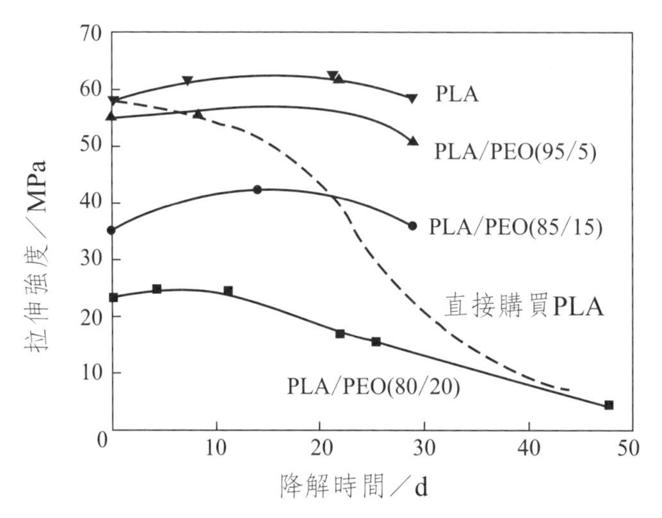

圖4-27　PLA和PLA/PEO共混物的拉伸強度隨降解時間的變化曲線（降解溫度37℃）虛線是直接購買的PLA（用來作為參考比較）

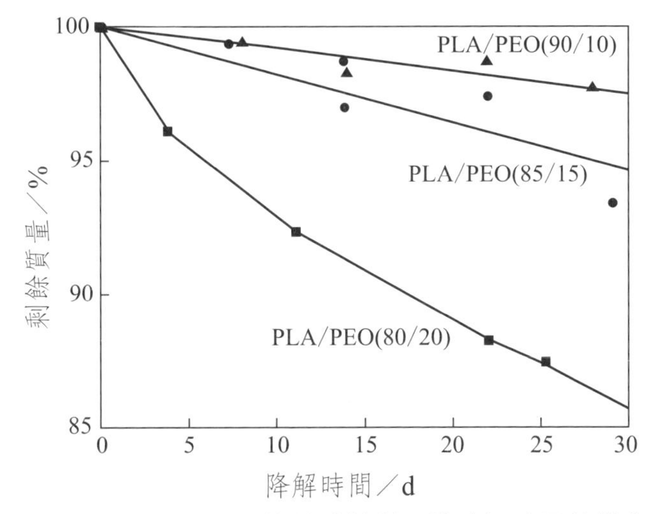

圖4-28　PLA/PEO共混物的殘餘質量隨降解時間的變化曲線

第七節　PLA/PVA合膠

一、PLA/PVA合膠化目的

聚乙烯醇（PVA）是一種化學合成的生物降解性高分子，具有親水性，但非水溶性高分子。PLA與PVA共混的目的在於改善PLA的力學性能、吸水性、藥物輸送性、酶降解和非酶降解性〔48～52〕。

二、PLA/PVA合膠形態

圖4-29是含有50%的熔融淬火共混物薄膜的典型的偏振光顯微鏡照片。在共混物薄膜中觀察到了眾多的球晶以及一些最大直徑約5μm的黑區，分別是結晶的PVA和無定形態的PLLA。

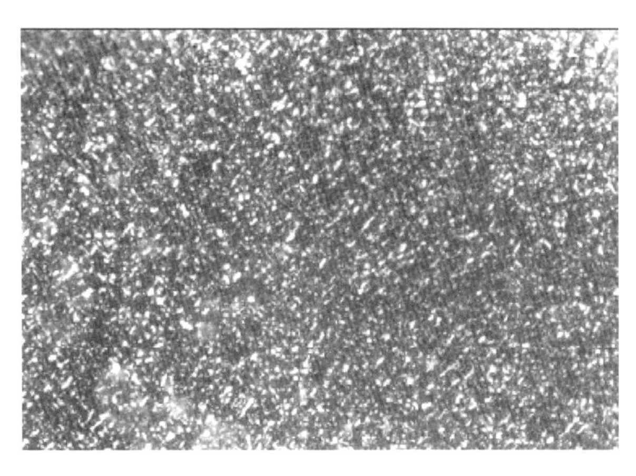

圖4-29　乾燥的PLLA/PVA（50/50）共混物薄膜的偏光照片

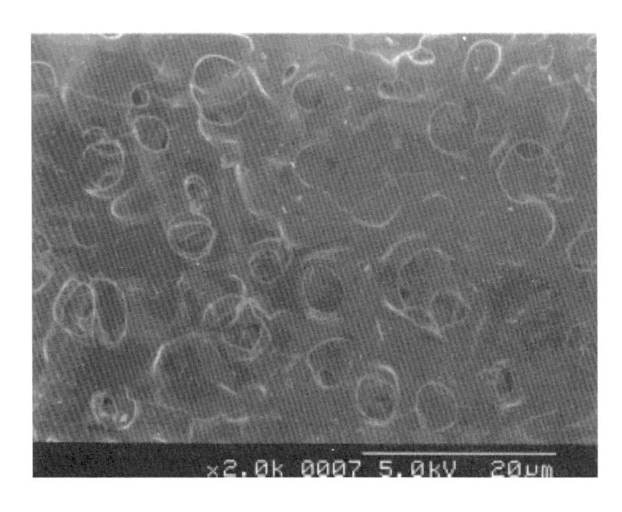

圖4-30　乾燥的PLLA/PVA（50/50）共混物薄膜的SEM照片

圖4-30顯示PLLA含量為50%的共混物薄膜經氯仿去除PLLA組分並真空乾燥後的SEM照片。從去除後的共混物薄膜中可以觀察到平均孔徑為5μm。這種結構可以說明刻蝕前PLLA為分散相，粒徑為5μm，而PVA在去除之前是連續相。這也表明在去除之前PLLA相和PVA相在共混物中形成共連續結構。

另外，DSC及XRD研究結果也都顯示PVA和PLLA共混物呈部分相分離結構，PLLA/PVA（50/50）共混物形成共連續結構。PLLA和共混物中的PLLA是無定形的，而PVA是結晶的，晶胞數單斜晶系，分別在2θ = 19°和23°有2個繞射峰。

PVA結晶度在X_{PLLA}較高時出現略微下降，表明有部分PVA分子纏繞在PLLA相中，或者有部分PLLA分子纏繞在PVA相中，導致PVA結晶成核密度下降。

PVA和PLA相分離可以從各自的溶解度參數、PLA-PVA之間形成氫鍵能力的大小以及共混物製備方法方面解釋。共混物製備中溶劑揮發，分別導致PLA和PVA各自形成結晶相，也可能是導致相分離的原因。

三、合膠性能

1.吸水性

浸泡10h以及24h後共混物薄膜的吸水值比純PLLA和PVA薄膜的值要高（圖4-31），這歸因於PLLA與PVA兩相之間介面的增加。水分子除了吸附在PVA相以外，還能夠吸附在PLLA和PVA兩相共存的介面區域。

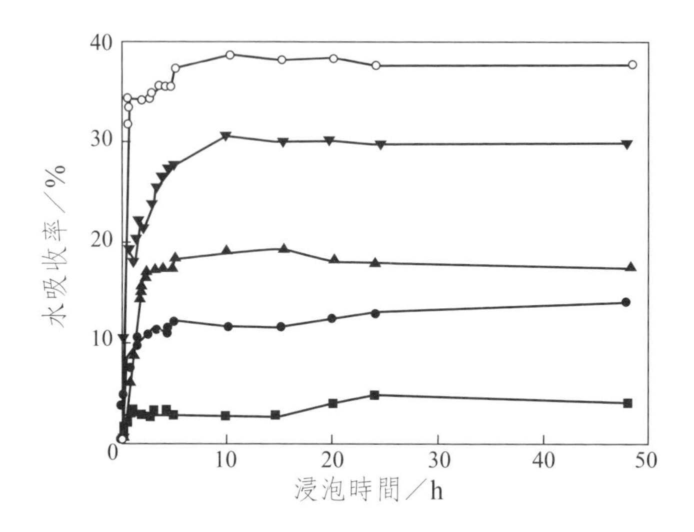

圖4-31　PLLA含量不同的PLLA/PVA共混物薄膜的水吸收率與浸泡在水中時間的關係曲線

○$X_{PLLA}=0$；▼$X_{PLLA}=0.5$；▲$X_{PLLA}=0.7$；●$X_{PLLA}=0.9$；■$X_{PLLA}=1$

2.力學性能

生物降解聚合物在潮濕和乾燥狀態下的拉伸性能對其在有水條件下在生物醫學、藥物以及生態學領域的應用極其重要。圖4-32為乾燥和潮濕的混合物薄膜的拉伸性能與X_{PLLA}關係的曲線。

乾燥共混物薄膜拉伸強度和彈性模量隨X_{PLLA}增加分別呈非線性和線性單調下降，當X_{PLLA}在0.6和0.7之間時拉伸強度和彈性模量變化劇烈。可能由於隨著PVA分散結構變化造成。隨著PVA含量降低，共混物的分散結構由PLLA和PVA的共連續結構轉變為PVA分散在PLLA中的海島結構。

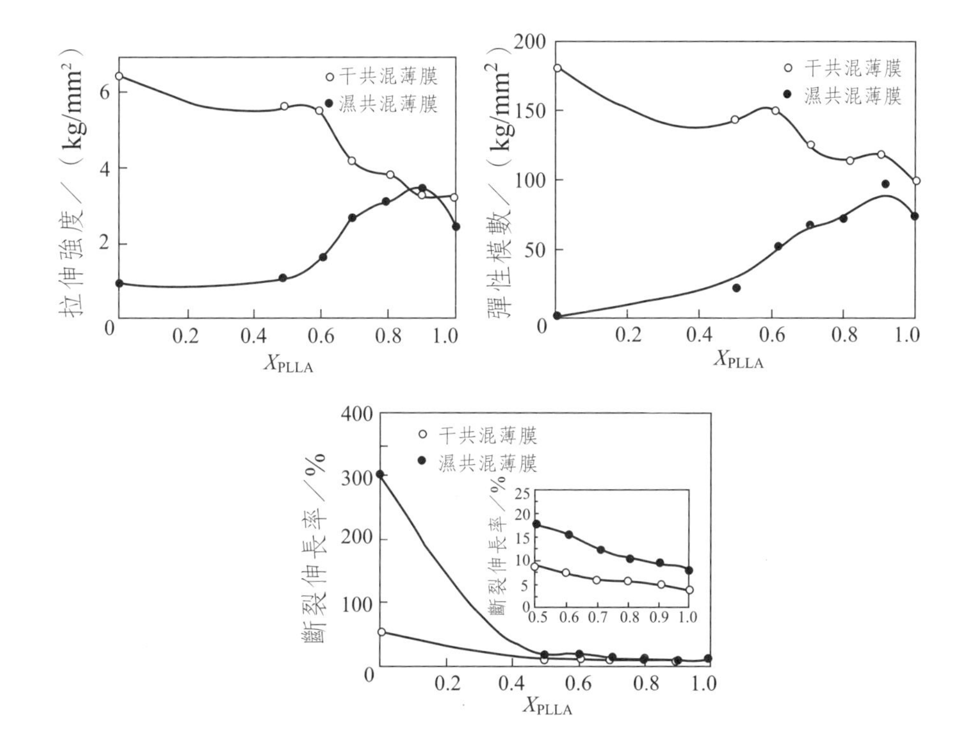

圖4-32　PLLA/PVA共混物薄膜的力學性能隨PLLA含量的變化曲線1kg/ mm^2 = 9.81MPa

另一方面，當X_{PLLA}從0升到0.5時，幹共混物薄膜的斷裂伸長率從75%降到10%，然而當X_{PLLA}在0.5以上後減少幅度變小。

對於濕共混物薄膜而言，其拉伸強度和彈性模數隨著X_{PLLA}的增加而增加，有趣的是濕共混物薄膜的斷裂伸長率大於乾燥的混合物，並且與X_{PLLA}無關。這些性能的變化是由於水分子的存在使得PVA溶脹造成的。

四、PLA/PVA的降解性能

發現當向PLLA中添加水溶性或親水性的聚合物時能提高PLLA的水解速率。但是當水溶性聚合物被用來製備共混物，而且單獨用質量損失檢測水解時，包含在總損失量之內的那些從母料中分解和擴散出來的水溶性聚合物的質量以及由於擴散產生的空洞造成單位質量表面積的增加，都似乎加速了酶水解速率。為了研究親水性聚合物對憎水性PLLA水解的影響，最好是去除親水性聚合物溶解的影響以及PLLA高度有序結構的影響。通過使用一種親水性不可水溶解聚合物和固定PLLA的高度有序結構可以達到此種效果。

以此中等分子量的PVA作為親水性不可水溶解聚合物的一種模版，通過熔融－淬火使溶液澆注的PLLA共混物薄膜呈無定形態。

(一)非酶水解

由質量損失、GPC、DSC、拉伸以及SEM試驗方法得到的結果可以得到如下結論，即在疏水性PLLA中添加親水不可水溶解聚合物PVA可以加快PLLA的有酶水解以及無酶水解速率。而且，隨著共混物薄膜中PVA含量的增加，PLLA的有酶水解以及無酶水解速率也迅速增加。共混物薄膜中PLLA無酶水解速率的加快是由於親水PVA存在，使PLLA分子周圍水含量的增加及供水的速率加快。

1.分子量變化

圖4-33是關於$X_{PLLA}=0.6$的共混物薄膜中PLLA以及純PLLA在磷酸鹽緩衝溶液中無酶水解二者在12個月內不同時間內的GPC曲線。在水解時間內所有曲線峰都向低分子量移動，並且共混物薄膜的峰移動速度相對純PLLA薄膜更大。

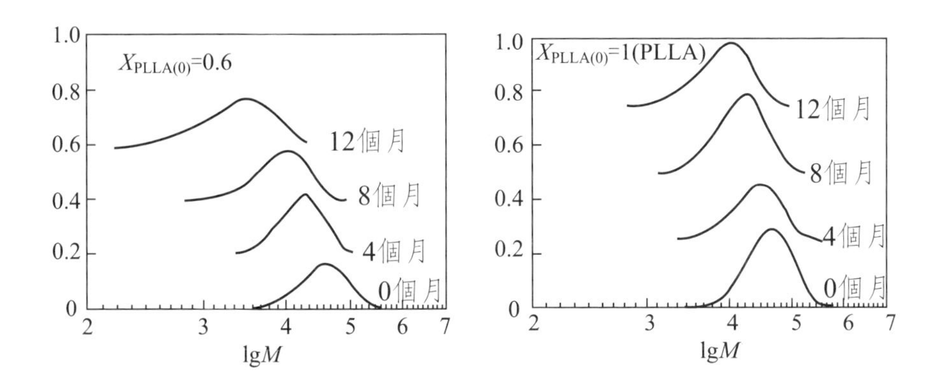

圖4-33　PLLA/PVA共混物和純PLLA在磷酸鹽緩衝液中非酶水解不同時間的GPC譜圖

為了進一步研究X_{PLLA}對PLLA水解的影響，在水解過程的不同時期，PLLA的水解速率常數根據以下式子計算得到。在水解過程中，用於解釋分子鏈斷裂的動力學方程是在假設斷裂是由於PLLA分子鏈羧端基自動催化造成下推出的，同時與水和酯濃度成正比：

$$d[COOH]/dt = k'[COOH][H_2O][酯] \tag{4-1}$$

$$\ln M_{n,t} = \ln M_{n,0} - kt \tag{4-2}$$

如果〔COOH〕是端羧基的濃度，〔H_2O〕〔酯〕假設為常數，綜合式（4-1）以及〔COOH〕正比於M_n^{-1}，會得到式（4-2）。此處$M_{n,t}$和$M_{n,0}$代表水解時間為t、0時材料的數均分子量，k等於k_0〔H_2O〕〔酯〕。圖4-34提出了根據式（4-2）得到的薄膜的k數據

k值隨著X_{PLLA}的降低（即PVA含量增加）而增加的現象表明親水PVA的存在加快了憎水PLLA的無酶自動催化水解速度。

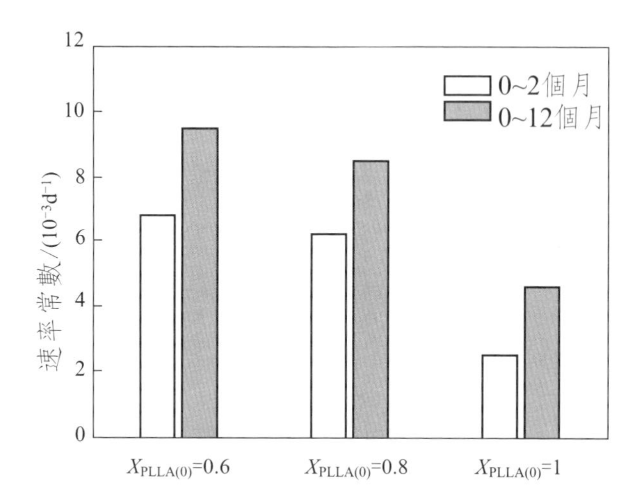

圖4-34 PLLA/PVA共混物在磷酸鹽緩衝液中非酶水解0～2個月和0～12個月的水解速率常數（k）

2.熱性能和結晶度變化

PLLA結晶度隨著降解時間單調上升，T_g先上升後下降。T_c降低（分子量下降，鏈運動加強，成核容易），T_m降低（分子量下降）。如圖4-35所示。

結晶度上升可歸因於水解過程中的結晶。其由於水分子的存在而補強的鏈移動能力、降低的分子量、PLLA纏結影響以及溫度的提高而得到補強。

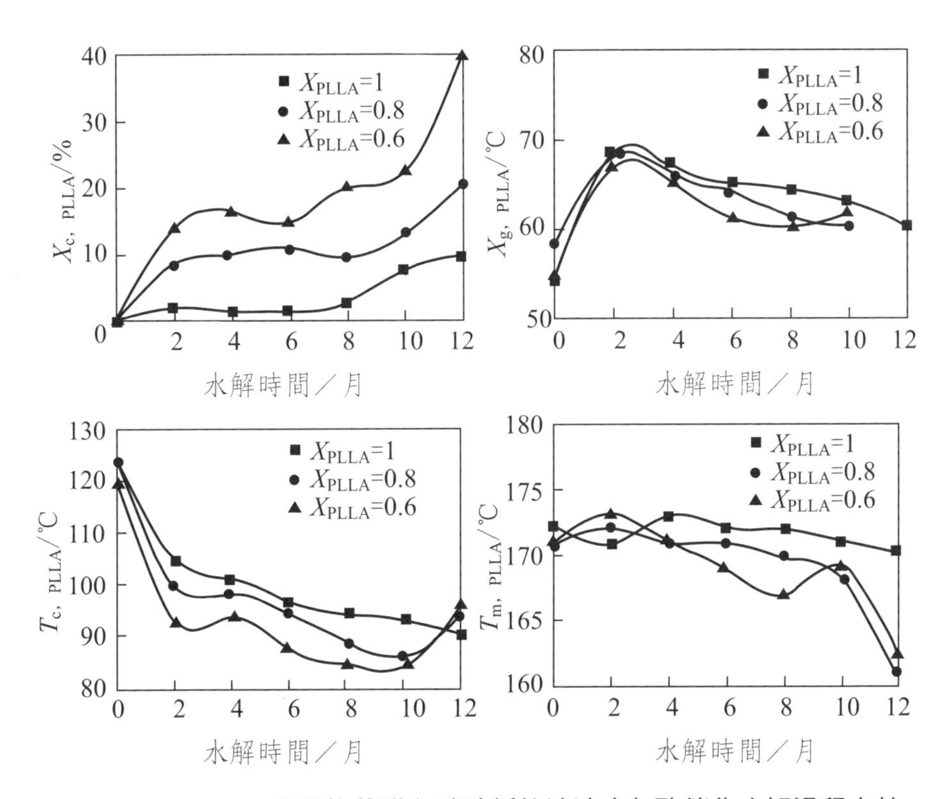

圖4-35 PLLA/PVA共混物薄膜在磷酸緩衝溶液中無酶催化水解過程中熱性能的變化

3.微觀形態變化

共混物薄膜水解前表面光滑，水解後變得粗糙，而且共混物薄膜表面比純PLLA更粗糙（圖4-36）。這可能是因為PVA脫離造成。

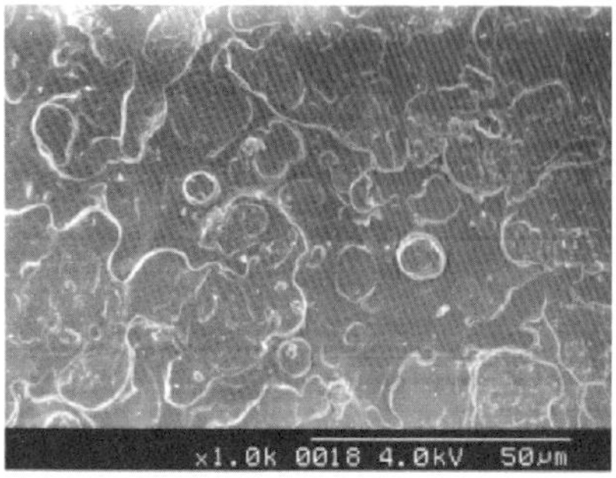

(a) PLLA/PVA(60/40)
共混物薄膜10%水解8個月

(b) PLLA/PVA(60/40)
共混物薄膜10%水解12個月

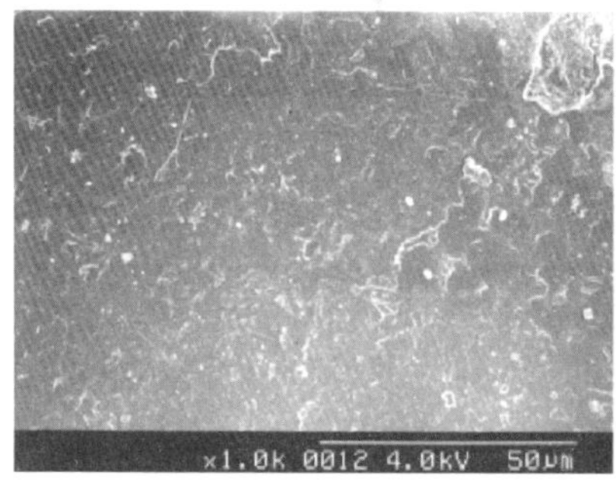

(c)純PLLA薄膜水解8個月

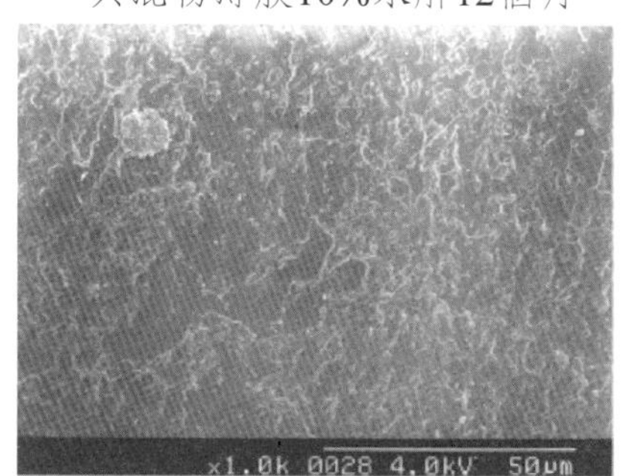

(d)純PLLA薄膜水解12個月

圖4-36　純PLLA及PLLA/PVA共混物薄膜非酶降解8個月和12個月的SEM照片

(二)酶水解

與非酶水解不同，酶水解主要從表面開始進行，所以一般用質量損失和形態觀察來研究水解程度。共混物薄膜中PLLA組分酶降解速率的增加是由於在共混物薄膜的表面和內部的PLLA與PVA相介面上酶水解的發生。

1.質量損失

圖4-37是在蛋白酶K存在條件下薄膜酶水解的質量損失量與水解時間的關係曲線圖。共混薄膜質量損失速率比純PLLA快。共混物薄

膜酶水解速率的加快可能是由於酶分子擴散到共混物薄膜內的PLLA相和PVA相之間的介面上，即在薄膜的表面和內部同時發生了酶水解。

2.形態變化

圖4-38是含有60% PLLA和純PLLA薄膜蛋白酶K水解前後的表面形態SEM。如所見到，在酶水解1h後無定形態純PLLA薄膜的表面上具有孔徑為50mm的孔洞，2h後情況一樣，3h後孔洞將覆蓋滿PLLA薄膜的表面。

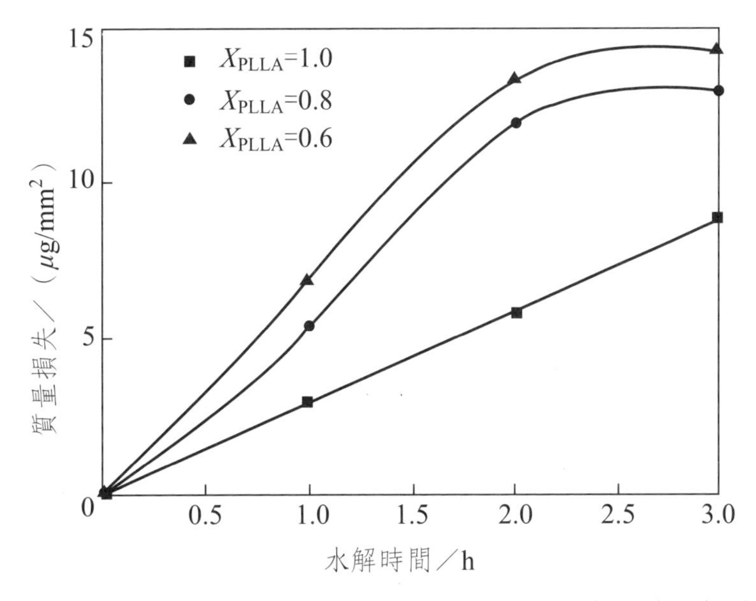

圖4-37 PLLA/PVA共混物薄膜在蛋白酶K存在下質量損失與水解時間的關係

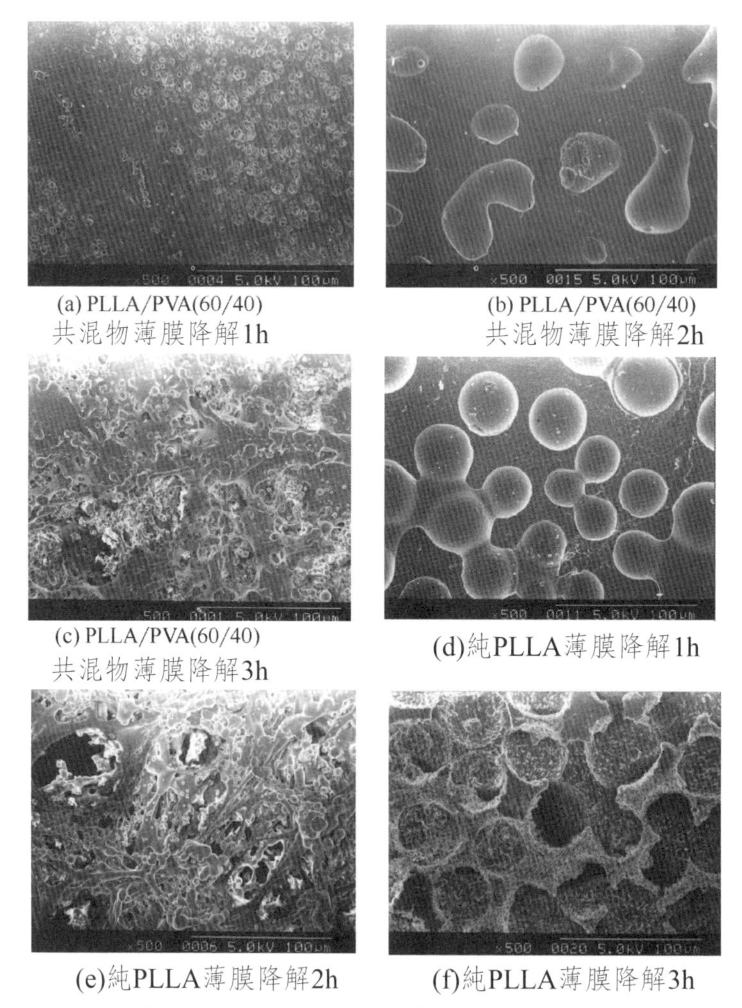

(a) PLLA/PVA(60/40) 共混物薄膜降解1h
(b) PLLA/PVA(60/40) 共混物薄膜降解2h
(c) PLLA/PVA(60/40) 共混物薄膜降解3h
(d)純PLLA薄膜降解1h
(e)純PLLA薄膜降解2h
(f)純PLLA薄膜降解3h

圖4-38 純PLLA及PLLA/PVA共混物薄膜在蛋白酶K存在下不同時間的降解SEM照片

與純PLLA薄膜相似，1h後在混合物薄膜上也出現了孔徑為10mm的孔洞，3h後在選擇性水解以及PLLA相被去除的作用下留下了多空的PVA相。相對於純PLLA薄膜而言共混物表面的高密度孔洞支援了酶水解反應發生在共混物內部和表面的PLLA相與PVA相介面上的假設。

五、PLA/PVAc聚醋酸乙烯

Park等[52]研究了PLLA/PVAc共混體系，發現PLLA/PVAc是相容的共混體系，含有不同比例的兩組分的共混物都只表現出單一的玻璃轉化溫度。隨著PVAc含量的增加，共混體系的玻璃轉化溫度逐漸降低，熔點降低，熱焓也降低（見表4-23）。在共混體系PLLA/PVAc的酶解實驗中，PVAc的加入導致PLA的降解速率明顯降低。分析其原因，主要是因為純PLLA具有較高的表面張力，對酶有較強的吸附作用。而PLLA同PVAc共混後降低了表面張力，減弱了對酶的吸附作用，因此降低了PLLA的生物降解速率。

表4-23　PLLA/PVAc共混體系的熱性能

PLLA/PVAc	T_g/℃	T_m/℃	ΔH_f/(J/g)
100/0	62.8	176.1	27.1
90/10	58.1	171.0	26.3
80/20	49.4	168.0	19.0
70/30	46.5	166.7	14.3
60/40	44.9	166.4	9.0
50/50	42.9	166.6	4.8
30/70	38.9	166.0	–
0/100	35.3	–	–

第八節　聚乳酸與其他聚合物的合膠

一、PLA/PBAT合膠

PBAT是己二酸、1, 4-丁二醇、對苯二甲酸共聚物，是一種可完全生物降解的化學合成的脂肪族-芳香族聚酯，其生物降解速率比PLA快。PBAT已經由BASF公司工業生產，商品名為Ecoflex，具有優良的柔韌性，可以進行薄膜押出、吹製加工、押出塗佈等成型加工。PLA和PBAT共混目的在於改善PLA的韌性、生物降解性以及成型加工性能。PLA和PBAT不相容，因此選擇合適的相容劑能夠使PLA的性能有顯著提高。

二、PLA/PMMA合膠

PLA與PMMA共混目的在於提高PLA的耐熱性以及加工性能。PLA和PMMA均為透明塑膠，一般PLA與PMMA共混後進行DSC測試時觀察到兩個T_g，因此嚴格意義上講PLLA/PMMA是部分相容，材料將失去透明性，並且PLA的耐熱性不會提高。但PLA與特定分子量範圍的PMMA具有相容性，例如有專利[53]指出，當PMMA的相對分子質量為5萬～25萬時，PLA與PMMA能夠完全相容，製備的PLA材料具有優良的透明性、耐熱性以及加工性。通過添加相容劑，控制相容劑的種類和添加量，如PMMA-EGMA等，也可以得到透明性優良的PLA/PMMA共混物。另外，利用奈米技術製備PLA/PMMA奈米合膠，也能使共混材料保持高度透明性。這些透明的改性PLA材料可以在光學領域展開應用。配合使用和PMMA有相容性的彈性體，如SAN、MBS等，可以進一步提高PLA/PMMA合金的抗衝擊性能。

三、PLA/PE合膠

PLA/PE合膠化目的在於改善PLA的抗衝擊性能以及降低成本。為了改善PLLA脆性嚴重的問題，Anderson等[54]將線型低密度聚乙烯同PLLA熔融共混，用以增加PLLA的韌性。得到的PLLA/LLDPE（80/20）共混體系雖然是不相容的，仍然將PLA的衝擊強度從（20±2）J/m提高到（350±230）J/m。為了改善兩組分的相容性，選用兩種類型的PLLA-PE嵌段共聚物作為增容劑，一種PLA和PE鏈段含量分別為5kg/mol和30kg/mol，另一種PLA和PE鏈段含量均為30kg/mol。當相容劑用量為（質量分數）5%時，PLA基體中分散相LLDPE粒徑變得更小，PLA/LLDPE（80/20）的衝擊強度進一步改善，分別提高到（510±60）J/m和（660±50）J/m。

四、PLA/PA-6, POM, PC, PET等合膠

合膠化目的在於改善PLA的耐熱性、強度或抗衝擊性能。

參考文獻

[1] Na Y H et al. *Biomacromolecules*, 2002, 3:1179.

[2] Tsuji H et al. *J. Apply. Polym. Sci.*, 1998, 70: 2259.

[3] Liu L et al. *Biomacromolecules*, 2000, 1: 350.

[4] Hiljanen V M et al. *Macromol. Chem. Phys.*, 1996, 197: 1503.

[5] Meredith J C et al. *Macromol. Chem. Phys.*, 2000, 201: 733.

[6] Tsuji H et al. *J. Apply. Polym. Sci.*, 1996, 60: 2367.

[7] Tsuji H et al. *J. Apply. Polym. Sci.*, 1998, 67: 405.

[8] Kim C H et al. *J. Apply. Polym. Sci.*, 2000, 77: 226.

[9] Maglio G et al. *Macromol. Rapid. Commun.*, 1999, 20: 236 .

[10] Rusa C C et al. *Macromolecules*, 2000, 33: 5321.

[11] Wang L et al. *Polym. Degrad. Stab.*, 1998, 59: 161.

[12] Tsuji H et al. *Polym. Int.*, 2003, 52: 269.

[13] Dell E R et al. *Polymer*, 2001, 42: 7831.

[14] Chen C-C et al. *Biomaterials*, 2003, 24: 1167.

[15] Park J W et al. *Korea. Polym. J.*, 1999, 7(2): 93.

[16] Wang H et al. *J. Polym. Environ.*, 2002, 10: 133.

[17] Ke T et al. *J. Polym. Environ.*, 2003, 11: 7.

[18] Ke T et al. *J. Apply. Polym. Sci.*, 2004, 89: 3639.

[19] Kim S H et al. *Korea. Polym. J.*, 1998, 6(5): 422.

[20] Sun X et al. *Cereal. Chem.*, 2000, 77(6): 761.

[21] Wang H et al. *J. Apply. Polym. Sci.*, 2001, 82: 1761.

[22] Hiltunen H et al. *J. Apply. Polym. Sci.*, 1997, 63: 1091.

[23] Wang H et al. *J. Polym. Environ.*, 2002, 10(4): 133.

[24] Carlson D et al. J. *Apply. Polym. Sci.*, 1999, 72: 477.

[25] Park J W et al. *Polym. Eng. Sci.*, 2000, 40(12): 2539 .

[26] Zhang J F et al. *J. Apply. Polym. Sci.*, 2004, 94(4): 1697.

[27] Gattin R et al. *J. Polym. Environ.*, 2001, 9(1): 11.

[28] Willett J L et al. *Polymer*, 2002, 43: 5935.

[29] Fang Q et al. *Cereal. Chem.*, 2000, 77(6): 779.

[30] Park J W et al. *J. Apply. Polym. Sci.*, 2002, 86: 647.

[31] Ma W G et al. in: Society of Plastics Engineers——ANTEC. Atlanta: 1998.

[32] Blumm E et al. *Polymer*, 1995, 36: 4077.

[33] Koyama N et al. *Polymer,* 1997, 38: 1589.

[34] Koyama N et al. *Can. J. Microbiol.*, 1995, 41 (S1) : 316.

[35] Ohkoshi I et al. *Polymer*, 2000, 41: 5985.

[36] Takagi Y et al. J. *Apply. Polym. Sci.*, 2004, 93: 2363.

[37] Younes H et al. *Euro. Polym. J.*, 1988, 24(8): 765.

[38] Yang J M et al. Polym. J., 1997, 29: 657.

[39] Yue C L et al. in: Society of Plastics Engineers——ANTEC. Indiana: 1996. 1161.

[40] Sheth M et al. *J. Appl. Polym. Sci.*, 1997, 66: 1495.

[41] Martin O et al. *Polymer,* 2001, 42: 6209.

[42] Park T G et al. *Macromolecular*, 1992, 25: 116.

[43] Nijenhuis et al. P*olymer*, 1996, 37: 5849.

[44] Tsuji H et al. *J. Appl. Polym. Sci.*, 2000, 75: 629.

[45] Chitoshi N. *Polym. J.*, 1993, 25(9): 909.

[46] Chitoshi N. *Polym. J.*, 1996, 28(7): 568.

[47] Chitoshi N. *Polym. J.*, 1994, 26(6): 680.

[48] Gajria A M et al. *Polymer,* 1996, 37(3): 437.

[49] Tsuji H et al. *Polym. Degra. Stab.*, 2001, 71: 403.

[50] Tsuji H et al. J. *Appl. Polym. Sci.*, 2001, 81: 2151.

[51] Liu C D et al. in: Society of Plastics Engineers——ANTEC. Nashville: 2003. 1966.

[52] Park J W et al. *Polymer*, 2003, 44: 4341.

[53] Takuma Y, et al (UNITIKA LTD). JP 2005171204. 2005.

[54] Anderson K S et al. *Polymer*, 2004, 45: 8809.

第五章

聚乳酸成型加工

- 聚乳酸的流變行為
- 聚乳酸的結晶
- 聚乳酸的取向
- 聚乳酸的降解
- 聚乳酸的押出成型
- 聚乳酸的射出成型
- 聚乳酸薄膜加工
- 聚乳酸片材成型——熱成型加工法
- 聚乳酸的射出－拉伸－吹塑成型加工法
- 聚乳酸泡沫塑料加工法

聚乳酸可以進行押出、射出、壓延、發泡等一次成型加工以及吹塑、拉幅薄膜、熱成型等二次成型加工，製備成各種薄膜／片、容器、瓶子以及射出成型製品。PLA在一次成型過程中，一般需要經過加熱塑化、流動成型和冷卻固化三個基本過程，在二次成型過程中，則將一次成型所得的片、管等塑膠成品，加熱使其處於橡膠態時，通過外力使其變形而成型為各種較簡單形狀，再經冷卻定型得到產品。在這些成型加工過程中PLA發生了複雜的物理和化學變化，這些變化與PLA的熱性能、熔融體的流變性及結晶、取向、降解有關，並對成品的質量有很大的影響。如何合理地控制加工條件是成型加工的關鍵，因而瞭解與PLA成型加工有關的基礎理論是十分必要的。

本章前四節先對PLA的流變、結晶、取向和降解等基本性質進行論述，後面五節對PLA的押出、注塑、壓延、發泡、吹塑、拉／吹膜及熱成型等成型加工法進行介紹。

第一節　聚乳酸的流變行為

一、熔融體的基本流動類型

PLA熔融體由於在成型條件下的流速、流動狀態、作用力形式、流道的幾何形狀和熱量傳遞等情況不同，可表現出不同的流動類型。

(1)層流和湍流　液體在管道內流動時，可表現出層流和湍流兩種不同的流動狀態。層流的特徵是流體的質點向前運動時所有質點的流線均相互平行。湍流又稱「紊流」，在流速較高的情況的質點的流線呈紊亂狀態。聚酯熔融體的黏度高，因而流速較低，一般情況下為層流。但在某些特殊情況下，如熔融體由小口模進入大的模腔，若剪切應力過大，都會出現湍流及熔融體破裂。

(2)穩態流動和非穩態流動　穩態流動是指流體的溫度、壓力、流動速度、速度分佈和剪切應變等都不隨時間而變化的流動。如正常操作的押出機中，熔融體沿螺桿螺槽向前流動就屬於穩態流動。非穩態流動則指流體的流動狀態隨時間而變化。聚酯熔融體在受恒定外力作用時，同時產生黏性和彈性形變，在彈性形變達到平衡後流體即進入穩定狀態。對聚合物流體流變性的研究，一般都假設為穩態流動。

(3)等溫流動和非等溫流動等溫流動　是指在流動各處的溫度保持不變的情況下的流動。在等溫流動的情況下，流體與外界可以進行熱量傳遞，但傳入和傳出的熱量應保持相等。反之，則為非等溫狀態。在實際成型條件下，由於成型加工對各流道區域的溫度要求不同，且在黏性流動過程中會產生生熱效應和吸熱效應，因而使流道中存在一定的溫差，使熔融體的流動處於非等溫狀態。故等溫流動實際上只是一種理想狀態下的流動，但實踐證明在流道有限長度範圍內和一定的時間區間內，將熔融體的流動近似看作等溫流動，可使流動過程的流變分析大大簡化，偏差也不會太大。

(4)拉伸流動和剪切流動　在拉伸流動中，流動產生的速度梯度方向與流動方向一致，熔融體在吹塑成型中離開模口後的流動，紡絲時離開噴絲孔的牽伸都是拉伸流動。在剪切流動中，流動產生的速度梯度方向與流動方向垂直。高聚物熔融體在押出機、射出機管道中，或噴絲板孔道中的流動均屬於剪切流動。

(5)一維流動、二維流動和三維流動　流動內質點的速度僅在一個方向上變化的流動稱為一維流動。如熔融體在等截面圓管內做層狀流動時，速度分佈僅與圓管半徑有關，是典型的一維流動。流體內質點的速度在流道截面上互相垂直的兩個方向上變化，這類流動稱為二維流動。如流體在矩形截面通道中流動時，流速是在高和寬兩個方向上變化外，沿主流方向也有變化，這類流動稱為三維流動。如流體在錐形或其他截面大小呈逐漸變化的通道中的流動。

二、非牛頓流體

剪切流動中的流體可分為牛頓流體和非牛頓流體。

1.牛頓流體

液體在流動時，可將其看成有無數個液層在流動。假定兩個液層之間的接觸面積為A，液層之間距離為dy，如果有一個剪切力作用在接觸面上，使液層以一定的速度向前移動，由於液體分子間有內摩擦，因而兩個液層之間產生流速差dv，設$v = \mathrm{d}x/\mathrm{d}t$，剪切變形 = d$x$/d$y$，剪切速率$\dot{\gamma} = \mathrm{d}x/\mathrm{d}t$，則$\mathrm{d}v/\mathrm{d}y = \mathrm{d}(\mathrm{d}x/\mathrm{d}t)/\mathrm{d}y = \mathrm{d}(\mathrm{d}x/\mathrm{d}y)/\mathrm{d}t = \mathrm{d}r/\mathrm{d}t = \dot{\gamma}$。

$$\text{根據牛頓黏度定律}\quad \sigma = F/A = \eta \mathrm{d}v/\mathrm{d}y = \eta\dot{\gamma} \qquad (5\text{-}1)$$

式中，σ為剪切應力；dv/dy為速度梯度；η為比例常數，亦稱液體的黏度〔單位為帕・秒（Pa・s）〕，反映液體分子之間內摩擦力的大小。凡服從上述牛頓定律即黏度不隨剪切應力和剪切速率變化的流體稱為牛頓流體，低分子液體或高分子的稀溶液多半屬牛頓流體。

2.非牛頓流體

凡是不符合牛頓定律的液體均稱為非牛頓流體，非牛頓流體可用冪率公式描述：

$$\sigma = K\dot{\gamma}^{n} \tag{5-2}$$

式中，K為常數；n為非牛頓指數，表徵偏離牛頓流體的程度。當$n = 1$時，$\sigma = K\dot{\gamma}$為牛頓流體；$n<1$時為假塑性流體；$n>1$時為膨脹性流體。

假塑性流體的黏度隨剪切速率的增加而降低，也稱剪切變稀。大多數高聚物的熔融體或濃溶液屬假塑性流體。PLA的熔融體為典型的假塑性流體，在一定的研究範圍內（溫度270～295℃，剪切速率0.6×10^{2}～$1.379\times10^{5}s^{-1}$）其非牛頓指數約為0.7左右。

膨脹性流體（也稱脹流體）的黏度隨剪切速率的增加而增大，即剪切變稠，此類流體很少見，常發生於具一定濃度，顆粒形狀不規則的高聚物懸浮液、膠乳等體系。

賓漢流體（塑性流體），當流體受到的剪切應力σ大於某一臨界值σ_y時，流體才會流動並符合牛頓流體定律。

$$\sigma - \sigma_y = \eta_p\dot{\gamma} \tag{5-3}$$

當$\sigma<\sigma_y$時，流體不流動，$\sigma = G_y$，符合虎克定律，式中σ_y稱屈服應力；η_p稱賓漢黏度或塑性黏度；G是剪切模數。

3.高聚物熔融體流動性的表徵

高聚物熔融體的流動性是指在一定的溫度和壓力下，高聚物熔融體流動的難易程度，一般可用黏度來表示。

(1)剪切黏度　大部分高聚物熔融體和濃溶液都屬於非牛頓流體，其黏度隨剪切速率變化而變化。但在低剪切速率下，非牛頓流體卻可表現出牛頓性，此時的黏度稱為零剪切黏度，用η_0表示：

$$\eta_0 = \lim_{\dot{\gamma}\to 0} \eta \tag{5-4}$$

表觀黏度表示高聚物熔融體在某一剪切速率下的黏度，用η_a表示：

$$\eta_a = \sigma(\dot{\gamma})/\dot{\gamma} \quad \text{即} \quad \eta_a = K\dot{\gamma}n/\dot{\gamma} = K\dot{\gamma}^{n-1} \tag{5-5}$$

式中，$\sigma(\dot{\gamma})$表示在剪切速率為$\dot{\gamma}$時的剪切應力，表觀黏度並不反映高聚物熔融體的真實黏度，因為它與理想液體流動情況不同，在流動過程中伴隨有高彈形變，但可作為高聚物液體流動性好壞的一個相對指標。

(2)熔融體指數　熔融指數是在標準熔融指數儀中測定的數值。高分子聚合物在一定的溫度下熔融，然後在一定的負荷下從固定孔徑和長度的毛細管中押出10min的熔融體質量（g）數。對同一種高分子聚合物，在相同的條件下，被押出量越大，熔融指數越高，高聚物的流動性能越好。

熔融指數實際上是給定剪切速率下的流度（黏度的倒數$1/\eta$）。它反映的是低剪切速率區的流度。

三、聚乳酸特徵黏度和分子量關係

研究者對PLA在稀溶液中的黏度進行了大量的研究。並且用Mark-Houwink方程對特徵黏度〔η〕和分子量之關係進行擬合。表5-1是各種聚乳酸的Mark-Houwink常數。

表5-1 各種聚乳酸在不同溶劑不同溫度下的Mark-Houwink常數[1]

1.PLLA	$[\eta] = 5.45 \times 10^{-4} M_v^{0.73}$	25℃（氯仿）
2.PDLLA	$[\eta] = 2.21 \times 10^{-4} M_v^{0.77}$	25℃（氯仿）
3.PDLLA	$[\eta] = 1.29 \times 10^{-5} M_v^{0.82}$	25℃（氯仿）
4.線型PLLA	$[\eta] = 4.41 \times 10^{-4} M_w^{0.72}$	25℃（氯仿）
5.星型PLLA（6arms）	$[\eta] = 2.04 \times 10^{-4} M_w^{0.77}$	25℃（氯仿）
6.PDLLA	$[\eta] = 2.59 \times 10^{-4} M_v^{0.689}$	35℃（四氫呋喃）（GPC）
7.PDLLA	$[\eta] = 5.50 \times 10^{-4} M_v^{0.639}$	31.15℃（四氫呋喃（GPC）
8.PLLA（非晶）	$[\eta] = 6.40 \times 10^{-4} M_v^{0.68}$	30℃（四氫呋喃）
9.PLLA（非晶／半晶）	$[\eta] = 8.50 \times 10^{-4} M_v^{0.66}$	30℃（四氫呋喃）
10.PLLA（半晶）	$[\eta] = 1.00 \times 10^{-3} M_v^{0.65}$	30℃（四氫呋喃）
11.PDLLA	$[\eta] = 2.27 \times 10^{-4} M_v^{0.75}$	30℃（苯）（Tuan-Fuoss黏度計）
12.PDLLA	$[\eta] = 6.06 \times 10^{-4} M_v^{0.64}$	25℃（氯仿）
13.PLLA	$[\eta] = 5.72 \times 10^{-4} M_v^{0.72}$	25℃（苯）
14.PDLLA	$[\eta] = 1.58 \times 10^{-4} M_n^{0.78}$	25℃（乙酸乙酯）
15.PDLLA	$[\eta] = 1.63 \times 10^{-4} M_w^{0.73}$	25℃（乙酸乙酯）

四、聚乳酸流變特徵

PLA的流變性質，尤其是剪切黏度，對其熱加工過程有重要的影響，比如射出、押出、吹膜成型、薄片成型、纖維紡絲和熱成型。聚乳酸熔融體呈現剪切變稀的性質，其熔融行為和聚苯乙烯相似。和聚丙烯相比有更高的溫度依賴性，但是在低剪切範圍內對剪切速率依賴性很小，顯示出牛頓行為，如圖5-1所示。從重均分子量大約為100000的射出級PLA到重均分子量大約為300000的澆鑄-押出成膜級PLA，它們的熔融黏度在剪切速率為10～50s^{-1}時大約為500～1000Pa・s。

PLA通常在200℃會發生降解，而PLA具體的加工溫度取決於它的熔融黏度，而熔融黏度又取決於重均分子量、L/D比例、增塑劑的含量、剪切速率、熔融加工的類型和施加到聚合物上的能量[3]。

Witzke[4]研究了不同乳酸（含有不同單體組成，L-，D-，內消旋）在68℃和151℃聚合時的線性黏彈性和乳酸－聚乳酸混合物的黏

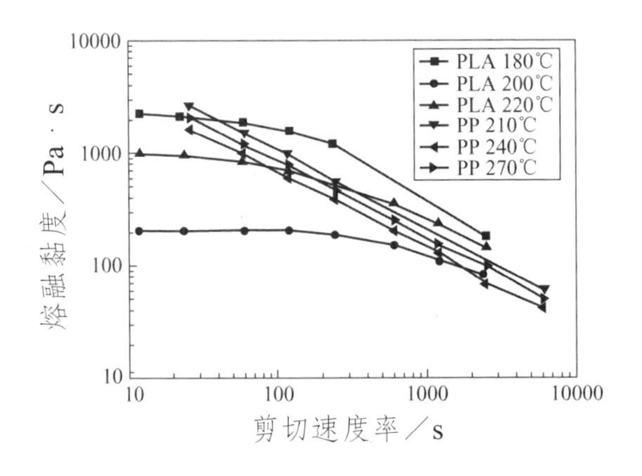

圖5-1　剪切速率與熔融黏度的關係[2]

度。他總結到無定形聚乳酸的零剪切黏度取決於它的異構體的含量、重均分子量和在$T_g \sim T_g + 100$℃之間的溫度。

五、影響聚乳酸熔融體黏度的因素

(一)大分子的結構對黏度的影響

聚乳酸熔融體的黏度及流動性受到分子量及分子量分佈、支化結構以及L、D比例不同等的影響。

1.分子量的影響

高聚物的黏性流動是分子鏈重心沿流動方向發生位移和鏈間相互滑移的結果。雖然它們都是通過鏈段運動來實現的，但是分子量越大，一個分子鏈包含的鏈段數目就越多，為實現重心的轉移，需要完成的鏈段協同位移的次數就越多，因此高聚物熔融體的剪切黏度隨分子量的升高而增加。分子量大的流動性就差，表觀黏度就高，熔融指數就小。

各種高分子聚合物有各自特徵的某一臨界分子量M_c，分子量小於M_c時，高聚物熔融體的零剪切黏度與重均分子量成正比；而當分子量大於M_c時，大分子之間產生纏結，使流動阻力大大增加，熔融體的零剪切黏度隨著分子量的增加急劇地增大，一般與重均分子量的3.4次方成正比。

PLLA在180℃零剪切黏度和重均分子量之間的關係如下所示[2]：

$$\eta_0(0.1\text{Pa}\cdot\text{s}) = (2.3\times10^{-14})M_w^{3.7}，r^2 = 0.99$$

即PLLA熔融體的零剪切黏度與重均分子量的3.7次方成正比，而不是一般的3.4次方。

含有少量D-異構體PLA比沒有含D-異構體的PLA的熔融體強度低。對於無定形PLA（L含量小於85%），Witzke等人[4]研究認為冪率指數$n = 3.4$。

2.分子支化結構的影響

PLA具有典型脂肪族聚酯的熔融黏度隨剪切變化不敏感以及熔融體強度較低的特徵。為了改善PLA的流變性，使其滿足對剪切敏感性或者熔融體強度有要求的諸如押出塗佈、押吹、發泡等成型加工過程，可以對PLA進行長支化改性。

一般而言，當支鏈不太長時，鏈支化對熔融體黏度的影響不大，因為支化分子比同分子量的線型分子在結構上更為緊湊，使短支鏈高聚物的零剪切黏度比同分子量的線型高聚物略低一些。如果均方旋轉半徑相同時，則兩者的零剪切黏度近似相等。然而，如果支鏈長到足以相互纏結，則其影響是顯著的。

圖5-2對比了向同分子量四臂星型PLA熔融體和線型PLA熔融體的複數黏度，由於在考察的剪切速率和頻率範圍內均滿足Cox-Merz準則，所以實際上圖5-2也同樣反映了聚合物熔融體的黏度對剪切速率的關係。從圖5-2看出，支化PLA的零剪切黏度高，其黏度對剪切速率更敏感並且偏離牛頓性發生在更低的剪切速率區，即低剪切速率時支化PLA的黏度高（熔融體強度高），而高剪切時支化PLA黏度反而變得比線形PLA低。

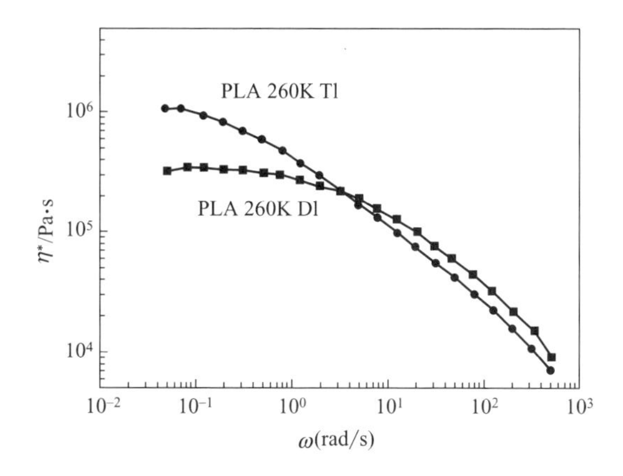

圖5-2 四臂星型支化PLA（PLA 260KT$_1$）和線型PLA（PLA 260K D$_1$）的複數黏度與頻率的關係〔5〕

PLA的臨界分子量M_c大約為9000，支鏈分子量M_b大約36000。用過氧化物對PLA改性，或者聚合時引入多官能團引發劑／單體等方法可以在PLA分子中引入長支鏈。

Cooper等〔6〕指出25℃時PLLA熔融體的臨界纏結分子量為16000，纏結密度為0.16mmol/cm^3。此外，最終黏度（η_0）取決於分子鏈長度的4次方。

對支化PLLA來說，發生纏結的分子量大約為線性PLLA的4倍，最終黏度（η_0）取決於分子鏈長度的4.6次方〔5〕。

3.結晶與無定形PLA

半結晶PLA的剪切黏度比無定形PLA高。但是，隨著溫度升高，半結晶和無定形PLA的剪切黏度都下降，如圖5-3所示。PLA熔融體是假塑性的，可用非牛頓流體的指數方程來描述，如表5-2所示。

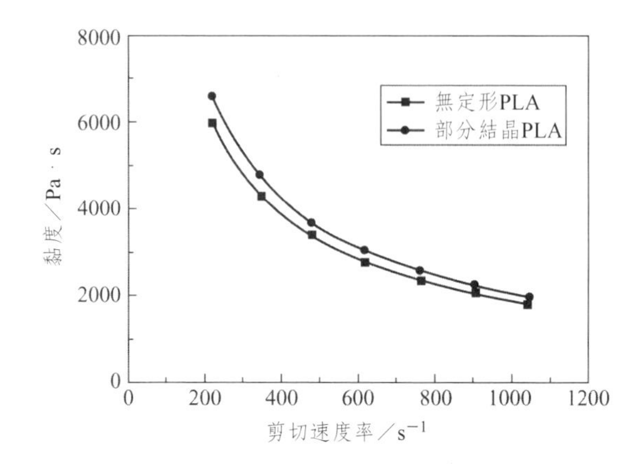

圖5-3　半結晶PLA和無定形PLA的黏度與剪切速率的關係[7]

表5-2　不同PLA的黏度指數定律方程

PLA	溫度／℃	方程	r^2
非晶	150	$\eta = 6493867\gamma^{-0.8332}$	0.9984
非晶	170	$\eta = 242038\gamma^{-0.709}$	70.9980
半晶	150	$\eta = 609159\gamma^{-0.8134}$	0.9992
半晶	170	$\eta = 241721\gamma^{-0.7031}$	0.9982

(二)加工條件對剪切黏度的影響

1.溫度的影響

在一定的剪切速率下溫度與黏度η的關係符合Arrehnius方程：

$$\eta = Ae^{\Delta E_\eta/RT} \tag{5-6}$$

式中，ΔE_η為黏流活化能；A為與結構有關的常數；R為氣體常數。由（5-6）式可知，隨溫度升高，鏈段活動能力增加，分子間相互作用減弱，使黏度降低，熔融體的流動性增大。

如表5-3所示，不同聚合物的黏流活化能不同，表明它們的表觀黏度具有不同的溫度敏感性。一般分子鏈剛性越大，或分子間作用力越大，ΔE_η越大，即黏度對溫度越敏感，如聚苯乙烯等。因而在加工中往往用改變溫度來調節這類剛性聚合物的流動性。若分子鏈為柔性鏈，如聚乙烯，其ΔE_η較小，即黏度對溫度敏感性小，若大幅度提高溫度，不但黏度下降不多，還可能使聚合物發生熱降解和熱氧化降解，因而不宜用升溫來調節流動性。PLA分子鏈剛性強，線型PLLA的ΔE_η約為76～85kJ/mol[8]，對溫度敏感性較高，和聚苯乙烯相似，但比聚丙烯有更高的溫度依賴性。

2.剪切速率的影響

大多數聚合物熔融體屬於假塑性體，當γ很低時，熔融體黏度不隨γ而變化，為第一牛頓區；但當γ達到一定值時，黏度隨γ增大而降低，為假塑性區；當γ很高時，黏度很低但不隨γ而變化，為第二牛頓區。PLA在γ為10～10000s^{-1}之間的黏度變化如圖5-4所示。

表5-3 一些常見聚合物的流動活化能

聚合物	PLA	HDPE	LDPE	PA6	PET	PS	PC	PVC	纖維素醋酸酯
ΔE_η/(kJ/mol)	76～85	26.3～29.2	48.8	63.9	79.2	94.6～104.2	108.3～125	147～168	293.3

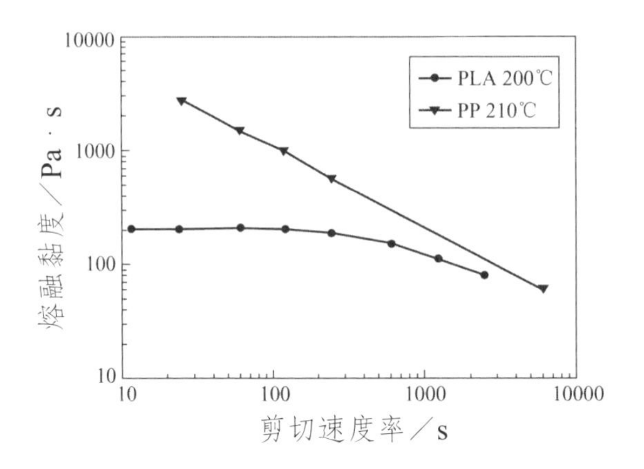

圖5-4 剪切速率與熔融黏度的關係〔2〕

圖中PLA的熔融體黏度在低剪切範圍內（γ<100），剪切速率依賴性很小，顯示出牛頓行為，隨γ增大PLA熔融體呈現剪切變稀的性質，但是和PP相比，PLA的熔融體黏度隨剪切速率增大而下降不明顯。這是因為PLA的分子鏈剛性強，鏈段較長，在黏度高的熔融體中取向阻力大，不易取向，因而黏度變化小。而PP分子鏈柔性比PLA的大，分子鏈容易通過鏈段運動而取向使分子間作用力減小，黏度下降明顯。一些常見的剛性鏈聚合物PC和PET的熔融體黏度也表現出隨剪切速率增大而下降不明顯的特徵。可以採用同時提高剪切速率和熔融體溫度來降低PLA熔融體的表觀黏度。

3.剪切應力的影響

剪切應力對聚合物黏度的影響與剪切速率對黏度的影響相似，柔性鏈大分子比剛性大分子表現出更大的敏感性，PLA熔融體也可以用調節壓力，增大剪切應力來降低黏度。

六、拉伸黏度

在單軸拉伸的情況下，拉伸黏度

$$\eta_t = \sigma/\dot{\varepsilon} \quad \dot{\varepsilon} = \mathrm{d}\varepsilon/\mathrm{d}t \tag{5-7}$$

式中，σ為拉伸應力；ε為拉伸應變；$\dot{\varepsilon}$為拉伸應變速率。

$$\text{對牛頓流體有} \quad \eta_t = 3\eta_0\ \text{（單軸拉伸）} \tag{5-8}$$

在雙軸拉伸的情況下，若X，Y方向拉伸形變相同，即$\dot{\varepsilon}_X = \dot{\varepsilon}_Y = \dot{\varepsilon}$，$Z$方向縮短（變薄），$\sigma_X = \sigma_Y = \sigma$對牛頓流體有$\sigma = \eta_t^*/\dot{\varepsilon}$，則對雙軸拉伸來說

$$\eta_t^* = 2\eta_t = 6\eta_0 \tag{5-9}$$

式中，η_t^*為雙軸拉伸黏度。對非牛頓流體，當 $\dot{\varepsilon}$ 很小時，η_t為常數，上式才成立。

雙軸拉伸流動的研究對吹塑薄膜生產和薄膜的力學性能十分重要，但由於PLA的熔融體強度低，用一般的拉伸黏度測量實驗方法難以得到精確的實驗結果，因此關於PLA熔融體的拉伸黏度資料幾乎沒有報導。

第二節　聚乳酸的結晶

將PLA加工成各種材料時（纖維、薄膜、瓶、工程塑膠），它的性能很大程度上取決於PLA的結晶情況。為使材料具有所需的性能，PLA的結晶過程必須加以控制，因而瞭解PLA的結晶原理及過程在加工中非常重要。

一、聚乳酸的結晶及晶態結構

(一)結晶形態

PLA是結晶性聚合物，在成型過程中會出現結晶現象，例如在熔融體冷卻結晶時，最常見的是生成球晶，在高應力作用下也會形成纖維狀或片狀晶體。隨結晶條件不同，PLA可以形成形態極不相同的晶體。

1.單晶

PLA在稀溶液中結晶形成菱形和六角形單晶，而在對二甲苯中當濃度低到0.04%時，PLLA和PDLA的立體絡合物則形成少見的三角形單晶。單晶中的高分子鏈非常有規則地三維有序排列，分子鏈趨向於片狀單晶表現互相垂直。因而認為晶片中高分子鏈式折疊起來排列的，這種晶片稱為折疊鏈晶片，它是其他結晶形態的基本結構單元。

2.球晶

PLA熔融體冷卻時形成球晶，球晶呈圓球狀，小至幾微米，大至幾毫米。PLLA球晶的尺度和形態取決於如結晶溫度、結晶時間和共聚共混情況等。隨結晶溫度降低和結晶時間的縮短，PLLA球晶變小。即使LA單體數低到可以形成晶體的臨界值，LA立體共聚物球晶仍保持很好的結構特性。可結晶PLLA和無定形PDLLA的混合物中，儘管單體單元形成的球晶結構紊亂或者結晶小群落結構紊亂，LA立體絡合體球晶仍保持很好的結構特性。當發生單一的立體絡合時，立體絡合體球晶的形態和非混合PDLA和PLLA的正常球晶相似。然而當立體絡合和同結晶同時發生時，會出現複雜形態的球晶。在PLLA和PDLA乙腈混合液懸浮態中會形成可提取或積累的立體絡合體球晶。

(二)結晶結構〔9~12〕

PLA有α、β和γ三種晶型，晶型形成主要依賴於熱處理或加工工藝，在外場作用下晶型可相互轉變。α晶的PLLA每個晶胞單元中包含兩條左旋107螺旋構象分子鏈，而PDLA每個晶胞單元中包含兩條左旋103螺旋構象分子鏈，兩者均為準正交晶系，晶胞系數a = 1.07nm，b = 0.616nm，c（主軸） = 2.888nm，晶體密度為1.26g/cm^3。PLLA在溶液中的結晶晶型也是α晶，退火的PLLA纖維具有相同的結晶結構，只是晶胞結構參數略有不同。α晶還可以在低的拉伸速率和拉伸溫度下進行溶液紡絲獲得。

β晶型可在高的拉伸速率和拉伸溫度下得到。β晶具有左旋31螺旋構象，為正交晶系，晶胞參數a = 1.031nm，b = 1.821nm，c = 0.90nm。最近Puggiali等發現β晶為三方晶系，結構單元中具有3條3重折疊的螺旋線，參數$a = b$ = 1.052nm，c = 0.88nm。該結構使PLLA在快速結晶條件下能夠隨意改變上下兩條相鄰分子鏈取向。與β晶型相比，α晶型的PLA熔點為185℃，β晶型的為175℃，α晶型比β晶型更穩定。

表5-4 非混合PLLA和PLA立體絡合體結晶的晶胞參數[13]

類別	立體形態	鏈取向性	每個晶格的螺旋數	螺旋構象	a/nm	b/nm	c/nm	α/(°)	β/(°)	γ/(°)
PLLAα型	假斜	–	2	10_3	1.07	0.645	2.78	90	90	90
PLLAα型	假斜方晶	–	2	10_3	1.06	0.61	2.88	90	90	90
PLLAα型	斜方晶	–	2	10_3	1.05	0.61	2.88	90	90	90
PLLAβ型	斜方晶	–	6	3_1	1.031	1.821	0.90	90	90	90
PLLAβ型	三方	無規上下	3	3_1	1.052	1.052	0.88	90	90	120
PLLAγ型	斜方晶	反平行	2	3_1	0.995	0.625	0.88	90	90	90
立體絡合物	斜方晶	平行	2	3_1	0.916	0.916	0.87	109.2	109.2	109.8

γ晶是PLLA在六甲基苯上外延生長得到的。在正交晶系晶胞中有兩條反平行的螺旋線，參數$a = 0.995$nm，$b = 0.625$nm，$c = 0.88$nm。

立體絡合體結晶具有三斜晶系晶胞，其中具有31螺旋構象的PLLA和PDLA鏈一條一條平行排列被包裹。

表5-4列出了各種PLLA品種的晶胞參數。

二、聚乳酸的結晶速度

(一)等溫結晶過程

高分子聚合物的等溫結晶過程可以用Avrami方程表示：

$$\frac{v_t - v_\infty}{v_0 - v_\infty} = \exp(-kt^n) \qquad (5\text{-}10)$$

式中，v_0、v_∞、v_t分別表示高分子聚合物結晶起始、最終和t時的比容；k是結晶速率常數；n為Avrami指數，PLA的n為2.4～3.2。n與成核機理和生長方式有關，結晶成核分為均相成核和異相成核兩類，均相成核是由熔融體中的高分子鏈靠熱運動形成有序排列的鏈束為晶核；異相成核則以外來雜質為中心，吸附熔融體中的高分子鏈形成晶核。

聚合物的結晶過程包括晶核的形成和晶粒的成長兩個過程，因而結晶總速度應是由成核速度和晶粒生長速度共同決定的。由於結晶過程是一個熱力學平衡過程，要達到結晶完全需很長時間，在實際應用中常採用結晶過程進行到一半所需時間$t_{1/2}$的倒數作為結晶總速度，也稱半結晶期（k也可以用來表示結晶速度），其中聚合物在最佳結晶溫度下的$t_{1/2}$值見表5-5。

由表中資料可以看出PLLA的半結晶期比結晶速度很慢的PET還要大得多，說明PLLA的結晶速度很慢。

(二)影響結晶速度的因素

PLA的結晶性質受到PLA立體絡合物組成、結晶成核劑、分子量等材料性質以及結晶時間和溫度、取向等加工條件多方面的影響。

1.PLA的立體絡合物組成的影響

(1)內消旋-/D-丙交酯異構體含量PLA的立體絡合物組成是影響PLA結晶速度以及結晶度的主要因素。丙交酯有三種立體異構體：L-丙交酯、D-丙交酯以及內消旋丙交酯。測量結晶度獲得的總結晶速率表明，由純L-丙交酯聚合而成的聚乳酸PLLA的最佳結晶溫度為

表5-5 幾種聚合物的$t_{1/2}$值

聚合物	PLLA	PET	PA6	PA66	IPP
$t_{1/2}$/s	150	62.5	7.14	0.60	1.82

105～115℃，如圖5-5所示。PLLA結晶速度非常慢，半結晶期大約是150s。

當PLLA中引入少量D-丙交酯或內消旋丙交酯異構體組分時，由於造成PLLA分子規整程度下降，結晶速度顯著下降，最終總結晶度也隨之降低。聚合物中內消旋異構體含量每提高1%，半結晶期延長45%左右。表5-6是不同內消旋丙交酯異構體的PLLA的結晶速度。當內消旋或D-丙交酯異構體含量增加到15%左右時，聚合物在一般條件下不能夠結晶。PLA的Avrami指數*n*為2.4～3.2，受溫度及內消旋含量影響不大。

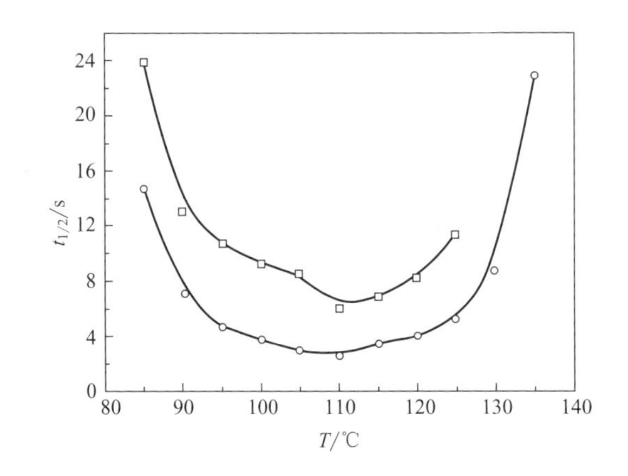

圖5-5　PLA的結晶速率[14]

○——PLLA；□——含3%內消旋丙交酯異構體的PLLA

表5-6　不同內消旋丙交酯異構體的PLLA的半結晶期（110℃，$M_n = 1.01 \times 10^5$）

內消旋丙交酯異構體含量	0	3%	6%	9%
$t_{1/2}$/s	150	648	2640	3600

當以球晶的生長速率作為標誌時，Runt[15]發現，在117℃時，D-含量0.4%的PLA的結晶速度是D-含量6.6%的60倍；而在135℃，兩種PLA的結晶速度之比增加到340，說明隨著溫度升高，由於D-含量增加造成的聚合物結晶速度的下降更為劇烈。含0.4%D-丙交酯的PLA的最佳結晶溫度是129℃，當D-含量提高到6..6%時，PLA的最佳結晶溫度向低溫移動至120℃。這是因為D-含量高的PLA具有較低的熔融溫度。

(2)立體絡合（外消旋結晶）Ikada等[16]發現在LLA單元和DLA序列間會發生立體絡合或外消旋結晶。PDLA和PLLA的立體絡合微晶（外消旋微晶）的熔點為50℃，高於均相微晶。已知在PDLA和PLLA之間的立體絡合在溶液和熔融物的本體中都會發生。也許是因為立體絡合球晶的高密度核的形成，在混合樣品中從熔融物中的立體絡合結晶在104℃時2min即可完成，而在相同溫度下，非混合的PLLA或PDLA的均相結晶的時間要長達1h。

因為立體絡合結晶的化學計量比值為1：1，當PDLA的含量〔X_D = PDLA/(PLLA + PDLA)〕偏離0.5時，過量的L-乳醯基或D-乳醯基單元序列將結晶為只有L-乳醯基或D-乳醯基單元序列的均相微晶。其他影響立體絡合和均相結晶的參數是分子量和聚合物中L-乳醯基或D-乳醯基的序列長度、固化方法和溫度。立體絡合PLA可以在單體／高分子共混物聚合時合成，也可以用外消旋催化劑，直接用DLLA的立體選擇聚合合成。

(3)序列長度臨界值　當L-丙交酯和D-丙交酯的序列長度小於一臨界值後，結晶就不會發生了，這個臨界值由結晶的條件和共聚單體決定。如果假設在聚合中隨機地添加乳酸單元而沒有發生酯交換作用，對乳酸LLA和DLA的立體共聚物，所報導的序列長度值為14和15。而如果在相同的假設下，D-丙交酯和乙交酯的共聚物〔縮寫作poly(DLA-GA)〕則有一個相當小的值為9個丙交酯單元。當LLA高分子含有柔性的CL單元時，L-丙交酯的序列長度臨界值低於7.2，此聚合物甚至在室溫25℃下也能結晶。Fischer等[17]表明在富含LLA的聚乳酸形成單晶時，DLA單元被部分地包含在結晶區。而Zell等[18]顯示在結晶的富含DLA和PLA中結晶區LLA的含量幾乎與非晶區的含量相同。

2.分子量及分佈的影響

分子量大小及分佈均對結晶速度有一定的影響。分子量增大，鏈活動能力降低，導致結晶速度下降。

Bigg[19]發現分子量高達40萬的PDLLA（90/10）在DSC測試時觀察不到結晶峰和熔融峰，這種高分子量PLA事實上也很難押出或注塑成型，而分子量為30萬以下的PDLLA卻能夠具有30%～50%的結晶度。

PLLA的結晶速率隨PLLA分子量的升高而降低，PDLLA的結晶速率隨PLLA分子量的升高而急劇降低，D-異構體組分或內消旋異構體組分含量越高，分子量升高造成結晶速度降低的程度越大。表5-7是含有不同比例內消旋異構體的PLA分子量變化時的聚合物結晶速率。可以看出聚合物分子量升高使PLLA的半結晶期下降了13%，而卻使異構體含量為3%、6%的PLA分別下降了25%和490%。

表5-7　PLA分子量與$t_{1/2}$（100℃）

PLA中內消旋異構體含量／%	半結晶期$t_{1/2}$/min		$t_{1/2}$下降百分率／%
	$M_{n1}=1.01\times10^5$	$M_{n2}=1.14\times10^5$	
0	3.8	4.3	13
3	9.1	11.4	25
6	27.8	164	490

若分子量分佈寬，低分子量的含量多，使結晶速度加快。

3.結晶成核劑

由於PLA半結晶期太長，無法滿足普通射出成型周期的要求，為此，在PLA的工業應用中通常添加結晶成核劑，它可大大提高結晶成核密度，加快結晶速度，提高結晶度，還可以提高製品的耐熱性、成型性等性能。成核劑的熔點應該比PLA高，並與PLA有一定的相容性，成核劑也可以是無機粒子。PLA常用的成核劑有金屬磷酸鹽、苯甲酸鹽、山梨糖醇化合物、滑石粉、黏土、鹼性無機鋁化合物等。

滑石粉是一種廉價有效的PLA結晶成核劑，添加滑石粉能夠顯著縮短PLA的半結晶期[20]，用DSC對添加6%（質量分數）滑石粉成核劑的含有不同內消旋異構體量的PLA結晶性能研究發現，聚合物中內消旋異構體含量小於3%時，在90～120℃下結晶非常快，半結晶期都在60s以下。內消旋異構體含量每提高1%，半結晶期延長35%左右。圖5-6是添加滑石粉前後PLA（內消旋含量3%）在90～120℃下的半結晶期變化情況。圖5-7是90℃及105℃下，PLA（內消旋含量9%）的半結晶期隨滑石粉添加量的變化。圖5-7表明，滑石粉在90℃時的成核效果要優於在105℃時的。PLA／滑石粉的結晶機理是異相成核機理，Avrami指數$n=2.1$～3.1，和純PLA的相比（$n=2.4$～3.2）

並沒有發生太大變化。滑石粉的粒徑、含量、形狀規整程度以及退火溫度都會對成核效果影響很大。圖5-8表明，在90℃，PLA結晶速率隨著滑石粉含量從2%～21%增加而上升，而在105℃，PLA結晶速率隨著滑石粉含量增加而上升後下降，在滑石粉含量11%時成核效果達到最大值。

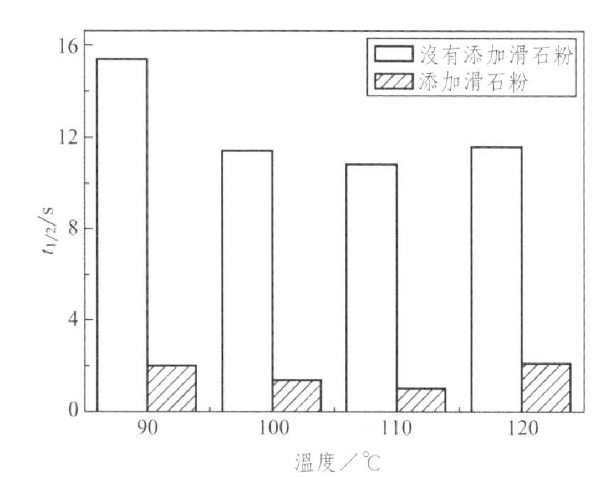

圖5-6　不同溫度下添加6%（質量百分比）滑石粉對PLA（內消旋含量3%）半結晶期的影響

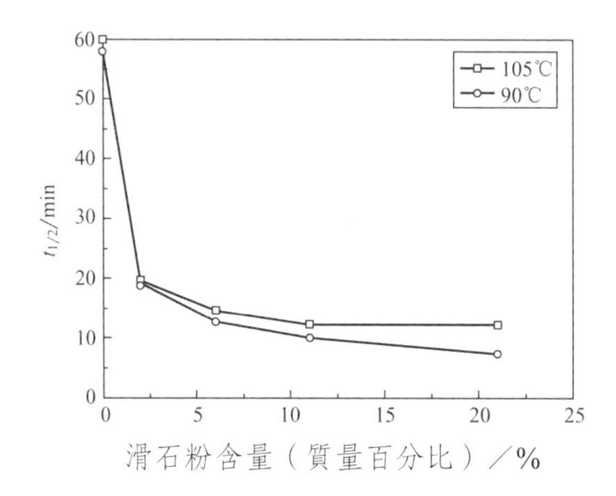

圖5-7　不同含量添加滑石粉對PLA（內消旋含量9%）半結晶期的影響

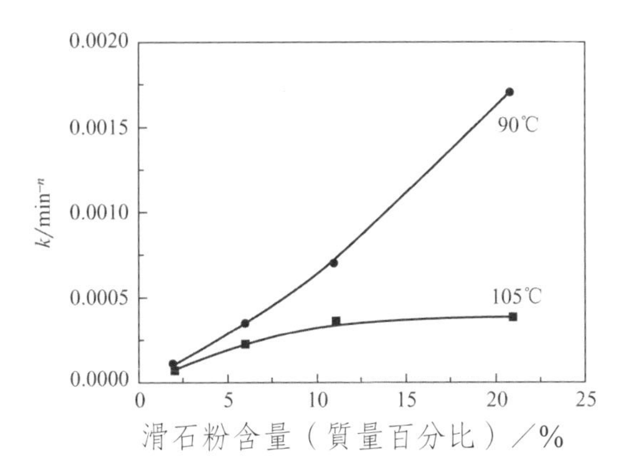

圖5-8 滑石粉添加量對PLA（內消旋含量9%）結晶速率常數的影響[20]

蒙脫土、雲母等層狀矽酸鹽化合物以奈米尺度分散在PLA中，也能對PLA起到優異的成核作用，可以使PLA的半結晶期縮到原來的百分之一，從而顯著縮短射出成型周期，並且由於結晶度高，使製品具有卓越的耐熱性。

4.增塑劑的影響

PLA是一種脆而硬的材料，通常需要添加增塑劑等製備軟質製品。增塑劑的加入使高聚物分子間作用力減小，分子鏈運動能力補強，有助於改善PLA結晶的速度。增塑劑包括鄰苯二甲酸酯、檸檬酸酯、乳酸酯、甘油、甘油酯等。

5.加工工藝條件的影響

(1)熔融溫度和熔融時間的影響　PLA樹脂在熔融前均經過結晶、乾燥，所以當它被加熱到T_m以上熔融時，其殘存的微小有序區域或晶核的數量與熔融溫度和時間有關。熔融溫度高，時間長，分子活動較劇烈，殘存的晶核少，因而熔融體冷卻時主要為均相成核，所以結晶速度非常慢，甚至根本就不結晶；若熔融溫度低，時間短，殘存的晶核較多，晶核的存在會引起異相成核，結晶速度快，晶粒尺寸小而均勻，有利於提高製品的力學性能和耐熱性。

(2)取向　與相對較慢的靜態下結晶所不同，PLA在應力作用下結晶速度很快〔21，22〕。圖5-9是雙向拉伸無定形PLA薄膜時不同拉伸速率下的結晶度變化情況。在一給定的拉伸速率下，最終結晶度隨著聚合物光學純度下降而降低。

(3)模溫和冷卻時間　在PLA射出成型過程中，溫度從T_m降至T_g以下，其模溫和冷卻時間影響製品的結晶速度、結晶形態及尺寸等，從而影響製品的力學性能和熱性能。

PLA結晶速度很低，即使添加結晶成核劑的PLA的半結晶期也在數十秒，比通常的PP、PA6需要的結晶時間長。模具溫度如果設定在較高區域，例如105～120℃，達到PLA的最佳結晶溫度，能夠得到結晶度高的PLA材料。

(4)退火溫度與時間〔19〕　成型後製品後處理的方法中，退火和淬火對製品結晶性能產生很大影響。為消除內應力，防止後結晶和二

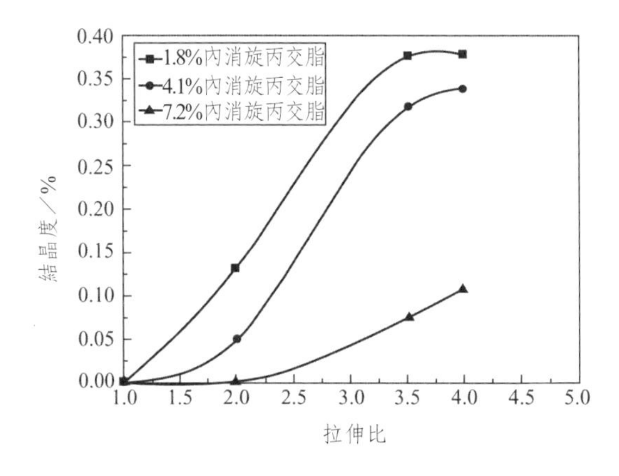

圖5-9　80℃下雙向拉伸的PLA薄膜結晶度與拉伸比的關係

次結晶，提高結晶度，穩定結晶形態，提高製品性能和尺寸穩定性，要對製品進行退火處理。無定形可結晶的PDLLA在溫度範圍從75℃到熔點之間時，經過退火處理可以結晶。如圖5-10的DSC分析曲線。此外，從PLA複合模數-溫度關係曲線上（圖5-11）可以更加明顯地觀察到這個結晶過程。在溫度T_g處出現一個劇烈的模數降低，這是無定形聚合物的一個典型特徵。模數的降低在高於T_g10℃，即75℃時停止，隨後開始上升，一直達到PLA的熔點140℃。模量的上升是由於聚合物結晶引起的。退火誘導的結晶通常有熔融雙峰出現。延長PLA的退火時間，可以使結晶進一步完善。升高退火溫度使其接近熔點時（100～140℃），能得到具有最高完善程度的晶體，還可以提高結晶度。

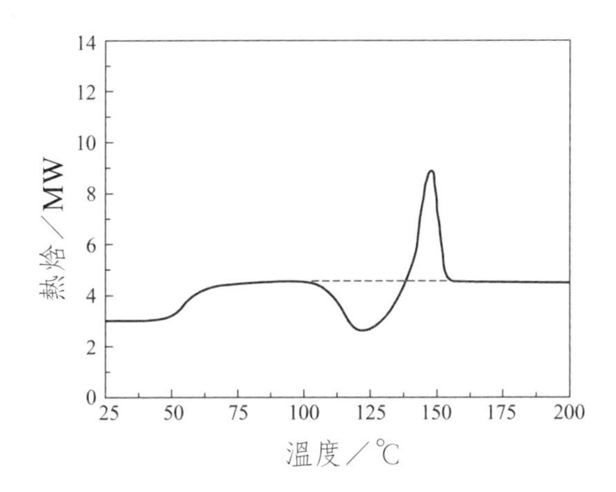

圖5-10　90/10(L/D, L) PLA的DSC曲線[19]

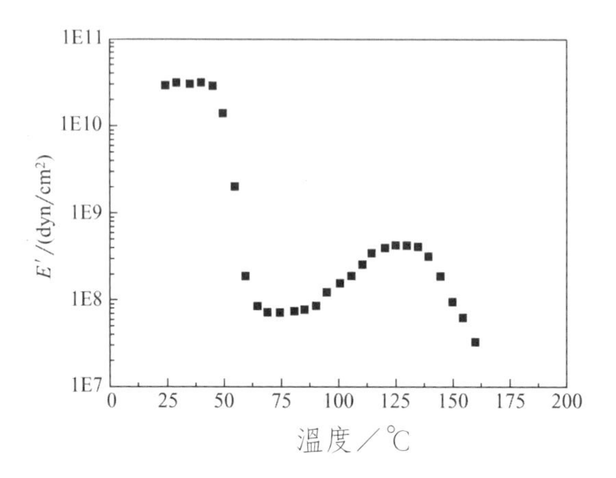

圖5-11　90/10共聚物從熔融狀態淬冷的動態模數對溫度的曲線[19]

三、結晶聚乳酸的熔點

PLA的熔點受到聚合物的光學異構體組成的嚴重影響，由純L-丙交酯聚合而成的聚乳酸PLLA平衡熔點有207℃，玻璃轉化溫度60℃。實際上可以得到的光學純PLA（L或者D）熔點大約在180℃，熔融焓為40～50J/g。引入D-丙交酯或內消旋丙交酯異構體組分會造成PLLA分子規整程度下降、結晶速度變慢、結晶度下降，導致聚合物的熔點降低（但是幾乎對T_g沒有影響）。當內消旋丙交酯異構體含量從0增加到15%，聚乳酸的熔點從178℃下降到140℃。如果內消旋或者D-異構體含量超過15%左右，則聚合物不再具有結晶性，因此沒有熔點，見表5-8。外消旋PLA的熔點大約為230℃。由於分子鏈的末端效應，當分子量較小時，雖分子量增大，熔點升高。但是當分子量達到或者大於某一臨界值時，鏈末端效應可以忽略不計，熔點與分子

表5-8 PLA共聚物的T_g和T_m[19]

共聚物比例	T_g/℃	T_m/℃
100/00(L/D, L)-PLA	63	178
95/05(L/D, L)-PLA	59	164
90/10(L/D, L)-PLA	56	150
85/15(L/D, L)-PLA	56	140
80/20(L/D, L)-PLA	56	125①

①應變結晶得到的熔點。

量無關。PLA的熔點還受到結晶溫度與時間、分子量、殘留單體量以及共聚組分等因素的影響。

四、結晶對聚乳酸的性能影響

由於結晶使大分子鏈排列規整，分子間作用力補強，因而隨結晶度增大，PLA製品的剛度、拉伸強度、硬度以及耐熱性等性能提高，耐化學腐蝕性能也提高，但是韌性如斷裂伸長率、衝擊強度有所下降。

晶粒大小影響製品的力學性能，一般晶粒大而不均勻使製品變脆，其拉伸強度、衝擊強度均下降，透明性差；若晶粒小而均勻，有利於提高製品的韌性，及拉伸、衝擊強度和透明性。可通過快速冷卻、抑制結晶生長等方法使製品透明，但強度和耐熱性會急劇下降。

結晶影響成型收縮率，無定形高聚物成型收縮率低，一般為通常為0.5%左右。而結晶型高分子聚合物成型時，由於形成結晶，成型收縮率較高，通常為1.5%～2.0%。加入無機填料可減小成型收縮率。因而在成型模具設計時，必須考慮這一點。

第三節　聚乳酸的取向

一、取向現象和機理

在拉伸或剪切作用下，高分子聚合物中的大分子鏈、鏈段、微晶或一些不對稱的填料沿外力作用方向有序排列，稱為取向。而大分子鏈、鏈段、微晶稱為取向單元。

取向形態與結晶形態都是高分子鏈的有序化形態，但它們的有序化程度同。取向是在外力作用下分子鏈按照一維或二維方向有序化排列的過程，而結晶則是三維有序化的過程。

未取向的聚合物材料是各向同性的，而取向後則呈現各向異性。取向方向上的物理性能與未取向方向上的物理性能差別較大。

依照外力作用方式的不同，取向可分為流動取向和拉伸取向；根據取向方式不同，取向又分為單軸取向和雙軸取向；根據高分子聚合物取向時的結構狀態不同，可將取向分為結晶取向和非結晶取向。

(一)流動取向

高聚物熔融體或濃溶液受剪切作用而產生流動，其取向單元沿流動方向排列稱流動取向。高分子聚合物熔融體在成型設備的管道或模穴中的流動稱剪切流動，在剪切應力作用下，捲曲的大分子鏈沿流動方向舒展、伸直和取向。但又由於熔融體溫度很高，分子的熱運動劇烈，大分子在取向的同時也存在解取向的作用。高分子聚合物熔融體在料筒、管道及噴嘴中為等溫流動區。在管道中由於橫截面小，流動速度大，沿管壁附近的熔融體取向程度最大。當熔融體由管口進入截面積較大的非等溫流動區模穴時，熔融體壓力及流速均逐漸降低，在模穴橫截面上剪切應力的分佈是靠近模壁處最大，中心處最小；而溫度分佈卻相反，靠近模壁處最低，中心處最高。由於靠近模壁處熔融體溫度較低，大分子運動被凍結，雖然此處剪切應力最大，但取向程度仍很低或無取向。中心處雖然溫度高，但由於剪切應力小，也不會產生高取向。而且由於溫度高，大分子活動能力強，易解取向，因而取向不穩定，取向程度低。只有在模壁與中心處的某一區域，剪切應力和溫度都合適，取向非常容易進行，取向程度較高。

流動取向受很多因素影響，常常不可預測和控制，因而取向結構和狀態無法控制，而且在成型過程中製品各部分所處的應力、溫度等均有差異，造成製品各部分取向不一致，產生內應力，使製品出現翹曲、變形升值開裂現象。同時由於取向使製品在取向方向和非取向方向力學性質差異較大，並且熱收縮較大，產品形狀尺寸不穩定，這給不需取向的某些製品帶來很多不利。可以採取一些措施去除取向，例如採用較高的模具溫度、較低的流速、合理設計流動模具、熱處理等，將成型製品在合適的條件下進行退火處理，使取向分子鏈解取向，恢復取向前的自由捲曲狀態，從而消除和減輕由取向帶來的製品的內應力和各向異性。

(二)拉伸取向

在拉伸力的作用下使高分子聚合物的取向單元取向稱拉伸取向，比如在PLA纖維、PLA單軸或雙軸拉伸薄膜、吹膜或吹瓶加工過程中都存在拉伸取向。由於無定形高分子聚合物和結晶性高聚物的內部結構不同，拉伸取向的機理也不完全相同。

1.無定形高聚物的拉伸取向

無定形高分子聚合物拉伸取向的溫度在T_g～T_f之間，在受外力作用時主要發生的是鏈段或分子鏈取向。取向過程是鏈段運動過程，必須克服高聚物內部的黏滯阻力，因而完成取向過程需要一定的時間。兩種運動單元所受到的阻力大小不同，因而兩類取向過程的速度有快慢之分。由於處在高彈態，鏈段活動能力較強，所以在外力作用下，將首先發生鏈段取向，然後通過鏈段的逐步蠕動，分子鏈之間的解纏是大分子間產生相對滑移，進一步引起大分子鏈取向。一般來說，拉伸溫度越低、拉伸倍數越高、拉伸速度和拉伸後冷卻速度越快，則取向程度越高。若將拉伸取向冷卻後的材料再加熱到T_g以上溫度時，材料會明顯收縮，包裝用的收縮薄膜就是根據這一原理使薄膜與包裝物緊密貼合，達到良好的包裝效果。

2.結晶高分子聚合物的拉伸取向

結晶高分子聚合物拉伸取向的溫度在T_g～T_m之間，取向比較複雜，除了非晶區可能發生鏈段取向與分子鏈取向外，還可能發生晶粒取向。它們的取向變形是同時進行的，但速率不同，晶區取向發展較快，非晶區取向發展較慢。

晶區取向過程包括結晶的破壞、鏈段的重排、重結晶及微晶取向等，並伴隨有相變發生，且結晶度也會增大。一般而言，結晶聚合物的取向實質上是球晶的形變過程。在彈性形變階段，球晶被拉成橢球形，在繼續拉伸到不可逆形變階段，球晶變成帶狀結構。在球晶形變過程中，組成球晶的片晶之間發生傾斜，晶面滑移和轉動甚至破裂，部分折疊鏈被拉伸成伸直鏈，原有的結構部分或全部破壞，形成由取向的折疊鏈片晶和在取向方向上貫穿於片晶之間的伸直鏈所組成的新的結晶結構。在拉伸取向過程中，也可能原有的折疊鏈片晶部分的轉變成分子鏈沿拉伸方向規則排列的伸直鏈晶體。

結晶聚合物的取向態比非結晶聚合物的取向態較為穩定，因為這種穩定性是靠取向的晶粒來維持的，在晶格破壞之前，解取向是無法發生的。

取向過程的聚集態變化取決於結晶高聚物的類型和拉伸取向條件。由於含有結晶相的高聚物拉伸取向程度不易提高，所以希望拉伸前的高分子聚合物不含結晶相。在加工方法上，將結晶型高分子聚合物首先加熱到T_m以上，保證結晶全部消失，然後將熔融體制成厚片、單絲等，驟冷，使高聚物成為無定形或含有盡可能低的結晶度，然後在稍高於T_g但低於最大結晶溫度的溫度下迅速拉伸。在拉伸過程中避免或儘量減少結晶產生，接著在保持拉伸的情況下，驟冷到T_g以下，這樣可制得結晶度低，並具有一定熱收縮性的拉伸製品。

PLA取向過程的聚集態變化取決於高分子聚合物的類型（D、L含量）和拉伸取向條件。如圖5-12所示。在較低的拉伸溫度或者較高的拉伸速率下，無定形的PLA更容易形成類似液晶的向列結構；而在較高拉伸溫度或者較低的拉伸速率下，無定形的PLA則更容易形成結晶形態。

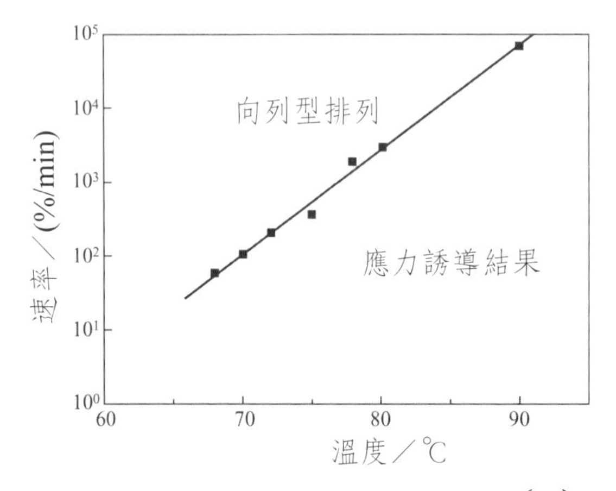

圖5-12　PLA單軸拉伸變形時的相圖[23]

拉伸能夠使PLA晶體發生取向，J.H.Wendorff等[27]對電紡絲後的PLA纖維的拉伸性能進行了研究，其拉伸應力－應變曲線如圖5-13所示，PLA纖維的斷裂伸長率約為15%。圖5-14是取向前和應變為10%的PLA纖維的二維XRD繞射圖像，表明僅以較小的形變足以誘導PLA晶體沿著纖維拉伸方向發生顯著的取向。

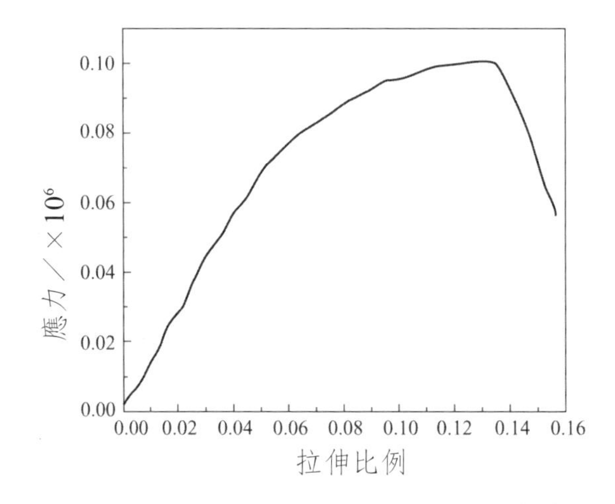

圖5-13　PLA纖維的應力－應變曲線[24]

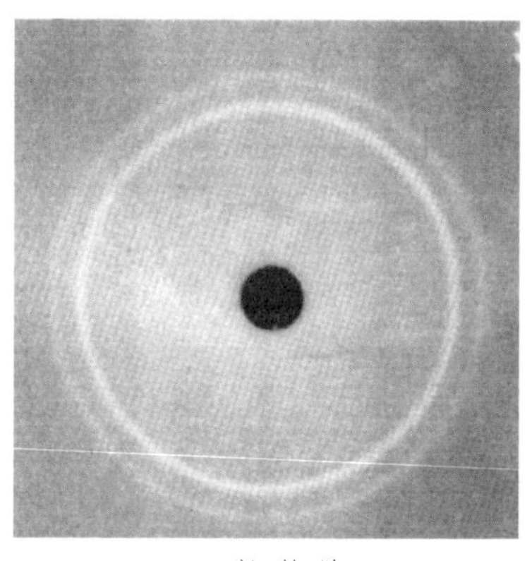

(a)拉伸前

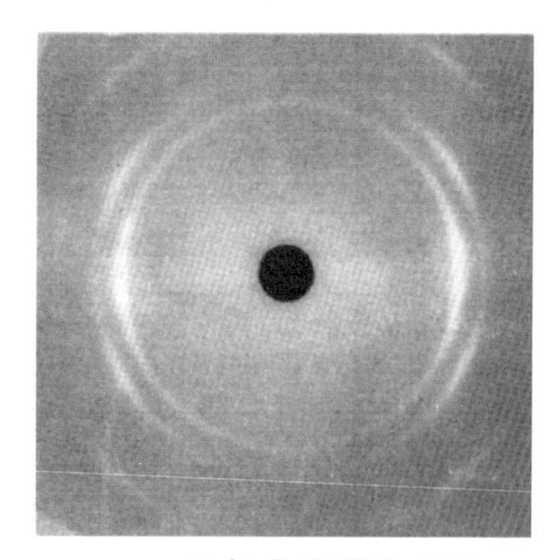

(b)拉伸應變為10%

圖5-14 拉伸前後電紡絲PLA纖維（平均直徑50mm）的二維XRD繞射圖像

(三)單軸與雙軸取向

無論在流動取向和拉伸取向中都存在單軸取向和雙軸取向。所謂單軸取向就是材料只沿拉伸方向排列。使拉伸方向強度增大，但垂直於取向方向強度減小。例如合成纖維生產加工方法中的牽伸就屬於單軸取向。雙軸取向就是材料沿兩個互相垂直的方向拉伸，高分子鏈或鏈段平行於拉伸平面，但在拉伸平面內分子排列無序。例如大分子薄膜都是通過雙軸拉伸，或吹塑等過程來實現雙軸取向，通過雙軸取向後的薄膜強度在各個方向均得到提高，且薄膜的其他物理性質也為各向同性。

(四)解取向

取向過程是一種分子有序化過程，而熱運動卻使分子趨向紊亂無序，即解取向。在熱力學上，取向過程必須靠外力場的作用才能實現，而解取向過程是一個自發的過程。當除去外力後取向便解取向。

為了維持取向狀態，必須在取向後把溫度迅速將到T_g以下，將大分子和鏈段的運動凍結起來。但時間長了，尤其是溫度升高，或被溶劑溶脹時，解取向過程就會自發進行。一般來說，取向過程快，解取向速度也快，因此鏈段的解取向比大分子的解取向先發生。而結晶高聚物在T_m溫度以下時，由於微晶起了交聯的作用，不會發生解取向。但當溫度升至T_m以上時，微晶被破壞，則高分子聚合物發生解取向。由於解取向會使材料在儲存和使用過程中，在取向方向發生收縮，因而必須進行熱處理，使部分鏈段和短分子解取向，或使結晶高分子聚合物產生微晶，提高取向材料尺寸穩定性。

二、影響取向的因素

在成型過程中，高分子聚合物的取向受到各種因素的影響，主要影響因素有以下幾個方面。

1.拉伸比的影響

在一定溫度下，高聚物在屈服應力作用下被拉伸的倍數稱為拉伸比，取向度隨拉伸比增加而增大。拉伸比與高分子聚合物的結構有關，通常結晶度高的聚合物拉伸比大，結晶度低的聚合物拉伸比小。拉伸比對聚合物性能有很大的影響，不同拉伸比對PLA力學性能的影響如表5-9所示。

表5-9 拉伸比對PLA力學性能的影響[24]

力學性能	未取向前	取向後	
		$\lambda = 2.5$	$\lambda = 3.4$
彈性模數／MPa	3650	4490	3740
拉伸強度／MPa	47.0	73.3	66.3
斷裂伸長率／%	1.5	48.2	21.8
Charpy衝擊強度／(kJ/m^2)	12.5	35.9	–
Izod缺口衝擊強度／(kJ/m^2)	1.6	5.9	52.0

注：本實驗中第一步拉伸達到$\lambda = 2.5$，然後進行第二步拉伸達到$\lambda = 3.4$。

2.溫度的影響

溫度升高使熔融體黏度降低，鬆弛時間縮短，有利於取向，也有利於解取向。但在一定條件下，取向和解取向的發展速度不同，聚合物的有效取向取決於這兩種過程的平衡條件。

聚合物一般需要通過等溫拉伸過程才能獲得性能穩定的取向材料。由於拉伸為一連續過程，在拉伸過程中取向度逐漸提高，拉伸黏度也相應增加。因此，想要進一步提高拉伸取向度，就要沿取向過程逐漸提高溫度，形成一定的溫度梯度。在拉伸過程中，溫度是一個重要的因素。在其他拉伸條件（如拉伸速度）不變的情況下，溫度的變動會使聚合物出現粗細和厚薄不均以及整個製品取向不均勻的現象。

3.分子結構的影響

鏈結構簡單、柔性好、分子量低的大分子由於鏈活動能力強，也容易解取向；反之則不易取向，解取向也較難，結晶性高分子聚合物取向結構的穩定性優於無定形大分子。

4.增塑劑的影響

溶劑等低分子化合物，它們的加入使高分子聚合物分子間作用力減小，T_g、T_f降低，使取向單元易於取向，取向的應力、溫度也明顯下降，但解取向能力也加大。

PLA是一種脆而硬的材料，加入增塑劑增加了鏈的柔順性，使得分子鏈更容易運動發生取向，因此加入增塑劑後可以誘導PLA結晶。表5-10給出了不同增塑劑對PLA性能的影響。

表5-10　加入不同增塑劑的PLA的熱性能和力學性能（括弧表示標準偏差）[26]

材料	T_g/℃	T_c/℃	T_m/℃	結晶度／%	彈性模數／MPa	斷裂伸長率／%
純PLA	58	無	152	1	2050(44)	9(2)
加甘油						
10%	20%	54	53	114	110	142
141	24.3	25.4	–	–	–	–
加檸檬酸酯						
10%	20%	51	46	無	無	144
142	12	20	–	–	–	–
加M-PEG						
10%	20%	34	21	94	75	148
146	22	24	1571(51)	1124(33)	18(2)	142(19)
加PEG1500						
10%	20%	41	30	105	85	152
148	17	25	–	–	–	–
加PEG400						
10%	20%	30	12	82	67	147
143	26	29	1488(39)	976(31)	26(5)	160(12)
加乳酸低聚物						
10%	20%	37	18	108	76	144
132	21	24	1256(38)	744(22)	32(4)	200(24)

注：1.M-PEG—M-月桂酸酯；PEG—聚乙二醇；PEG1500—數均分子量為1500的聚乙二醇；PEG400—數均分子量為400的聚乙二醇。

2.括弧中的數位為標準偏差。

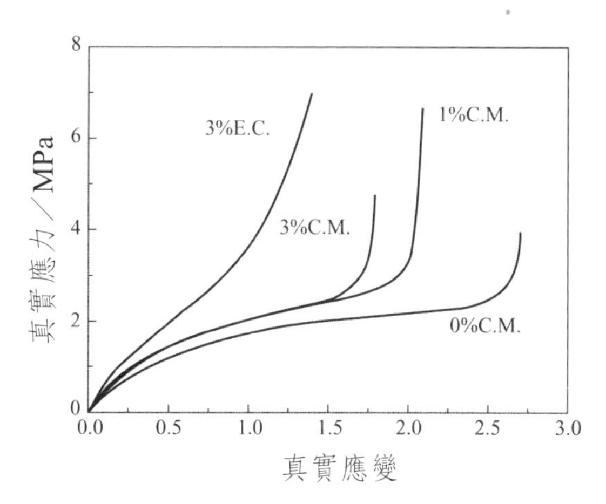

圖5-15 PLA/MMT薄膜雙向拉伸應力－應變關係曲線[27]
E.C.—押出成型；C.M.—熱壓成型

5.奈米微粒的影響

添加填料、共混、交聯或長支化，能夠使薄膜產生應變硬化，對提高薄膜等製品的加工性能非常重要。添加少量奈米有機黏土，能夠使無定形的PLA薄膜在較小的應變下產生應變硬化，從而產生「自平整」效應，有利於得到厚度均勻的薄膜製品，提高PLA薄膜的力學性能、光學性能等。圖5-15是PLA/MMT薄膜雙向拉伸應力-應變關係曲線（85℃，拉伸速率500%/min）。

三、取向度及其測定

測定取向度的方法很多，最重要方法是雙折射法，另還有聲速法、X射線繞射法、SALS、紅外二向色性法等。由於高分子中有不同的取向單元，因而採用不同的測定方法，所得結果的意義和數值往往是不同的。用偏光顯微鏡測定的雙折射反映鏈段的取向；聲速法測定的取向度反映整個分子鏈的取向；廣角X射線繞射法測得的取向度是晶區的取向度；染色二色法反映了非晶區大分子鏈的取向情況；紅外二色法可分別測定晶區和非晶區的取向度。

四、取向對聚乳酸性能的影響

取向對PLA的力學性能影響很大，能大大提高拉伸強度、彈性模數、衝擊強度和耐熱等性能。對單軸拉伸的PLA纖維或薄膜來說，取向可提高拉伸方向的力學強度，降低斷裂伸長率，而垂直於拉伸方向的力學強度則顯著降低。但如果取向度太高，使分子排列過於規整，分子間相互作用太大，則材料脆性增加，為了解決這個矛盾，可用慢的取向過程使大分子鏈取向，提高強度；然後再以快速使鏈段解取向，降低脆性，使材料及保持一定的強度又可以提高彈性減少脆性。雙軸拉伸薄膜可提高薄膜二維強度，使平面內性能均勻，各向同性。在平面的任一方向上均有較高的拉伸強度、衝擊強度和斷裂伸長率，且抗龜裂能力也有所提高。表5-11列出了高分子量PLA取向前後的力學性能比較，取向後PLA的力學性能與取向度、異構體含量有關。

表5-11　高分子量PLA取向前後的力學性能比較

性能	未取向	取向
拉伸強度／MPa	47.6 ~ 53.1	47.6 ~ 166
拉伸屈服強度／MPa	45.5 ~ 61.4	N/A
拉伸模數／MPa	3447 ~ 4000	3889 ~ 4137
Izod缺口衝擊強度／(J/m)	16 ~ 21.3	N/A
斷裂伸長率／%	3.1 ~ 5.8	15 ~ 160
密度／(g/cm^3)	1.25	1.25
玻璃轉化溫度／℃	57 ~ 60	57 ~ 60

第四節　聚乳酸的降解

PLA成型通常是在高溫和應力作用下進行的，PLA大分子由於受熱和應力作用或在高溫下受微量水分、酸、鹼等雜質及空氣中氧的作用而發生分子量降低或大分子結構改變等化學變化，這種變化一般稱為降解。其降解程度的大小反應了PLA的加工熱穩定性好壞。這種降解不同於在第九章介紹的生物降解。

一、聚乳酸的加工穩定性特徵

PLA熔點為170℃，起始失重溫度（D_0）為285℃，1%失重溫度（D_1）為295℃。PLA的熱穩定性在溫度超過熔點以上會迅速下降，在高於熔點10℃的溫度下維持較短一段時間，PLA的分子量便發生明顯降低[28，29]。因此，經過押出或者注塑成型等熔融加工以後PLA分子量通常比原材料的低，造成材料的力學性能下降。聚乳酸的加工熱穩定性差導致了PLA的熔融加工溫度視窗很窄，例如PLLA的加工溫度視窗只有12℃，而對於L-/D-含量比為90/10的PDLLA由於熔點低，加工溫度視窗能夠稍微寬一些，大約有40℃。事實上，PLA的穩定性比PS、PP、PE、PET的差，只和PVC相當，在加工過程中很容易發生降解。通過嚴格乾燥、純化和封端基都可以提高其熱穩定性。

二、聚乳酸的降解機理

加工方法條件以及PLA材料性質的變化會引起不同的降解反應。PLA在成型加工中的降解反應主要包括熱降解反應[30～32]、熱水解反應[33]、熱氧化降解反應[34]和酯交換反應[35]等幾種機理。

(一)熱降解反應

催化劑或殘餘催化劑的存在導致的熱降解反應是PLA降解的一個主要機理。PLA在較高溫度下長時間作用或在高溫下短時間作用都會發生熱降解，導致分子中端羧基含量增加、黏度下降以及質量損失（生成揮發性產物）。熱降解動力學符合一級反應定律。熱降解和乳酸異構體的初始比例無關。在186℃和257℃之間，PLA質量損失的活化能是139kJ/mol[4]。

PLA降解主要發生在端羰基。Zhang[31，36，37]提出了在二價錫催化作用下PLA發生的「反咬」（back-biting）降解機理：

$$\mathrm{P}\!\left(\mathrm{CO{-}\underset{Me}{\overset{H}{C}}{-}O}\right)_{n}\!\mathrm{CO{-}\underset{Me}{\overset{H}{C}}{-}O}\cdots\mathrm{OC{-}\overset{Me}{HC}{-}OH} \longrightarrow \mathrm{P}\!\left(\mathrm{CO{-}\underset{Me}{\overset{H}{C}}{-}O}\right)_{n}\!\mathrm{H} + \text{(Me—CH—O—C(=O)—CH(Me)—O—C(=O)，環狀丙交酯)}$$

PLA熱分解溫度受到殘留催化劑種類及含量、各種殘留的小分子、PLA分子量、複合組分等多方面因素影響。

1.催化劑殘留金屬量／單體量對PLLA分解溫度的影響

殘留催化劑會導致PLA的熱分解溫度降低。D.Cam[38]等人研究發現PLA熱分解溫度和殘留金屬量滿足以下關係：

$$T_{\text{dec}} = T_0 - N \ln m \qquad (5\text{-}11)$$

式中，T_0 = 330℃，是分子量23萬純PLLA的熱分解溫度；m是相對於聚合物的金屬的量（ppm，$\times 10^{-6}$）；N是影響因數，不同金屬，N不同，對於Fe、Al、Zn、Sn的N值分別為13.4，8.6，8.1和6.8。

過渡金屬能夠使酯基高度並列，因此加速酯交換反應，從而使高分子降解加劇。圖5-16表明，由於Sn和Zn對丙交酯聚合反應催化效果最好，因此和Fe、Al相比，造成PLA的熱分解溫度較高。幾種金屬催化劑中對PLA降解影響程度按照以下順序遞減：Fe>Al>Zn>Sn。

乳酸、丙交酯等小分子化合物會導致PLA的熱分解溫度降低，如表5-12所示。如果對樣品在150℃進行等溫熱處理，結果如圖5-17所

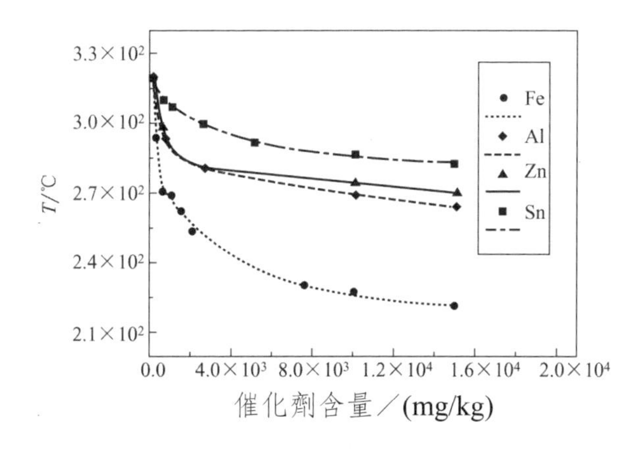

圖5-16 錫、鋅、鋁及鐵對PLLA分解溫度的影響

表5-12　單體對PLLA分解溫度的影響

單體%（質量百分率）	添加L-乳酸的PLLA的熱分解溫度／℃	添加L-丙交酯的PLLA的熱分解溫度／℃
0	1	5
10	20	50
324	322	321
319	316	308
324	323	322
319	317	309

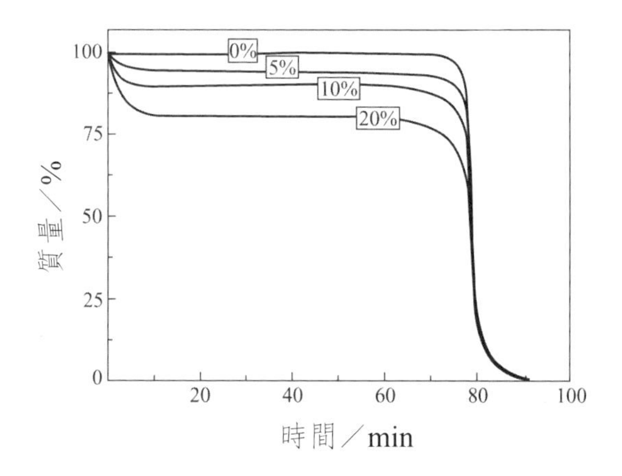

圖5-17　單體對PLLA降解溫度的影響
150℃下等溫60min熱重分析，加熱速率10℃/min，樣品中L-乳酸的質量含量分別為0%，5%，10%，20%

示。單體含量越多，重量減少得越多，但是T_d不隨單體含量而改變。說明60min熱處理能夠成功地移走小分子物質，而不影響材料的熱穩定性。

從以上分析看出，當單體含量為1%～2%（質量分數）時，PLA的熱分解溫度降低大約1～2℃；而含量相同的殘留金屬卻導致PLA熱穩定性急劇下降，對應於Fe、Al、Zn、Sn，PLA的熱分解溫度分別降低了110℃、70℃、60℃和50℃。說明殘留金屬種類及濃度是影響PLA熱穩定性的關鍵因素。對聚合物提純從而減少催化劑的殘餘量，能夠有效抑制PLA熱降解。提純不僅僅去除游離的催化劑，也要去除殘餘乳酸、丙交酯和其他雜質。

2.PLA初始分子量的影響

用TGA測定（升溫速率10℃/min）不同黏均分子量聚乳酸的熱分解溫度發現，隨著M_v增加，熱分解溫度迅速升高，如圖5-18所示。因為分子量越低，分子中端羰基所含比例越大，會促進熱降解反應。因此PLLA低聚物耐熱性差，並且在較低溫度下易發生分解。當分子量增加到一定程度後（14萬左右），T_d趨於平穩。這是因為和主鏈上酯基重覆單元相比，端羰基的比例可以忽略不計，所以PLLA的T_d受分子量的影響而變化不大，介於330～340℃之間。

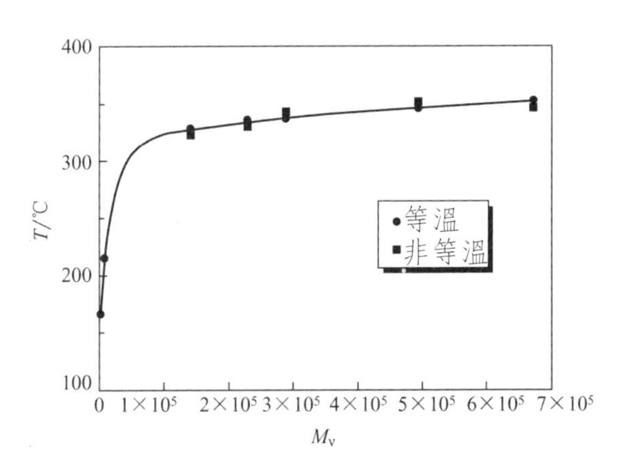

圖5-18 分子量對PLLA降解溫度的影響

3.填料的影響

填料種類、粒徑大小、表面處理的性質（酸鹼性等）等對PLA降解影響很大。通常，添加蒙脫土的奈米複合材料中PLA的熱穩定性提高，蒙脫土對可揮發的降解產物起到良好隔熱並阻止物質傳遞的作用。蒙脫土本身的熱穩定性、在複合材料中的含量以及在PLA基體中的剝離／插層程度直接影響了PLA基體的熱穩定性。

Chang等人[39]採用TG深入研究了添加3種不同有機改性過的蒙脫土（OMLS）的PLA基奈米複合材料。表5-13總結了其研究結果。添加C16-MMT（經十六烷胺處理過的蒙脫土）或C25A（美國南方黏土公司生產的蒙脫土，牌號Cloisite25A）的混合物中，複合材料開始降解的溫度（T^{i}_{D}）隨著OMLS含量的增加直線下降。另外，由DTA-MMT（經十二烷基三甲基溴化銨處理過的蒙脫土）黏土製備的奈米複合材料在黏土的添加量為2%～8%（質量分數）範圍內初始降解溫度基本保持不變。這一結果表明複合材料的熱穩定性與製備複合材料的蒙脫土的熱穩定性直接相關。

Paul等人[40]也用TGA觀察到隨著蒙脫土含量的增加PLA奈米複合材料的熱穩定性提高，黏土的最大添加量為5%（質量分數）。進一步增加蒙脫土的含量，複合材料的熱穩定性降低。這一現象可以通過OMLS含量的函數中剝離／分層的程度來解釋。實際上，在少量添加時剝離結構起主導作用，單剝離的矽酸鹽的量不足以引起熱穩定性的顯著提高。填料的含量增加相對的提高了剝離的粒子，從而提高了奈米複合材料的熱穩定性。然而，當矽酸鹽的含量超過臨界值後，由於在聚合物基體中有限區域內的形狀限制使得這種高縱橫比的材料形成完全剝離的結構變得越來越困難了，因而熱穩定性不能得到進一步的提高。

表5-13 PLA/OMLS混合膜的TGA資料[39]

填料／%	C16-MMT		DTA-MMT		C25A	
T_D/℃	wt^{600}_R/%	T_D/℃	wt^{600}_R/%	T_D/℃	wt^{600}_R/%	0370
2	370	2	370	2	2	343
4	368	4	359	4	4	336
6	367	5	348	4	6	331
6	368	7	334	6	8321	8
367	8	329	7			

注：T_D是質量損失2%時的起始溫度，wt^{600}_R是600℃時的殘餘百分質量。

(二)熱水解反應

PLA受熱情況下容易發生如下式所示的水解反應：

$$\mathrm{H}\!\left(\mathrm{O}-\underset{\mathrm{CH_3}}{\overset{\mathrm{H}}{\mathrm{C}}}-\mathrm{CO}\right)_{n}\!\mathrm{OH}+\mathrm{H_2O}\longrightarrow \mathrm{H}\!\left(\mathrm{O}-\underset{\mathrm{CH_3}}{\overset{\mathrm{H}}{\mathrm{C}}}-\mathrm{CO}\right)_{n-m}\!\mathrm{OH}+\mathrm{H}\!\left(\mathrm{O}-\underset{\mathrm{CH_3}}{\overset{\mathrm{H}}{\mathrm{C}}}-\mathrm{CO}\right)_{m}\!\mathrm{OH}$$

PLA水解導致分子中的端羧基含量增加，而端羧基對其水解起催化作用，隨降解的進行端羧基量增加，降解也加快，這就是所謂的自催化現象。

無定形聚乳酸是一種有報導能夠吸水的高吸濕性聚合物。但是半結晶PLA只有百分之幾的水分吸收率[41]。樹脂中水分含量增加會加速PLA的熱水解反應。因此，樹脂的乾燥非常重要，優化乾燥條件能夠減少加工中的熱降解程度。

(三)熱氧化降解

加工過程中PLA會發生隨機斷鏈的熱氧化降解反應[42]，降解按照自由基鏈反應機理，導致鏈間和鏈端裂解。熱氧化降解是大分子的端羧基含量增多。

添加氨基蒽醌能夠抑制PLA分解產物的揮發速率，但是在降解反應初期氨基蒽醌卻不會影響反應速率。另一方面研究[41]發現氧氣能夠在PLA熔融加工初期提高一些PLA的熱穩定性，是因為氧氣的存在降低了二價錫的催化活性，從而減緩了拉鏈式降解的速率。

(四)酯交換反應

發生在分子內或者分子間的酯交換反應，包括酸解和醇解，是縮合聚合之聚合物在熔點附近或熔點以上的典型反應。熔融狀態下PLA的酯交換反應發展迅速，但是在低於熔點時同樣會發生。

分子內酯交換反應為：

$$\mathrm{P}\!\left(\mathrm{CO{-}CH(Me){-}O}\right)_n\mathrm{CO{-}CH(Me){-}O}\cdots\mathrm{OC{-}CH(Me){-}OH} \longrightarrow \mathrm{P}\!\left(\mathrm{CO{-}CH(Me){-}O}\right)_n\mathrm{H} + \text{(Me—CH—O—C(=O)—CH(Me)—O—C(=O) 環狀交酯)}$$

分子間酯交換反應為：

$$\mathrm{R^1{-}\overset{O}{\overset{\|}{C}}H_2{-}O{-}R^2} + \mathrm{R^3{-}\overset{O}{\overset{\|}{C}}H_2{-}O{-}R^4} \rightleftharpoons \mathrm{R^1{-}\overset{O}{\overset{\|}{C}}H_2{-}O{-}R^4} + \mathrm{R^3{-}\overset{O}{\overset{\|}{C}}H_2{-}O{-}R^2}$$

動力學研究表明酯交換反應是一種分子鏈的斷裂和重建同時發生的聯合型反應，反應結果生成了各種尺寸的環狀化合物。由於酯交換反應生成了環狀的低聚物或者單體，因此不會導致PLA的端基含量的升高。酯交換反應的機理是羥基參與了酯交換反應，減少端羥基含量可以抑制酯交換反應。例如通過對乙醯化作用降低羥基含量，能夠有效降低PLA的熱降解程度。

控制酯交換反應，可以從以下幾方面入手：

①降低熔融共混押出溫度，以免高溫降解。

②減小物料在螺杆中的停留時間，熔融體的停留時間愈長，酯交換反應的概率就愈大。

③避免使用具有酯交換催化作用的添加劑。

④選擇接枝共聚物作相容劑時，應選擇能與PLA端基發生反應的共聚單體。

三、聚乳酸在成型加工中的降解

PLA在聚乳酸押出、注塑、熱成型、纖維成型、吹膜及押出塗覆等熔融加工過程中，加工方法之條件以及PLA材料性質的變化會引起不同的降解反應。加工方法之條件主要包括加工溫度、加工時間、所施加應力及加工氛圍等，聚乳酸材料性質包括分子量及分子量分佈、L及D異構體比例、水分含量、殘留單體或催化劑以及雜質含量、複合組分性質及含量等。

1.加工溫度對聚乳酸分子量的影響

加工溫度越高，PLA降解程度越大，聚合物分子量下降程度更大，同時還使分子量分佈變寬，端羧基含量增加，色澤變黃，同時還會產生氣態和非氣態的分解產物。

2.聚乳酸中水分含量的影響

圖5-19是具有不同水含量的PLA在160℃熔融體流動速率隨保持時間的變化。當樹脂含水率低於100×10^{-6}時，PLA只有非常小的老化。而當含水率提高，PLA的熔融體流動速度從8g/10min提高到了14g/10min，90s以後變為17g/10min，降解得非常快。

3.不同加工成型方法的影響

雙螺桿押出機強烈的剪切作用使PLA經過押出後，分子量降低的程度大於射出成型加工後分子量的降低，如表5-14所示。PLA分子中，異構體含量不同，引起的分子量降低程度不同。

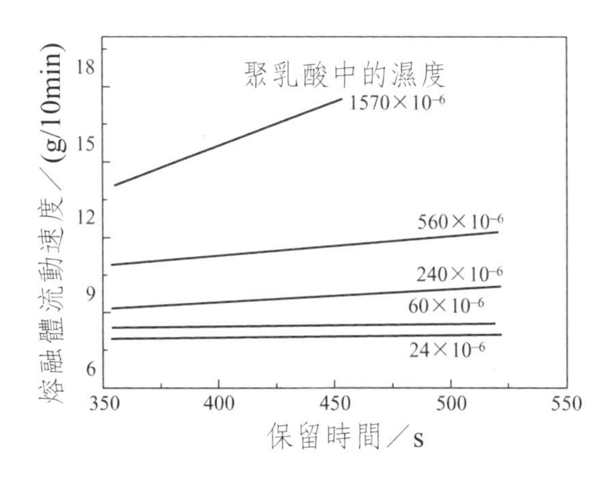

圖5-19 具有不同水含量的PLA在160℃熔融體流動速率隨保持時間的變化[13]

表5-14 加工方式對PLA（D-含量5%，Natureworks產品）分子量變化的影響[1]

加工過程	M_v	加工過程	M_v
注塑成型前	注塑成型後	187562	146571
雙螺杆押出前	雙螺杆押出後	187562	110654

表5-15 起始分子量對90/10(L/D, L)-PLA熱降解過程分子量的影響[1]

起始分子量	M_w（160℃，30min後）	下降比例／%	M_w（190℃，30min後）	下降比例／%
151000（M_n）	102000	32.5	84000	44.4
255000（M_w）	160000	37.3	104000	59.2
285000（M_z）	204000	28.4	142000	50.2
470000（M_n）	354000	24.7	228000	51.5
562000（M_w）	362000	35.6	223000	60.3
950000（M_z）	650000	31.6	390000	58.9

4.不同PLA起始分子量的影響

聚乳酸起始分子量不同，其分子量降低速率不同，起始分子量越高，在起始階段，分子量降低速率越快；但在後期，其降低速率變慢；而起始分子量較低的聚合物，雖在起始階段分子量降低較慢，但最先達到分子量變化平衡，如表5-15所示。

四、老化與性能

高分子聚合物在加工、貯存和使用過程中，受各種物理-化學因素的綜合影響，使性能逐漸變壞，喪失使用價值，這種現象稱老化，老化是一種不可逆化學反應。老化使高分子聚合物的力學性能（如強度、硬度、彈性等）下降，電性能變差，並有發黏、變色、發脆、龜裂等外觀變化。

引起老化的內因主要是高分子聚合物本身的化學結構和聚集態結構及製造過程中引入的雜質作用，外因是在加工、貯存、使用過程中的環境因素，如日光、氧氣、熱、機械壓力、工業氣體、黴菌等，其中熱氧和光氧作用是引起老化的主要因素，使聚合物發生氧化降解和交聯。

為延緩老化速度，延長材料使用壽命，可用添加抗氧劑、光穩定劑和熱穩定劑等抑制光、熱、氧等外因對高聚物的作用，也可用物理防護法使高分子材料免受外因作用。另一方面，改進聚合物結構、聚合和加工方法，提高材料本身的穩定性。

第五節　聚乳酸的押出成型

PLA可以纖維成型、射出成型、薄片押出成型、吹膜成型、熱成型和膜成型。Natureworks公司商品化的PLA以押出級、熱成型級、澆鑄成膜級、吹膜級和射出拉伸吹塑成型級瓶子和容器為商品名。日本的Mitsui Plastics公司生產的不同用途的PLA，商品名為LACEA。Unitika公司改性的各種PLA樹脂也可以進行各種加工。下面幾節將分別介紹PLA的押出成型、膜片加工、熱成型、注拉吹成型以及泡沫成型加工方法，PLA纖維成型加工方法將放在第七章中介紹。

一、聚乳酸樹脂的乾燥

在PLA加工時，所有的原料在使用之前都必須根據產品性能的要求，將空白切片、母切片或者回收料等進行精確、合理的配料並進行均勻的混合。

接著就要對混合好的切片進行充分的乾燥，這一點是非常重要的。因為PLA是一種容易吸潮水解的聚合物，它的平衡水含量高於PET樹脂，水解速率也比PET快。對片材、薄膜加工，PLA樹脂的水含量要控制在0.02%以下，對於纖維成型或在高溫下停留時間較長的加工過程，PLA樹脂水分含量要控制在0.005%以下，然後才可以送到押出機的加料斗，而押出機的加料斗還必須配備加熱乾燥，以免樹脂切片在停放過程中吸潮。在這個過程中要防止雜質、灰塵特別是金屬材料等進入加料斗。

由於PLA樹脂是一種容易水解的材料，要達到含水率小於0.02%還注意必須選擇合適的乾燥條件。可以採用目前大多數PET聚酯生產線使用的氣流乾燥法進行乾燥，樹脂進入預乾燥器時必須具有強烈的翻動或者攪動，從而保證PLA在乾燥過程中降解最少，不發生結塊，切片的結晶也很均勻。

為了保證PLA的乾燥質量，在乾燥過程中還必須注意以下兩個問題。

(1)乾燥溫度和乾燥時間　一般來講，乾燥的溫度越高，達到加工要求的含水率所需要的時間就越短。表5-16為含水量0.25%（質量百分比）的結晶PLA樹脂在不同乾燥溫度下達到含水率0.02%所需要的乾燥時間。值得注意的是，隨著溫度的升高，乾燥時間的增長，

表5-16　PLA粒料的不同溫度下的乾燥時間

溫度／℃	50	60	80	100
時間／h	10.3	8.0	5.0	2.8

PLA的降解就會越嚴重。因此，在乾燥過程中，既要達到所要求的含水率，又要使PLA不發生降解。實驗證明，結晶PLA樹脂的乾燥溫度最好不要超過80～90℃，而總的乾燥時間也不要超過2～3h，結晶PLA樹脂的乾燥溫度最好不要超過45℃，而總的乾燥時間也不要超過4～5h。如果PLA樹脂加工前在潮濕環境中時間存放時間過長，可以適當延長乾燥時間。

(2)乾燥氣體的濕含量　在PLA樹脂的乾燥過程中，加熱空氣的濕含量對切片中水分的蒸發速率有著重要的影響。在相同的溫度下，加熱空氣的濕含量越低，與切片濕含量的差值就越大，PLA樹脂中的水分就越容易蒸發而被熱空氣帶走。因此，要求用於乾燥PLA樹脂的熱空氣露點低於-40℃。

二、押出加工法

幾乎所有塑膠包裝應用中，都是首先將通常為粒狀的固體塑膠通過押出機轉化為熔融體，然後熔融體在加熱和加壓的作用下加工為各種實用的形狀。押出機可以用來生產薄膜和片材，使塑膠瓶吹塑成型機組的一部分，也是注塑或吹成型設備的一部分。

押出機的工作目的是利用熱、壓力、剪切等作用將固體塑膠原料轉化為均一的熔融體並將其傳送到加工過程的下一個階段。這一個過程常常涉及色母料等添加劑的混合，各類樹脂的共混以及回頭料的加入等。回收料是加工過程中產生的邊角料粉碎得到的。混合物的溫度和組分分佈必須是均勻的。由於單螺桿押出機混合效果通常不好，因而可以根據需要添加另外的混合裝置。聚合物黏性熔融體離開押出機的壓力必須足夠高，從而迫使熔融體通過口模並形成所需要的形狀，或者進入模具之模穴。

成型用單螺桿押出機是由押出成型部分、加熱冷卻部分和傳動部分三個部分組成。下面分別介紹。

(一)押出成型部分

押出成型部分主要由料斗、螺桿、機筒、過濾網、機頭組成。

1.料斗和進料口

料斗形狀是圓錐形的鋼製容器，體積以放滿塑膠殼生產1～2h為准。押出的許多操作都是自動化的，這是能夠通過真空加料器將原料送入料斗。為了利於色料或者其他添加劑，如抗氧劑和滑爽劑的混合，還可以採用某些特殊的設備。料斗的橫截面通常是圓形，目的是避免在物料流動路徑上產生停滯區域。加料口附近料斗的直徑逐漸減少，但變化太快則可能導致材料形成壓實的固體塞，即架橋現象，阻止原料進入押出機。

通常塑膠通過重力流入押出機。也有料斗採用螺桿強迫塑膠原料進入押出機的進料口。對於處理回頭料的系統來說，這一點特別重要，因為回頭料的加入使物料的密度發生了變化。料斗中也可以設置攪拌器，甚至設置葉片以清洗停留在料斗壁上的原料。有些押出機設有多個加料口，每個加料口都有各自的料斗。通常添加填料時可以採用這種方式。

對PLA這樣的加工溫度下容易發生水解的塑膠來講，應該使用可以對原料進行線上乾燥的料斗，防止已經乾燥的粒子在敞開的料斗重新吸收空氣中的水分。乾燥處理的方式有普通熱風乾燥、真空乾燥和去濕乾燥等，其中，去濕乾燥效果最好，各種去濕乾燥的具體組成和採用的設備雖然結構不同，但是基本流程大致相似。乾燥的熱空氣從底部進入料斗，自下而上吸收切片中的水分，然後從料斗上部排出，排出的濕空氣經過濾、冷凝後，由空氣脫濕裝置進行脫濕處理，最後經進一步過濾、加熱後進入料斗循環使用。脫濕裝置通常是兩個矽酸鋁分子篩脫濕床組成。脫濕床的主要特點是冷卻時可脫濕直至濕度達到飽和，加熱時能脫濕。為保證乾燥系統的連續工作，兩個脫濕床輪流工作，當一個脫濕床與冷濕空氣接觸吸收濕空氣的水分對其進行乾燥處理時，用熱空氣加熱另一個脫濕床，該脫濕床放出濕氣而再生。

去濕空氣含水率越低，則乾燥速度越快，切片含水率越低，因此對空氣去濕系統中的趨勢能力有很高的要求，一般去濕空氣的露點要求在-40～50℃。

2.螺桿

機筒由一個中空的管和一根螺桿組成。通常螺桿分為三段：加料段、壓縮段和計量段。標準單螺桿押出機上的螺旋線都是右旋的，螺桿沿逆時針方向旋轉。基本的螺桿設計中，僅有一條螺旋線，但也有在部分螺桿或整個螺桿上設計兩條螺旋線的。

(1)加料段　進料段的主要作用是接受從料斗來的固體塑膠，向前傳輸，消除加料速度的不均勻性，同時壓實固體床。進料段的螺槽體積不變，即是一個等距等深螺紋。在押出過程中固體輸送是很重要的階段。如果加料速度太低，螺桿處於饑餓狀態，押出機的產量將比預期的低。如果加料速度太高，塑膠的熔融可能不完全，使產品中可能含有熔融的粒料。

雖然螺桿的加料段和其他段是通過螺桿的幾何形狀來劃分的，但在押出機中實際塑膠熔融開始的位置也受到樹脂類型和加工條件的影響。

在押出機中，塑膠的輸送都是由與機筒之間的摩擦力完成的。沒有這種摩擦力，塑膠粒子只能繞著螺桿旋轉，停在原地不向前移動。改變螺桿設計、加工溫度或原料可以改變塑膠和機筒的摩擦，從而提高螺桿的傳輸能力。

(2)壓縮段　塑膠壓縮段的重要功能是熔融塑膠。壓縮段螺槽深度逐漸減小，對塑膠產生更大的壓力並迫使固體塑膠緊貼著機筒壁。押出機的外部加熱和塑膠與機筒之間產生的摩擦熱，特別是塑膠在螺桿剪切作用的剪切熱使塑膠軟化和熔融。對於機筒直徑小於5cm的小型押出機，大部分熱量由外部加熱提供。而對較大型的押出機，大部分熱量由剪切作用提供。在這些大型押出機中，機筒下部必須設置夾套，用水或冷空氣將多餘的熱量移走。

大多數單螺桿押出機設計都有利於固體粒子壓實並形成固體塞，隨後積聚在熔池中。理想情況下固體應該保持完整，直至完全轉化為熔融體，否則未熔粒子就可能和熔融體混雜在一起，引起成型問題。為了保證不熔固體不混入熔融體，可以採用屏障式螺桿設計。通常，雙螺桿押出機中物料的熔融比單螺桿押出機快。

(3)計量段　計量段的作用是在均化壓力、均化流量下使物料穩定地均勻地被押出口模，成形為質量良好的製品。所以，計量段螺槽深度不變，是等距等深螺紋。

(4)混合設備　單螺桿押出機實質上是柱塞流動設備，所以不能很好地混合各種添加劑和色料。因此物料的混合程度取決於進入料斗前的固態混合程度。為了獲得更好的混合效果，通常在押出機設計中使用特殊的混合元件，能夠對改善熔融體內部均勻的溫度分佈和組分分佈起到重要作用。混合元件的功能是產生回流，增加剪切。混合元件一般設置在計量段或者緊接在計量段後面。

混合元件的幾何形狀多種多樣，銷釘是混合元件最常用的。一系列軸向或周向排列的銷釘安裝在螺杆的某一段中，擾亂螺槽中的連續流動。也有將銷釘設置在機筒內壁的，但是不常用。其他混合元件還有鳳梨狀混合段等。在一個螺杆上，可以設置多個相同的或不同的混合區。在選擇最佳的混合元件設計時要遵循的原則是，通過分散和改變熔融體流動以及應力，尤其是拉伸應力的作用方向，以獲得充分的混合，並且把壓力降、死角以及成本降到最低。

(5)押出機的螺桿設計以及尺寸　押出機和押出機螺桿設計都是根據特定聚合物及其應用而制定的。最初的設計是根據電腦類比完成，然後在實驗中檢測並核實其預期性能。螺桿設計要考慮的參數有預期產量、聚合物性能（熱導率、熔點、溫度、黏度和剪切作用的關係、摩擦系數及和溫度壓力的關係等）以及螺桿尺寸（直徑、螺旋角、長度）等。

所需押出機的尺寸取決於產量。押出機的產量與螺杆直徑D的平方成正比。這是押出機的一個重要指標。另外一個重要指標是螺桿的有效長度和螺桿直徑的比值L/D，它決定了物料在押出機中的停留時間和產量的變化範圍。中國大陸的L/D一般在15～35之間，國外L/D最大可達49。包裝應用領域中使用的押出機螺桿直徑一般為5～20cm，長徑比為16～32。對PLA的押出成型，長徑比可以選擇在24～35之間。

螺桿加料段螺槽的體積和計量段螺槽體積之比，稱為壓縮比ε，即$\varepsilon = V_{加料段}/V_{計量段}$。對於加料段和計量段來講，螺槽體積都是不變的。壓縮比越大，產量越小，而製品質量越好。各種塑膠加工成型中，只有要求不同的壓縮比，才能有使用價值的力學性能。為此，選用押出機在壓縮比方面要能滿足該種塑膠所需的壓縮比。一般PLA的壓縮比在2～4之間。對於薄膜的加工來說，為了得到高度的製品強度，可以用較大的壓縮比。

3.機筒

機筒是外部安裝加熱裝置和鼓風機冷卻裝置、內部裝螺桿的管子。可以利用自動控制設備來加熱和冷卻的方式，嚴格的控制溫度在±2℃以內。機筒和螺桿可以是普通的碳鋼、錳鋼和38CrMoAl合金鋼。普通碳鋼生產的押出機只有3年左右的使用壽命，但價格低廉；38CrMoAl合金鋼價格昂貴，但是使用壽命在20年以上，表面還進行滲氮處理，表面的氮化鋼具有耐腐蝕、耐磨損、耐高溫的特性。為降低造價，採用雙金屬作為螺桿和機筒的材料；在同塑膠接觸的部分使用高級合金鋼，而非接觸的部分使用普通碳鋼。

機筒同塑膠接觸的表面應製造得比螺桿表面粗糙，這樣可以加大機筒壁與塑膠的摩擦系數，可以使塑膠在機筒內沿著由粗糙表面的機筒壁推進，避免塑膠附著在摩擦系數較低的螺杆表面。塑膠附著在螺桿表面容易造成螺桿被堵塞，也不利於快速熔融，因為熱量是從機筒壁傳入。為了達到上述要求，還採用在機筒壁的加料段的開設3～5

條溝槽，以加大摩擦系數。事實證明，機筒壁開設溝槽可以提高產量15%～20%，加快塑膠熔化。在螺杆中心開孔，安裝冷卻水冷卻加料段，使固體塑膠同金屬間的摩擦系數隨溫度的降低而降低，熔融體塑膠同金屬件的摩擦系數則相反，隨溫度的升高而降低。加料段螺桿冷卻水冷卻可以降低摩擦系數，避免塑膠黏附，將對PLA的押出成型非常有幫助。

4.過濾板和過濾網

過濾板和過濾網離開螺桿頭的距離以0.1D左右為佳，其作用是過濾去塑膠熔融體中的未塑化塑膠及雜質；使螺桿旋轉形成的旋轉流變為直流；通過過濾網和過濾板孔進一步得到壓縮，提高熔融體壓力。濾網有銅網和鋼網，鋼網放在靠近機頭處，而銅網放在過濾板處。過濾網放置的層數以及網孔的大小，應根據製品的性能要求、原輔材料的清潔情況以及工作環境的清潔情況而定。在生產厚壁管材、棒材時，也可以不放過濾網和過濾板，而在吹制薄膜時，過濾板和過濾網一定要有。在PLA吹膜的過濾網可以是80/80/120/120/80目數。通常使用周期較短的雙式切換器。過濾板厚度為1/4～1/3D的不銹鋼板，板上圓孔直徑為3～5mm，開孔濾為50%左右，以同心圓周或六角形狀排布。

在篩檢程式的前後都裝有測壓感測器，並以計量泵之前的壓力感測器作為壓力反饋控制系統的感測器，控制高精度計量泵或者押出機螺桿的轉速，從而減少機頭壓力的波動。這是提高薄膜厚度均勻性和成膜性的基本保證。

5.機頭

機頭由分流梭和口模組成。機頭是成形工具，也是塑膠流體溫度最高、壓力最大的地方。機頭設計要點是機頭的材質應耐高溫、耐腐蝕、耐磨損、高強度；機頭應結構簡單，緊湊且易拆卸、易安裝；機頭流道應光滑平整、呈流線形，不能有死角；機頭壓縮比與螺杆壓縮比應合適，一般機頭壓縮比在3～5倍左右，流道橫截面積應逐漸縮小，不能突然擴大。

分流梭的作用是固定口模中的芯棒；使熔融塑膠進一步受壓縮；進一步把旋轉流變為直流。為使熔融體料流平穩，芯棒和模套之間應有一段平直部分，其長度應為$L = K_2D$，其中L是芯棒和模套的一段平直部分長度；D是螺杆直徑；K_2是系數，1.5～3.5。對於熱敏性塑膠，如PLA，應選擇小一些的系數；而對非熱敏性塑膠，可以選擇大一些的系數。

(二)加熱冷卻部分

押出機的加熱冷卻部分是由安裝在機筒外邊的加熱器和冷卻用鼓風機組成。加熱一般採用電子圈或鑄鋁加熱器來加熱。所謂鑄鋁加熱器就是中間是電熱絲線圈，可以用此把電能充分轉變成遠紅外線熱能；尤其這絕緣和保護電熱絲在高溫條件下不被氧氣氧化而損壞。外面用熔融的鋁澆鑄而成，使用壽命長。冷卻由強制輸入的空氣或冷卻水完成。

在押出成型中溫度的控制非常重要。押出機沿著機筒方向至少有3個溫區，每個溫區都有加熱和冷卻裝置。大型押出機可以有8個溫區或者更多。每段溫區常在機筒上進行測量，而塑膠熔融溫度實際上可能與測量的溫度不同。也可以採用埋入探針的方法測量熔融體本身的溫度。口模也有一個或多個溫控區，但是通常只有加熱而沒有冷卻。儘管測溫電阻和紅外線溫度探測器可以用於溫度測量，但是常用的溫度測量方法還是用熱電偶。加熱器的開關控制元件更多是採用比例控制，這樣可以使熔融體溫度的變化更小。

塑膠押出的適宜溫度取決於塑膠的類型及分子量，也與加工流動性有關。溫度增加，塑膠熔融體黏度下降，產量增加，所需能量減少。但是溫度太高，有可能造成物料降解。PLA是對熱非常敏感的樹脂，有資料表明PLA的熱穩定性和PVC樹脂相當，遠遠低於PP、PS等樹脂，因此，PLA押出溫度盡可能低，一般設置在180～200℃。如果以無定形的PLA樹脂為原料，與料斗連接的加料段第一區溫度嚴格控制在50℃以下。

(三)押出機傳動部分

傳動機構是押出機的重要部件，通常通過無級變速電機來提供能量並控制轉速。電機一般運轉速度為1800r/min，因此在電機和螺桿之間還需要一個運轉速度為100r/min的減速器。螺桿轉速是押出機產量的主要決定因素。塑膠融融所需的熱量大部分來自於電機的轉動及料筒傳遞來的熱量。加工過程的能耗主要受聚合物熔融體的黏度（流動阻力）和由口模產生的背壓的影響。其中聚合物黏度取決於溫度、流率、聚合物分子量和分子量分佈以及聚合物產生的類型等。如果供能不足，那麼押出機產量將由於樹脂熔融的能力下降而受到限制。

第六節　聚乳酸的射出成型

射出成型是將塑膠熔融體受壓力射入模具並冷卻成型的過程。射出成型是一種廣泛應用在包裝、日常用品、電子電器、汽車等領域的成型加工方法。

在包裝中，這種成型方法常用於生產可以多次使用的食品容器、桶、箱等容器以及某些包裝部件的成型。成型吹塑PLA瓶型坯也是射出成型方法的重要用途之一。

一、射出成型過程

PLA射出成型過程中，首先將PLA粒料輸送加入到射出機中。射出機實質上與用於生產流延薄膜和吹塑薄膜的押出機類似，不同之處只是射出機中的螺桿可以在料筒中前後移動，即所謂的往復式螺桿。隨著螺桿轉動，塑膠向前輸送，經過壓實、排氣和塑化，熔融的塑膠不斷地集聚到螺桿頂部與噴嘴之間，而螺杆本身受熔融體壓力而後移，當積存的熔料達到要求射出量時，螺桿停止轉動，在液壓力或機械力驅動下前移，使熔料以較快的速度經由噴嘴注入溫度較低的閉合的模具中，通常在充模完成後，壓力升高到較高的值並維持不變，這個過程稱為保壓過程。經過一定時間保壓、冷卻定型以後，開啟模具即得到製品。

二、射出成型機

通常採用射出量和鎖模力來表示射出機的規格，但二者並不是直接相關的參數。其他重要的參數還有長徑比（*L*/*D*）、料筒尺寸、塑化率、射出率和射出壓力。射出機的主要部件包括射出系統、鎖模系統以及模具三部分。

(1)熱流道簡單的模具設計中，製件頂出後，流道中固化的塑膠也同時頂出而且必須修除掉。如果流道中的熱量能得以保持或不斷供給熱量，以使塑膠維持熔融狀態就可避免上述情況發生。將流道嵌在定模內並保持絕熱，流道中之熔融體在正常的射出成型周期中就不會固化；而更為複雜的模具中則採用加熱流道系統或熱流道來保持塑膠處於熔融狀態，在這種系統中，流道中塑膠熔融體在下一成型周期首先進入模具，這就縮短了成型周期，大大減少了邊角料。對PLA的射出成型，建議使用熱流道系統。

(2)排氣系統同熱成型模具一樣，射出模具也必須設計排氣系統，否則殘留氣體會引起PLA製品的降解、不能準確地充模以及其他不良現象等。最簡單的方法是在型芯和型腔的分型面上開設排氣孔，對大型製件這可能還不能完全排除氣體，需要增開排氣口。

三、射出成型加工法條件

射出成型加工法的核心問題就是採用一切措施以得到塑化良好的塑膠熔融體，並把它射出到模具中去，在控制條件下冷卻定型，使製品達到合乎要求的質量。因此最重要的加工條件是足以影響塑化和射出之充模質量的溫度（料溫、噴嘴溫度、模具溫度）、壓力（射出壓力、模腔壓力）和相應的各個作用時間（射出時間、保壓時間、冷卻時間）以及射出周期等。而那些會影響溫度、壓力變化的加工法因素如螺桿轉速、加料量及剩料等也是不容忽視的。

1.料溫

料筒溫度要設定在PLA的熔點以上，一般在180～200℃。一般隨料筒溫度降低，物料的停留時間延長。由於PLA對熱比較敏感，高溫以及較長的停留時間容易導致PLA降解。所以在具體溫度設定時要均衡溫度與停留時間的關係，還要考慮製品和模具的結構特點，可以經過多次調整試驗確定最佳值。為了保證餵料順暢，餵料段溫度一般盡可能設定在20～25℃較低溫度，尤其對於非結晶化處理的PLA材料。螺杆轉速要在100～200r/min，不能太高，否則局部剪切生熱嚴重也容易造成PLA的降解，影響製品性能。

2.模具溫度

模具溫度實際上決定了PLA熔融體的冷卻速度，它既影響PLA熔融體充滿時的流動行為，又影響PLA製品的性能。因此設定溫度時要保證充模時質量完整、脫模不變形，還要綜合考慮模溫對PLA結晶、分子取向、製品應力和各種力學性能的影響。例如為了提高添加了成核劑的PLA材料製品的結晶度，往往升高模具溫度至105～115℃並且停留一段時間。但是模具溫度升高同時導致製品的翹曲度、收縮率增大以及成型周期的延長，可以通過對材料組成調整等技術進行改善。

3.射出壓力

射出壓力推動塑膠熔融體向料筒前端流動，並迫使塑膠充滿模穴成型，所以它是塑膠充滿和成型的重要因素。主要起到三方面的作用：

①推動料筒中塑膠箱前端移動，同時使塑膠混合和塑化，螺桿必須提供克服固體塑膠離子和熔融體在料筒和噴嘴中流動是所引起的阻力。

②充模階段射出壓力應該克服澆注系統和型腔對塑膠的流動阻力，並使塑膠獲得足夠的充模速度及流動長度，使塑膠在冷卻前充滿模腔。

③保壓階段射出壓力應能壓實模腔中的塑膠，並對塑膠因冷卻而產生的收縮進行補料，是從不同的方向先後進入模腔中的塑膠熔為一體，從而使製品保持精確的形狀，獲得所需性能。隨射出壓力增大，塑膠的充模速度加快、流動長度增加和製品中的熔接縫強度提高，製品的重量可能增加，但是內應力也會增加。射出壓力與塑膠溫度實際上是相互制約的。所以射出成型中採用合適的溫度-壓力組合可以獲得滿意的效果。

4.射出周期和射出速度

完成一次射出成型所需的時間稱射出周期或總周期。它由射出時間、保壓時間、冷卻時間和加料時間以及開模時間、輔助作業時間和閉模時間組成。在整個成型周期中，冷卻時間和射出時間最重要，對製品的性能和質量有決定性影響。僅從時間上看，一般製品的射出充模時間都很短，約2～10s的範圍；保壓時間約為20～100s；冷卻時間以控制製品脫模時不翹曲，而時間又短為原則，一般為30～120s。這些時間隨塑膠和製品的形狀、尺寸而異，大型和厚製品可延長。

第七節　聚乳酸薄膜加工

透明的膜／片狀的PLA能通過利用T形口模押出機來生產。非取向薄片可以通過真空或是空氣中模塑成透明的容器和盤子。和聚氯乙烯相比，成型下垂相對要小些。其特徵是得到的模塑製品有很高的透明度，而且可以得到很好的尺寸精度。

通過拉伸，改變取向度和結晶度有可能提高膜或片狀物的抗衝擊性和耐熱性，達到與取向性聚丙烯或PET相同的強度和硬度水平，同時保持其高透明度。取向性的膜可以處理用於幹法層合、印刷合熱封或是其他應用，而且還可以用於不同類型的包裝。

通過在拉伸過程中最優化退火溫度，有可能把膜修飾成一個在重新加熱時可伸縮的形式。可伸縮性膜的應用也在期待中。

PLA是剛性的，因此很難吹塑成膜。通過在乳酸聚合過程中的共聚化技術以及將PLA與韌性聚合物或增塑劑的共混技術，可以提高PLA柔韌性，從而適合吹膜加工。主要的應用場合是要求雙向強度的各種包裝袋以及農用或建築用薄膜等領域。在食物包裝中，三層、五層或更多層的共押出結構是很常見的，大多用於穀類、肉類、點心和冷凍食品的包裝。

下面將分別簡單介紹PLA流延薄膜／片材、平膜法雙向拉伸薄膜和吹膜雙向拉伸薄膜、拉伸和收縮薄膜、共押出薄膜／片材的加工工藝及設備。

一、押出流延薄膜／片材工藝

在流延薄膜或片材的生產中，塑膠熔融體通過窄縫口模離開押出機，得到寬度遠大於厚度的矩形型材。經過冷卻鑄片輥鑄成後片，然後被導輥剝離，再經過張力調節輥和夾輥後收捲進入下一階段。流延薄膜和流延片材的生產過程基本上是相同的，薄膜與片材的區別僅在於兩者的剛性或柔性，但沒有明確的分界線。厚度小於等於0.003in（1in = 25.4mm）的材料通常認為是薄膜，而厚度大於等於0.010in的材料則認為是片材，厚度為0.003～0.010in的材料，如果相對柔軟，即為薄膜，如果相對剛硬，則是片材。

押出流延加工法流程如下：塑膠粒料乾燥→押出熔融塑化→T形口模流延→鑄片冷卻→表面處理→切邊→收卷。樹脂的乾燥在押出加工法中已經介紹，下面我們就其他各個工序的要求分別進行敘述。

1.押出－鑄片

PLA樹脂的熔融押出系統是由押出機、一次篩檢程式、計量泵、二次篩檢程式、靜態混合器以及機頭組成。押出流延加工法所用的押出機與押出加工法中描述的相似。押出機料筒溫度設定為180～200℃、T型模頭溫度200～220℃。

押出機通常採用鑄鋁塊加熱，雙波紋結構，出口壓力為10～15MPa，最高可以達到35MPa。押出的熔融體首先通過一次篩檢程式，濾網孔徑20～60μm。通常使用周期較短的雙式切換器。使用周期取決於原料中所含有的雜質，隨著使用時間延長，由於雜質積蓄堵塞，會使押出機的壓力升高，需要適時切換篩檢程式。二次篩檢程式的濾網孔徑則要小一些，通常為10～30μm。二次篩檢程式的孔徑大小取決於薄膜的用途。在生產電容薄膜、磁帶帶基等薄膜時，二次篩檢程式濾網孔徑較小；生產包裝用的薄膜時，二次篩檢程式的孔徑為20～30μm。過濾元件通常採用蝶片式。

在篩檢程式的前後都裝有測壓感測器，並以計量泵之前的壓力感測器作為壓力反饋控制系統的感測器，控制高精度計量泵或者押出機螺桿的轉速，從而減少機頭壓力的波動。這是提高薄膜厚度均勻性和成膜性的基本保證。

計量泵有二齒型和三齒型兩種，三齒型與二齒型比較，流量和壓力都比較穩定。

靜態混合器可以確保溫度的一致性、各種添加劑的最佳分散和熔融聚合物的均一性，對PLA的穩定加工起到很大作用。

生產PLA薄膜用的押出機機頭，可以採用通常PET薄膜生產時使用的T型衣架式自動控制機頭，通過薄膜測厚儀與自動反饋裝置來調節模口開度（也有的採用差動式螺栓進行手調）。機頭加熱溫度的控制精度、機頭內腔的光潔度以及加工精度要求都是非常高的，而且機頭內腔不允許有死角，唇口為直角，不能有損傷，安裝時要調節好機頭對冷鼓的傾斜角度，避免押出片材出現縱向條紋。機頭的長度取決於膜片的寬度，兩者的關係可以按下列經驗式進行計算：

$$Y = 3.45X + 5.83/2.45 \tag{5-12}$$

式中，Y為膜寬，cm；X為機頭長，cm。

2.鑄片系統

鑄片系統由鑄片輥、導輥、調節機構、靜電吸附機構和冷卻水循環機構組成。由機頭流出的聚合物熔融體，經過冷卻鑄片輥鑄成厚片，接著被導輥剝離，再經過張力調節輥和夾輥後收捲進入下一階段。

鑄片的冷卻系統是採用一個高精度、大直徑的冷卻鼓來進行單面冷卻，溫度設定在10～40℃。在低速時（冷鼓的線速度<85m/min）生產時，通常使用靜電附片法，使得押出的熔融體能夠緊貼著冷轉

鼓。在高速（冷鼓的線速度>90m/min）生產時，除了需要改進靜電附片裝置之外，有時還增加一個真空箱，或者使用真空附片法，進一步提高附片能力。當生產較厚的薄膜時，除了使用靜電附片裝置外，還需要使用風箱，甚至多加一個冷卻輥，進行雙面冷卻。

鑄片輥表面必須具有很高的光潔度，可以上下升降，由於PLA熔融體強度比較低，鑄片輥應儘量靠近口模。鑄片輥內部水冷在5s內能夠降溫至40℃以下，以防止鑄片結晶。如果採用多輥冷卻，溫度要逐步降低。導輥表面鍍硬鉻，張力輥和夾輥的上輥要附橡膠層，以增加摩擦力，夾輥的下輥要鍍硬鉻。

使用冷卻水來驟冷由押出機押出的厚膜，驟冷可以使厚膜快速通過高彈態而進入玻璃態，這樣可以使PLA來不及結晶，而形成透明度高的無定形PLA，便於拉伸。

3.收卷

製品冷卻後，薄膜通過測厚、表面處理和切邊工作，進行收卷。收卷的張力應該能夠自動控制，因為張力的波動會引起薄膜鬆緊度不一樣，而且還會影響收卷後薄膜的平整度，因此必須嚴格控制張力的變化規律，通常採用遞減張力收卷，即錐度收卷的方法。在給定初張力後，隨著卷徑的增大張力遞減，張力的調節範圍為0～50%。收卷的速度通常控制在60～150m/min，必須與薄膜的生產速度相配合。切邊採用剪切方式。

4.尺寸控制

由於熱收縮和彈性鬆弛，冷澆鑄方法生產的薄膜或片材比口模尺寸窄，並在邊緣上有增厚的現象，因而需要進行切邊。薄膜收卷時，其尺寸的任何不規則性都被擴大了。在流延薄膜中，±3%的尺寸變化是很常見的，這將在收卷輥上產生暴筋並引起後續操作的困難。有兩個主要的方法可減小暴筋問題。最早的方法是在薄膜收卷時產生擺動，使薄膜的厚度變化是隨機的。顯然，這種方法減小了薄膜幅寬並使邊角料增加。儘管邊角料一般都可加入到押出機中再度使用，但這不是想要的結果。現代方法是採用感測器在線測量料片的厚度，即用橫跨薄膜兩側的掃描探頭，沿長度和寬度方法測量薄膜的厚度。更完善的流延薄膜生產線還能夠將厚度測量的結果反饋到口模，並允許電腦控制的自動調節系統調節口模尺寸從而減小厚度的不均勻性。

5.廢料回收

在薄膜的生產過程中，各個階段都會排出一些廢料，廢料總量約為原料切片的30%（質量分數）左右。其中有5%是乾燥和押出過程中排出的粉末和渣塊，容易影響產品的質量，不能直接回收使用外，其餘的25%（主要是切邊廢料等）都可以經過粉碎造粒與新切片混合使用。要注意的是所有回收的廢料都必須保持乾淨，不能混入機械雜質和其他雜物。回收的廢料最好是通過排氣式押出機造粒與新料一起使用。無定形PLA回收料的添加量不能超過40%（質量百分比），而結晶化處理的PLA回收料可以添加多一些。據NatureWorks公司介紹，再結晶的PLA回收料100%（質量百分比）加回到加工過程中，也沒有造成工程控制和片材質量問題。

二、押出雙向拉伸聚乳酸薄膜加工法——平膜拉伸

(一)雙向拉伸加工法的特點和分類

雙向拉伸加工法是20世紀60年代末發明的一種生產薄膜的加工法。由於經過雙向拉伸，塑膠薄膜的性能大幅上升。例如，BOPP薄膜的性能相當於流延或吹脹法生產的尼龍薄膜強度。因此，押出雙向拉伸加工法發展很快，70年代已經風靡全球。各種各樣的薄膜拉伸設備已有市售，不僅在薄膜上，而且在容器生產上已廣泛採用。例如，雙向拉伸的PET瓶成為包裝碳酸類飲料的首選包裝材料。著名的可口可樂公司差不多70%以上是使用押拉吹或注拉吹PET瓶。雙向拉伸加工法可以大幅度減少塑膠材料用量並大幅度提高製品性能。

雙向拉伸加工法有管式吹膜法雙向拉伸或平膜法雙向拉伸。雙向拉伸的設備有二步法雙向拉伸和同步法雙向拉伸。對於高彈態下結晶速度快、結晶度高的聚合物來講，適用於同步雙向拉伸；而對於結晶度低、結晶速度較慢的聚合物而言可以採用逐級雙向拉伸加工法。這是因為在高彈態下，首先進行縱向拉伸時，結晶度高且結晶速度快的聚合物在第一步縱向拉伸時，就大量結晶，因為雙向拉伸有利於結晶速度的增加。結晶的塑膠是不能拉伸的，否則將會破壞已經形成的晶體，從而降低薄膜的性能。三種雙向拉伸加工法的比較列於表5-17中。

同步雙向拉伸可以生產很薄的薄膜（厚度在0.5～1.5μm），用於國防、高科技上，但是同步雙向拉伸的拉伸倍率比逐級雙向拉伸小，一般僅3～5倍；而逐級雙向拉伸可達到8～10倍。同步雙向拉伸厚度

表5-17　三種雙向拉伸加工法的比較

專案		平膜拉伸法		管膜拉伸法
		逐級雙向	同步雙向	
生產性	設備費用	大	更大	中
	廢邊損失	多	多	無
	薄膜寬度	廣	較廣	中
	製膜速度	高	高	中速
	拉伸倍數	較大	較小	較小
產品質量	物性方向性	差	差	良好
	衝擊強度	差	稍差	良好
	透明性	差	稍差	良好
	厚度均勻	良好	良好	稍差
	尺寸穩定	良好	良好	稍差
	結晶度	高	高	稍低

均勻性比逐級雙拉好，但由於同步雙向拉伸設備的價格十分昂貴，是逐級雙拉價格的2.5倍；而且同步雙拉的操作參數擠拉設備率的控制都相當嚴格，操作範圍小，產量較低。中國大陸目前進口的設備都採用逐級拉伸的設備。

(二)平膜法逐級雙向拉伸加工法及設備

平膜法逐級雙向拉伸加工法流程如下：樹脂進入押出機→T形口膜押出厚膜→驟冷→加熱輥筒加熱到高彈態下的拉伸溫度→縱向輥筒逐級拉伸→橫向拉伸→熱定型→冷卻輥逐級冷卻到常溫→表面處理→收卷→分切機分切成產品規格→包裝出廠。

對於平面雙向拉伸PLA薄膜的生產來講，可以使用現有的雙向拉伸PET薄膜的生產線，其樹脂乾燥、押出鑄片加工法和設備和前面章節介紹的相同。這裡主要介紹縱向拉伸、橫向拉伸及熱定型工序和設備特點。

1.縱向拉伸

雙向拉伸PLA薄膜的縱向拉伸是以大間距的一點或者二點拉伸法為主。縱向拉伸系統由前張緊、預熱、拉伸、冷卻和後張緊輥組、紅外線加熱器以及傳動、自動鏈條穿片機構、加熱和冷卻循環系統等組成。

在高速雙向拉伸聚酯薄膜生產線中，縱向拉伸機最後幾個預熱輥的表面需要噴塗聚四氟乙烯或者陶瓷，以防止鑄片在高溫下發生黏輥現象。拉伸冷卻之後則可以採用鍍鉻金屬輥。

縱向拉伸輥組的排列有交錯形和一字形兩種。前者膜帶的包角大，受熱時間長，預熱充分，但是維修不太方便。日本東芝機械的縱向拉伸機就是交錯排列的。

拉伸過程前段為慢速（6.5～65m/min），後段為快速（10.5～210m/min），前慢後快，根據給定的拉伸倍數調節輥的速度。前張緊輥3個，表面附有橡膠層，以增加摩擦力；預熱輥為5個從動輥，表面鍍硬鉻並拋光，以免劃傷薄膜表面，輥筒內通熱水，溫度約為90℃；拉伸輥2個，前為慢輥，後為快輥，薄膜在兩個速差輥間被縱向拉伸，在拉伸區的上方裝有紅外線加熱裝置，紅外線加熱器的加熱功率是可以調節的，其橫向溫度的分佈必須是很均勻的。紅外線加熱器與薄膜之間的距離可以調節，拉伸區的溫度控制在60～80℃。冷卻輥為3個，其質量要求與預熱輥相同，輥內通30～40℃的水對縱向拉伸薄膜進行急冷。出口端為3個後張緊輥，其輥的質量與前張緊輥相同，除前後張緊輥為主動輥，由電機帶動外（功率後輥大於前輥），中間的輥從預熱輥到冷卻輥都是從動的，這樣可以避免劃傷薄膜表面。此外，各輥筒的平行度和間隙要嚴格控制，通常縱向都是可以調節的。日本製鋼所推薦一字形排列。

薄膜在縱向拉伸時，適當的加熱溫度和穩定的拉伸速度是保證薄膜既不打滑又具有良好性能的關鍵因素。縱向拉伸比是決定PLA薄膜的縱向力學性能的重要加工參數，是根據薄膜的性能要求來決定的。不同產品要求，其縱向拉伸比也不同。通常來講，PLA薄膜的縱向拉伸比是2～4。此外，縱向拉伸機進出口的張力必須根據生產薄膜的厚度來進行調節，這樣整個生產過程才能穩定。在拉伸時，輥筒的表面一定要保持乾淨，不能有損壞，不能黏附異物，否則會影響薄膜的表面性能。

2.橫向拉伸

縱向拉伸的片材過渡到橫向拉伸機後，通常需要經過預熱、拉伸、熱處理、冷卻4個階段。橫向拉伸強化膜時可以分為進口段、預熱段、拉伸段和熱穩定段；而對於平衡膜在穩定段後還有熱定型段和冷卻段。

薄膜的橫向拉伸比和熱處理的溫度取決於薄膜的用途。對於熱收縮薄膜，橫向拉伸比應當較大，熱定型區的溫度要低，鬆弛量要小；對於尺寸穩定性好的雙向拉伸膜，熱定型的溫度應該較高，鬆弛量應該較大；對於縱向力學性能要求高或者較厚的薄膜，橫向拉伸比則較小；而對於橫向厚度公差小、縱橫兩向性能非平衡的薄膜，橫向拉伸比可以大一些。

橫向拉伸系統主要由進出導輥、薄膜夾子、軌道調幅機構、熱風循環系統、主傳動機構和保溫殼體等組成。

在橫向拉伸機內，由於拉伸、定型、冷卻3個區域的加熱溫度相差很大（拉伸區最高溫度為80℃，定型區最高溫度為140℃，冷卻區的溫度為30～40℃），因此，在薄膜橫向拉伸機定型區的前後位置，必須各設一個沒有加熱的緩衝段，避免定型段的高溫影響相鄰區域。此外，定型溫度太高對夾具和鏈條都有影響，要考慮到夾具和鏈條的冷卻問題。鏈條和夾具通常是在鏈條的回軌處進行冷卻的，多數是採用冷風進行強制冷卻。

橫向拉伸機的鏈條是在高溫、高速的情況下連續運轉的，生產過程中要求夾具和鏈條都要平穩運行。因此，要保證鏈條和夾具潤滑充分，還要避免潤滑油污染薄膜。由於生產線的生產廠家不一樣，各廠家的夾具也不一樣，而且性能也有差別，總體來講有兩種類型，即滾動型和潤滑型。

熱風循環系統主要由風機、加熱器、篩檢程式、靜壓箱體等組成。所用的風機為低壓頭大風量的軸流風機，通常採用側面吹風的方法。溫度和風速都要保持穩定、均勻。

值得指出的是橫向拉伸倍數（橫向拉伸比）對薄膜性能的影響。在生產雙向拉伸薄膜的過程中，為了方便調整工藝條件，及時改變薄膜的性能。人們常把拉幅機橫向拉伸之後兩條導軌的幅寬與拉伸前兩條導軌的幅寬（或者對應夾口的寬度）之比，定義為薄膜的橫向拉伸比。PLA薄膜的橫向拉伸比通常控制在3～5左右。

由於橫向拉伸是成型薄膜過程中薄膜處於最薄弱的階段。拉伸設備的好壞直接影響薄膜的質量。因此，好的拉伸機必須具備以下的條件：拉幅機鏈夾要求運行平穩、可靠；加熱溫度穩定，橫向加熱溫度分佈均勻、波動小；傳動系統穩定；薄膜的張力控制要求穩定；具有靈活的調幅系統；設備運轉時不容易對薄膜造成污染。

3.二次縱拉伸機

生產PLA強化薄膜時，橫向拉伸後還要進行二次縱拉伸。二次縱拉伸的設備與一次縱拉伸基本相同，只是薄膜的幅寬增大了，預熱輥和冷卻輥的數量減少了一些。通常，經過二次縱拉伸製成高縱向拉伸強度薄膜。

4.薄膜的熱定型

根據定型膜的產量和規格要求來確定熱定型的條件，通常機內定型溫度為120～140℃，保持薄膜出口的幅寬相同。結晶性聚合物通過拉伸和熱定型後再遇熱，收縮率很低，有良好的尺寸穩定性。

熱定型機的結構和形式與橫向拉伸機的結構基本相同。熱定型機的總長度和夾子數以及其他各部件的規格是根據定型膜的產量和規格要求來確定的。

熱定型區的溫度是橫向拉伸機內最高的溫度區域，由於高溫區與相鄰功能區各段的溫度與導軌幅寬的變化是根據產品的性能來確定的。熱定型區的溫度常是120～140℃；處理的時間為3～6s。在生產熱收縮膜時，拉伸之後不但需要保持更多的分子鏈取向，還不希望有太多的結晶形成。對於這類薄膜，通常拉伸之後不需要進行熱處理；而用於印刷、燙金、塗覆的薄膜則不同，生產時定型區不但需要用較高的加熱溫度，而且還必須有足夠長的熱處理時間。

如果要求熱收縮率低的薄膜，在熱定型處理之後都要適當地減少橫向張力，使薄膜在高溫下得到一定的應力鬆弛，讓分子鏈有一定的收縮，這樣可以使薄膜的尺寸穩定性得到提高。而鬆弛量的大小可以通過改變薄膜的橫向幅度來達到。

5.冷卻段的作用

橫向拉伸機最後的區域是冷卻段。其原理是利用風機吸入乾淨的新鮮空氣並和部分循環空氣混合，然後經過通有冷卻水（水溫30℃）的熱交換器進行冷卻，冷卻後的空氣從上下兩個方向吹向薄膜的表面。

冷卻的作用當然是為了防止薄膜在較高的溫度下產生蠕變，從而影響薄膜的性能。冷卻段的加工條件（包括溫度、停留時間、冷卻風的淨化情況）取決於所要生產的薄膜的品種。

三、押出雙向拉伸聚乳酸薄膜加工法——吹膜法雙向拉伸加工法及設備

1.吹塑薄膜

管膜法雙向拉伸加工法流程如下：樹脂進入押出機→圓形口膜押出厚膜→冷卻水驟冷→提升管加熱到T_g～T_f之間的拉伸溫度→橫向吹脹拉伸→夾膜輥快速牽引→剖切→收卷。然後，在熱定型機上經放卷→加熱到比雙向拉伸溫度高而比T_f低的溫度下熱定型→保持同拉伸一樣的張力下經過一定的時間→經過多個冷卻輥筒緩慢冷卻到常溫→電暈處理→收卷。

吹塑薄膜的加工是連續的操作過程，即熔融後的熔融體受迫通過環形口模形成管坯，向管坯中吹入空氣形成泡管並冷卻下來得到薄膜。通常空氣一直吹在泡管外以冷卻薄膜。為了提高生產效率，也可同時採用泡管內冷卻方式。生產過程中，薄膜在縱向和周向上同時受到拉伸，產生了薄膜的雙軸取向。拉伸作用的大小和程度決定薄膜的取向度。在吹塑過程中，周向拉伸是固有的，而縱向拉伸則由押出機

和加緊輥之間對薄膜的拉伸來實現。

薄膜的性能由吹脹比和生產線速度決定。吹脹比即薄膜泡管的最終管徑與口模直徑之比。將管坯吹脹成為泡管的內部氣壓一般均由通入口模內部芯軸的進氣口模提供。一旦生產過程穩定運行，泡管內部的空氣損失通常很少，因而空氣的補充量也很小。使用泡管內部冷卻方式時，泡管內要進行不斷的換氣。

薄膜在各種導向和定型裝置的輔助作用下通過吹塑薄膜收卷架。在「冷凍線」上，薄膜從熔融體狀態轉變到半固體狀態，但在收卷架中向上運動時，還是很容易變形。然而，薄膜的取向通常在這一點就已經完成。當薄膜充分冷卻後，泡管就由夾緊輥折疊並捲繞起來，然後切開也可不切開，或進行邊折或其他處理。因此，薄膜吹塑方法既可生產管膜，也可生產平膜。

對透明性和尺寸均勻性而言，吹塑薄膜比流延薄膜的質量稍差。這主要是由於薄膜吹塑過程的冷卻速率較慢，較慢的冷卻允許製品有時間去獲得較高的結晶度，產生較大的晶體，使薄膜的霧度較高，但其有較高的阻附性能。吹塑薄膜的冷卻比在流延薄膜中更加不均勻，導致厚度變化更大。由於微小的不同心性和模口中缺陷的隨意性都可能使薄膜卷的外形產生明顯的不均勻性。在押出過程常常讓口模旋轉或振動，從而使薄膜厚度的變化具有隨機性，得到厚度均勻的薄膜卷。由於風環缺陷或通風氣流引起的室內空氣不均勻流動也可能影響薄膜尺寸的變化，這種變化也可通過模唇旋轉或擺動而隨機分佈。吹塑薄膜的尺寸變化通常在±7%以內，有時也可能更高。

吹塑薄膜過程一旦正常運行起來，由於不需要切邊，所以產生的邊角料很少。然而，要使生產線正常運行則比流延薄膜更複雜，因而在生產開始階段產生的廢料更多。所以吹塑薄膜生產線更適合於大批量生產，而不適於常開常停的情況。

2.吹塑薄膜押出

聚合物熔融體離開押出機後，進入連接管和口模接套。通常的連接管並不具有先進的技術，唯一的要求是盡可能短並避免死角（料流被中斷的區域）。口模接套將聚合物熔融體的流動方向從水平轉為垂直，在共押出時，還要保持聚合物流體以分離狀態直到傳送至口模處。如果口模要旋轉或擺動，接套還必須為之提供必需的支撐面，以及運動聚合物螺槽的密封。密封設計技術是一向挑戰性的工作，這一領域中的許多進展都是專利技術。在共押出熔融溫度和熱穩定性能變化範圍都很大的聚合物時，必須用靜止空氣隙對熔融體槽隔熱。這種方法還不能說是完全成功的，因為它帶來了更多的系統清潔工作。如果使用固定口模，後續步驟就必須將任何尺寸的不均勻分散到整個輥幅上。

3.吹塑薄膜口模

現在製造吹塑薄膜的大多數口模都採用螺旋槽口模。在螺旋料道口模中，聚合物熔融體從幾個進料口引入螺旋料道中。然後部分熔融體在料道上以及料道和口模壁之間流動。這種塑化料流可減小熔融體中任何溫差。當熔融體沿著螺旋料道前進，螺旋逐漸消失，熔融體進入用於使熔融體消除剪切歷史的鬆弛腔中。熔融體鬆弛後進入口模成型區，在離開口模時獲得所需的最終形狀。

在共押出過程中，口模中的每一種聚合物都有各自的螺旋料道和鬆弛腔，因此共押出口模的體積可能很大。鬆弛腔以後，各種聚合物熔融體流必須組合起來。組合部分的設計因其押層數和聚合物種類不同而不同。最簡單的是在口模成型區前將所有料流在很小的一段中組合在一起。如果口模很大，而且共押層數很多，所用聚合物的黏度相差很大，為了更有效地控制，可採用多個組合段。黏度相差很大的聚合物熔融體並不能在一起穩定流動，因而這時料道的長度必須盡可能短，黏度最低的聚合物熔融體趨向於移向料坯外部。

同押出機的設計一樣，由於這一系統中必須滿足各種材料的成型要求，所以口模料道的設計通常只能折中處理。為連接層和遮罩層聚合物設計的料道通常很小，因為這些材料的用量很小。如果少量聚合物熔融體進入大型押出機或口模料道中，可能由於停留時間超過聚合物的耐熱程度而出現問題。

口模尺寸由口模成型區開口處的直徑表示，稱為口模間隙。間隙尺寸依賴於所加工的聚合物的類型和產品尺寸。重要的參數是拉伸比，即押出物被拉伸而離開口模的速度與口模處的熔融體押出速度的比率。對於單層薄膜，經驗規則是支鏈聚烯烴僅能夠承受16：1的拉伸比，這是因為熔融體種由於鏈纏結作用而引起的應變硬化所致；而線型聚合物如HDPE或LLDPE則能在160：1的拉伸比下加工。如果拉伸比太高，泡管就會撕裂。共押出體系中，因為採用的各種聚合物都必須同時產生同樣的回應，所以口模間隙的選擇更複雜。但是，按拉伸強度的質量平均值能夠得到較好的估計結果，而且熔融體的特性也一般由含量最多的組分控制。

口模成型區是口模中口模間隙恆定的那一段，正位於聚合物熔融體離開口模前的地方，口模成型區長度由所要求的剪切取向程度決定。一般地，口模成型區與口模間隙比在5：1和30：1之間，最常用的是10：1。

口模間隙越小，在聚合物熔融體上產生的剪切應力越大，進而使聚合物取向增加，力學性能提高。然而，如果剪切太高，熔融體不穩定性增加，薄膜表面質量下降甚至發生熔融體破碎，將口模模唇溫度保持在在比口模其他部分高得多的條件下，有助於減少這些難題。

除了口模間隙本身，口模間隙的同心性也很重要。由於聚合物熔融體押出形成環形，要得到均勻的產品，押出物外壁和內壁必須對準中心。一種方法是用螺釘調節外部環的位置，這樣簡化口模的製造，但對高質量產品的生產，操作員調節的工作量可能相當大；另一種方法是使用機加工的口模部件，在裝配時就精確定位，並保證足夠的牢固性保證裝配完成後部件的位置不發生相對移動。

4.風環冷卻和泡管內冷卻

泡管的冷卻是決定薄膜最後性能的有一個重要步驟。最初的風環實際上就是環繞泡管的帶孔的管子。現代技術已應用空氣動力學知識開發了雙唇風環和泡管內冷卻系統，這大大地提高了生產效率和薄膜的均勻性。

雙唇風環冷卻設計有兩個氣道。第一個氣道設計用於固定泡管的形狀並在口模上方幾個直徑以內賦予泡管穩定性，第二個氣道在泡管外表面形成主要的冷卻。泡管內冷卻方法可以從泡管內外兩側進行熱傳遞，從而進一步提高了薄膜尺寸的均勻性。對於幅寬很大的泡管，泡管內冷卻是獲得高生產率的唯一方式。對任何幅寬的泡管，泡管內冷卻都能夠提高生產線的最大產量。對泡管內空氣的利用和排出，最新的泡管內冷卻系統還應用了空氣動力學設計。現在已經可以對泡管冷卻進行自動控制，這有助於獲得精確的泡管尺寸。現在常採用定型罩或超聲測量環來控制消耗空氣的體積流量並保持泡管尺寸穩定。

5.夾膜框

當泡管接近加緊輥時，泡管的形狀必須由圓形管狀變為平整的形狀。雖然泡管看上去是對稱的，但通過對泡管尺寸嚴格測試表明在泡管周向上每一點所經過的路徑都是不同的。

現在仍普遍使用的最老式的夾膜框是由細長的槭木條製成的。由於薄膜是受拉經過槭木表面，因此可能由於拉伸而產生皺褶，或刮傷高光澤薄膜。較好的解決方法是在夾膜框中使用輥筒，更好的方法是使用空氣夾膜框，它在斜支承面的表面有一空氣層，所以實際表面並不與薄膜直接接觸。空氣流動同時還能對薄膜起到額外的冷卻作用。因此，空氣夾膜框減少了擦傷的可能性，並減少薄膜的皺褶和拉伸。

解決由於路徑不同導致的皺褶和尺寸變化的最好方法是使用很高的吹膜架，因為薄膜到加緊的路徑越長，泡管不同部分之間的路徑差就越小。

加工中可將泡管壓平並對泡管進行加熱將泡管的兩部分熱封在一起，得到厚度加倍的多層薄膜。

夾膜框中最新創新的進展之一是使用碳纖維輥代替鋁輥。因為碳纖維的熱傳導率低得多，所以輥不能顯著地積聚熱量，這可減少薄膜的褶皺問題。此外，碳纖維輥的慣性較小，對薄膜的拉伸作用也更小。

6.夾持輥

傳統的吹塑薄膜架上的夾持部分由一對金屬輥和橡膠輥組成。由這對夾持輥實現熔融體縱向的拉伸，並將薄膜傳送到架的上部。夾持輥的傳動速度必須精確控制，但是這要求更高的技術。然而，現在已越來越多地使用擺動和旋轉來夾持輥。在有些操作中，旋轉和擺動口模並不能有效地將所有的尺寸誤差分散到整個卷上。如室內通風狀況可能導致尺寸變化，熔融體中的加熱歷史也不能有效地實現隨機分佈。使用擺動夾持輥就可能將這類誤差分佈在整個卷上，使用帶有擺動夾持輥的固定口模的另一個重要的原因是這樣可以減少模具製造的成本，特別是多層薄膜所用的複雜口模的製造成本。固定的接套不需要昂貴的且存在問題的支承和密封。尤其是五層或更多層薄膜生產中，使用固定口模設計還更加可靠。

7.切割和捲繞

前文已討論過，吹塑薄膜一旦壓平，就能夠很簡單地進行捲繞，得到可用於塑膠包裝的薄膜卷。一種方法是將薄膜切割後得到平膜。一般地，在切除料管兩側的少許邊緣後，即得到兩塊尺寸相等的平膜。另一種方法是僅切除塌陷料管的一側邊緣，得到一側折疊的平膜。這種方法尤其適合製造包或袋，因為折疊部分就是包的底部。

收卷機收卷得到成卷的最終產品，但也會影響產品質量。收卷機使用的難易程度表明了生產者對該設備的重視程度。生產者和捲繞機二者都是生產合格產品中的重要因素。收卷機的設計取決於所需要的性質。筒流延薄膜的情況一樣，有3種捲繞方式：中心驅動收卷機，芯軸產生驅動；表面驅動收卷機，從外表面驅動料輥；表面／中心驅動收卷機，從兩方面控制捲繞。大多數吹塑薄膜加工都使用中心驅動式設計。

收卷機的主要功能是引導薄膜均勻地上卷。為此，必須在薄膜上施加張力控制以實現均勻收卷。張力控制通常是由輔助夾輥提供的，輔助夾輥可以是收卷機的一部分或置於薄膜進入收卷機之前。這一張力必須充分保證收卷時料卷不出現伸縮，但也不能過大而造成芯軸壓裂或中心輥負荷過重。通常，中心驅動收卷機上的張力從中心到外部是逐漸減小的，這是為了對料卷直徑變化的補償。由於驅動機制的不同，表面驅動收卷機的這種補償是自動進行的。在對收卷機的張力進行調節時，其張力必須保持在薄膜正割模數的0.5%或0.5%以下，以避免在薄膜中產生過余應力。使用如此低張力的原因之一是薄膜在捲繞進入料卷時並沒有處於平衡態。當薄膜結晶和冷卻時，尺寸發生變化並產生應力。

收卷機可使用各種方法來更換產品料卷。薄膜工業中使用的大多數收卷機都是採用轉動支架式換卷。換卷時，空的芯棒通過旋轉機構進入預定位置並自動切斷薄膜。

四、熱收縮薄膜

熱收縮薄膜是一種生產時由於聚合物在高彈態下拉伸定向，但不進行熱定型，使用的時候，受熱由於聚合物分子的記憶效應使其試圖回復到原始尺寸而發生收縮，從而把被包裝商品緊緊地收縮包裹起來。物品對薄膜的收縮阻力即提供了捆紮力。材料的輕微交聯通常能增加這種收縮的趨勢。此時，塑膠薄膜表面在電子束輻照下產生自由基，自由基和鄰近分子發生交聯。交聯後材料在其正常的熔點下不能再熔融和流動。反過來，這使熱收縮薄膜能夠在原來的熔點或熔點以上的溫度不發生流動，並提高熱收縮能力。

收縮薄膜的生產方法與雙向拉伸薄膜相同，只是不需要熱定型處理。收縮薄膜具有單方向收縮膜和雙向收縮膜之分，單向收縮膜適宜於管束狀製品的包裝，雙向熱收縮膜則適宜於其他任何非管束狀製品的包裝。

塑膠薄膜的收縮性和高彈態下的拉伸比、拉伸定向溫度有關。收縮能是拉伸定向過程中儲蓄在薄膜中的能量，對於工業品包裝而言，收縮總量在15%～80%之間，一般只需要收縮0～15%，奇特形狀的可收縮到5%～50%以上。

熱收縮薄膜可以用於包裝各種各樣的物品，包括包裝食品用，如速食食品、乾食品、土特產、標籤、封口等，和非食品包裝用如纖維和衣料、文具、油脂、電線電纜連接封套等。熱收縮包裝中，物品首先鬆散地封裝在塑膠中，隨後通過加熱的熱縮通道。如果溫度、停留時間和物品、包裝的尺寸選擇適當，就能實現物品的緊湊包裝。這樣的加熱工序簡單快捷，即使對溫度敏感的一些物品也可以用這種方式包裝。收縮薄膜的非包裝用途包括窗戶的保溫膜等，此時薄膜置於窗戶內側，然後使用電吹風使其受熱收縮。

由於PLA熱收縮薄膜強度高、收縮力大、透明性好、印刷性好，為此，可以作為塑膠瓶的標籤用。

五、聚乳酸共押出薄膜／片材

為了同時利用多種聚合物的性能，包裝中經常使用多層結構。多層結構通常由層合、塗覆和共押出等方法獲得，其中共押出方法是成本較低的一種方法。共押出薄膜／片材是兩種或多種樹脂採用流延或吹塑法加工而成的。

口模中共押出材料的料流的加工與單層材料的加工方法相同。但是在共押出設計中，為了防止多層材料混雜或不規則流動，要求特別注意材料的流動方式。由於聚合物的黏度和彈性依賴於溫度和流動速率，因此這些因素也必須充分考慮。材料層的厚度對剪切速率也有影響。

在多種材料的組合中，如果兩種材料之間的黏結力很弱，所形成的層在應力作用下就有分離傾向。這時必須加入第三種成分作為黏結層，將兩種成分牢牢地黏結在一起。黏結層必須在單獨的押出機中熔融並作為單獨的層進入口模。因此許多共押出材料都是三層結構，包括兩層所需要的樹脂和一層黏結層。黏合層可以使用軟質的生物降解高分子材料。

最近利用共押吹塑生產PLA複合膜的方法已經問世，以雙層共擠、三層共押為主。以兩層共押吹塑複合膜的生產為例，一般採用高光學純度（高L-乳酸異構體含量）聚乳酸和無定形聚乳酸兩種材料。由兩台押出機共同完成，一台押出高光學純度聚乳酸，一台押出無定形聚乳酸，最後不同流道分內外層押出進入機頭。在機頭熔融料於模口定型段回合後一起押出。兩層吹塑聚乳酸膜，一般內層為無定形聚乳酸，外層為高光學純度聚乳酸。這種吹塑複合膜主要用於熱封包裝，它可以代替ABA型雙向拉伸聚乳酸膜使用。

六、表面處理

表面處理可賦予塑膠薄膜或片材特殊的性能，對提高在隨後的印刷和加工工序中與油墨或膠黏劑的黏接能力方面更是特別重要。火焰處理、電暈放電處理和臭氧處理都通過賦予聚合物表面一定程度的氧化而起作用。這些操作留下的極性基團提供了較強的二次鍵合特性，提高對油墨和膠黏劑的黏著力。

與火焰處理相比，電暈放電更常用於薄膜的表面處理，而火焰處理則更常用於容器。在電暈放電中，電子能量從高壓導體即處理棒穿過電離空氣和正移動通過有絕緣塗層的接地導體輥的薄膜。在離子化作用下，空氣中的一些氧轉化為臭氧，它能夠氧化薄膜的表面，而且薄膜的表面也被輕微的離子化。這個加工程序命名為「電暈」，源於操作過程中伴隨爆烈聲而出現的微弱光線。

電暈處理的結果是增加了薄膜的表面能。這種能量一般使用dyn/cm^{2}來度量，用已知表面能的溶液會發現薄膜表面發生潤濕而不是成珠狀的點。PLA表面張力大約為38mN/m。對於印刷或層合加工，通常表面張力需要增加到40～50mN/m。ASTM D2570是表面張力測量的標準方法。

電暈放電處理的效果隨時間延長而有所衰減，在薄膜收卷時，已經處理的薄膜與未經處理的邊緣接觸時，立即發生大部分損失。此外，已經處理的薄膜經過金屬輥或轉鼓時的摩擦也產生相當大的損失。深度處理則會使薄膜與輥產生過度的黏附，同時深度處理也總會帶來高的能耗。薄膜收卷後，爽滑劑向薄膜表面的遷移也會降低處理的效果。因為所有這些原因，使薄膜在某設備上達到需要的表面改性非常困難。因此，在處理設備上進行電暈預處理並在印刷或層合之前再次進行處理也是很常見的。

第八節 聚乳酸片材成型——熱成型加工法

PLA的熱成型是利用PLA片材作為原料來製造製品的一種成型加工方法。首先將裁成一定尺寸和形式的PLA片材夾在模具的框架上，讓其在T_g和T_f間的適宜溫度加熱軟化，片材一邊受熱，一邊延伸，然後憑藉施加的壓力，使其緊貼模具的型面，取得與型面相仿的型樣，經冷卻定型和修飾以後得到製品。

熱成型特點是製品壁厚不大，片材厚度一般是1～2mm，而製品的厚度總是小於這個數值，但製品的表面積可以很大，而且半殼形的較多，其深度有一定限制。PLA片材在包裝領域的很多應用都是通過熱成型方法加工製造的，例如各種一次性食品容器杯子、碗、碟子、速食盒，蛋糕及點心等的包裝託盤。

熱成型過程包括三個基本步驟：片材加熱，片材成型，製件修飾。每一步驟都必須正確進行，否則製品就不能很好的成型。一般可以通過實驗確定適合的加熱溫度、循環周期、模具設計等。

一、片材加熱

PLA片材必須加熱到適當的狀態以利於成型。最佳溫度取決於PLA的材料性質（*L*/*D*比例、共混組成）和用於成型製品的模具設計。

熱量可以通過不同方式傳遞到片材中。例如對流加熱、輻射加熱（可以使用各種類型的裝置，例如可見光、紅外輻射、微波輻射等）、傳導加熱（例如將樹脂片通過熱板，或者將樹脂片通過兩個熱板之間）和感應加熱。其中最常用的是輻射加熱，成型過程中，片材在有輻射加熱元件的加熱器中加熱。

為了縮短循環時間，要選擇能夠快速、均衡加熱PLA片材的方式，並且能夠給PLA片物理支撐和方便該片材放入或從加熱器中取出，並方便進行隨後的成型步驟。

二、片材成型

PLA片材加熱以後，被轉移到模具中進行熱成型。熱成型有許多方法，最簡單的是落模成型、真空成型和加壓成型。其他熱成型技術都是這些基本方法的改進。

落模成型中，主要成型作用力受加熱塑膠片材種類的影響，一般使用有凸面的陽模。成型過程中，也通過抽真空而使材料緊貼於模具表面輔助成型。

真空成型中，主要的成型動力是空氣壓力，片材的一面是大氣壓而另一面接近於真空狀態。一般使用凹面的陰模。加熱的片材夾持在模具上，然後抽真空，這樣就賦予了片材一定的形狀。

加壓成型使用外加的壓力來成型片材。陽模和陰模都可以使用。常常片材的一面施加大於一個大氣壓的空氣壓力，而另一面則抽真空，空氣壓力通常為137.9～551.6kPa，有時也高達3.45MPa。壓力成型能夠獲得更精細的製品，與最大驅動力為101.3kPa的成型方法相比，成型周期更短。

三、製件修飾

製件一旦完成，多餘的材料就必須從製件上除去。這可由很多種方法完成，要實現成功的修邊操作，應考慮塑膠在修邊溫度下的應力-應變特性。料卷供料加工的薄壁製件通常在模具中完成修正。而以片材形式進料的厚壁製件，經常需要額外的加工步驟來進行修邊。許多包裝都是料卷供料加工的薄壁製件，因此只需在模具中進行修邊。聚合物的切削涉及拉伸破壞，因此切削方法的選擇依賴於材料的厚度和影響材料模量的溫度。

絕大多數包裝的修邊使用壓縮切除或剪切切除。PLA能夠採用和PET相同的剪切切除。但是由於材料在模數上的差異，相同的剪切作用產生的效果不會完全一樣。

四、製品設計及加工法條件的選擇

現有的PET熱成型方法和設備適用於PLA的加工，由於二者具有相似的收縮性質，可以使用相同成型模具、修整衝床等。製品設計是成功完成熱成型的關鍵。為了均勻地成型複雜外形，製造均勻的製品，需要綜合使用柱塞、真空內腔等。對於在凸緣處進行熱封的製品，凸緣的規整性對熱封至關重要。PLA的拉伸黏度低於PET，在模具設計中可用凸緣冷卻平臺來減少該區域材料的牽伸。如果不採用這種方法，那麼為了適當地牽伸凸緣部分的材料，必須使用柱塞輔助。

熱成型方法和加工條件的選擇取決於產品的性能要求和材料特性。主要的影響產品質量的加工條件有成型溫度、片材的加熱時間以及成型壓力和成型速度。PLA的軟化溫度低，要調節加熱設定溫度低於PET的溫度，一般在50～100℃。熱成型加工中聚合物會發生取向，成型溫度和成型速度影響PLA的取向程度，而取向能夠改善PLA的強度和韌性，例如未取向的PLA材料的斷裂伸長率一般只有5%，而經過高度取向的PLA片材的斷裂伸長率能夠提高到50%～140%。因此可以通過精心的成型條件設計，得到強度不同的製品。

第九節　聚乳酸的射出－拉伸－吹塑成型加工法

PLA可以採用射出－拉伸－吹塑（簡稱射拉吹）成型方法加工成塑膠瓶和塑膠罐，以及塑膠桶一類的大型塑膠容器。和PET容器相比，這樣得到的PLA容器顯示出很高的透明度、強度和韌性，但是其水蒸氣、二氧化碳穿透性大約是PET的8～10倍，透過率也高，這樣就必須選擇合適的應用，目前主要應用在水、飲料、鮮奶等非碳酸、短保質期產品的包裝。一些公司正在嘗試通過塗層技術、多層共押出技術及共混技術來提高PLA對水蒸汽的阻隔性。

PLA吹瓶材料配方中可以添加顏料和潤滑劑，NW公司表明Color Matrix™已經成功應用到PLA瓶子的加工。$CaCO_3$等吸濕的或與水結合的鹽類添加劑，由於會造成PLA的嚴重降解和性能下降，一定要避免使用。

一、射出－拉伸－吹塑成型加工法

可以用現有的PET瓶生產設備和模具製造PLA瓶，但是由於PLA的熔融體強度比PET低，而對熱的敏感程度比PET高，因此在選擇加工條件時一定要非常謹慎。

射－拉－吹成型包括兩個步驟，首先通過射出模塑加工瓶坯，然後瓶坯置入另一套模具並被拉伸－吹塑成最終的容器製品。瓶口在射出階段即被成型，瓶坯外形與試管相似。為了避免PLA樹脂發生降解，射出條件的設計要求對PLA原料施加最低的剪切強度和最短的停留時間。射出的瓶坯高度比製品小，瓶坯在拉伸杆上成型後保持坯身溫度準確穩定，此溫度通常略高於T_g，而此時瓶口處需要持續冷卻以防止變形。然後，將瓶坯置入拉伸模具中，在拉伸杆縱向拉伸瓶坯的同時壓縮空氣從拉伸桿中吹出，使得瓶坯產生周向拉伸。

拉伸吹塑模塑使PLA製品受到雙向拉伸作用發生取向，從而提高了製品衝擊強度、氣密性硬度、透明性和表面光澤度，使容器壁更薄，質量更輕，從而降低成本。拉伸溫度和拉伸程度對製品取向有很大影響。PLA對溫度的敏感程度大於PET，最適宜的溫度視窗為±5℃，低於PET，因此為了得到高的取向，PLA型坯受拉部分的溫度必須控制在80～90℃之間，具體溫度要根據瓶體設計、再加熱設備和perform設計而定。拉伸速度為700～1500mm/s，最好在720～800mm/s。拉伸程度可以通過環向拉伸、軸向拉伸比和吹脹比等參數表示。軸向拉伸比是製品受拉伸部分在拉伸後與型坯受拉伸部分的長度比，因瓶口未被拉伸，故瓶口並不包括在這兩個長度中。吹脹比是軸向拉伸比和環向拉伸比分的乘積。要使製品的抗蠕變性、爆破強度和阻隔性最好，適宜的吹脹比為（8～11）：1，而環向拉伸比為（3～5）：1，軸向拉伸比為（2～3）：1。

拉伸吹塑模型也有一步法和兩步法兩種。一步法中，瓶坯的押出或射出、瓶坯的拉伸和吹塑在同一設備中完成，瓶坯在模塑成型後迅速冷卻到拉伸溫度並進行拉伸和吹塑。兩步法中，瓶坯完全冷卻後，在拉伸和吹塑前重新加熱。目前對PLA多採用兩步法，瓶坯在模塑成型時的模具溫度要盡可能地低。

二、表面處理

PLA容器通過表面處理可以改善容器的阻隔性能或補強表面印刷性和商標黏接作用。例如表面塗覆、氟化處理等。

表面塗覆技術可用於改善容器阻隔性能。PVDC塗層能補強容器對碳氫化合物、水蒸氣、氧氣和某些氣味的阻隔，可由噴射或蘸塗等方法進行塗覆。利用化學氣相沈積法產生的氧化矽基塗層可以用於PLA容器作為阻隔層，化學氣相沈澱可形成厚度小於200nm的SiO_2膜，使容器對氧氣的阻隔性增大3倍以上，對水蒸汽的阻隔性增大2～3倍。

PLA瓶經過氟化處理後可以改善其阻隔性能，尤其是對碳氫化合物的阻隔性。在氟化處理中，容器暴露在氟氣中，氟分子和容器表面的高分子長鏈發生反應生成C-F鍵取代部分C-H鍵，使容器表面極性提高從而降低碳氫化合物等非極性氣體的滲透率。氟化處理還可以提高對印刷油墨、塗層和標籤膠黏劑的黏接性。

第十節 聚乳酸發泡塑膠加工方法

發泡材料在包裝領域中既可用作緩衝材料，也可用來生產容器。目前最常用的是PS發泡材料，PE、PP、聚氨酯發泡塑膠以及一些其他材料也有較多的應用。發泡材料的特點是質輕、絕緣性好，還有良好的減震保護作用。包裝發泡材料的最多的用途是作為緩衝材料，保護製品在配送過程中不受損壞。

PLA發泡塑膠是化學惰性材料，可用作緩衝材料，也可用於食品包裝。PLA發泡塑膠託盤可以用於盛放肉類食品。因為PLA發泡塑膠質輕且絕熱性好，可用作飲料杯，如常見的咖啡杯等。PLA發泡塑膠也經常製成碗狀或殼狀容器用於冷熱速食的包裝。從鮮魚到藥品等敏感性物品的運輸，特別是空運的時候，也依靠發泡塑膠容器來保持其在運送中的冷凍效果。在不需要絕熱的情況下，PLA發泡塑膠也因為有良好的減震作用而常用於配送包裝系統。

PLA發泡材料容器的生產通常是先押出發泡片材，然後再用熱成型方法加工成型。也可採用預發泡的PLA粒料，注入模具進行現場發泡。

一、發泡聚乳酸

使用現有的發泡PS成型設備可以製成各種PLA發泡體。為製得發泡聚乳酸，需先將烴類發泡劑浸在PLA顆粒或粒料中。發泡劑氣化產生氣泡，在塑膠中形成泡孔。正戊烷是常用的烴類發泡劑，其用量一般最多為總質量的8%。發泡劑用量和加工條件都會對發泡材料的性能產生影響。將混合物加熱到一定溫度時，正戊烷汽化使PLA粒料預發泡。典型的粒料會膨脹到原始尺寸的35～55倍，這時發泡材料的密度為0.026～0.035g/cm^{3}左右。預發泡的粒料在熟化時達到平衡，然後將它們置入模具中，施加幾噸的壓力使之閉合並直接通入水蒸氣，熱和壓力的作用使粒料熔接在一起就得到半硬質的閉孔發泡材料。在成型周期開始時模具是過度填充的，因為有的空間被發泡材料以及粒料間的空隙所佔據。如果填入量不夠，最後的製品中就會出現空洞。製品在模具中冷卻，直到尺寸穩定後取出。

加工過程中，可用模具直接生產出所需形狀的發泡材料製品；也可先簡單生產出塊狀發泡材料，再通過切割、熱熔接等二次加工製成所需要的形狀。多餘的熟化和固化可能會進一步降低材料的密度。

可發泡的PLA粒料有三種尺寸：小型、中型和大型。所需粒料大小是由製品的壁厚決定，厚壁製件用於大尺寸的粒料，而薄壁製件用於小尺寸的粒料。

二、押出聚乳酸發泡塑膠

押出PLA發泡塑膠採用押出成型。PLA熔融體強度低，發泡時起泡成長過程中容易破裂，很難得到高倍率發泡成形體，通常需要進行改性。改性的PLA樹脂在押出機中熔化，混入發泡劑和成核劑，再押出混合物。同模塑發泡一樣，發泡劑在汽化時產生泡孔，發泡劑的用量是最終製品密度的主要決定因素。成核劑有助於得到所需要的泡孔尺寸，並提供泡體生長的基點以保證泡孔的均勻性。常用的成核劑有滑石粉、檸檬酸及其同碳酸氫鈉的混合物等。

常用的發泡劑是烴類或烴類混合物，一般以液體或壓縮氣體的形式注入熔融體中。最近幾年，適用CO_2作為發泡劑取代烴類化合物或與之混用的情況已大幅度增加。

押出發泡過程中，熔融體在離開口模前處於高壓下，發泡劑尚未汽化。當熔融體從口模押出時，壓力釋放，發泡劑立即發生汽化，熔融體發泡膨脹。如果熔融體的強度不夠高，這種突然的膨脹會引起熔融體破碎。所以熔融體需能經受住發泡劑汽化產生的壓力，才能生成均勻的泡孔網路結構。PLA發泡要求發泡劑注入後熔融體適當的冷卻，有兩種常用的方法用於將熔融體冷卻到所需的溫度。一種是在押出機上在發泡劑注入後增加一段冷卻區。最常用的方法是採用兩台押出機的串聯系統。聚合物熔融和發泡劑、成核劑的加入均在第一台押出機中完成，熔融體在壓力下進入第二台押出機進行冷卻從口模押出。

可使用生產延伸膜的扁平口模生產平板泡沫材料。冷卻使剛從口模中押出並開始發泡的泡沫材料表面形成一層薄的皮層，進一步冷卻後，將泡沫材料分切和卷取。

片材一般採用對熱成型得到所需的製品形狀。片材在熱成型前最好熟化3～5d，這樣可使泡孔內氣壓平衡。成型過程中的邊角料可經粉碎後再加入到押出機中回收利用。用過的發泡塑膠也能夠回收再利用。

參考文獻

[1] Garlotta D. *J Polym Environ*, 2002, 9(2): 63.

[2] Dorgan J R et al. *J Polym Environ*, 2000, 8: 1.

[3] Schindler A et al. *J Polym Sci: Polym Chem Ed*, 1979, 17: 2593.

[4] Witzke D R. Introduction to properties, engineering, and prospects of polylactide polymers: [Ph. D. Thesis]. East Lansing: Michigan State University, 1997.

[5] Dorgan J R et al.*J Rheol*, 1999, 43: 1141.

[6] Cooper-White J J et al. *J Polym Sci, Part B: Polym Phys*, 1999, 37: 1803.

[7] Fang Q et al. *Ind Crops Prod*, 1999, 10: 47.

[8] Justin J et al. *J Polym Sci, Part B: Polym Phys*, 1999, 37: 1803.

[9] Hoogsten W et al. Macromolecules, 1990, 23: 634.

[10] Sasaki S et al. Macromolecules, 2003, 36: 8385.

[11] Puiggali J et al. *Polymer*, 2000, 41: 8921.

[12] Cartier L et al. *Polymer,* 2000, 41: 8909.

[13] Auras R et al. *Macromol Biosci*, 2004, 4: 835.

[14] Oepen R et al. *Clin Mater,* 1992, 10: 21.

[15] Huang J et al. *Macromolecules*, 1998, 31: 2593.

[16] Ikada Y et al. *Macromolecules*, 1987, 20: 904.

[17] Fischer EW et al. *Kolloid-Z. u. Z Polym*, 1973, 251: 980.

[18] Zell MT et al. *J Am Chem Soc*, 1998, 120: 12672.

[19] Bigg D M. in Society of Plastics Engineers——ANTEC.Indiana: 1996.2028.

[20] Kolstad J J. *J Appl Polym Sci*, 1996, 62: 1079.

[21] Sinclair R. US 5424346.1995.

[22] Kokturk G et al. in Society of Plastics Engineers——ANTEC. New York: 1999. 2190.

[23] Mulligan J, Cakmak M. *Macromolecules*, 2005, 38: 2333.

[24] Grijpma D W et al. *Polym In*t, 2002, 51: 845.

[25] Dersch R et al. *J Polym Sci: Part A: Polym Chem*, 2003, 41: 545.

[26] Martin O et al. Polymer, 2001, 42: 6209.

[27] Mulligan J H et al. in Society of Plastics Engineer——ANTEC.Chicago: 2004.1456.

[28] Hartmann M H. Biopolymers from Renewable Resources.Kaplan DL., Ed. 1st edition.Berlin: Springer-Verlag Berlin Heidelberg, 1998.367.

[29] Garlotta D. *J Polym Environ*, 2001, 9: 63.

[30] Sodergard A et al. *Polym Degrad Stab*, 1994, 46: 25.

[31] Jamshidi K et al. *Polymer*, 1988, 29: 2229.

[32] Zhang X et al. *Polym Bull*, 1992, 27: 623.

[33] Oepen R et al. *Clin Mater*, 1992, 10: 21.

[34] Mcneill I C et al. *Polym Degrad Stab*, 1985, 11: 309.

[35] Kopinke F D et al. *Polym Degrad Stab*, 1996, 53: 329.

[36] Kricheldorf H R et al. *Polym Bull,* 1985, 14: 497.

[37] Kricheldorf H R et al. *Macromol Sci Chem*, 1987, A24(11): 1345.

[38] Cam D et al. *Polymer*, 1997, 38: 1879.

[39] Chang J H et al. *J Polym Sci Part B: olym Phys*, 2003, 41: 94.

[40] Paul M A et al. *Polymer* 2003, 44: 443.

[41] Sodergard A et al. *Polym Degrad Stab*, 1996, 51: 351.

[42] Gupta MC et al. *Colloid Polym Sci*, 1982, 260: 514.

第六章

聚乳酸在包裝材料

- 聚乳酸薄膜／片材在包裝材料的應用
- 聚乳酸瓶罐的性能和應用
- 聚乳酸發泡材料性能和應用

領域的應用本章將重點介紹PLA薄膜／片材的性質以及PLA薄膜和剛性的熱成型容器製品在包裝領域的應用，另外簡單介紹射出－拉伸－吹塑制瓶子以及PLA泡沫製品在包裝領域的應用。

第一節　聚乳酸薄膜／片材在包裝材料的應用

一、聚乳酸薄膜／片材的分類

PLA薄膜／片材開發歷史比較久遠，早在1955年杜邦就公開了PLA薄膜製備的專利。但是，具有實用價值的PLA薄膜／片材的開發，是在20世紀90年代市場上出現價廉的高純度、高分子量PLA樹脂之後才有了實質性進展。

PLA薄膜／片材從成型加工方法分類主要包括未取向PLA薄膜／片材、單向拉伸取向PLA薄膜／片材以及雙向拉伸取向PLA薄膜／片材等。其中雙向拉伸取向薄膜又分為平膜雙向拉伸取向薄膜和吹製雙向拉伸取向薄膜兩類。

1.未取向PLA薄膜／片材

通過押出流延加工法能夠生產透明未取向PLA薄膜／片材，另外還能夠生產發泡材料，非取向的PLA片材通常是剛性材料。這些片材都可以通過真空成型或空壓成型進一步加工成各種製品，例如剛性包裝容器、託盤等，具有良好的成型性。未取向PLA薄膜又硬又脆、熱封溫度過高，因此PLA單獨的薄膜製品設計困難。針對PLA的缺點，通過和其他生物降解樹脂複合等技術進行增塑改性，一些公司還開發了軟質未取向PLA薄膜，可以單獨製備熱封袋，也可以和雙向拉伸BOPLA薄膜通過幹法層合作為自動充填包裝用材料或者制袋用的層合包裝材料。這種層合包裝材料具有優良的低溫熱封性和熱封強度。

2.取向PLA薄膜／片材

未取向PLA薄膜／片材進一步拉伸取向，可以提高剛性、韌性、耐熱性等物理性能，從而可以在各種包裝及卡片製備中展開應用。研究結果顯示拉伸比達到2.5倍以上，PLA薄膜的韌性就可以得到大幅度改善，通過X射線繞射分析表明PLA分子由於取向誘導結晶，形成了微結晶結構。

取向PLA薄膜／片材又可分為單軸取向和雙向拉伸取向兩類。

單軸取向PLA薄膜在取向方向上具有較高的強度，可以製備成繩子以及捆紮帶等包裝製品。

雙向拉伸取向PLA薄膜／片材在所有可生物降解薄膜中拉伸強度和模量最高，具有優異的光澤度和透明度，其綜合性能和雙軸取向的PS薄膜以及PET薄膜相當；具有和玻璃紙相似的折疊性以及較高的水蒸汽透過性；還具有優良的低溫熱封性能、印刷性能等。可以作為自動充填包裝用材料或者制袋材料，還可以製成卡片等製品。通過在拉伸過程中優化退火溫度，可以使薄膜在重新加熱時具有可伸縮性，作為可伸縮性膜展開應用。

雙軸拉伸PLA薄膜屬於硬質薄膜，雖然性能優良，但是柔軟性欠佳，因此在一些對薄膜柔軟性要求高的領域其應用受到了限制。為了使PLA薄膜具有像PE、軟質PVC一樣的柔軟性，需要對PLA材料進行柔韌性改善配方設計以及特殊的成膜加工法設計。現在一些公司已經開發製造出和聚乙烯的柔軟性和熱封性相當的軟質PLA吹膜產品。今後的開發方向是在提高耐熱性、不犧牲透明性的前提下提高薄膜的抗衝擊／柔軟性能。

3.商品化PLA片材／薄膜示例

NW公司提供有適合於PLA片材加工、吹膜加工以及可以用作熱封層、熱收縮薄膜的PLA樹脂。

一些公司以適合的NW公司的PLA樹脂為原料，通過材料配方設計或者成型加工方法設計，開發了多種PLA片材／薄膜。表6-1是日本UNITIKA公司PLA片材／薄膜的規格。表6-2是日本三菱樹脂公司PLA片材／薄膜的不同規格。

隨著應用領域的擴大和開發技術進展，PLA薄膜在包裝中的應用在不斷快速發展。最初是由單層的薄膜進行表面印刷以後，製成各種袋子，例如蔬菜包裝袋、購物袋、垃圾袋等。隨後開發出具有各種不同功能的共押出多功能多層PLA薄膜。充填包裝方式也由最初的以手工為主發展到能夠進行各種自動充填包裝。進一步地，由多種綠色塑

表6-1 日本UNITIKA公司PLA片材／薄膜的規格

種類	牌號	特徵	厚度／μm
未取向	HSC	耐熱	200 ~ 400
	SS	透明	200 ~ 600
雙軸取向	TF	標準	15, 25, 35
	TSH	收縮	25
JI		柔軟	15 ~ 200

表6-2 日本三菱樹脂公司PLA片材／薄膜的規格

種類	牌號	特徵	厚度／μm
未取向	CP	標準	100 ~ 500
	CT	耐熱、耐衝擊	100 ~ 500
	CD	導電	400
	CN	柔軟	30 ~ 100
	CO, CC	印刷性，熱壓	100, 280
雙軸取向	SA	標準	20 ~ 350S
	B	柔軟，封合性	25 ~ 150
	SC	封合性，印刷性	25 ~ 200
	SG	封合性	25 ~ 200
	SW	白色	50 ~ 250
	SF	熱成形性	約350
	SK	收縮	20

膠層積或者紙複層積形成的、有更高功能的包裝材料也陸續開發問世。表6-3是日本TOHCELLO開發的PLA單層及多層薄膜品種。

二、聚乳酸薄膜／片材的性質和應用

PLA薄膜／片材除了具有PLA所具有的一般特徵以外，還具有安全衛生，透明，低溫熱封性，折疊、纏繞性高，保香性，熱收縮性等特性。

1.高的光澤度和透明度（容器、包裝）

雙軸拉伸的PLA薄膜具有其他生物降解塑膠所不可比擬的非常優異的光澤度和透明度，這個性質對作為容器和包裝材料，尤其是食品容器和包裝材料非常重要，因此，PLA薄膜在包裝材料的應用極具潛力。

表6-3 日本TOHCELLO公司PLA薄膜種類

種類	牌號	特點	應用
雙向拉伸PULGREEN*系列	LC	標準型	包裝、工業用薄膜 實用例：日本NTT Dokomo的信封窗口膜
	LC-HS	BOPLA為中間層的三層薄膜，具有雙面熱封性	實用例：三洋公司開發的PLA光碟、光碟盒的自動包裝薄膜
	LC-OW	BOPLA層＋熱封層的雙層PLA薄膜，具有單面熱封性	包裝袋
未取向PULSEAL*系列	GE	單層可熱封薄膜	獨立製袋，用作層合包裝的熱封層 實用例：日本王子製紙公司的噴墨印刷紙的包裝袋；日本愛知世博會的零食包裝袋等
	GE-P	耐熱BOPLA膜＋熱封層的雙層薄膜	實用例：日本的NTT Dokomo公司的手機說明書包裝袋
	ST	吹膜製品，熱封性、可印刷性與BOPLA薄膜層合後製備內充氣式緩衝材料	

2.高耐熱性，高模數（一般包裝）

雙向拉伸PLA薄膜的熔點大約在170℃，和OPP相當，在可生物降解塑膠中PLA的熔點最高。PLA有相對高的彈性模數，可以和玻璃紙以及PET相比，是取向PA66或PP的2～3倍，是LDPE的10倍。

3.完全折疊性和纏結保持力（折疊包裝）

紙與金屬片固有的但是通常塑膠膜沒有的一個特性就是能弄皺或折疊，或者說能保持纏結，這樣膜就可以在一個小物件周圍的邊界包裹起來。取向PLA膜顯示了很好的完全折疊性和纏結保持力、高彈性模數、高透明度以及良好的完全折疊性和纏結保持力特性的結合，使取向性PLA膜優於很多其他塑膠膜而能夠和玻璃紙媲美。

4.低溫熱封性，易開性（一般包裝）

無定形PLA密封膜的熱封起始溫度為80～85℃，和18%乙酸乙烯酯和乙烯-乙酸乙烯酯共聚物（VA-EVA）的相同，熱黏接強度（450g/cm）高於EVA（130g/cm）。

Gruber等[1]報導了在寬溫度範圍內PLA的拉伸強度為360g/cm，而共擠PLA膜的熱黏接強度高達450g/cm。Auras[2]考察在不同熱封溫度下含94%L型乳酸的PLA膜／PLA密封膜破壞模式時也發現，在熱封溫度115℃以下時剝離發生在密封膜，而溫度高於115℃時，由於剝離強度高於PLA薄膜的拉伸強度，PLA薄膜材料先於密封層被撕裂。這種剝離強度值和脫層破壞模式的結合使得PLA可以在手撕膠帶和易開包裝製品中應用。

NW公司還對PLA密封膜的夾雜物密封性進行了評估。夾雜物密封性是指熱封層表面被內容物污染後的熱封強度。熱封層表面可能帶有的夾雜物包括花生油、蛋糕粉屑、橘子水、牛奶、調味番茄醬等。實驗證明，當熱封層表面沾有花生油、蛋糕粉屑時，不會造成PLA的密封強度降低。

5.熱收縮性（熱收縮包裝、商標標籤）

由於PLA的結晶速度比PET樹脂還要慢，因此PLA薄膜熱收縮性高，尺寸穩定性比PET差。反過來利用PLA的這個特性，可以作為性能良好的熱收縮薄膜而拓展其應用。

PLA熱收縮薄膜具有強度高、收縮力大、透明性好及印刷性好等特點，為此可以作為塑膠瓶的標籤用，因為塑膠瓶的印刷比較麻煩，需要使用特殊的瓶子印刷機，為此一般塑膠飲料瓶的標籤大都採用熱收縮薄膜來生產。

6.氣體透過性（透氣包裝）

包裝了多水分系的蔬菜水果的薄膜內表面，由於包裝膜內的相對濕度大，外界溫度降低時，容易在薄膜內表面形成霧滴，這些水滴如果滴到蔬菜水果表面，則容易發生黴爛變質現象，為了防止發生霧滴現象，在塑膠粒子中通常添加各種防霧防滴劑進行透氣性改性。PLA薄膜的一大特點是對水蒸氣和氧氣的透過性能好，特別是對水蒸氣的透過性能能夠和最高水準的玻璃紙相當，可以作為對需要保鮮的蔬菜水果的透氣包裝薄膜，代替現有的經過透氣性改性的OPS薄膜或OPP薄膜。圖6-1是PLA薄膜及其他材料薄膜的氧氣和水蒸氣透過性能比較[3]。

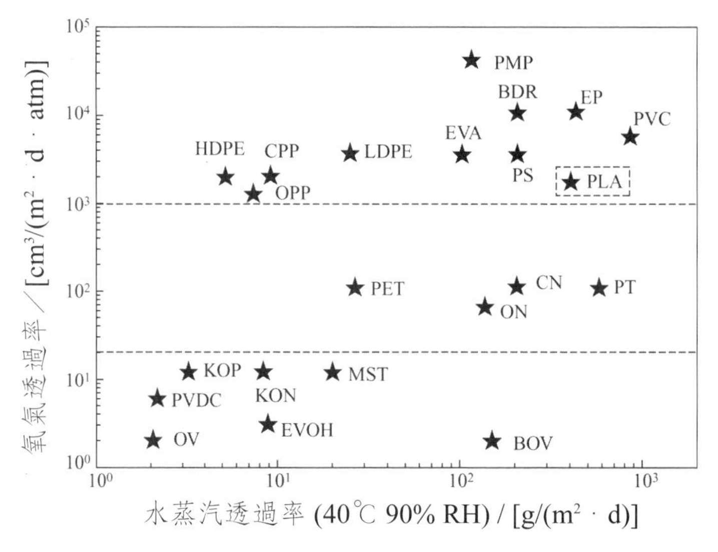

圖6-1 PLA及其他材料的水蒸汽及氧氣透過性能[3]

7.保香性（保香包裝）

PLA薄膜雖然對水蒸汽、氧氣和二氧化碳的透過性很高，但是對香味成分右旋檸檬油精卻具有極高的阻隔性。檸檬油精是存在於柑橘類水果和許多其他植物中的精油，是橘子的主要芳香物質。檸檬油精分子以兩種形式存在，左旋檸檬油精具有松油味，右旋檸檬油精具有令人愉快的橙子味。NW公司報導了右旋檸檬油精在PLA薄膜中的滲透系數、擴散系數和溶解系數〔4〕，發現右旋檸檬油精的滲透系數低於1×10^{-18}kg・m/(m^2・s・Pa)，遠低於在PET和PA6薄膜中的透過系數，更是LDPE薄膜的百萬分之一。除此之外，PLA薄膜對丁酸乙酯的阻隔性是也很高，約是LDPE薄膜的一萬倍。因此，PLA可以作為咖啡、茶葉、芳香劑等防止香味散失物品的包裝材料。

8.耐油溶性

PLA塗佈的紙對脂肪族分子（如油和萜烴）具有高抗溶性〔5〕。PLA塗佈的紙張在測試溫度為55℃下測試120h仍沒有被破壞，而LDPE塗佈的紙和氟化紙卻分別在10h和96h就已經破壞。表6-4是關於PLA對不同油或油脂的抗溶性。

表6-4　PLA塗佈紙的抗油溶性

油或油脂種類	23℃，無壓力	55℃，有壓力
礦物油	>120h	>24h
橄欖油	>120h	>24h
油酸	>120h	>24h
黃油	>120h	>24h

表6-5 PLA、PET、PP、PE及PS薄膜的表面張力[5]

材料	γ_s實驗值①/(mN/m)	材料	γ_s實驗值①/(mN/m)
PLA，含98%L型乳酸	38～42	PET	44.6
PE	35.7	PS	40.7
PP	29.6		

①ASTM D 2578-94標準，測試儀器是ACCU DYNE TEST。

9.表面能

表面能是很多轉換操作中非常重要的因素，它可以直接反映存在於分子間的張力。PLA由於其基本重覆單元是乳酸，是一個有較高的內在極性的材料，因此具有較高的表面能，使它能很好的被電暈處理，從而很容易被印刷和金屬化。相對高的臨界表面能也使PLA膜具有固有的抗結霧行為。PLA薄膜的表面張力如表6-5所示。

10.柔軟性（農用地膜、垃圾袋、購物袋等）

PLA是剛性的，因此很難吹塑成膜，通過乳酸聚合過程中的共聚化技術以及將PLA與軟質聚合物或增塑劑共混技術能夠製備軟質PLA材料。一些公司都分別成功開發了適合於吹膜加工的PLA基生物降解柔軟材料。吹製的PLA薄膜具有柔軟性好、耐衝擊強度高等優點，例如UNITIKA公司的Terramac®系列顯示出與目前商業應用的聚乙烯薄膜可比的物理特性（表6-6）。

吹製PLA薄膜可以製成農用地膜、垃圾袋、購物袋等，與由聚丁二酸丁二酯、聚己內酯以及其他脂肪族聚酯製成的垃圾處理袋相比，這種改性PLA製品在垃圾儲藏中更加穩定，但在堆肥過程中卻能快速降解。由於其良好的力學性能和生物降解性能，期待可以代替現有的PE薄膜和軟質PVC薄膜的某些應用市場。

表6-6 Terramac®JI系列吹膜級PLA與PE薄膜的性能比較

性能		測定方法	物性			
			JI-25	HDPE	JI-30	LLDPE
熔點／℃		DSC	163	130	163	120
玻璃轉化溫度／℃		DSC	41	–	41	–
密度／(g/cm^3)		JIS-KG758	1.34	0.96	1.34	0.91
厚度／μm			25	25	30	30
拉伸強度／MPa	MD	JIS-K7127	37	55	40	38
	TD		34	50	36	31
斷裂伸長率／%	MD	JIS-K7127	335	390	345	445
	TD		360	540	375	835
撕裂力／mN	MD	JIS-K7127	280	150	420	140
	TD		485	1500	610	5680
撕裂強度／(N/cm)	MD	JIS-K7127	110	70	140	50
	TD		191	650	200	2000
膜衝擊強度／(J/mm)			8	27	38	18
膜衝擊能／J			0.7	0.6	1.2	0.5
密封強度／(N/15mm)		JIS-K6854	8	14	10	10
潤濕指數／(mN/m)	MD	JIS-K6768	42～44	–	42～44	–
	TD		36～38	–	36～38	–

11.安全性（食品容器、包裝）

PLA的構成單元是乳酸，乳酸是存在於人體中的天然有機化合物，在日常生活中還經常被用作食品添加劑被人體攝取，因此安全性極佳。2002年1月，PLA薄膜通過美國食品醫藥管理局FDA的可接觸食品認證（food contact notification，FCN）。

三、商品化聚乳酸薄膜／片材

許多公司以NW公司的PLA樹脂為原料，開發了各種性能的PLA薄膜／片材並且已經商品化。表6-7列出了日本UNITIKA公司Terramac®的硬質PLA薄膜和軟質PLA薄膜的性質以及和其他一些生物降解薄膜／非生物降解薄膜的性質。表6-8是日本三井化學公司LACEA®PLA薄膜的一些基本性質。表6-9是NW公司的NatureWorks™ PLA薄膜、吹制PLA薄膜以及取向PLA薄膜的一些性質以及與一些常用包裝薄膜性質的比較。

表6-7　日本UNITIKA公司Terramac®PLA薄膜的熱性能及力學性能比較

性能	Terramac		生物降解薄膜			生物降解薄膜	
	雙向拉伸	吹膜					
	PLA	PLA	PCL	PBSA	澱粉基	雙向拉伸PET	OPP
熔點／℃	170	155	60	95	140	260	165
玻璃轉化溫度／℃	7	21	−60	−45	20	70	−25
密度／(g/cm^3)	1.27	1.60	1.14	1.26	1.26	1.40	0.91
拉伸強度／MPa	147	40	67	39	25	230	117 ~ 323
斷裂伸長率／%	130	271	780	850	1090	115	40 ~ 190
拉伸彈性模數／GPa	4.1	0.2	0.44	0.33	0.1	4.3	1.5 ~ 5
霧度／%	3	64	25	19	75	3	2

表6-8 日本三井化學公司LACEA PLA薄膜的性質

性能	LACEA®		OPET
	未取向	取向	
薄膜厚度／μm	250μm	25μm	25μm
拉伸強度／MPa	70	110	240
斷裂伸長率／%	5	140	130
彎曲模數／MPa	2.0	3.9	4.0
彎曲強度／MPa	–	27/21	20/5
熱收縮率／%	–	2.4/0.9	–
霧度／%	1.0	1.3	3.0
O_2透過性／[$cm^3/(m^2 \cdot d \cdot MPa)$]	550	4400	620
N_2透過性／[$cm^3/(m^2 \cdot d \cdot MPa)$]	37	8300	–
CO_2透過性／[$cm^3/(m^2 \cdot d \cdot MPa)$]	1200	17000	2400
H_2O透過性／[$g/(m^2 \cdot d)$]	31	160	23

表6-9 美國NW LLC NatureWorksTM PLA薄膜的性質

薄膜種類		ASTM 測試方法	PLA	PLA＋COF吹膜	PLA＋COF雙向拉伸	玻璃紙	OPET	雙向拉伸尼龍	OPP	LDPE（0.6 MI）
1%應變模數／MPa	MD	D 882	3000	–	3400	3900	4100	1600	1500	200①
	TD		3000	–	5200	2500	4100	1500	1500	200①
折疊度		②	–	–	95	71	36	15	12	–
纏結保持度／(°)		②	–	–	280	310	190	16	150	–
霧度／%		D 1003	0.7	11.8	2.8	–	4.1	–	–	5.7
光澤度		D 2457	110	30	60	–	80	–	–	20
O_2透過性／[$cm^3 \cdot (m^2 \cdot d \cdot MPa)$]		D 3985	570	710	570	–	50	20	1500	6500
H_2O透過性／[$g/(m^2 \cdot d)$]		F1249	340	370	320	–	25	160	5	20

①LDPE資料為2%的切割模量。

②測試方法：折疊度的測量是用夾子把膜的一端固定，用137.9kPa的壓力折疊0.5s，然後釋放膜並測量殘留的角度。對於折疊保持力的測試，較大的值意味著膜已經提高了折疊特性。纏結保持力是通過用夾子把膜一端固定，纏結自由端360°，然後釋放，1min時測量殘留的角度，數值較大意味著膜已經提高了纏結保持力。

四、聚乳酸薄膜／片材的一般應用

PLA薄膜／片材優良的透明性非常適合於作為製品包裝材料，因此在包裝材料領域的應用開展得最好。PLA可以用於常見的薄膜／片材的方法加工，給包裝帶來一些新的特性，如硬度、透明度、折疊度和纏結保持、低溫熱密封性以及有趣的氣味阻隔特性。這種新的熱塑膠的組合貢獻使得PLA成為環境和經濟上都有吸引力的聚合物。聚乳酸薄膜初期強度水平和現有材料大致相同，可以在從生活用品、雜物到產業資材等廣泛範圍內展開應用。但是從聚乳酸基本特性來看，聚乳酸由於生命周期比較短，難以滿足對於要求有五年以上耐久性的商品的應用，但是特別適用於存在廢棄處理問題的容器製品和一次性包裝材料。今後隨著人們環保意識的提高和建設循環型社會意識的強化，聚乳酸的應用將會顯得日益重要。

1.食品包裝領域

食品包裝被認為是PLA最大的應用市場，PLA軟質薄膜可以製備各種食品包裝膜，PLA硬質片材由真空成型、壓空成型製備拋棄式包裝容器。聚乳酸是一種疏水性的結晶性聚合物，所以耐油性、耐水性和耐醇性優良，適合於作為包括油性食品的食品容器、包裝材料。食品容器或包裝廢棄物和生垃圾一起排放的情況很多，這類材料如果能夠和生垃圾同時堆肥化處理既省力又衛生，是大家所期盼的，從這個角度講，聚乳酸是非常合適的一種材料。目前市場上已經有新鮮蔬菜水果包裝袋、水果包裝、拋棄式餐具、食品（廢物）過濾網出售。

2.一般包裝材料：容器、包裝、緩衝、捆紮材料領域

PLA在一般包裝領域主要作為軟質薄膜使用，也有少數例外，

例如由PLA製備的硬質膜／片已經作為小光碟包裝膜、信封的透明塑膠視窗使用，並且經過耐熱、抗衝擊改性PLA已經應用於IC收音機包裝、乾電池包裝中使用。2003年11月，PLA收縮膜應用在味之素30g瓶子包裝的商標標籤膜，首次在食品加工行業使用。PLA作為捆紮繩的應用也已經展開。

這類材料製品一經製造商售出到消費者手中，取出製品後就沒有用處，對它們進行廢棄處理或再資源化的各種手段（堆肥化，沼氣化，機械回收，化學回收，熱回收等）都適用於PLA材料。

3.堆肥袋、購物袋

PLA薄膜在購物袋、垃圾袋等方面的應用產品數量在日本等國家開展得很多。作為垃圾袋，可以直接堆肥化，LCA評價較好。作為購物袋，使用之後也可以作為垃圾袋。但是這些產品在價格競爭方面不佔優勢。

PLA薄膜／片材在包裝材料領域總結歸納在表6-10中。

表6-10　PLA薄膜／片材的應用

種類	應用
硬質薄膜	保鮮膜，食物包裝膜，扭曲包裝，窗口膜，複合膜，紙複膜，熱封袋製品等
軟質薄膜	熱封膜
	購物袋、垃圾袋、工藝袋等袋製品
收縮薄膜	收縮包裝
單向拉伸薄膜製品	繩子，捆紮帶
熱成型製品	真空成型品，包括食品包裝／容器，如雞蛋盒、冷水杯、盤子；非食品包裝，如玩具包裝盒、日常用品包裝、電子電器製品包裝等

五、聚乳酸薄膜／片材的應用開發進展

(一)耐熱食品容器的開發

一次性食品容器主要由片材真空成型、壓空成型製備，耐久性食品容器由射出成型製備。PLA未拉伸片材的成型加工性優良，通過熱成型（真空、壓空）可以製備成託盤、杯子、碗等各種一次性食品容器。這些容器雖然具有優異的透明性，但是耐熱性差，除了不能盛裝熱水、不能用微波爐加熱的缺點，在運輸、保管過程中也存在容易熱變形的問題。

日本UNITIKA公司通過和層狀矽酸鹽奈米複合開發了快速結晶的PLA樹脂，該樹脂在製品耐熱性和熱成型生產效率完全滿足要求。這種耐熱PLA樹脂生產的發泡和未發泡食品容器耐熱溫度在120～130℃以上〔6〕，曾經在2005年日本愛知世博會上大量使用，其性能超出了市場上一次性杯子、托盤常用的PS紙複合材料，能夠與使用量漸增的面向微波爐加熱製品的填充PP製品匹敵。

改性的耐熱PLA材料由100%植物系原料構成，保持PLA良好的完全生物降解性。如耐熱託盤和耐熱發泡品在60℃以上堆肥環境中分解迅速。堆肥化是喜氧的微生物分解，PLA還能夠在厭氧下發酵產生沼氣。

(二)乾電池包裝製品

日本松下電池工業公司2003年1月生產出PLA鹼性乾電池泡罩包裝製品，並且在該公司鹼性乾電池包裝商品中使用。這種製品的表面透明泡罩殼、底板以及泡罩殼－底板之間的黏合層材料均由PLA製備，底板印刷使用的是不含有機溶劑的UV固化油墨，因此是一個全部由環保材料組成的完全綠色泡罩包裝品，廢棄回收操作便利，最後都能夠分解為水和二氧化碳。據稱一個含有大約280g玉米的玉米穗，能夠提供25個乾電池包裝用材料〔7〕。到2004年該包裝品生產量擴大到了2500萬個，同年該公司還對新電池品種——高能量、長壽命OXYRIDE氫氧乾電池的全部泡罩包裝商品也採用了這種PLA包裝。

為這種電池包裝PLA片材設計的生物降解時間大約1年〔7〕。在60℃堆肥中生物降解試驗觀察到20天以後包裝材料的原形已經喪失。由於PLA在堆肥環境中降解比在一般土壤中的大約快10倍，因此推測在一般土壤中，這種包裝材料大約經過1年時間能夠完全降解。

松下電池工業公司和三菱樹脂公司、梅田真空公司聯合，解決了：①具有足夠韌性的透明泡罩殼及底板的PLA材料設計開發和成型加工技術；②適合PLA底板的表面處理和印刷技術；③泡罩殼及底板熱熔接技術等方面存在的問題。經過嚴格的溫度、濕度、振動、落下衝擊等環境測試試驗，成功開發出該商品。

(1)高衝擊強度PLA片材的開發和成型　PLA片材硬而脆，不容易變形，因而成型性差，通常不能生產泡罩製品，需要一定的技術才能成型為保護電池的泡罩殼。另外抗衝擊性能差也導致成型品不能承受運輸時的振動和跌落強度。PLA片材具有透明度高和剛性好的優點，而以往許多提高耐熱和增韌的改性方法都損失了PLA寶貴的透明性。因此材料改性需解決的首要問題是在不降低PLA透明度的前提下提高耐熱性和抗衝擊性能。

三菱樹脂公司通過大量研究開發，提高材料分子間的結合強度，使PLA的耐衝擊性能、耐熱性和成型加工性得到大幅度提高。其中，PLA脆性差的問題通過成型加工技術得以解決，從而使衝擊強度與PET材料製備的相當；但是耐熱性問題還沒有徹底解決，開發的PLA材料的軟化溫度仍比現用的PET材料低20～30℃。因此，開發的電池包裝製品嚴禁在例如汽車內等高溫環境中保存。

PLA泡罩殼是通過真空成型加工而成的。泡罩包裝具有原料樹脂材料用量少、製品重量輕和強度高等優點，能夠對所包裝商品起到良好的保護作用。真空成型加工中，一般先把片材加熱軟化，移入模具；然後抽真空得到製品。其中溫度和壓力是兩個重要的成型工藝條件。PLA耐熱溫度低，因此加熱軟化時的溫度不能太高，否則引起片材嚴重變形；但是另一方面，溫度較低時進行加熱，PLA又很難軟化，容易造成成型品出現裂紋等不良現象。松下和梅田真空公司經過反復試驗，開發了低溫下提高真空壓力的成型工藝和相應設備，並且指出該成型的溫度視窗和壓力視窗非常小。

(2)底板和泡罩的熱熔接和底板印刷　PLA耐熱性差會容易引起泡罩殼及底板熔融後的變形、起霧等外觀問題，帶來了泡罩殼和底板熱熔接時的難題。通過開發低溫黏結劑、延長熔融時間、強化熔接壓力等技術可以解決這些困難。另外，針對熔融後的變形，通過改變熱熔接設備，採用一直加壓到PLA片材完全冷卻的方法解決。底板的印刷不使用任何有機溶劑，而採用了UV硬化油墨。為了保證印刷強度，對底板先進行特殊的表面加工，從而提高油墨和PLA底板之間的結合強度。

(三)PLA垃圾袋的應用開發

一般城市生活垃圾是通過堆肥化或者焚燒進行處理。可生物降解的PLA垃圾袋連同裝有的垃圾可以直接堆肥化處理，研究結果顯示，PLA含量30%以上的完整垃圾袋在30～45天內可以完全堆肥化。因此，PLA塑膠垃圾袋的廢棄不僅無環境污染，還可以進行再資源循環再利用。如果採用焚燒方式處理，PLA的燃燒熱低，並且燃燒時不放出任何有毒有害氣體。所以，作為不可能再使用的垃圾袋的應用是PLA等生物降解塑膠的最佳用途。

1.存在問題及解決

據統計，目前即使在日本等生物降解塑膠的應用開展比較好的國家，PLA作為垃圾袋的使用量大約為300噸／年，遠遠低於一般PE垃圾袋的使用量。究其原因，除了成本因素之外，PLA在性能方面還存在薄膜不夠柔軟、降解速度慢以及薄膜性能隨著存放時間劣化快等急需解決的問題。

(1)薄膜柔軟性　和石化原料製成的可生物降解PBS等薄膜相比，PLA薄膜由於質硬，易發出同PS薄膜一樣嘩啦嘩啦的響聲，和PE袋相比使用不方便，因此通常需要對PLA的柔軟性進行改善。例如可採用和軟質的生物降解材料PBS等共混技術，其中PLA含量一般占30%～70%（質量百分比）。也可以通過添加增塑劑方式，比如日本開發了新的PLA增塑劑，能夠有效地提高了PLA薄膜的柔軟性，並且性能穩定，即使長時間使用也不會從PLA薄膜表面溢出。柔軟化改性的PLA薄膜的透明性都有一定程度的損失或者完全不透明，對PLAMATE　的添加量進行一定控制，可以使透明性的損失降低。

(2)降解速度　PLA的降解速度比PBS、PCL等石油基生物降解樹脂慢。根據降解環境具體情況不同，PBS、PCL等一般在土壤中30～100天完全降解，在堆肥設施中20～30天降解。而PLA卻沒有那麼快，PLA在堆肥設施中70～80℃下一般需要經過1～2個月才能夠降解，而且根據材料中PLA含量、堆肥化溫度以及有機垃圾種類不同，PLA降解速度變化很大。PLA堆肥化速度慢造成在一些小型自然化堆肥廠中，PLA垃圾袋往往在垃圾堆肥化完成時還不能夠降解，因此不得不從堆肥出分離出來再進行焚燒處理。

(3)性能穩定性　PLA薄膜推廣應用的最大問題是在成型以後的保管過程中，由於水解會造成製品強度的下降。日本吉忠化學工業公司考察的厚度25μmm的PLA薄膜在保管期間拉伸強度和斷裂伸長率隨時間變化關係分別如圖6-2和圖6-3所示。從圖中看出，PLA薄膜在成型之後大約4個月以內性能比較穩定，超過這一時期，PLA的性能發生很快下降，由此推測PLA垃圾袋等製品的安全使用期限在成型後4個月。PLA垃圾袋上需要明確標注使用有效期以及避免在高溫高濕環境中保存等注意事項。對於PLA的這方面問題尚沒有有效解決手段，今後期待對PLA的分解速度能夠實現調控，一方面使PLA薄膜在保管中避免性能劣化，而另一方面使PLA薄膜在使用後的堆肥化過程中又能夠快速降解。一些研究嘗試用添加椰子殼粉、紙漿粉以及改變PLA分解菌種等方法，尚未取得滿意效果。

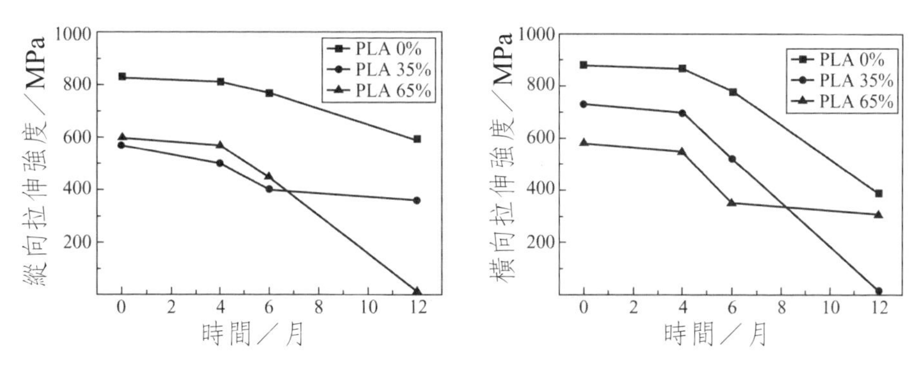

圖6-2 PBSA/PLA共混物薄膜拉伸強度隨保管時間變化關係

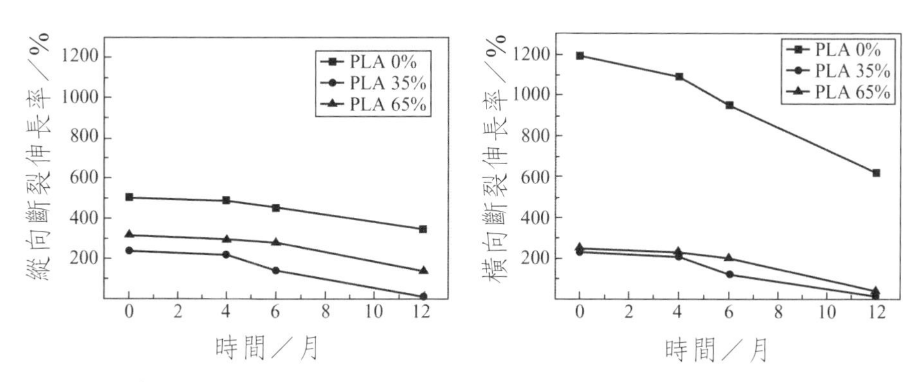

圖6-3 PBSA/PLA共混物薄膜斷裂伸長率隨保管時間變化關係

2.日本愛知世博會垃圾袋使用情況

愛知世博會全部使用了可生物降解垃圾袋，包括和有機垃圾一起可再資源化的垃圾袋一共13種，其中60L（0.065mm×600mm×1000mm）5萬個，90L（0.065mm×900mm×1000mm）80萬個，約120t。全部製品由日本3家公司提供，這些製品均滿足植物基樹脂含量在30%（質量百分率）以上、透明、強度、斷裂伸長率、使用方便以及可以安全堆肥化等要求。一般大型LDPE制90L的（0.05mm×900mm×1000mm）垃圾袋和世博會使用的PLA垃圾袋在強度、伸長

表6-11　LLDPE垃圾袋和世博會使用的PLA垃圾袋性能比較

性能	LDPE	PLA 30%（質量百分率）
拉伸強度（縱向，10mm）	2009	3360
拉伸強度（橫向，10mm）	1976	2610
斷裂伸長率（縱向）／%	1296	760
斷裂伸長率（橫向）／%	1539.5	1060
密封強度（15mm）／g	1550	2500

率及密封強度的對比如表6-11所示，可以看出PLA含量30%（質量百分率）的垃圾袋強度優於LDPE製品，雖然斷裂伸長率略低，但可以達到使用要求。

3.推廣應用的關鍵

目前PLA等生物降解垃圾袋推廣應用的關鍵仍在於成本。PLA等生物降解樹脂和袋製品的價格大約都是PE的3～4倍，隨著石油價格上漲以及PLA大量推廣使用帶來的樹脂成本下降，二者的價格差將會逐漸縮小。如果綜合考慮垃圾收集費用和環境保護等多方面因素，PLA等可生物降解垃圾袋製品期待得到社會的認可並且積極推廣使用。

第二節　聚乳酸瓶罐的性能和應用

PLA瓶能夠用現有的PET瓶生產設備和模具來製造，一般採用兩步法，即先射出成型為瓶坯，再加熱拉伸－吹塑制瓶。由於PLA的熔融體強度比PET低，而對熱的敏感程度比PET高，在選擇射出－拉伸－吹塑加工條件時一定要非常謹慎。加工條件還受到瓶子容積、壁厚要求等條件影響。以容積500mL的PLA塑膠瓶為例，在吹塑時PLA瓶坯的加熱溫度為80～90℃，可調節的範圍在±5℃，而PET的可調節範圍要寬一些（±10℃）。拉伸速度一般為700～1500mm/s，優選700～800mm/s。PLA黏度低、玻璃轉化溫度低，因此熔融體固化速度較快，在第一步的射出成型冷卻時間可以設定得比PET的短。而由於PLA熱傳導系數低於PET，因此在第二步拉伸－吹塑以後的冷卻時間要設定得比PET的長。

相同容積及加工條件的PLA瓶和PET瓶的性質對比表明，PLA的加壓變形程度略高於PET，但是透明度極佳，強度、韌性等都能夠滿足測試要求，具有和PET瓶可比的性質。如表6-12所示。

PLA耐熱性差，其水蒸汽和二氧化碳透過率高於PET，因此目前主要定位於冷藏無碳酸、短期保質期產品的包裝，如礦泉水、鮮橙汁、鮮奶等，以代替PET瓶。一些公司正在嘗試通過塗層技術、多層

表6-12　PLA瓶和PET瓶的性質對比[8]

性質	PLA瓶	PET瓶
瓶體負載試驗（頂部加壓測試速度50.8mm/min）	28kgf（310N） SD-1.09	31kgf（320N） SD-1.70
溢出體積（20.2℃）	524.59mL	522.52mL
加壓變形程度（24h，38℃，2倍體積的CO_2）	直徑變形3.0%	直徑變形2.5%
破裂測試	0.7MPa	1.03MPa
跌下測試（1.5m垂直高度，裝滿水，測試垂直和水平韌性）	通過	通過

注：瓶的容積500mL，質量24.1g，軸向拉伸比2.3，環向拉伸比3.6，平面拉伸比8.1。

共押出技術及共混技術來提高PLA對水蒸汽的阻隔性，從而拓展應用領域。

PLA包裝瓶子的標籤可以用PLA熱收縮薄膜製成，PLA薄膜光澤性好、易於印刷。

PLA瓶和商標標籤均來源於天然植物，使用以後又可以完全生物降解成水和二氧化碳返回大自然，因此共同組成了天然包裝材料，在人們環保意識日益提高的今天非常受到歡迎，在北美、歐洲和日本的品牌概念市場研究顯示消費者更容易被天然包裝的產品所吸引。一些名牌公司以聚乳酸包裝來提升品牌形象，例如英國Belu瓶裝水公司用聚乳酸瓶把在非洲淡水開發的活動和環保營銷方式相結合，作為其市場策略。日本的味之素公司的調味瓶和朝日公司的軟飲料綠茶瓶都使用聚乳酸收縮膜作為標籤。

PLA瓶除了天然性，在作為牛奶、酸奶及果汁包裝瓶方面還有獨特的性能。PLA瓶子包裝的牛奶的氣味、營養價值及微生物含量在有光或者黑暗的環境下都能保持穩定。在包裝果汁時，由於PLA瓶透明度高，使瓶子的內容物清晰可見，另外PLA包裝還能保持香味和新鮮度的持久性。

中國現在每年消費100萬噸PET瓶子，其中冷藏橙汁或鮮牛奶等短保質期產品占了約1%市場，即1萬噸／年，中國有公司正在開展PLA瓶的加工應用。

第三節　聚乳酸發泡材料性能和應用

發泡PS（EPS）是絕熱性及緩衝性好的材料，廣泛應用於魚類冷凍包裝、家電緩衝保護以及食品容器等方面。例如在日本發泡PS最大的用途是魚類包裝箱，代替古老的木箱既輕便又衛生，緩衝性能良好。但是PS製包裝箱廢棄時會帶來環境問題，因此家電包裝行業的發泡PS正在被其他材料代替。

由於PLA和硬質PS具有相似的物性，所以，日本鐘紡公司開發了由PLA發泡板和發泡粒珠法製備的發泡成型體作為發泡PS的替代品。鐘紡公司2000年開發了PLA發泡粒珠，並且以「Lacton」商品名推向市場。2003～2004年為「京都模型試驗」提供PLA發泡塑膠包裝箱，新生物再循環利用系統開發成功。開發的由發泡粒珠製備的PLA發泡材料，和發泡PS一樣能夠內成型，使用方便，緩衝性、力學性能和發泡PS相當，是新一代理想的緩衝、絕熱材料。

用現有的發泡PS成型設備可以製成各種PLA發泡材料。直徑大約1mm的PLA發泡粒珠經過預發泡，再送入型內發泡，最後得到發泡製品。預發泡是發泡粒珠用水蒸汽加熱，成為發泡倍率35～55倍的預發泡粒珠，送到成型模具中，用更高溫度的水蒸汽加熱使其發泡、互相黏結進行型內發泡。形成的PLA板狀發泡體具有切割、熱熔接等二次加工性。

一、聚乳酸發泡體的性質

1.基本物性

PLA發泡材料的基本物性如表6-13所示，表中EPE和EPP分別代表由粒珠法發泡的PE和PP軟質發泡材料。從表中看出，PLA發泡材料和相同發泡倍率的發泡PS的性質相似，其中拉伸強度、壓縮強度相當，彎曲強度和模量略高於發泡PS。

2.緩衝性能

PLA和PS發泡材料動態和靜態緩衝性能分別如圖6-4和圖6-5所示。動態緩衝性能二者相似，靜態緩衝性能中PLA的永久應力變形小，性能優於PS。

表6-13 乳酸發泡體的基本物性

發泡體種類	密度／(g/cm³)	拉伸強度／(kgf/cm²)	彎曲強度／(kgf/cm²)	彈性模數／(kgf/cm²)	壓縮應力／(kgf/cm²)			
					5%	10%	25%	50%
PLA	0.026	2.7	3.6	126	1.7	1.9	2.3	3.3
EPS	0.025	3.1	2.9	77	1.5	1.8	2.3	3.1
EPE	0.034	3.0	–	–	0.4	0.7	0.9	1.6
EPP	0.027	4.1	1.4	27	0.6	0.7	0.7	1.3

注：1.發泡倍率低，強度高、質硬。發泡倍率提高，材料質輕、緩衝性提高。
2.1kgf/cm² = 98kPa。

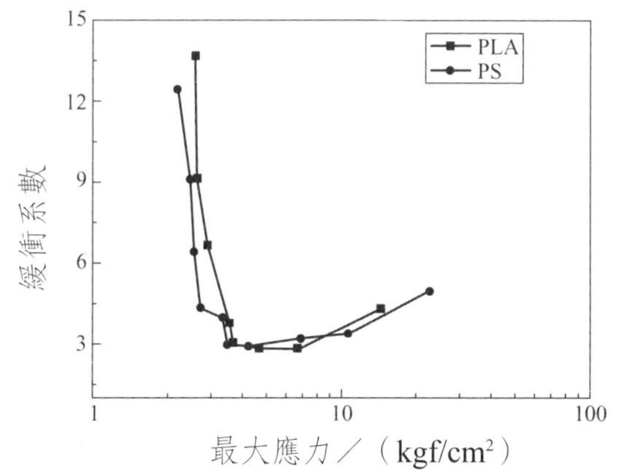

圖6-4 PLA發泡材料的動態緩衝性能（1次衝擊）

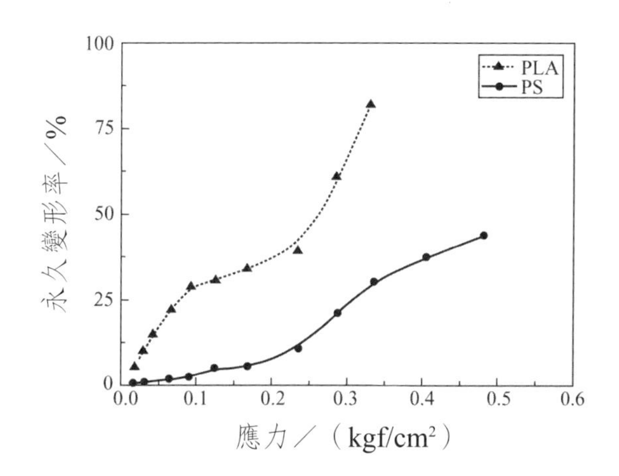

圖6-5 PLA發泡材料的靜態緩衝性能

3.耐化學藥品性能

PLA發泡材料的耐化學藥品性略優於EPS。例如EPS常溫能夠被戊烷等碳水化合物溶解，而PLA則不能。EPS材料表面會被油性記號筆的油墨溶解，PLA發泡材料則不會。PLA發泡材料雖然也會被醚類、鹵素類、芳香族類溶劑溶解，但是溶解速度比EPS的慢。由於PLA對高溫以及鹼性敏感，PLA在鹼性中加熱會水解。

4.耐熱性及絕熱性

PLA由於玻璃轉化溫度低，其耐熱溫度比PS低，因此PLA發泡包裝材料的使用溫度不能超過其玻璃轉化溫度，即50～60℃。PLA發泡材料的絕熱性比EPS略好，經證實其在常溫、冷藏及冷凍下的保冷性能都非常優良。

5.生物降解性能

根據JISK6953（ISO14855）標準堆肥條件下的PLA發泡材料生物降解實驗結果，表明在混有農業及畜牧業廢棄物的大型堆肥設施中，PLA發泡體降解迅速，4天以後就完全降解。

PLA發泡材料在厭氧環境中也能夠降解發酵產生沼氣，因此PLA等生物降解塑膠具有新的生物循環再利用的可能性。

二、粒珠法聚乳酸發泡材料的用途

以代替發泡PS為目標，PLA發泡材料能夠在緩衝包裝、絕熱、農林園藝、填充等許多方面開展應用，但是不適合於用作要求在土壤中不分解、保持性能穩定的土木用材料，高阻燃性、耐久性的建築材料以及高耐熱材料。

(1)緩衝包裝領域

①各種家電製品　電腦、電視機、液晶顯示器、空調、燈具等的緩衝包裝材料。隨著家電製造商環保意識的提高，該領域對綠色的包裝材料需求將急劇擴大。

②高檔禮品　PLA發泡材料由於優質的緩衝性和環保性，開始作為高級禮品的包裝材料。在這方面PLA高成本的影響將不會十分顯著。

③家具類　PLA發泡材料由於在高應力下具有優良緩衝性能，可以作為家具用緩衝包裝材料。

④其他　食品容器、高級水果品、特殊藥物包裝等的緩衝包裝材料。

(2)絕熱材料　由於PLA發泡材料具有優良的絕熱性和保冷性可以用作冷凍食品、藥品等的保冷材料，冷凍車等的絕熱材料。

(3)農林園藝領域　PLA能夠生物降解且降解速度慢，利用這個特點可以用作防止土沙流失的枕木、水耕床、土壤改質材料等。

(4)填充材料　預發泡的PLA發泡粒珠可以直接填充在玩具等作為填充材使用。

(5)內飾材料　PLA發泡板材可以進行熱熔接、切削、切斷等二次加工，成為各種形狀的板材作為內飾材料

(6)其他　燃燒時PLA發泡材料的燃燒熱低、且不含有毒有害體放出，因此PLA發泡材料可以用作煙火爆竹等的炮體材料，散落在各處的炮體破碎物可以隨時間而自然降解，無需專門進行清理回收。

由於PLA發泡材料具有EPS所沒有的生物降解性能，因此期待著研究者能夠發現其更多新的用途。

粒珠法製造的PLA發泡材料具有和EPS幾乎相同的發泡成型性和緩衝性能，可以廣泛替代EPS。尚需解決的課題是耐熱性的控制和成本的降低，隨著PLA改性技術的進步和PLA應用市場的擴大，這些問題最終將得到解決。PLA將作為21世紀環境友好的材料廣泛使用。

三、押出發泡片材聚乳酸樹脂的開發

PLA熔融體強度低，發泡時起泡成長過程中容易破裂，很難得到高倍率發泡成型體。UNITIKA公司配合耐熱PLA奈米複合材料開發技術，進行奈米水平的分子設計、化學修飾技術和特殊的熔融混練技術，提高PLA熔融體強度，呈現較高應變硬化性質，開發高倍率押出發泡片材的PLA樹脂牌號。

押出發泡板材，通過熱成型（真空、壓空成型）能夠得到形狀不同的各種產品。例如，可以用作盛放熱水、微波爐加熱的食品容器、碗、飯盒等一次性餐具、一次性杯子等食品領域，電子產品承載底盤等情報機器、家電用途、蔬果包裝材料等農林水產用途、絕熱板材等建築用途、顯示器芯材等廣告宣傳媒體等用途開展廣泛應用。

參考文獻

[1] Gruber P R et al. Biopolymers Polyester Ⅲ. Weinheim: Wiley-VCH Verlag GmbH, 2002. 251.

[2] Auras R. [Ph.D.Thesis]. East Lansing: Michigan State University, 2004.

[3] Masatsugu Mochizuki. Polylactic acid films.See: Tomita Kosuke Editor in Chief. Development of Biodegradable Chemicals & Plastics. Tokyo: CMC Publishing CO., LTD., 2005.150.

[4] Whiteman N et al. International Conference on Polyolefins. Houston: 2002.

[5] Auras R et al. *Macromol Biosci*, 2004, 4: 835.

[6] http://www.unitika.co.jp/news/news.data/high$_p$olymer.00041.html.

[7] http://www.panasonic.co.jp/ism/housou/03/index.html.

[8] Information from Lecture of Dr. Zhen GM. Commercially Successful Applications for NatureWorks PLA. 2005, 10.

[9] http://www.astem.or.jp/biocity/doc/kyomodel2.pdf.

第七章

聚乳酸纖維加工及應用

- 聚乳酸纖維的歷史及現狀
- 聚乳酸纖維生產及不織布加工
- 聚乳酸纖維的性質
- 聚乳酸纖維的應用
- 聚乳酸纖維的應用開發進展

20世紀以石油等石化資源為原料的合成纖維和不織布等的合成高分子化合物製品的大規模生產、消費以及廢棄，必然會使兩大深刻問題突出顯現在人類面前。第一，由於合成纖維不能生物降解，必然帶來廢棄物如何處理問題；第二，這些合成高分子的原料依賴於有限的石油等石化資源，石油資源由於儲量不斷減少，不僅會出現近幾年已經呈現的價格持續上漲的趨勢，在不足半個世紀的將來，還將會耗盡枯竭。

PLA纖維的出現從根本上解決了合成纖維存在的以上問題，來源於可再生的植物資源，廢棄時可以完全生物降解，很好地融合在自然界的碳循環體系。而本身又具有熱塑性，具備現有的合成纖維所必需的性質，能夠廣泛在纖維及不織布領域展開應用。聚乳酸纖維將成為21世紀的主導纖維之一。

第一節　聚乳酸纖維的歷史及現狀

PLA作為纖維材料最先應用於醫用領域。最早具有實用價值的PLA纖維是1970年左右美國Ethicon公司製備的能夠被人體吸收的手術縫合線[1,2]。由於PLA單獨使用時在生物體中的分解速度很慢，所以實際採用的手術縫合線是由乙交酯與丙交酯90/10的共聚物纖維[3,4]，於1975年以商品名Vicryl™出售。而在此之前的1967年，美國Cyanamid公司申請了以PEG纖維製備的手術縫合線，以商品名Dexon™出售。

荷蘭的Pennings等在1980年左右用溶液紡絲法[5]及熔融紡絲法

[6]分別對PLA纖維成型及性能等進行了研究。同期日本京都大學的筏等[7]也用熔融紡絲法對PLA纖維進行研究，繼而在90年代分別用乾式和濕式溶液紡絲法[8]對PLA異構體進行研究。但是以上所有關於PLA纖維的研究都是以開發醫用材料為目的而進行的。

1992年日本島津製造所在實驗室中成功進行了聚乳酸的熔融紡絲，Unitika公司及Kanebo公司等也開始對PLA纖維生產進行工業規模的試驗。1994年以後，由於PLA工業生產的進步，PLA生產商向市場提供了低丙交酯殘留量的高純度PLA樹脂，成為PLA纖維快速發展的契機，使開發性能長期保持穩定的PLA纖維製造技術成為可能。此後，PLA纖維工業化生產及應用技術在日本、美國及歐洲取得了快速發展。

例如日本Kanebo公司與當時的PLA原料製造商島津製作所合作，於1994年開發了PLA纖維Lacton™，並於1998年推出了一種由棉、羊毛及其他天然纖維與PLA纖維混紡的紡織產品和不織布類產品（該公司於2004年已停止PLA纖維事業），在當年的長野冬季奧運會上使用。Unitika公司使用最大的PLA原料製造商美國Natureworks公司的聚乳酸，通過熔融紡絲技術，成功地開發了商品名為Terramac™的PLA纖維及不織布，在2000年亞洲產業用紡織品展覽會上展出了PLA纖維與Lyocell纖維混紡的毛巾、襪、褲、T恤衫、裙子等，在2002年FIFA世界盃足球賽上提供了PLA纖維製的防雨服和毛巾等。

美國Natureworks公司也開發成功PLA纖維Ingeo™，並且近年加大了產品開發的力度，與下游織物生產廠家廣泛合作，開發了不同規格的產品，如針織、機織和不織布等產品；在服裝方面也進行了多元化設計，如戶外運動服、休閒服和各種成衣，以滿足市場的不同需求。參加PLA纖維後道開發的企業也在不斷增加，包括一些知名企業，如Draper Knitting、KaneboGohsen、Penn Nyla及日本東麗公司、Kurary公司等，香港的Fountain Set也於2003年與CargillDow公司簽約，共同推進PLA在服裝領域的應用〔9〕。法國的BBA公司註冊了商標為Deposa^{TM}的PLA熔噴和紡黏不織布產品；法國Fiherweb等公司也已研製出聚乳酸纖維及製品。日本東麗公司還成功開發了汽車內裝用PLA產品。

中國從2002年10月至今，儀征化纖股份有限公司技術中心利用美國Natureworks公司提供的PLA樹脂，先後進行了該切片的乾燥加工條件試驗和流變試驗，並在此基礎上利用現有的PET纖維生產設備進行了一系列的紡絲、牽伸、加彈、織造及服裝開發工作，得到了批量的POY、DT和DTY，成品絲的性能良好，能滿足機織和針織的要求，目前已開發出舒適性良好的汗衫、針織內衣、T恤及襯衫等紡織品。

第二節　聚乳酸纖維生產及不織布加工

熔融紡絲是PLA纖維成型的主要方法。PLA能夠製備成和現有的合成纖維相同的各種纖維。從纖維截面劃分，既可以是圓截面的，又可以是其他形狀，例如三葉形截面的膨體變形長絲。從組分上劃分，既有PLA單組分纖維，又有雙組分纖維。其中與PLA纖維複合的另一組分包括PET纖維等合成纖維、棉麻纖維等天然纖維或者熔點較低的PDLLA纖維，例如Unitika公司製造了PLA和熔點較低的PDLLA複合而成的芯鞘型雙組分短纖維纖維，用作製造不織布的黏結纖維。

聚乳酸纖維的加工適應性能也很好。它既能夠進行機織、針織、簇絨等各種紡織加工，也能夠適應熱黏合、針刺等不織布加工。可以適應現有絕大多數合成纖維加工設備，這為它的推廣應用提供了極大的便利。

本節主要介紹PLA的熔融紡絲加工法以及不織布的加工和染整加工方法。

一、聚乳酸的可紡性

可紡性是指在用熔融紡絲的方法製造長絲時，從眾多噴嘴押出的絲條互不黏連，在一定速度下是不是能夠捲繞。熔融紡絲過程中，絲條從噴嘴被押出到捲繞的冷卻及固化時間，即停留時間非常短，如果樹脂的玻璃轉化溫度低，由於吹冷風等方式不能夠使絲條完全固化，經常發生絲條黏連的現象。PLA在脂肪族聚酯中熔點最高，並且是唯一的玻璃轉化溫度在室溫以上的品種，結晶溫度也是最高。T_g和T_c高，對於熔融紡絲過程中的固化和結晶非常有利。其固化方式既可以採用水冷卻方式，也可以採用空氣冷卻方式。

從表7-1PLA樹脂的基礎資料分析看出，PLA具有優良的可紡性。PCL、PBS等雖然也能用熔融紡絲加工法製成纖維，但是由於它們的玻璃轉化溫度低，空氣冷卻的方法難以成絲，只能像PE或PP纖維加工那樣，採用水冷卻的方式製備比較粗的單絲。

表7-1 PLA、PET及其他幾種脂肪族聚酯的熱性能、可紡性和絲的性質

聚酯	熱性能			可紡性	絲的性質		
	T_m/℃	T_c/℃	T_g/℃		拉伸強度／(g/den)		拉伸模量／(g/den)
					單絲	複絲	
PLA	178	103	57	優	4.0 ~ 6.0	4.0 ~ 6.0	55 ~ 65
PHB	175	60	4	差	2.5 ~ 3.5	-	10 ~ 20
PCL	60	22	-60	中	7.5 ~ 8.5	4.0 ~ 5.5	10 ~ 20
PBS	116	77	-32	良	5.5 ~ 6.5	4.5 ~ 5.5	15 ~ 25
PET	256	170	69	優	5.5 ~ 6.0	4.5 ~ 9.5	100 ~ 110

注：1den（旦尼爾）$=\frac{1}{9}$tex。

表7-1中沒有列出澱粉，雖然澱粉也是一種常見的可降解高分子，通常和脂肪族聚酯、芳香族聚酯或者PVA的共混改性之後，廣泛應用於生產薄膜、射出成型品及發泡緩衝製品等材料，但是從紡絲角度考察，澱粉的可紡性非常差，根本不能開展在纖維領域的應用。

二、聚乳酸的熔融紡絲

PLA纖維是熱塑性聚合物，主要採用熔融紡絲法成形。雖然也可以二氯甲烷、三氯甲烷、甲苯等為溶劑採用溶液法成形，但由於其生產過程複雜，溶劑回收難、紡絲環境惡劣，沒有競爭力，限制了其商業化發展。熔融紡絲法生產聚乳酸纖維的工藝和設備正在不斷地改進和完善，它已成為聚乳酸紡絲成形加工的主流，採用熔融紡絲法生產聚乳酸纖維目前已進入了商品化生產階段。

(一)PLA纖維的熔融紡絲工藝過程

熔融紡絲法生產聚乳酸纖維可以使用現有的PET、尼龍、PE以及PP纖維成型設備進行，其加工流程主要包括以下步驟：

原料樹脂→乾燥→熔融紡絲→拉伸→熱處理

原料PLA樹脂首先進行乾燥，然後被輸送到一個押出機，樹脂在押出機中熔化，在噴絲頭內對熔融聚合物進行過濾以除去雜質，然後通過噴絲板紡出，進行適當的拉伸，最後熱處理定型。

紡絲溫度及紡絲速度等紡絲條件、拉伸速度及拉伸溫度等拉伸條件和熱處理等條件，可以根據原料PLA樹脂的性質和所生產纖維的用途進行相應設定。紡絲和拉伸加工法方式基本上可採用和PET、尼龍等合成纖維相同的方式，例如對於生產PLA長纖維，可以先紡絲得到UDY（un-drawn yarn，未拉伸絲），然後拉伸得到FDY（fully drawn yarn，全取向絲）；也可以高速紡絲直接得到FDY；還可以先高速紡絲得到POY（pre-oriented yarn或者partially oriented yarn，預取向絲），然後進行拉伸和假撚變形加工製成DTY（draw textured yarn，拉伸變形絲），等等。並且超高速紡絲生產HOY（highly oriented yarn，全取向絲）也成為可能。

(二)PLA纖維的熔融紡絲加工參數控制

聚合物性能和加工參數是影響PLA纖維性能的兩大因素，其中聚合物性能方面主要有分子量、分子量分佈、殘餘丙交酯量、支化度、光學結構、單體含量和添加劑量；加工參數方面主要有熔融溫度、產量、紡絲速度、驟冷速率、空氣阻力和噴絲孔毛細管幾何形狀等。

製造高品質量PLA纖維並不是一定需要高品質（如高光學純度、分子量及低分子量分佈）的PLA樹脂，而關鍵在於紡絲條件及拉伸條件的控制。具體包括嚴格的PLA含水率管理、熔融黏度控制、拉伸倍率管理、拉伸溫度管理。

1.對PLA樹脂的基本要求

①分子量較低及其分佈較窄的聚合物具有較好的可紡性，控制聚合物熔融體在210℃下的流動指數為25～35g/10min，分子量分佈小於2.21。但是分子量提高能夠降低纖維收縮率。

②因為交酯會發煙和積聚在設備上，所以殘餘單體量必須控制在小於0.3%。

③選擇PLA樹脂原料時要注意聚合物的光學純度，聚合物中D型異構體的含量降低能夠顯著提高PLA的結晶速度和結晶度，成型纖維收縮率亦降低。D型異構體的含量一般要求低於10%～15%。

2.PLA樹脂的乾燥

PLA纖維成型過程中PLA含水率的管理非常重要。PLA樹脂中含水率超過0.5%，就很容易受熱水解，如果不乾燥就直接紡絲，會導致分子量急劇下降，得到的絲強度低下或成絲困難。因此，紡絲前一定要進行適當條件下的充分乾燥。不僅PLA長纖維成型時要對樹脂充分乾燥，在PLA短纖維以及不織布製造時的每一個步驟，都要注意PLA含水率的問題。聚乳酸樹脂原料中含水量要求小於0.005%。

3.紡絲溫度

PLA的熔紡成形與PET纖維的成形有相似之處，但PLA的熔紡成形較PET難控制。主要原因在於PLA的熱敏性和熔融體高黏度之間的矛盾。例如可用於纖維成形的PLA相對分子質量達10萬左右，但其熔融體黏度遠遠高於PET熔融體的黏度。要使PLA在紡絲成形時具有比較好的流動性，必須達到一定的紡絲溫度，但PLA在高溫下，尤其經受較長時間的高溫容易分解，因此造成PLA紡絲成形的溫度範圍極窄。

由於PLA在高溫下容易水解，因此PLA纖維成型過程中的每一步對PLA纖維的分子量都會有影響，其中押出溫度的影響最為顯著。押出溫度一般設定在185～230℃，溫度越高，PLA的降解越嚴重。可以通過控制PLA中水分含量、殘留單體含量、PLA樹脂進行耐水解改性（例如對PLA分子端羥基和／或端羧基進行封閉等）以及配合精確的溫度控制來降低PLA纖維成型過程中的水解，從而得到性能良好的纖維產品。

4.拉伸速度

PLA熔融紡絲一般在2000～3000m/min紡速下進行，採用高速紡一步法成形時的最高紡速可達5000mm/min。PLA初生纖維在拉伸中表現塑性變形，其屈服通常在伸長3%～4%、拉伸應力72MPa左右時發生。拉伸速度和溫度影響PLA的結晶程度，從而影響纖維的強度、收縮率等各方面性能。隨著拉伸速度提高和溫度降低，PLA纖維的結晶度提高，纖維的取向度和強度增大，收縮率減小，如圖7-1所示。一般3500～4000m/min以上的拉伸速度可達到較低的PLA纖維收縮率。

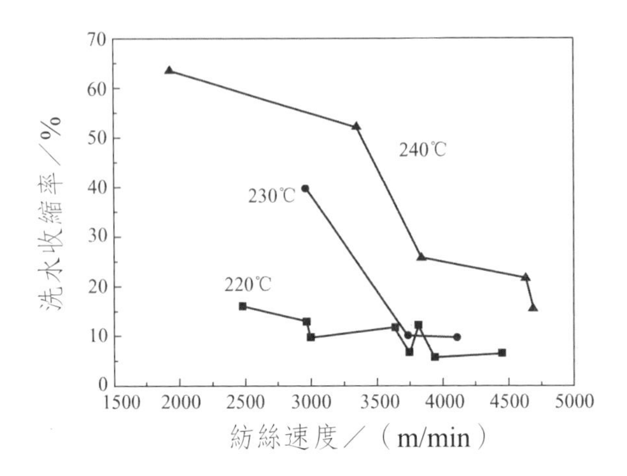

圖7-1 PLA紡絲速度、溫度與纖維收縮率的關係

耐熱性好和高強度的纖維可以通過在210～230℃下，以大約2500～3500m/min的速度得到POY，進一步在100～140℃下拉伸，拉伸倍數4～5倍。這樣產生的PLA纖維有可以和PET及尼龍相比的物理性能，強度大約為5～6g/dyn和伸長率為10%～30%。生產出來的纖維可製作釣魚線、縫合線、不織布等。

(三)商業化PLA纖維的種類

美國、日本、法國等一些公司分別開發生產出PLA纖維及製品。表7-2和表7-3分別是日本Kanebo公司及Unitika公司商品化PLA纖維的規格及用途。

表7-2 Kanebo公司PLA纖維的種類及規格

纖維種類	規格
複絲	33/6dtex/f，33/12dtex/f，56/24dtex/f，84/24dtex/f，84/48dtex/f，167/48dtex/f
定長纖維	纖度：1.4dtex，2.2dtex，3.3dtex，6.7dtex，11dtex，14dtex，17dtex 切斷長度：38mm，51mm，76mm等
單絲	220dtex，420dtex，560dtex，1100dtex
扁絲	330dtex，560dtex，890dtex，1100dtex
紡織絲（純PLA或與棉混紡）	10/1，20/1，30/1，40/1

表7-3 Unitika公司Terramac纖維種類、規格及用途

種類	規格	用途
單絲	23den，215den，500den，1000den	紡織、編織品
複絲	75den/36f，250den/48f，500den/96f	紡織、編織品
短纖維（一般型）	4den×51mm，1.5den×51mm，1.5den×38mm	不織布主體纖維、混紡絲
短纖維（芯鞘複合型）	4den×51mm，2den×51mm	不織布黏結纖維
短切纖維（一般型）	4den×5mm，1.5den×5mm	濕式不織布主體纖維
短切纖維（芯鞘複合型）	4den×5mm，2den×5mm	濕式不織布黏結纖維

三、聚乳酸纖維的不織布加工

根據所使用的不同PLA纖維類型（長絲或短纖維），有不同的方

法製造PLA不織布。PLA長絲或雙組分纖維可採用紡黏法和熔噴／疊層法加工方法，PLA短纖維可採用梳理成網、幹法成網和濕法成網，然後加固的加工方法。

(一)PLA短纖維的不織布加工

梳理成網比其他加工方法有著較多的優勢。它能夠把不同類型、細度、長度和結構的纖維很方便地混合起來；可以把PLA纖維同棉纖維、木漿纖維和在其他加工方法中難以混合的纖維混合起來。梳理成網的纖網可以是平行鋪疊而成的，也可以是交叉鋪疊而成的。纖網可用熱軋或熱風黏合、化學黏合、水刺和針刺方法加固；當採用化學黏合加工方法來加固梳理纖網時，需要注意黏結劑的選擇，避免造成對纖維結構性能的損傷。梳理纖網中短纖維的末端會露在不織布表面，從而賦予不織布較好的手感、蓬鬆性、芯吸性和一定的表面效應。它可以使用PET不織布的生產設備。

氣流成網與梳理成網在不少方面很相似，例如，纖維都須經過開松、除雜、混合，然後餵入高速回轉的錫林，進一步梳理成單纖維。但在形成纖網時，梳理成網加工法是利用機械的作用使纖維成網，而氣流成網則是利用氣流的作用使纖維成網，即離心力與氣流的聯合作用使纖維從錫林鋸齒上脫落下來，凝聚在塵籠上形成纖網。纖網可以用熱黏合、化學黏合或水刺來加固。漿粕氣流成網不織布手感柔軟、吸濕性好，可用作工業用布、生活用布、失禁用品吸液層、保水材料、過濾材料等。由於絨毛漿粕或棉絨漿粕的價格很低，且此加工法略去了梳理工序，還可以使用多種纖網加固方法，因此產品成本較低。

濕法成網與造紙很相似。水把纖維漿輸送到一個網簾狀的收集裝置裡，纖維在那裡凝聚起來，形成一張薄薄的片或網。濕法成網加工法可用100%合成纖維或用纖維素與合成纖維混合的纖維，採用熱軋或水刺方法加固。水刺生產線是全自動的，每小時可以生產數噸產品。與水刺一樣，濕法成網也能夠洗刷和清潔纖維，將纖維整理劑去除。無化學整理劑的不織布具有廣闊的市場前景，且便於後續加工，如印染、塗層和層壓等。濕法不織布在生產輕質量、高均勻度的不織布方面具有很大優勢。但是投資成本高，能耗大，還得考慮水處理問題。

為了適應梳理成網的加工方法要求，用熔紡法紡制的PLA短纖維必須具備一定的強度和延伸度。若纖維的強度過低，則在成網過程中承受不了梳理機強烈的機械分梳作用，纖維容易斷裂，產生粉屑，影響纖網的質量，製成的不織布達不到使用要求。

為了獲得均勻的纖網，聚乳酸纖維必須具有一定的捲曲度和長度。捲曲度一般為10～30個／25mm。當捲曲度少於5個／25mm時，纖維開松不完全，容易產生團塊，纖網中的纖維不能很好地單根分散。若捲曲度大於50個／25mm，則纖網中纖維的分佈也不均勻。用於幹法成網不織布的纖維其切斷長度為30～70mm，而濕法成網不織布用的纖維則較短，長度為2～6mm。

日本東洋紡公司開發的PLA短纖維的斷裂強度為4.2～5.1cN/dtex，斷裂伸長率為28%～35%，勾結強度為2.8～3.3cN/dtex，捲曲度為10～30個／25mm，纖維長度為30～70mm。PLA纖維經開松、梳理、鋪網和加固後，一般可製成面密度為50～100g/m^{2}的各類可生物降解不織布。經測試，在25℃和相對濕度為65%的條件下，把該不織布放置12個月，其斷裂強度為初始強度的90%～93%，具有較高的強度保持率。但若將PLA不織布埋於土壤中，經一定時間後不織布出現破裂，用掃描電鏡觀察可發現纖維表面形成無數的坑窪孔洞，表現出良好的生物降解性。

(二)PLA長纖維的不織布加工

以長絲或雙組分纖維為原料的不織布生產技術主要有紡黏法和熔噴／疊層法。PLA不織布可用利用現有的PET不織布生產裝置用紡黏法生產。紡黏法流程簡短，生產效率高，可直接將PLA切片投入螺桿押出機中，一步法紡製成不織布，從投料到產品的產出一般只需20min左右，省時省力，是一種很有前途的PLA不織布生產方法。其加工方法流程如下：

PLA樹脂→螺桿押出機押出→熔融紡絲→空氣冷卻→牽伸→鋪網→加固→卷取→成品

PLA紡黏法採用空氣冷卻並通過開纖裝置將紡出的絲條雜亂散落堆積在網簾上，鋪置成網，然後再經針刺、熱黏合或自身黏合加固，即可得到PLA紡黏不織布。紡黏法採用在線拉伸，分為低速（500～1000m/min）、中速（1000～3500m/min）和高速（大於3500m/min）拉伸三種。由於PLA熔點較低，適宜的軋輥溫度是100～120℃。PLA加工時的靜電壓遠高於加工PET或PP的靜電壓，可以通過95%相對濕度的側吹風和陶瓷壓力輥來控制。生產中濕度控制要求小於0.01%。

根據PLA不織布的不同應用可以採用不同的纖網加固方式。例如纖網的熱黏合可採用一對光面輥或一光面輥與一花紋輥配對進行，用光面輥熱軋加固的不織布強度較高，但手感較硬，而採用花紋輥加固得到的是點黏合的產品，柔軟蓬鬆，且由於不織布的比表面積相對增大，其生物降解性能也有所提高，比較適合於製作醫療衛生和擦揩類製品，如尿布、抹布等。針刺加固紡黏不織布適用於土木工程，它們被用在不平坦的表層上，例如直徑為幾英寸的岩石上。纖維在不織布內部發生移動以適應岩石的形狀，而不會斷裂或撕裂，這樣就不會在不織布表面留下孔洞。這種產品還被用作汽車內頂等。如果用黏結劑來加固紡黏纖網，纖維將被固定在纖網內，這種不織布主要用於不能承受發生變形的屋頂材料和其他產品用途。

紡黏不織布應用非常廣泛，並且主導了某些特定的市場。PLA在用作日用品、醫療用品時，必須具有足夠的強度和穩定的尺寸。比如要求材料在熱熔接加工中收縮率小，使用過程中材料的尺寸不能夠隨時間長久而收縮等。聚合物性能（如分子量、分子量分佈、殘餘交酯量、支化度、光學結構、單體含量和添加劑量）和加工參數（熔融溫度、產量、纖維速度、驟冷速率、空氣阻力和噴絲孔毛細管幾何形狀）是影響紡絲線應力和紡黏產品最終收縮率的兩大因素，例如圖7-2是PLA熔融紡絲時拉伸速率和PLA的結晶度以及熱收縮率之間的關係。從圖7-2看出，拉伸速率升高到3500m/min以上後，由於PLA纖維高度取向，結晶度增加，收縮率降低。使用這種PLA纖維可以製造熱收縮率小的優質PLA不織布。

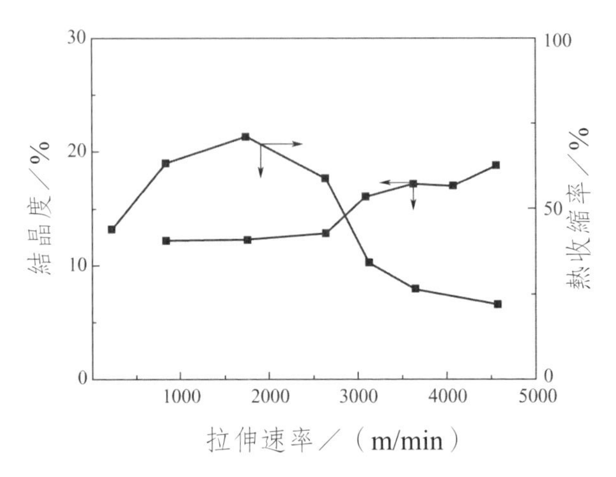

圖7-2 PLA纖維結晶度和熱收縮率與紡絲速度之間的關係

(三)商業化PLA不織布的種類

一些公司已經向市場提供商品化的PLA不織布產品，例如日本的Unitika公司能夠生產具有一定面密度範圍的PLA紡黏不織布產品和其他不織布產品，其商品名為Terramac^{TM}，其種類及用途如表7-4所示。目前高面密度的PLA土工布非常適應並可以滿足多變市場的種種需要，而低面密度的PLA不織布除了在衛生材料方面的應用尚存在收縮率稍微高於現在使用的材料（如PP）以外，也可以成功應用於許多領域。日本幸和公司生產了PLA紡黏法不織布Haibon^{TM}，性能如表7-5所示。

表7-4 Unitika公司Terramac™不織布種類及用途

纖維形態	不織布	種類	特徵
長纖維	紡黏	一般 芯鞘複合型 成型用	高強度，尺寸穩定，低價 熱黏結性 熱成型性
短纖維	熱黏合 纖維襯墊 水刺 針刺	熱軋黏合 熱風黏合 – – –	薄，柔軟 蓬鬆，柔軟 多孔，高回彈性 柔軟，懸垂性 厚，密實，氈狀
短切纖維	濕法不織布	–	薄，如紙

表7-5 生物降解PLA紡黏不織布Haibon™的性能

產品序號	面密度／(g/m^2)	厚度／mm	拉伸強度／(N/5cm)		斷裂伸長率／%		撕裂強度／cN	
			縱向	橫向	縱向	橫向	縱向	橫向
6320-1B	20	0.18	29.4	17.6	15.0	15.0	3.9	3.9
6330-1B	30	0.20	58.8	34.3	25.0	22.0	5.9	4.9
6350-1B	50	0.30	107.8	78.4	30.0	30.0	7.8	7.8
6370-1B	70	0.40	117.6	78.4	30.0	30.0	12.7	12.7
6300-1B	100	0.50	127.4	78.4	35.0	35.0	18.6	18.6
6302-1B	120	0.55	147.0	98.0	40.0	40.0	24.5	24.5

商業化應用的PLA不織布產品有農用材料如紡黏土工布、服裝如夾克內熱黏合保暖填料、擦揩布類以及婦女衛生用品等。尚需解決的問題也有，例如：PLA熱黏合紡黏尿片面層與PP材料相比存在收縮率較大的問題；紡黏一次性醫用服存在會發生磨損和是否耐受γ射線消毒的問題（取決於整理和使用γ射線的強度）。而對於水扎PLA非織造產品收縮和磨損問題不是很顯著。水扎加工法的發展可能會帶來對較低熔點纖維（如PLA纖維）需求的增長。

目前尚無商業化的PLA熔噴產品，因為熔噴加工法不能產生足夠的結晶度。PLA熔噴產品呈無定形，軟化點低（58℃），收縮大。產品會在接近PLA軟化點溫度時過度收縮而失去使用價值。

四、聚乳酸纖維的染整加工

通常在常壓、90～110℃，用分散染料可以對PLA纖維染色。PLA纖維染色主要按照以下加工方法步驟進行：

纖維前處理→洗滌→染色→還原→熱定型

與PET、尼龍等合成纖維相比，PLA的熔點和玻璃轉化溫度低，所以染色溫度和熱定型溫度較低。PLA纖維不容易得到深顏色的效果，染色牢度也比PET纖維稍微低一些，但是如果對染料及染色條件、清洗條件、熱定型條件進行優化，可以得到完全能夠實用的染色效果。由於PLA在高溫和鹼性環境下容易發生降解，所以在染色過程中對溫度和pH值的控制非常重要。

(一)染料

PLA纖維與PET纖維結構相似，屬於疏水性纖維，因此通常用分散染料染色。研究人員根據纖維結構的基本鏈節，計算纖維中的無機性和有機性的比值，通過比較，PLA纖維的疏水性略低於滌綸，其適用的分散染料量在理論上應比PET纖維略低。另外，同樣染料得到的PLA纖維的色澤要比PET纖維明亮，所以適用於PET纖維的染料並非完全適用於PLA纖維。

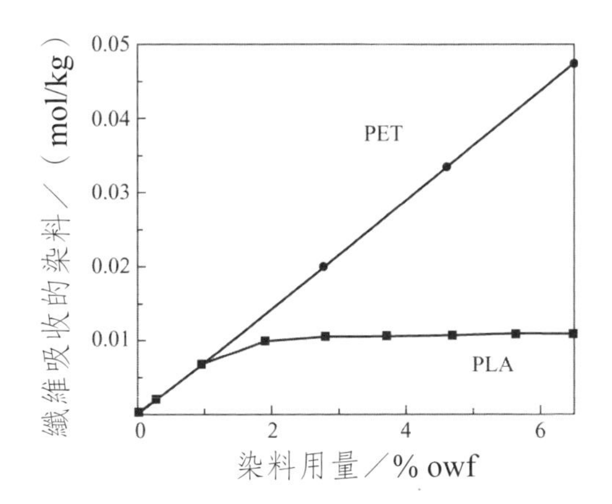

圖7-3 PLA、PET織物的上染量與染料濃度的關係

Takashi Nakamura[10]對聚乳酸纖維和PET纖維用分散染料染色進行了比較，發現PLA纖維的染色特點是飽和上染量較低（如圖7-3，染色溫度100℃，浴比1：100），而擴散系數較高。對染料最大吸收波長小於PET纖維（如圖7-4），因此色澤更加明亮。聚乳酸纖維染色後的耐光牢度較差，會影響聚乳酸纖維的應用；分散染料在聚乳酸纖維上的重演性比在PET纖維上的要差。通過對染色溫度、浴比、是否熱定型、清洗方法4個因素做正交實驗，發現使用中淺色染料時，浴比是主要影響因素，而使用深色染料時，染色溫度則對染色結果影響較大。

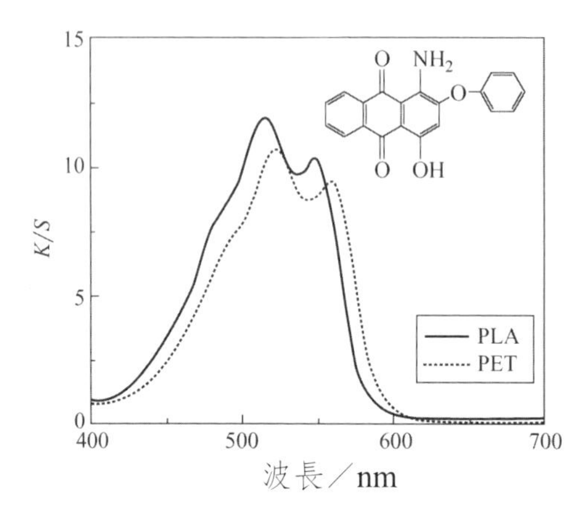

圖7-4　C.I.分散紅60對PLA、PET纖維染色的K/S曲線

選用合適的分散染料，可以對聚乳酸纖維面料染得淺、中或深的色澤，且染品耐洗牢度和染料移染速率結果良好。

Natureworks公司推薦DyStar公司的Dianix系列染料適合於對該公司的Ingeo^{TM}PLA纖維染色。其他研究表明，下列染料也適用於PLA纖維染色。

淺色染色可以選用Sumikaron Yellow E-RPD(E)，Sumikaron Red E-RPD(E)，Sumikaron Blue E-RPD(E)，Miketon ECO Yellow CC-E以及Miketon ECO Red CC-E等。

中深色染色可以選用Sumikaron Orange SE-RPD，Sumikaron Red SE-RPD，Sumikaron Blue SE-RPD(N)，Dispersol Yellow Brown C-VSE，Palanil ECO Rubine CC以及Palanil Dark Blue 3RT等。

深色染色可以選用Sumikaron Yellow Brown S-2RL，Sumikaron Red S-3BFL，Sumikaron Blue S-BG 200%，Dispersol Flavine XF以及Dispersol Rubine C-B150等。

(二)溫度

由於PLA纖維對溫度很敏感，為避免PLA纖維強度的下降，總染色時間和保溫時間應該儘量短、溫度儘量低。PLA纖維染色條件的確定，應考慮染料上染量和纖維力學性能之間的平衡，雖然根據紡絲條件（結晶度、取向度）及纖維形態不同而變化，PLA纖維的臨界染色溫度範圍（上染率20%～80%的溫度範圍）一般70～110℃。溫度低於70℃時，染料幾乎不被纖維吸收，而溫度高於80℃後，染色速率隨著溫度的上升而顯著提高，此時應小心控制染色速率，升溫一定要慢。

(三)後處理

Duncan Phillips[11]等研究了PET纖維和PLA纖維的濕處理牢度和染色後熱處理條件的關係，結果表明PLA纖維上的分散染料要比PET纖維上的容易熱遷移到織物的表面。對染同樣深度顏色的布樣，熱處理前，PET纖維和PLA纖維的濕處理牢度幾乎是相同的，尼龍貼襯幾乎不沾色，而熱處理後染色PLA織物的濕處理牢度要比PET織物的低015～110級。

為了得到柔軟的衣料，通常對PET纖維要進行鹼減量加工，但是對於PLA纖維，由於PLA在鹼性環境下容易降解，所以減量速度越快，強度降低程度越大。因此，像PET纖維一樣的鹼減量加工實際上是不可行的。對PLA纖維染色以後的還原，一般使用弱鹼性的蘇打灰比較好。圖7-5是PLA纖維和PET纖維在不同鹼環境中減量比率隨時間的變化情況。

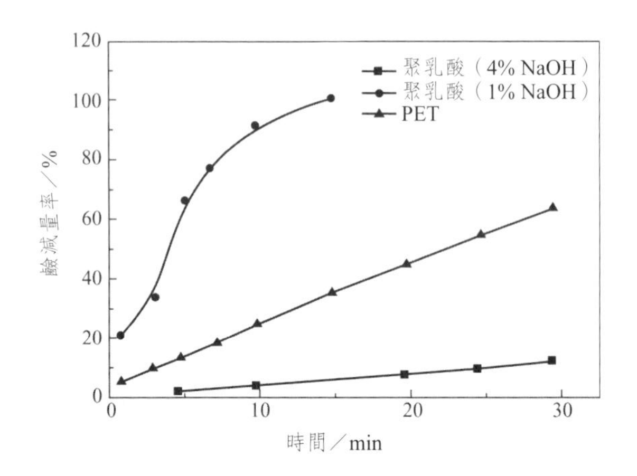

圖7-5　PLA纖維和PET纖維在不同鹼環境中減量比率隨時間的變化情況（98℃）

(四)PLA纖維染色總結

PLA纖維通常在常壓、90～110℃、pH值5左右、30min、用分散染料可以進行染色。PLA纖維沒有PET纖維容易染色，並且染色的牢固程度不如PET纖維。所以，染色前一定要對染料、染色條件、清洗條件、熱定型條件進行試驗選擇。表7-6列出了PLA纖維與PET纖維染色條件的差異以及染色特性。

染色溫度高、時間長以及鹼液處理，都會造成PLA纖維強度的下降，所以都要儘量避免。染色後的還原清洗，一般使用弱鹼性的蘇打灰在較低溫度60～70℃比較好。對於染色牢度，既要考察耐光牢固度、耐洗滌牢固度，又要兼顧乾摩擦牢固度。

總之，溫度和pH值的選擇對於獲得正確的色澤深度非常重要，適當的控制可以避免對纖維或織物的物理性能產生影響。

表7-6 PLA纖維的染色特性

專案		PLA纖維	PET纖維
主要染色條件	熱定型溫度	130℃	190℃
	使用染料	分散染料	分散染料
	染料溫度	98～110℃	130℃
	鹼液使用	不可	○
	還原清洗	△	○
濕摩擦堅牢度		4級	4～5級
洗滌	變褐色	4～5級	4～5級
	污染	3～4級	4～5級
乾洗	變褐色	4級	4～5級
	污染	4級	4～5級
熨燙		低溫	低溫－中溫

△—一般；○—可以。

第三節 聚乳酸纖維的性質

PLA纖維來源於天然的可再生原料，廢棄後可降解成二氧化碳和水，具有可持續發展性和環保性。和其他具有降解性能的天然纖維相比，PLA是唯一的能夠進行熔融加工的可生物降解纖維。其生物降解性能將在第九章論述。

綜合性能研究顯示PLA纖維具有很大潛在的工業應用價值。PLA纖維不僅具有許多和一般合成纖維相同的特徵，比如一定的捲曲度、光滑表面、回彈性以及低返潮性，而且具有天然纖維的可生物降解性、優異的觸感等性能。表7-7列出了PLA纖維和其他合成纖維以及天然纖維的主要性質。

1.折射率

PLA纖維的折射率為1.4，低於PET纖維的1.58，因此製成的布料具有高雅的光澤。

2.密度

PLA纖維的密度為1.25g/cm^3，比PET纖維以及棉、毛等天然纖維低。

表7-7　PLA纖維與常用纖維性能比較

纖維種類	PLA	PET	尼龍6	黏膠纖維	棉花	真絲	羊毛
相對密度	1.25	1.39	1.14	1.52	1.52	1.34	1.31
熔點／℃	130～170	255	215	–	–	–	–
強度／(g/den)	4.0～6.5	4.5～8.0	5.5	2.5	4.0	4.0	1.6
彈性模數／(kg/mm^2)	400～600	1000～1200	300	–	–	–	–
伸度／%	30～40	30～40	40	20	10	–	35
吸濕率／%	0.4～0.6	0.2～0.4	4.1	11	7.5	10	14～18
彈性回復率(5%伸度)／%	93	65	89	32	52	52	69
抗紫外性能	很好	正常	差	差	差～正常	差～正常	正常
燃燒熱／(MJ/kg)	19	23	31	17	17	–	21
極限氧指數／%	26	20～22	20～24	17～19	17	–	24～25
折射率數	1.4	1.58	1.57	1.52	1.53	1.54	1.54

3.熱性質

PLA的熔點在170～180℃之間，與PP相當，比PET的低，但是PLA的玻璃轉化溫度在57℃左右卻和PET比較接近，所以它的力學性質和PET比較相似。PLA熔點隨著分子內D-異構體含量不同而變化。根據需要，可以調節D-異構體含量，製備熔點在130～220℃之間的PLA纖維材料。

4.溶解性

PLA僅被氯仿、二氧雜環乙烷及苯等少數溶劑溶解或者溶脹，能夠適合乾洗。

5.力學性質

PLA纖維的初期強度比PET等合成纖維低一些，PLA纖維強度高於天然纖維，具體取決於纖維成型過程中的拉伸程度。和其他合成纖維相仿，在常溫下PLA纖維強度基本上不隨濕度而變化，斷裂伸長率略有增加。然而隨著溫度升高，強度顯著下降而斷裂伸長率上升。

PLA纖維彈性模數為500kg/mm^2，低於PET纖維的彈性模數1200kg/mm^2，PLA纖維製成的布料具有真絲般柔軟的手感。

PLA纖維拉伸強度-伸度關係如圖7-6所示。PLA纖維拉伸強度低於高強力PET纖維，略低於Lyocell纖維。初始模數（2%伸度）和其他織物纖維相當，具有明顯的屈服點，和羊毛纖維一樣具有較高的伸度。纖維的回彈性與屈服點有關，屈服點對應的伸度越小回彈性越高。伸度2%時PLA纖維的回彈性是99.2%±0.75%；伸度5%時PLA纖維的回彈性是92.6%±1.60%，高於大多數纖維。PLA獨特的拉伸性質將會在混紡纖維方面展開應用。羊毛纖維和PLA纖維具有近似的強度-伸度關係特徵，開發它們的混紡產品將會成為很好的方向。高回

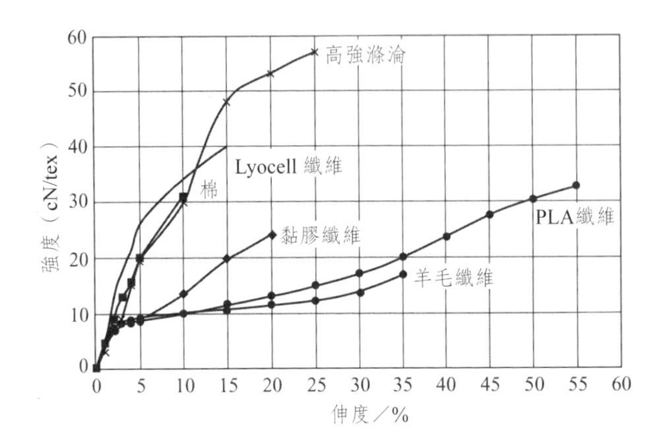

圖7-6　PLA纖維和其他工業纖維的強度-伸度關係（20℃，65%RH）

彈性能夠令織物具有良好抗皺性和保型性。

PLA纖維耐摩擦性能不如PET纖維和尼龍纖維，因此容易起毛球導致強度降低，在成型加工中的張力控制非常重要。

6.返潮性

PLA纖維返潮率為0.4%～0.6%，略高於PET纖維，但是遠低於天然纖維。

7.捲曲性

PLA纖維能夠在加工中被高度捲曲並且具有良好保持性，織物的保型性能好。

8.導濕性

PLA纖維具有優異的燈芯效應，結合其較快的水分散法性質和快幹性質，令PLA織物面料具有吸汗快、乾燥快的特點，可通過蒸發迅速帶走體熱，乾爽舒適。

PLA纖維對水的親和性、潤濕性比PET纖維好，圖7-7是幾種纖維和水的接觸角資料，PLA的接觸角的餘弦值為0.254，比PET纖維的

0.135高，說明PLA和水的接觸角較小，因此纖維表面的水分能夠快速擴散、揮發。

與相同規格的PET／棉混紡織物相對比，PLA／棉混紡織物在類比人體的乾燥和出汗的皮膚的狀態下的對比測試，表明從衣著的舒適性上講，PLA／棉混紡面料相比於PET／棉混紡面料有更好的舒適感。非常適合生產內衣、貼身衣服、毛巾等。表7-8為測試對比中的部分典型資料。

9.阻燃性

儘管不是一個非可燃性的聚合物，PLA纖維顯示了更好的自熄性，燃燒的PLA纖維在離開火源後2min自熄，而PET纖維則需要

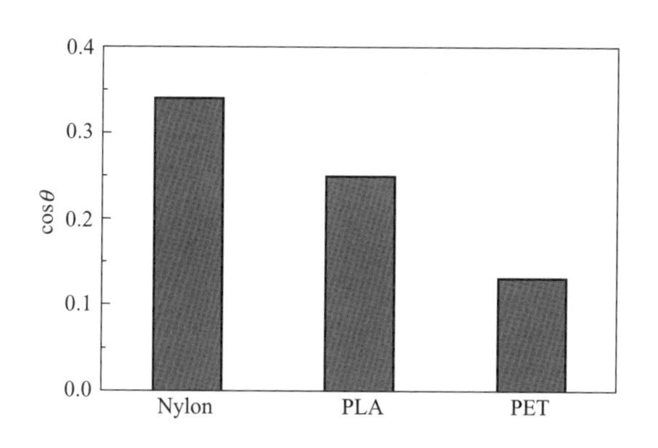

圖7-7 各種材料和水的接觸角

表7-8 PLA／棉和PET／棉混紡面料的對比測試結果

性能	PLA／棉織物	PET／棉織物	對比數
隔熱能力／[$m^2/(K \cdot W)$]	20500	14500	1.41
水汽阻隔能力／($m^2 \cdot mbar/W$)	37100	27100	1.37
水汽滲透能力（指數）	0.33	0.32	1.03
織物吸水量／(g/m^2)	6.8	5.3	1.28

6min。PLA纖維的極限氧指數是常用纖維中最高的，達到24%～26%，已接近於國家標準對阻燃纖維極限氧指數（L.O.I.）的要求。在燃燒中，PLA纖維煙霧釋出量63m^2/kg，低於PET纖維（394m^2/kg），並且沒有NO_x，SO_x，HCl等有毒有害成分產生；燃燒熱19MJ/kg，低於PET纖維的23MJ/kg；能夠自己熄滅，火災危險性小。適合服裝、室內布藝品等。

10.耐候性、耐光性

聚乳酸中無須添加任何紫外線吸收劑，材料本身就有很好的耐候性。聚乳酸纖維不僅耐光性（fade-ometer）優良，耐候性也優於PET纖維，圖7-8是500d/96f纖維和PET纖維在耐候加速試驗63℃、淋雨環境500h（相當於室外2年）強度變化。實際的室外暴露試驗也證實，PLA纖維織物和不織布具有同樣好的耐候性，這就保證了PLA纖維在室外農林、園藝、土木、建材方面的應用。

但是值得注意的是，對於像γ射線這樣高能量放射線，照射量的不同也會帶來聚乳酸的分解。照射量在25kGy以下時，引起材料表面發生一部分交聯反應，從而呈現疏水化傾向。因此建議在用γ射線滅菌時使用照射量低的條件，僅引起機械強度輕微下降。照射量達到100kGy以上，會引起分子鏈斷裂，機械強度明顯下降。

11.耐化學性

PLA屬於脂肪族聚酯纖維，因此耐水解能力較差。在對纖維染色與整理時要特別注意。

12.表面弱酸性

PLA纖維表面的pH值在6～6.5，呈弱酸性，而健康的皮膚也呈弱酸性，因此聚乳酸與皮膚的相容性好。聚乳酸汗衫已經過有關的皮膚

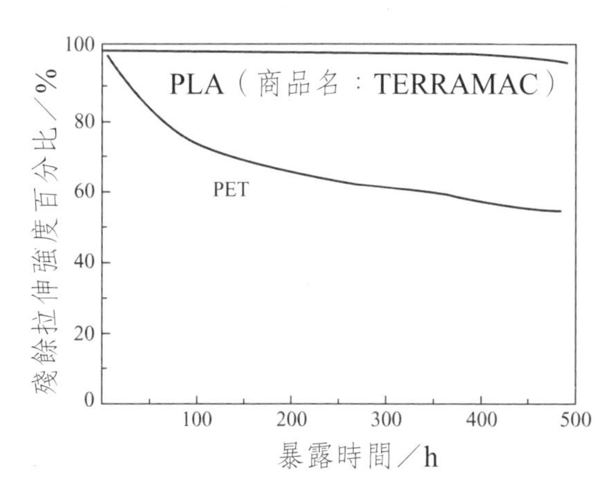

圖7-8 PLA纖維的耐候性試驗

貼布試驗確認其有安全性，非常適合於幼兒、老人以及皮膚敏感的人穿著。

第四節 聚乳酸纖維的應用

聚乳酸纖維有長絲、短纖、複絲及不織布等不同規格和品種，能夠廣泛用於農林園藝、土木建築、衣料、醫療衛生、日用品等領域。

一、聚乳酸纖維的應用

PLA的基本概念是從非石油的植物資源而來的可持續發展的材料，在實際應用中，PLA纖維主要圍繞「生物降解性」和「新功能」兩個方面進行。

(一)生物降解性的利用

生物降解性是合成纖維所沒有的PLA纖維獨特的性質，可以應用於自然環境中，如土木建築、農林水產業等領域。長期以來，PET及PP合成纖維一直在這些領域佔據主要地位，但是它們不能降解，所以帶來了嚴重的廢棄物處理問題。PLA纖維具有生物降解性能，在土壤中一定時期內會保持足夠的使用強度，作用發揮完以後降解還原於自然之中。

生物降解性能還使PLA纖維非常適合應用於醫療衛生領域的拋棄式產品，如紗布、繃帶、紙尿布等。令其與沾染的液體一起焚燒、填埋或者堆肥化處理，既方便易行又無環境污染。

(二)新功能的利用

新功能是指PLA纖維所具有的柔軟、質輕、吸汗、快乾、抗菌性、有益於皮膚的弱酸性、防黴性等。即PLA纖維不同與一般合成纖維，是一種「舒適的合成纖維」。利用該特點，可以應用於服裝布料、生活用品、室內裝飾品、床上用品等。從生物降解性材料而言，比較早使用的棉、麻等都是天然纖維，可以降解。因此在這些領域的應用不是突出PLA纖維的生物降解性，而是「舒適性」概念，PLA纖維比棉麻等纖維更加舒適，並且容易加工。

二、應用舉例

PLA纖維在各個領域具體應用例如表7-9所示。

(一)農林水產及土木建築領域

利用PLA的可降解性能，PLA纖維可製備道路路面、公園植物防草用防護網、墊子、土工布、沙袋等。在一定時期內PLA製品能夠保持足夠高的強度，待作用發揮完以後自然降解，還原於土中。

PLA纖維不織布可以製成農用防寒防凍材料、遮陽防旱材料、防鳥防蟲材料、防草膜、保溫保濕材料、果樹保護材料、育苗播種基材等。農作物收割以後，這些材料可以和農業廢棄物一起堆積野外，堆肥化，實現農副產品的無污染種植。PLA纖維可以製成遮陽網、防蟲網以及防風固沙網等，由於PLA纖維在UV照射下性能劣化程度小，因此可以在一定時期內保持足夠強度，還可以反復使用。而PLA長纖維編制的保護幼苗的防蟲防獸網，隨小樹長大，PLA逐漸脫落、混入泥中分解還原，無需專門回收也不會造成環境污染。

表7-9　PLA纖維在各個領域應用舉例

領域	商品舉例
農、林水產業	防寒帳、攀沿繩、捆紮帶、防草用地膜、防蟲網、防獸網、防鳥繩索、果實袋、育苗床用材、苗木保護用膜材、移植栽種盆、樹根包紮袋，養殖網、漁網及漁具等
土木建築業	植被網、土壤補強材料、土工布、防草布、污泥脫水袋及薄膜繩索等
服裝	T恤、襯衫、運動服、夾克、裙子、禮服、內衣、睡衣、圍巾、領帶、長襪及嬰兒用品等
日常生活	浴巾、手帕、毛巾、購物袋、紙袋帶子、禮品包裝材料、背包、廚房垃圾漏水網、排水口濾袋、茶葉袋、咖啡過濾袋，帽子、雨傘、旗幟、帷幔窗簾、桌布、毛毯、棉被、床罩、枕頭、靠墊及地毯絨面等
醫療衛生	尿布、婦女衛生品、紗布等

(二)服裝

PLA纖維單獨或者和棉、麻、絲等天然纖維結合製作的衣服感覺非常舒適。PLA纖維和天然纖維都是天然產物，都具有再生性，並且在物性上能夠互補，成為非常完美的組合。PLA／棉織品比純棉制品質輕、皮膚感覺乾爽，吸汗排濕快，不黏，不易起皺。複合纖維可以製造T恤、內衣、睡衣、西服、毛衣、襪子、領帶等，還被考慮作為體育服裝。PLA紡織品在洗滌方面的耐受性已經按照美國紡織品化學樣品染料協會的標準經過了洗滌研究測試（表7-10）。

把PLA作為內層的燈芯層或是其他天然纖維起始的共混物都是非常令人感興趣的考慮。在通常能穿舒適的條件下，與棉花結合時PLA比PET纖維表現出更好性能，即PLA／棉花紡織品有更好的生理舒適感。表7-11、表7-12、表7-13總結了PLA／棉花紡織品的皮膚模型、感覺舒適度測試和總體評價的結果。

日本Kanebo公司在1998年的長野冬季奧運會「來自地球的時尚」的主題下，推出了商品名為Lacton™的PLA纖維及PLA/天然纖維共混物製作的衣物。在2000年的秋天，Woolmark和Natureworks公司宣佈了一個針對毛料衣物和Natureworks公司PLA纖維Ingeo™的共同市場開發協定。

Versace公司推出了機織Ingeo™PLA纖維運動外套夾克，其中的襯裡使用的是PLA非織造黏合襯產品；使用不同級別的PLA（PLA及PLA黏結纖維）也已成功地生產出類似結構的熱黏合產品。

表7-10 PLA纖維製品洗滌試驗

類比條件	AATCC測試①	力／psi	不退色度（AATCC灰度規模）②	尺寸變化（寬度／長度）／%	M_n	M_w
初始		83	–	–	57694	117970
手洗（40℃）	–	79	5.0	0/-3.82	56343	107835
手洗（無漂白）	1A	82	4.7	0/-3.13	52123	108115
機洗（40℃）	–	75	5.0	0/–4.17	56281	111206
機洗（無漂白）	–	78	4.8	0/-3.82	–	–
機洗（50℃）	5A	74	5.0	+ 6.25/–7.98	57190	112086
機洗（無漂白）	2A	78	4.5	+ 7.64/–7.98	–	–
機洗（70℃）	4A	74	4.8	+ 2.08/–6.25	58085	112510
機洗（無漂白）	3A	76	4.9	+ 2.08/–6.25	–	–

①AATCC用於衡量顏色變化的灰度如下：1-很大變化；2-相當大的變化；3-可觀察到的變化；4-輕微變化；5-沒有變化。

②AATCC的測量方法61-1994（35%PLA/65%棉花織成的衣服，類比5次洗滌過程）。

注：1psi = 6894.76Pa。

表7-11 皮膚模型測試

測試	PLA纖維對棉花的比較	測試	PLA纖維對棉花的比較
耐熱性	優	汗水轉運	相同
水汽通透性	相同	汗水吸收	相同
水汽吸收性	優	乾燥時間	相同
緩衝能力	相同	濕度穿透性	優

表7-12 感覺舒適度測試

測試	PLA纖維對棉花的比較
濕吸附	相同
表面	優
硬度	優

表7-13　PLA／棉花相對與PET／棉花的總體評價

測試	PLA／棉花對PET／棉花的比較
穿著感覺舒適度	相同
總體穿著舒適度	優

(三)生活用品

PLA纖維產品廣泛應用於日常生活領域。利用PLA與水潤濕性好、吸水後乾燥快、弱酸性對皮膚有益特點，製備毛巾、浴巾、手帕、紙尿布頂層、女性衛生用品、拋棄式衣物等。100%PLA和PLA／纖維素（如黏膠）混合物完全適用於非織造產品中濕擦布部分的市場。採用水刺法已用65%的黏膠和人造絲混紡紗生產了PLA纖維擦布，並已經通過所有ISO人體接觸的生物評價中擬訂的毒性、皮膚敏感性和刺激性測試。PLA纖維擦布與PET纖維／黏膠擦布比較，其芯吸率高、蓬鬆性好、吸液快、強力和伸長率大，說明基於可再生資源的產品可以替代某些石油基的聚合物。在義大利推出的LovepN，WIP生產的衛生棉，使用了遠東紡織的Ingeo™PLA纖維加上Lysac天然超吸收材料（Lysorb）和Novamont的Mater-Bi™可生物降解薄膜。

PLA纖維製成的濾水和濾渣袋，淋水性好、抗菌防黴。PLA另外還可以製造購物袋、強化紙、特殊用紙等包裝材料，外用的抗紫外線遮陽篷、旗子等。

由於PLA纖維具有可燃性低、燃燒時發煙量少、回彈性優異等特點，特別適合開發室內裝飾產品，如窗簾、桌布、毛毯、棉被、床罩、枕頭、儀式用地毯、靠墊等，這些產品主要由PLA纖維純紡或者和棉、絲等纖維混紡製成。

三、聚乳酸纖維製品使用注意事項

由於PLA物性上的一些限制，使用PLA纖維布料製品要注意以下幾方面。

①要避免在60℃以上及高濕條件下長期保管，否則PLA纖維製品會因水解而導致質量下降。

②洗滌注意要在40℃以下中性洗滌劑中洗滌。

③轉鼓式乾燥後收縮性大，要盡可能避免。

④乾洗時要避免使用氯系等石油基產品。

⑤熨燙時要墊一層布在110℃以下操作。實際上，為避免發生意外，一般PLA纖維商品都指出不易熨燙。今後，開發可以安全熨燙的PLA纖維製品將是一個重要課題。該課題開展的主要思路是利用高熔點的PLA立體絡合物製造PLA纖維。PLA立體絡合物是PLLA和PDLA等莫耳共混生成的共結晶體，比通常PLA熔點高50℃，能夠和尼龍等產品一樣進行安全熨燙。雖然關於製備PLA立體絡合物的方法很早就有報導，但是至今卻沒有如何工業生產的公開資訊。隨著PLA應用的大規模開發，這方面的深入研究將成為必然。

第五節　聚乳酸纖維的應用研發進展

PLA纖維因其生物降解性能和許多獨特性能，可以在服裝、室內用品、醫療衛生、農林園藝、建築領域展開廣泛的應用可能，但是還在耐熱性、收縮性、耐摩擦性、蓬鬆度、成型加工性等方面存在不少問題，限制了PLA纖維作為高性能製品的應用發展開發。隨著世界各國對PLA纖維應用研究的開發，這些問題通過材料改性、成型加工方法調整以及成型設備改性等技術手段得以逐步解決。本章將介紹一些PLA應用開發進展的例子，隨著人們對PLA纖維興趣的提高和PLA纖維的進一步推廣應用，相信還會有更多先進的技術不斷湧現出來。

一、熱黏結聚乳酸纖維

熱黏合是不織布加工中最常見並且操作簡單的一種對成網纖維的加固方式。熱黏合加工方法中，通常需要一種具有熱黏合功能的黏結纖維，通過熱風或熱軋形式把主體纖維黏合成一體。為了保持PLA不織布特有的生物降解性能，人們開發了各種具有自黏結性的芯-鞘型生物降解樹脂纖維。其中芯層是高光學純度的PLA纖維，能夠提供優良的強度和成型性，鞘層是具有生物降解性的其他樹脂成分，提供熱黏合性。這些複合纖維雖然具有生物降解性能，但是由於組成芯、鞘的樹脂成分不同，相容性較差，造成了不織布在反覆使用時兩種成分之間剝離，材料的強度下降，外表起毛等不良現象。

PLA中如果含有D-異構體成分，將引起PLA樹脂的結晶度下降以及熔點下降，例如當含有10%的D-異構體的PLA的熔點下降到130℃，聚合物幾乎完全是非結晶的。而D-異構體含量增加又幾乎不會造成T_g降低，這對於保持良好的紡絲性非常有利的。利用PLA樹脂的這種特點，Unitika公司開發了由高D-異構體含量的PLA纖維和低D-異構體含量的PLA纖維複合而成的芯鞘型複合纖維，其中芯層是PLA

纖維，熔點在170～180℃，鞘層是D-異構體含量較高的PLA纖維，熔點約為130℃。利用二者較高的熔點差使PLA纖維具有自黏結性。這種複合纖維具有優良的熱熔接性和低的熱熔接溫度，不僅為PLA短纖維不織布在熱黏合（熱風或熱軋）加固時提供了黏膠樹脂，還可應用在長纖維不織布的製造中，提供了強度和熱黏合性優良的製品。並且由於組成芯、鞘的樹脂成分相同，介面結合力強，不會發生製品使用過程中芯、鞘剝離現象，從而經久耐用。

通過進一步改變鞘層樹脂的組成，例如改用PLA與同樣具有生物降解性的脂肪族聚酯共聚物〔12〕或者脂肪族-芳香族聚酯共聚物〔13〕的共混物，通過對共聚物的組成成分、配比調整和對共混物配比控制，可以在較寬範圍內調節鞘層材料和芯層PLA的熔點之差，從而可以在比較低溫度下可以熱黏合。黏合時，僅有鞘層材料發生熔融或者軟化，呈現黏結性，而芯層的PLA保持不熔融狀態，可以提高不織布的耐熱性，避免了熱黏合時的收縮，並且解決了鞘層純粹用高D-異構體含量PLA組成時纖維成型過程中的黏輥問題。

這種複合纖維還可以設計成各種各樣的形狀〔14〕，如圖7-9所示，其中A是D-異構體含量低的PLA纖維，B是D-異構體含量高的、具有黏合功能的PLA黏結纖維。

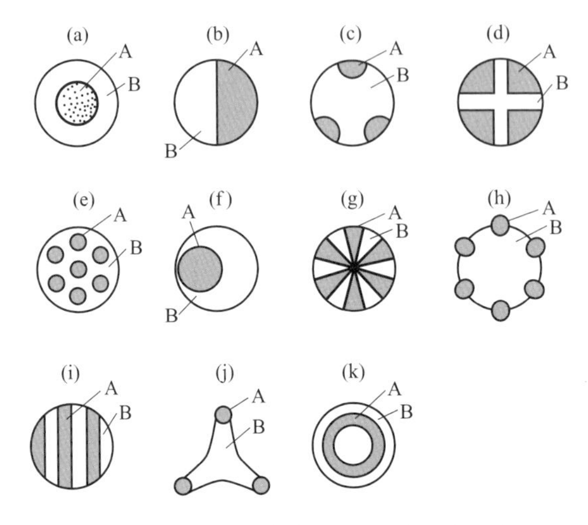

圖7-9　不同形狀的PLA複合纖維

二、耐熱聚乳酸纖維

PLA長纖維不織布雖然在常溫下能夠正常使用，但是環境溫度一旦升高，超過PLA的玻璃轉化溫度以後，PLA長纖維不織布的拉伸強度等力學性能急劇下降，並且變形、發黏，限制了其作為內飾品在汽車等行業的應用，因為汽車夏天車內溫度將達到90℃以上。另外，耐熱性差也帶來了成型上的問題。比如當PLA長纖維不織布用熱成型等方法做成地毯，成型溫度130～140℃時，不織布由於強度下降、延伸性下降，不易成型，常出現深擠部分破裂等問題。為了提高PLA不織布的耐熱性，可以從組成不織布材料的角度入手，通過烷基二元醇或雙酚A誘導體共聚的PET或者和長鏈羧酸共聚的PET與PLA共混紡絲，製備耐熱的PLA長纖維。還可以從成型加工的角度，通過提高紡絲速度，加大PLA取向及結晶程度，從而提高PLA纖維的耐熱性。另外還可以通過設計特殊斷面結構的複合纖維以提高PLA纖維的耐熱性，例如[15]設計開發了一種橫截面為多葉狀的芯鞘型PLA耐熱複合長纖維，其中芯由PLA纖維構成，鞘層纖維成分是對苯二酸、乙二醇、丁二醇的聚酯共聚物。芯鞘纖維含量比率在（3：1）～（1：1）。在高溫環境下，由於鞘層起到一定的阻熱作用，使PLA纖維能夠維持較高的強度。如表7-14，PLA芯鞘型纖維不織布在90℃下能夠具有比純PLA纖維不織布更高的拉伸強度和斷裂伸長率。

還可以通過PLA纖維和非生物降解纖維如PET纖維複合製備耐熱性高的不織布。例如採用PLA非織網層與PET非織網層用層合法[16]，網層之間構成三維交織立體結構，具有這種結構的不織布在高溫下能夠保持較高強度。例如對比測試25℃和130℃下不織布的拉伸性能表明，在高溫130℃下未改性的PLA不織布的縱向、橫向拉伸強度由25℃時的456N/5cm、148N/5cm急劇下降到42N/5cm、19N/5cm，斷裂伸長率由46%、71%下降到38%、71%，而改性的PLA不織布（PLA/PET網層比率50/50時）橫向、縱向的拉伸強度為133N/5cm、105N/5cm，斷裂伸長率都為99%、98%，具有良好的耐熱性能。這種不織布可以作為汽車地毯的基布進行熱成型加工。PLA纖維和非生物降解纖維複合的纖維製品雖然不具有完全的生

表7-14 純PLA纖維與PLA芯鞘型複合纖維的不織布的拉伸強度和斷裂伸長率（90℃）

專案	條件	PLA	PLA芯鞘型
不織布拉伸強度（MD/TD）／（N/5cm幅）	25℃	270/220	214/177
	90℃	75/62	126/101
斷裂伸長率（MD/TD）／%	25℃	39/40	36/38
	90℃	24/27	40/40

物降解性能，但是從PLA樹脂來源於可再生的生物質資源角度考慮，PLA的使用節省了石油資源的消耗，所以仍然具有很大意義。

三、低收縮率聚乳酸纖維不織布

PLA短纖維幹熱收縮率比一般的合成纖維大，會在纖維製品的成型加工以及性能方面帶來很多嚴重問題，例如使PLA短纖維卷縮現象嚴重，造成與成型機器之間摩擦嚴重，使生產中產生大量PLA纖維塵屑；使纖維粗細不均勻，物性不穩定，造成染色不均勻；用來製造不織布時，使短纖維的分散均勻性非常差，從而導致不織布性能差；所製備的不織布，由於熱收縮非常嚴重，會引起製品成形時發生變形、卷翹、收縮等，無法得到高質量的產品。

為了降低PLA短纖維的收縮率，通常採用的方法是：①對PLA的羥基用羧酸進行酯化，這樣得到的PLA纖維在110℃時的幹熱收縮率可以下降到30%以下。②用PLA製備的芯鞘複合纖維，可以在100℃熱風乾燥時，不織布的熱收縮小於5%。但是，利用以上纖維製備的不織布在製品成型時，如果成型溫度在120～180℃之間，還會由於收縮出現變形、卷翹等現象。因此，PLA短纖維製備的不織布在成型時如何減小熱收縮的問題尚未解決。研究人員提出了用樹脂或者黏膠纖維把成網的PLA短纖維的交叉點固定，不僅能夠抑制不織布的收縮，還可提高不織布的耐摩擦性能。或者對PLA短纖維事先在110～150℃下進行熱收縮處理[17]，從而降低不織布成型時的熱收縮率。例如熱收縮處理後的PLA短纖維熱收縮率（130～150℃、20min乾洗）能夠下降到0.05%～5%之間，不織布的熱收縮率（130～150℃、30min

幹熱處理）下降到0.05%～2%之間，可以用在汽車車頂、內壁等汽車內飾材料。經過耐熱收縮改善的PLA短纖維不織布，由於成形熱收縮小、變形小、不發黏，可以作為汽車地毯基層、車頂、內壁飾毯等材料使用。

對於PLA長纖維不織布的熱收縮性能改善，通常是在PLA長纖維紡絲時提高拉伸速率，使PLA纖維發生高度取向、結晶，從而提高耐熱性、降低收縮率。另外，還可以通過改進紡絲設備〔18〕，在噴絲孔的下部安置一個非接觸加熱器，對噴出的長纖維進行加熱，控制長纖維在加熱器中的停留時間在0.07～1.8s之間，同時提高纖維的拉伸速度至6000～7000m/min。加熱的目的是使紡出來的絲在到達牽引裝置之前不會冷卻結晶，而一旦進入牽引裝置以後，通過高速拉伸，使PLA纖維取向度提高、結晶更加充分，能夠降低纖維熱收縮率低，從而減少長纖維不織布的收縮率，提高耐熱性。

四、防菌防黴性聚乳酸纖維

一般的生物降解樹脂由於能夠被微生物降解，所以容易附著細菌、黴菌等，這樣不僅引起保存穩定性的問題，還對於PLA在食品、衛生、日常用品、農業、園林等方面的應用會帶來嚴重的安全衛生性上的問題。

和其他生物降解樹脂相比，聚乳酸表面不容易黏附細菌，可能是聚乳酸中含有的極微量的乳酸在起作用。乳酸是天然有機酸，和胃酸具有同樣的強酸性（pH = 2～3），一般微生物在這樣環境下不容易生存。人類等生物體內都有乳酸菌，能夠產生乳酸從而驅除體內的各種病原微生物，從而保持內臟清潔正是這個理由。乳酸單體添加到食品中能夠延長食品的保質期，並且有防黴的作用。

利用這個特點，Unitika公司在PLA纖維的成型加工過程中，通過特殊的加工法，使乳酸所固有的抗菌防黴功能充分發揮出來，開發出沒有添加任何有毒的強效合成抗菌劑的抗菌防黴PLA纖維。該纖維製品使用過程中的抗菌防黴效果並不影響微生物對PLA的降解，這些通過堆肥實驗已經證實。

Unitika採用纖維製品新功能評價協會的抗菌防臭加工規定，用黃色葡萄球菌對PLA纖維進行評價表明，18h培養以後尼龍纖維白布上的葡萄球菌的數目顯著增加，而PLA纖維以及洗滌10次後的PLA纖維製品上的葡萄球菌數卻顯著減少，靜菌活性值和殺菌活性值遠超過合格值（靜菌活性值大於2.2）標準。PLA纖維不僅單獨使用時具有抗菌功能，在和棉纖維、聚酯纖維混紡以後，仍然具有抗菌性。

其他對PLA纖維性能的提高還包括改善PLA的強度、磨耗性能、耐高溫水解性、染色牢固性、假撚加工絲的卷縮性等，以滿足更多領域對PLA纖維性能的要求。PLA纖維製品已經有報道被應用在汽車領域，日本東麗公司把PLA樹脂改性技術、纖維製造技術和染色加工技術結合，開發了耐熱性、耐摩擦性以及耐水解性良好的高性能PLA纖維，並以這種高性能纖維為主成分，製備了汽車用地毯、備用輪胎蓋板、車門及車座材料等製品，已經商業化使用。繼此之後，東麗還開發了家庭PLA絨面家用地毯，並且已經商品化。家用地毯由於在柔軟、美感上有更高要求，通過使PLA纖維的纖度變細及斷面扁平化，使PLA纖維更加柔軟，並且呈現前所未有的絲般光澤。該公司計劃今後開發連同基布、內層材料全部為非石油基材料的地毯產品。

參考文獻

[1] Michel Y Y. (Ethicon Co). US 3531561. 1970.

[2] Schneider A K. (Ethicon Co). US 3636956. 1972.

[3] Wasserman D et al. (Ethicon Co). US 3792010. 1974.

[4] Wasserman D et al. (Ethicon Co). US 3839297. 1974.

[5] Eling B et al. *Polymer*, 1982, 23: 1587.

[6] Gogolewski S et al. *J Appl Polym Sci*, 1987, 28: 1045.

[7] Hyon S H et al. *ACS Polym Preprint*, 1983, 24(1): 6.

[8] Tsuji H et al. *J Appl Polym Sci*, 1994, 51: 337.

[9] Sung K. *Textile Asia*, 2002, 33(12): 6.

[10] Takashi N. *International Textile Bulletin*, 2003, 4: 68.

[11] PHillips D et al.*Coloration Technology*, 2004, 120: 260.

[12] Taniyama R et al. (Unitika Ltd). JP 2005009063. 2005.

[13] Mstsunaga A et al. (Unitika Ltd). JP 2004011037. 2004.

[14] Fumio M et al. (Unitika Ltd). JP2001049533. 2001.

[15] Matsunaga A et al. (Unitika Ltd). JP 2005206984. 2005.

[16] Matsunaga A et al. (Unitika Ltd). JP 2006057197. 2006.

[17] Narita S et al. (Toray Industries). JP 2005307359. 2005.

[18] Mstsunaga A et al. (Unitika Ltd). JP 2005048339. 2005.

第八章

聚乳酸在其他領域的應用

- 聚乳酸在農林及土木建築中的應用
- 聚乳酸在辦公用品及日常用品中的應用
- 聚乳酸在汽車及電子電器中的應用
- 聚乳酸在膠黏劑中的應用
- 聚乳酸在生物醫藥領域的應用

本章介紹PLA在農林和土木建築、辦公用品和日常用品、汽車內飾品、電子電器、塗料和膠黏劑以及醫藥衛生領域的性質和應用。

第一節　聚乳酸在農林及土木建築中的應用

一、背景

在農林牧漁業以及土木建築方面使用的塑膠品種繁多，有薄膜、片板、繩索、編織袋、不織布等。通過塑膠加工方法的配合，可適應農牧林、土木建築的各種需要。除選用PVC、PE、PP等通用塑膠以外，還選用POM、PA等工程塑膠。此外利用塑膠樹脂的各種性能可以用作膠黏劑、絕緣材料等。塑膠在這些行業上的應用範圍正在日益擴大。

塑膠在給這些行業帶來巨大經濟效益的同時，又帶來了不可忽視的問題。最嚴重的是使用以後的廢棄製品帶來的環境污染問題。塑膠農膜的使用就是一個典型的例子，農膜具有很多優點，能夠促進植物生長、早熟和增產，防止雜草繁殖、蟲害蔓延，保溫、防凍、保濕、防暴風雨襲擊，節省灌溉用水，儲藏草料和果蔬以及鹽鹼改良等。世界各國近代農業的發展，已經離不開塑膠農膜。但是目前生產中使用的地膜絕大多數材料是由聚乙烯組成，這種高分子塑膠穩定性高，強度好，殘膜要變成對土壤無害的物質需上百年時間。加之廢舊膜回收困難，不宜加工利用，造成大量廢舊膜殘留在自然環境中，形成「白色污染」隱患。殘膜在土壤耕層中累積，會直接影響土壤耕性，破壞土壤結構，影響水氣養分的運行，使土壤質量下降，最終導致作物產量降低。

對於廢棄地膜污染，可能的解決方案有兩種：一種是回收，另一種是讓其降解。但是地膜很薄，例如歐美國家約25μm，日本和韓國約20μm，而中國地膜大多在6μm左右，甚至5μm或4μm，因此回收非常困難，即或能回收少部分，也不能加工成較好的製品，從經濟上考慮根本不划算。現在很多地方農民把稻稈、麥稈和使用後的農膜、捆紮繩等一起焚燒處理，這種處理方法造成有害氣體排放於大氣，也是一種環境污染。所以最好的解決辦法就是開發應用可降解地膜，就是讓其使用後儘快降解掉，不對環境和土壤造成污染。

使用以後回收困難的例子還有很多，例如樹根移栽保護材料、育苗缽、植物生長攀岩繩、土工布和釣魚線等，這類製品最好也和地膜的解決方法一樣，採用可以降解的材料製備，從而減少廢棄時的環境污染。

二、聚乳酸在農業、園藝、土木、畜牧業及水產等方面的應用

該領域的製品由於在自然環境中使用，希望最終能夠在自然環境中分解消失，維持一種和諧的自然生態循環。同時，植物移栽花盆、防草膜片等應用製品希望至少在2～3年內維持一定的強度。聚乳酸薄膜初期強度水平和現有材料大致相同，和土壤接觸不會快速分解，在

加上耐候性優良，與至今通常的非生物降解塑膠可以同樣的長時間使用，特別適合於製造那些使用周期小於5年的製品，因此期待著在這些領域廣泛應用。聚乳酸纖維、不織布、薄膜、片材以及其他成型品在該領域的應用如表8-1所示。

在表8-1中，雖然農林業用的柔軟性膜或者繩子可以用聚乳酸軟質薄膜和不織布來製造生產，但是成本較高，因此目前大多數是用一些軟質生物降解高分子製造，或者在軟質BDP中部分配合使用PLA，目的是調節製品的生物降解性能或者提高加工性能。PLA雖然一般不作為軟質農業用膜等使用，但是可大量作為育苗盤槽、農業用網、繩索等使用。PLA還可以製成釣魚線或者假魚餌等釣魚用具，即使遺落在海水／河水中，經過幾年以後也可以完全降解消失。在土木建築行業，由於PLA的強度在所有BDP中最高，可以製成土沙袋、建築保護片材等。含有種子在內的綠色土沙袋、農網等鋪設在河流邊、堤壩、

表8-1　生物降解塑膠在農林園藝、土木建築等領域的應用

名稱	農牧業	園林	土木	漁業等
纖維	攀岩繩，捆紮繩，防蟲網，防風網，果實保護套，播種織物，幼苗保護網，根保護材料，育苗床		繩網，棚網，植物生根保護膜，沙袋	釣魚線，捕魚網
不織布	幼苗保護網	堆肥袋，果實保護套，盆罐	防草膜，土工布，種子袋	–
薄膜／片	風障，地膜，樹根包裝袋，化肥袋／飼料袋，捆紮帶，農舍飼棚，育苗盤槽	攀沿繩，捆紮繩，果實保護套，防雹網，育苗缽	沙袋，土工布，隔熱材料	–
射出成型品	排水材料	育苗缽，夾子	排水材料	–

道路邊，防止綠化前土壤和種子的流失，而在綠化後可以自然降解。還可以用於房頂綠化。

三、應用舉例——聚乳酸育苗缽

育苗缽目前主要由回收PE製造，在幼苗轉栽時，往往要把幼苗連同根土一起從花盆中移出，如果採用生物降解材料製造的育苗缽則會帶來栽培上的極大便利，可以直接將幼苗連同育苗缽埋入土中。因此近年來人們開始對BDP製造育苗缽進行探討。主要的BDP材料包括澱粉類高分子、澱粉／脂肪族聚酯共混材料和PLA及共混材料等。PLA可以直接射出成型，並且製品具有較大剛性從而形狀保持性好，因此最為引人注目。

目前研究開發的PLA育苗缽中，PLA一般含量在20%～30%（質量分數）。和回收PE製造的相比，原料價格是回收PE的5～8倍，成品價格是6～9倍。為了減少PLA用量從而降低製品成本，一些採用添加貝殼粉等天然材料或者減輕花盆總重量等方法正被人嘗試。

對於可降解高分子製造的育苗缽，希望在幼苗培養階段能夠保持一定形狀，而移植以後一定時間內能夠快速降解。根據培養的花、植物等的種類不同，對PLA降解速度會有不同的要求。因此由PLA等生物降解高分子製造育苗缽的主要存在課題是能夠對PLA育苗缽的生物降解速度進行控制。PLA育苗缽生物降解速度大約是1～3年，掩埋土壤條件不同會影響PLA降解速度，但是多數情況是延長其降解時間。目前主要採用以下方法對PLA的降解速度進行調控：對降解時間在1年以上的長期分解型要求的情況採用100%的PLA材料；在6～12個月的中期分解型要求的情況採用PLA和脂肪族聚酯等共混材料；1～3個月短期分解型要求的情況採用PLA和澱粉類材料共混製備。製備時還要同時考慮材料的分子量以及製品厚度等因素對降解速度的影響。

由於PLA降解速度比較慢，一定時間以後不容易快速降解。研究還發現即使PLA不降解，只要花盆上開設很多孔，也能夠使植物的根延伸到周圍土壤中。

PLA育苗缽還具有獨特的防黴性能。一般生物降解栽培容器，比如由澱粉類高分子和由澱粉／脂肪族聚酯共混物製造的栽培容器，容易長黴菌，引起植物壞死等。而PLA育苗缽有優異的抗菌防黴性能，澱粉類、脂肪族聚酯類高分子和PLA共混製造的產品能夠完全抑制黴菌。

第二節　聚乳酸在辦公用品及日常用品中的應用

一、概述

辦公用品及日常用品大致可劃分為文件夾外殼、文件盒、記事本皮和名片、卡片等由薄膜／片材加工成型的製品，以及圓珠筆、衣架、筆盒等射出成型品。這裡主要介紹由薄膜／片材，或者薄膜／片材與紙、不織布、織物等複合加工而成的辦公用品等製品。

辦公用品和日常用品用塑膠主要是通用塑膠，劃分為軟質PVC、

PE和硬質的PVC、PP、及半硬質的PET、PS等。隨著綠色塑膠的普及，各種生物降解塑膠單獨或以共混物形式逐漸使用。利用塑膠的透明性、容易著色性、可印刷等特性生產多種產品。和其他生物降解塑膠相比，PLA耐熱性、剛性及成型加工性最優，最具有推廣應用的潛力。PLA薄膜／片可以根據不同的應用場合，進行各種各樣的二次加工，例如熱封、搭接縫等接合，和其他材料複合，通過折疊加工、裁斷加工等製袋成型以及各種印刷加工等。其中在接合或印刷加工時，PLA由於存在和另外一種材料接合性不好或和油墨的接合性不好的問題，可以通過電暈處理或者事先實施增黏塗層提高其接合性。

二、聚乳酸薄膜／片材應用舉例

PLA薄膜屬於硬質薄膜，一般分為未拉伸薄膜、拉伸薄膜、多層薄膜使用，經過印刷、壓花、黏合等各種二次加工製備成辦公用品、雜貨等使用。另外，根據使用要求，PLA樹脂和各種軟質樹脂共混、添加顏料、無機物、有機物等添加劑手段使用。軟質樹脂主要指PBS、PCL、PBSA等各種綠色塑膠。PLA還可以進一步與紙、PLA織物及不織布等複合使用。

1.信封窗口膜

一般信封上的透明塑膠窗口膜主要由大約25μm厚的雙向拉伸PS薄膜或者玻璃紙製造，NTT Dokomo公司的信封視窗已經使用了雙向拉伸BOPLA薄膜材料。PLA信封窗口膜使用以後不必和信封紙進行分離，可直接一起廢棄處理。並且該材料透明性好，防靜電性和撕裂強度高，性能優良。表8-2是BOPLA和OPS薄膜的性能比較。

表8-2 信封透明窗口的特性比較

評價項目		試驗方法	OPS薄膜（旭化成GM級）	BOPLA薄膜（旭化成BIOCLEAR®）
厚度／μm		–	25.0	25.0
密度／(g/cm³)		–	1.05	1.26
拉伸屈服強度／MPa	MD	ASTM-D882	76	80
	TD		73	90
拉伸斷裂強度／MPa		ASTM-D882	90/70	105/165
斷裂伸長率／%		ASTM-D882	35/60	245/140
拉伸彈性模數／GPa		ASTM-D882	2.3/2.1	2.3/2.8
撕裂強度／(mN/25μm)		ASTM-D1922	50/30	235/120
不透明度／%		JIS P8138	0.98	0.47

2.軟質透明文件夾

透明文件夾一般由200μm的OPP薄膜製造，OPP薄膜具有透明、防水、耐折疊彎曲、多種顏色和可單面／雙面UV硬化印刷等可以靈活多樣設計的特點。近來使用100μm厚度OPP薄膜製造的文件夾也逐漸增多。如果用BOPLA代替OPP，單獨使用會存在以下缺點，如質硬使用不便、耐折疊彎曲強度差和溶接加工後接合強度差等。因此通過和軟質生物降解樹脂共混可以解決。

3.文件夾殼

文件夾殼主要由厚PP片材單獨製造或者紙上黏貼一層很薄的PVC/PP薄膜製造，在再生厚紙表黏貼一層PLA薄膜可以取而代之，其中使用的膠黏劑是一種軟質生物降解樹脂。這樣的可生物降解文件夾殼材料除了有些硬的感覺之外，其他性能毫不遜色於傳統的PP材料，其性能對比如表8-3所示。

表8-3 生物降解文件夾殼材料和聚烯烴殼材料的性能比較

評價項目		生物降解性殼材料	PP殼材料
厚度/mm		0.26	0.26
質量/(g/m²)		237	194
拉伸強度/MPa	MD	60.5	59.2
	TD	52.4	47.3
撕裂強度/(N/mm)	MD	4.81	5.44
	TD	4.6	4.39
軟硬度/mN	MD	6.52	4.4
	TD	5.78	2.9
耐折強度(1kg,1000次)	MD	無異常	無異常
	TD	無異常	無異常
耐磨耗強度(5000次)		無異常	無異常
耐摩擦牢度(200g)		5	5

4.貼塑光澤薄膜

貼塑光澤薄膜是在印刷以後的紙上貼一層PVC、PET或者PP塑膠薄膜，可以起到提高紙的強度、防水、保護印刷層、有光澤感等作用，經常用在書皮、紙盒、標籤等的表面。

近年來這些領域從油墨、塑膠層到膠黏劑，也逐漸全方位使用了綠色材料。例如印刷油墨可以使用環保的大豆油油墨。通過紙－塑幹法複合加工用膠黏劑黏貼的一層塑膠薄膜可以使用15μm厚的雙向拉伸PLA薄膜。綠色膠黏劑可以使用由東洋紡織公司開發商品名為Vyloecol®的非結晶性PLA樹脂，由丙酮或者醋酸乙酯等一般溶劑可以溶解，和PLA薄膜具有優良的黏合性。這種PLA樹脂膠黏劑將在後面章節進行介紹。

5.卡片類

塑膠卡片由於經常使用或者需要通過驗卡機器等設備，因此需要足夠牢度。目前使用的各種卡片有單層、多層結構，其中大多數是像金融卡、醫療卡及各種會員卡等那樣具有3～5層的多層結構，可以保護印刷層或者記錄層，從而提高卡片的使用耐久性。從成本、加工性、耐久性角度出發，目前製造卡片的主要材料是PVC材料，從環境安全角度出發，由於廢棄的PVC卡片在焚燒處理過程中有有害氣體排出，有的公司也有用PET材料來替代PVC製造各種卡片的。

隨著綠色塑膠應用的展開，一些公司考慮使用可以降解的高分子材料生產有使用年限限制、到時需要廢棄更新的各種卡片。最初製造的是含有部分PHBV材料的卡片，現在主要使用強度更好的PLA拉伸片材。目前主要存在的是解決材料的價格和耐久性的問題。SONY公司已經在2004年9月開發了非接觸IC卡作為公司員工證，2006年11月宣佈成功地開發了高性能的搭載FeliCa技術的電子貨幣卡〔1〕。這種卡片中PLA樹脂原料占51%以上，通過對改性組分、配比的合理選擇以及優化製造方法，卡片的各項性能都滿足了使用要求。

6.路標、廣告看板或布條

室外懸掛的路標、廣告看板或布條材料主要是軟質PVC薄膜和起補強作用的PET纖維構成。海報等則是在紙上複合一層PP薄膜。這些製品在室外經過日曬雨淋之後往往發生破損而隨處飄落，如果採用生物降解樹脂製備，遺落部分可以自然降解或者和垃圾一起進行處理，無需專門分離。

2005年日本愛知世博會上大量使用了由日本Dynic公司開發的Eポリン®材料——以PLA為主要材料製備的路標和廣告看板或布條。

這種材料用PLA纖維布做中間層，上下兩面分別用壓延機覆蓋一層軟質的生物降解高分子薄膜，其性能如表8-4所示。和普通的PVC材料比較，初期使用性能很好，但是長期使用性能將會下降，因此比較適合短期會議、慶祝活動等場合懸掛使用。在土壤及堆肥設施中的生物降解試驗表明，在堆肥中大約50天左右，PLA纖維和被覆的BDP薄膜能夠完全降解。

表8-4 Eポリン®和PVC廣告材料的性質對比〔2〕

評價項目		試驗方法	Eポリン®	軟質PVC製品
纖維		–	聚乳酸／500d	PET/500d
厚度／mm		–	0.53	0.52
相對密度			1.20	1.33
質量／(g/m²)		K7210	505	600
拉伸強度／(N/3cm)	MD	K7210	574	835
	TD		537	816
斷裂伸長率／%	MD	A6008	28	24
	TD		40	31
撕裂強度／N	MD	P8116	173	137
	TD		121	118
剝離強度／(N/3cm)	MD	A6008	未剝離	未剝離
	TD		未剝離	未剝離
剪切強度／(N/3cm)	MD	A6008	245	683
	TD		182	574
剝離強度／(N/3cm)	MD	A6008	194	189
	TD		125	132
耐揉強度（1kg×1000次）	MD	Z1651	無異常	無異常
	TD		無異常	無異常
耐寒性（-25℃，180°）		K6772	無異常	無異常
耐候性／級	100h	Z1651	4～5	5
	500h		3～4	4～5

7.環保型不乾膠帶

環保型不乾膠帶不僅面層材料，連同黏結劑均由植物類生物分解樹脂構成，可以用作標貼紙、標籤紙、標價紙、商標紙、商標印刷材料等。例如Lintec公司已經有商品化的環保型不乾膠帶BIOLA® C201-50以及W201-50，它們的表紙分別由厚度50μm的透明的和白色的雙向拉伸PLA薄膜構成，黏結劑是天然橡膠類，底紙由格拉辛矽油紙組成[3]。這種不乾膠帶可以作為標價紙，貼在生物降解材料製造的生鮮食品包裝薄膜或包裝盒子上。使用以後和所黏附材料可以一起堆肥化處理，非常環保，首次作為標籤材料獲得日本的綠色塑膠標記。

8.其他文具及日常用品

PLA還可以製備成滑鼠墊、姓名掛牌、桌曆、名片盒子、圓扇等物品。尤其適合那些短期使用並且分離回收比較困難的場合。

三、聚乳酸在該領域普及的課題

PLA在辦公用品、文具及日常用品領域的應用普及存在兩大問題：一是價格；二是性能。PLA的有些性能有待於提高，例如文具等需要PLA有足夠的耐久性，室外使用的日常用品需要PLA具有足夠的耐候性和防火性等。在該領域的很多透明袋子、盒子等都是由PVC材料製備而成的，作為其代替材料，期望能夠開發出保持原有高度透明性的軟質PLA膜片。最近，日本RIKEM VITAMIN公司、大日本油墨公司以及日本東麗公司分別利用獨特技術開發出透明的柔軟PLA材料。隨著PLA應用開發技術的不斷進步，PLA的性能將會得到進一步改善。性能的改善將會促進PLA應用領域的擴展、使用量的增大；而產量增大又會帶來成本的降低。總之，PLA是對節省資源和保護環境兩方面都有貢獻的綠色高分子材料，我們期待著其大量應用。

第三節　聚乳酸在汽車及電子電器中的應用

一、概述

為了拓展PLA的應用領域，研究者近幾年開始將PLA改性為工程塑膠，克服耐熱性、抗衝擊強度及成型性方面存在的問題，嘗試應用到電器、辦公自動化機器、資訊通訊器材、汽車內飾品領域，帶來聚乳酸在該領域的實用性探討研究。例如，目前針對在筆記型電腦的部件、外殼的應用進行研發，通過和以往的石油基聚合物共混等方式改善聚乳酸成為工程塑膠，使其具有該領域的高性能和阻燃性要求。作為汽車內飾件，要求聚乳酸材料具有一定的耐熱性和10年以上的耐久性，這方面的研發也在深入地進行。

二、聚乳酸在汽車領域的應用

日本東麗公司結合PLA樹脂改性技術、纖維製造技術和染色加工技術，開發了以高性能PLA纖維為主成分的車用腳墊和備用輪胎箱蓋。備用輪胎箱蓋已經在豐田汽車公司2003年推出的全面改進小型車「Raum」上使用。

1.車用腳墊的開發

車用腳墊通常是PET長纖維不織布作為基布，尼龍或者PP膨體變形長絲（BCF絲）製備成絨頭面，內層貼附橡膠層。這些PET、PA6、PP及橡膠材料等完全是石油基聚合物，雖然產品性能穩定並且具有長期使用耐久性，但是使用後通過焚燒或掩埋處理都會造成環境危害。新開發的PLA是以PLA纖維取代佔有地毯材料大多數的尼龍或者PP的BCF絲。技術要點在於通過對PLA纖維斷面進行獨特的形狀設計，使PLA纖維同時具有良好的膨鬆性和耐摩擦性；進一步開發了耐水解性PLA樹脂，同時利用低溫染色技術，解決了染色中造成的PLA水解、強度下降的問題。所開發的車用腳墊既有PLA纖維獨特的光澤和觸感，又因使用材料中PLA纖維占90%以上而有利於環保。

2.備用輪胎箱蓋的開發

備用輪胎箱蓋通常是由熱塑性樹脂成型或者木材／熱固性樹脂壓合成型製備。東麗研究人員此次開發的備用輪胎箱蓋是以洋麻纖維和PLA纖維為原料。PLA纖維熔點170℃，比其他合成纖維的熔點低，因此利用這個特點可以和洋麻纖維黏合壓縮成型。需要解決的關鍵問題是如何提高PLA材料在高溫多濕環境中的耐久性。PLA易水解，高溫潮濕環境下耐久性差。通過採用特定的化學物質對端羧基封端，可以提高PLA的耐熱性和耐水解性。圖8-1是添加碳化二亞胺化合物以後PLA樹脂經過耐水解加速試驗以後的相對黏度保持情況。實驗條件：30g樹脂顆粒和300mL水在密閉容器、130℃保持1～2h，測量相對黏度的變化。可以看到PLA耐水解性顯著提高。這是因為PLA端羧

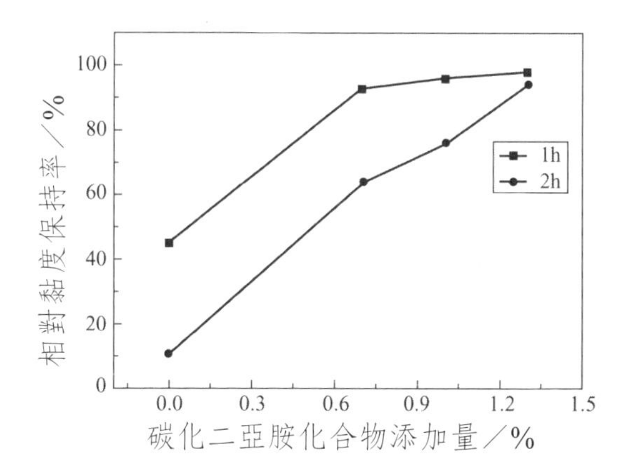

圖8-1 添加碳化二亞胺化合物的PLA樹脂經過耐水解加速試驗以後的相對黏度保持情況

基對PLA水解有催化作用，封端以後，有效抑制了水解。進一步通過優化添加量、反應活性、抑制有害氣體的釋放等研究，實現了產業化生產。商品化的箱蓋由100%植物纖維構成，屬於碳循環製品，LCA計算CO_2排放量大幅度下降，僅為普通石油基產品的十分之一。

繼開發車用腳墊、備用輪胎箱蓋以後，東麗又開發了適用於車門、輪圈、車座、天棚材料的其他汽車內裝部件的PLA纖維產品。

三、聚乳酸在電子電器領域的應用

為了節省石油資源同時減輕地球溫室效應，進一步拓展由可再生的生物資源製造而來的聚乳酸的應用領域，日本許多公司對PLA在電子電器領域的應用進行了深入研究，取得了卓越成效。採用不同技術開發的具有耐熱性和耐久性的高性能第二代聚乳酸的出現，已經在筆記型電腦部件及機殼、隨身聽機殼、DVD面板、光碟以及手機機殼等耐久性商品中成功應用。

PLA原有的性能並不適合電子電器工業。電器產品的外殼都由PC、ABS、PS等石油基樹脂製造，與PC、ABS等常規電子器械用殼體相比，PLA的耐衝擊性及耐熱性差，並且聚乳酸結晶速度緩慢，成型後需退火處理，造成成型周期長，因此生產率低。如果應用在電子電器行業，還需要對PLA進行阻燃改性。所以研究開發的主要課題是改善PLA耐熱性和抗衝擊強度，提高PLA的生產性，同時賦予其無鹵阻燃性。

(一)日本NEC公司的筆記型電腦零件材料

日本NEC公司開發了以高性能的PLA/Kenaf複合材料，具有良好的耐熱性及強度，應用於2004年9月出售的「LaVie T」型手提電腦零件，2005年進一步推廣應用於「LaVie TW，VersaPro」型電腦零件。

添加增韌劑可以改善聚乳酸的耐衝擊性，用玻璃補強技術或奈米複合技術可以提高聚乳酸的耐熱性和剛性，而NEC和Unitika則利用100%的植物資源，即開發了由植物製備的PLA樹脂和植物纖維洋麻組成的複合材料，實現了PLA的高耐熱化和高剛性。並且通過添加吸熱型金屬氫氧化物無鹵阻燃劑實現了阻燃改性。

1.提高PLA/kenaf複合材料的力學性能

洋麻生長速度快，其光合速度是普通樹木的3倍；在植物中具有最高水準的二氧化碳吸收能力，每噸能吸收1.5噸二氧化碳。因此普遍認為它具有極高的防止地球溫室效應的功能。過去一直作為替代紙張材料的纖維材料使用。研究顯示洋麻能夠提高PLA耐熱性主要有兩方面的原因，一是洋麻纖維能夠防止材料變形；另一方面洋麻纖維對

PLA有結晶成核作用，能夠促進PLA結晶，從而提高PLA的耐熱性。過去採用成型後退火處理以促進結晶，容易引起製品變形，並且生產周期長。而添加洋麻後可以促進PLA結晶化，大幅度縮短了成型周期，生產效率明顯提高。

通過在聚乳酸中添加約20%的洋麻纖維，分別將PLA的熱變形溫度由65℃提高到了120℃，將彎曲模數由4.2GPa提高到了7.6GPa。從而實現了超過ABS樹脂和玻璃纖維補強ABS樹脂等石油基樹脂的特性。另外還確保了聚乳酸在成型時的高流動性特點。去除洋麻纖維微粉，並且添加韌性高的聚乳酸-脂肪族聚酯共聚物，可以提高PLA的抗衝擊強度。

2.賦予PLA阻燃性

從環境保護角度出發，研究人員使用非鹵非磷的安全性高的吸熱型金屬氫氧化物阻燃劑對PLA阻燃改性，其基本性能如表8-5所示。NEC通過調整金屬氫氧化物的組分和組分之間的含量比例，和獨自開發的炭化促進劑配合使用，使金屬氫氧化物添加量（質量分數）由通常的60%下降到40%左右。

表8-5 阻燃PLA的性質

專案	PLA	補強阻燃PLA	增韌阻燃PLA	補強阻燃PC
阻燃性（UL94）	HB	5V、V-0	5V、V-0	5V、V-0
Izod衝擊強度／(kJ/m^2)	3.2	4.2	10	5.0
HDT（1.8MPa）/℃	65	110	100	137
螺旋流動長度／mm	195	120	129	120
彎曲模數／GPa	4.2	10	11	3.9
彎曲強度／MPa	81	81	80	101

(二)日本富士通公司的筆記型電腦機殼材料

2002年日本富士通公司在上市的「FMV-BIBLO NB」系列筆記型電腦的紅外線接收部位採用了質量0.2g的純聚乳酸配件。在2005年富士通春季款筆記型電腦「FMV-BIBLO NB80K」的機殼中，全部採用了由日本富士通公司、日本富士通研究所和日本東麗公司3家共同開發的PLA/PC合膠，機殼重約600g，PLA含量在50%左右。

該材料開發的技術要點在於通過PLA/PC合膠化技術提高材料的耐熱性及成形性，通過優化阻燃配方，使材料燃燒時能夠高效地形成碳化層，從而實現無鹵UL94 V-1級阻燃[4]。此次開發的樹脂，耐熱性為85℃，拉伸強度為65MPa，斷裂伸長率為60%，彎曲強度為100MPa，彎曲彈性率為4.4GPa。阻燃性方面，在厚度3.0mm條件下，達到了規定尺寸的試驗薄片在煤氣燈火焰上放置10s以上不會燃燒的UL94 V-0等級，而在厚度1.5mm條件下，則達到了試驗薄片放置30s以上不會燃燒的UL94 V-1等級。

與採用石油類樹脂相比，僅機殼一項就能節約1公升左右的石油用量。整個產品的生命周期中二氧化碳的排放量方面，對回收的樹脂進行熱循環處理時，可比現有樹脂減少約15%。富士通最新款筆記型電腦「FMV-BIBLO NB80S」，其外殼整體的93%幾乎都採用了PLA樹脂。

(三)手機部件及機殼材料

NTT DoCoMo和索尼愛立信行動電話公司於2005年4月試製了在機殼中採用PLA的手機。該樣機在140g的質量中有22g PLA樹脂。公司由於對耐熱性能的顧慮，該機並未在市場上銷售，而是由NTT DoCoMo的工作人員在愛知世博會上試用。2005年5月，NTT DoCoMo在市售的「premini-IIS」手機中的1個按鈕採用PLA樹脂。2005年6月NTT DoCoMo宣佈開發成功了由NEC生產的機身外殼採用洋麻纖維補強PLA樹脂的FOMA終端試製機。PLA樹脂含量大約90%（重26g），投放市場前有待解決的問題是抗衝擊性能方面的驗證。NEC在2006年2月21日開幕的「國際奈米科技綜合展（nano tech 2006）」上，展出了機殼正面採用和日本Unitika公司共同開發的PLA/kenaf複合材料製造的手機產品「FOMA N701iECO」。該手機由NTT DoCoMo於2006年3月推出粉色機型。加上可更換面板，植物樹脂的用量為37g。手機外殼對阻燃性沒有特別嚴格的要求，但為了避免手機掉到地上時會摔壞外殼，對耐衝擊性要求非常高。NEC在剔除短紅麻纖維的同時，通過添加含有植物原料的可撓性添加劑，大幅提高了耐衝擊性。PLA的耐熱性也通過添加紅麻纖維，提高了大約20℃〔5〕。

2006年富士通、富士通研究所和東麗聯合開發成功了耐衝擊性相當於PLA的1.5倍的PLA/PC（50/50）合金。由於耐衝擊性得到提高，適合用於手機的外殼等部件。富士通公司使用這種開發的PLA材料試製的手機機殼「FOMA F901iS」在2006年5月18～19日召開的東京國際論壇上展出。

(四)日本索尼公司的隨身聽和DVD影碟機機殼材料

2002年11月在索尼出售的「WM-FX202」隨身聽機殼中採用了PLA樹脂。機殼重174g，比普通材料的增加了30g，其中PLA質量含量90%，解決了PLA在耐久性、耐熱性、抗衝擊性以及成型性方面存在的問題。

日本SONY公司2002年上市的「DVP-NS999ES」型DVD影碟機前面板採用了PLA材料，該公司與三菱樹脂進一步共同開發研製出了無機物阻燃劑阻燃PLA材料，其中PLA含量為60%左右。該材料在2004年秋上市的「DVP-NS955V」型及「DVP-NS975V」型DVD影碟機前面板採用。通過嚴格選定阻燃劑以及輔助原料，同時調整其與主要原料聚乳酸的混合比例，達到UL規格中V-2級別的阻燃性。強度與ABS樹脂相當。另外，通過改變調配添加物和加工條件，確立了提高耐熱性的成型技術，可以使用一般的射出成型機，成型效率與普通塑膠一樣。

(五)光碟碟片

2003年9月三洋Mavic Media和三井化學公司聯合開發出採用PLA為底板材料製造的面向音樂CD、VCD和CD-ROM碟片「MildDisc」。據稱1個玉米棒能生產10張CD碟片。該公司開發出了高速而精密地轉印CD模型的技術，通過嚴格的模具溫度調節和對離型劑進行改進，生產了固化速度慢的聚乳酸CD碟片。

2004年12月，日本Victor公司推出了和東麗公司聯合開發了透明PLA材料製備的DVD光碟。開發的PLA材料在折射率毫無損失下耐熱性提高了15℃。

通過使用生物降解樹脂，就能夠解決現有CD碟片廢棄時對環境造成的污染。這是因為由於PLA與過去使用的PC樹脂相比，焚燒時的燃料能量較低；另外，進行填埋處理時，2～5年即可快速地生物降解。PC在廢棄時一般進行焚燒或填埋。焚燒時必須要有可高溫加熱的設備，填埋時廢棄的CD碟片則會半永久性地殘留於土壤中。開發的光碟目前處於在研究室手工試製階段。成本和性能可靠性是主要問題。

(六)富士通公司的LSI包裝帶

2005年2月，富士通和富士通研究所聯合開發了以PLA為原料的面向手機的LSI的包裝帶〔6〕，對該材料的生命周期評價表明全體CO_2排放量減少11%，PLA在製造過程中能量消耗減少18%。材料開發中解決的主要問題是提高PLA的強度、抗靜電性以及尺寸穩定性。所開發材料的撕裂強度和壓縮強度是現有PS製備材料的兩倍以上，拉伸強度大約是1.5倍，抗折強度接近2倍，抗衝擊強度和剝離強度也達到了製品所需性能的要求。但是成本比原來的高。

具有耐熱性和耐久性的第二代聚乳酸的出現，以及在電器、辦公自動化機器、資訊通訊器材、汽車內飾品領域的應用，帶來聚乳酸在該領域的實用性探討研究。隨著對PLA抗衝擊性、阻燃性及耐久性等若干方面性能的改性技術不斷進步，以及PLA成本的逐漸下降，今後在個人電腦、投影機、OA設備等高端電子終端產品上採用PLA樹脂的情況將會越來越多。

第四節　聚乳酸在膠黏劑中的應用

一、概述

膠黏劑是一種使物體與物體黏接成為一體的媒介，它能使金屬、玻璃、陶瓷、木材、紙質、纖維、橡膠和塑膠等不同材質黏接成一體，賦予不同物體各自的應用功能，是一種重要的精細化工產品，廣泛應用在建築業、紙製品、制鞋業、汽車、電子、包裝等行業。據報導，1997年全球膠黏劑銷售市場達到191億美元，2003年達到262億美元，年增長率為5.3%。近年來，中國膠黏劑的需求量呈快速增長趨勢，年均增長率超過8%。由於膠黏劑特殊的化學結構與特性，在自然環境中很難降解，因而它們在環境中長期滯留，已經成為現代社會的一大隱患。隨著人們環保意識的補強，質量好、無污染、與國際標準接軌的環保型膠黏劑正在逐漸成為膠黏劑的主流產品。因而近年來可生物降解膠黏劑應運而生。

PLA等生物降解材料製造的一次性包裝材料如複合包裝膜等在使用後，雖然材料本身可以堆肥化處理或者焚燒時沒有有毒氣體釋放，但是如果使用的膠黏劑是不可生物降解的有機材料，在包裝材料的處理過程中仍然造成了環境污染。因此隨著包裝材料的綠色化必然要考慮其膠黏劑以及印刷油墨的環保化。

二、聚乳酸膠黏劑的應用研究進展

PLA由於硬而脆，因此作為膠黏劑使用，首先要進行增韌改性。一般的方法是採用與同樣具有生物降解性能的柔軟型脂肪族聚酯如PCL、PBS、PHBV等共聚的方法，通過調節柔性成分和剛性成分的比例，來製備具有不同硬度的PLA樹脂。

PLA可以用來製備熱熔膠，經過加熱軟化，凝固後很快形成較強的黏接力；也可以製備成普通膠黏劑，作為塗料、油墨及膠黏劑的黏結樹脂，在有機溶劑中溶解後使用。

Garry等[7]發明了一種由PLA和羥基戊酸的熱塑性聚羥基丁酸／戊酸酯（PH2BV）共聚而成的可生物降解的熱熔膠，其組分為：10%～90%分子量小於20000的聚乳酸，5%～35%PH2BV，0～5%可降解的酯類增塑劑以及0～5%的穩定劑。這個發明還可以作為熱熔壓敏膠使用並能實現完全生物降解，這種熱熔膠應用十分廣泛，特別是一次性包裝等需生物降解的材料。

Lewis[8]也發明了一種由PLA和PCL通過兩步法共聚而成的可完全生物降解的熱熔膠，其中共聚物中聚乳酸的重均分子量為500～50000，占總量的50%～99%，而PCL重均分子量為200～50000，占1%～50%，由於聚已內酯在鏈中形成軟段，減小了PLA的脆性，起到了增韌偶聯作用。

Viljanmaa[9～11]在包裝材料的使用中研究了PLA型熱熔膠的黏接性能和穩定性。這種熱熔膠是用PLLA/PCL（81/19）共聚而成，一個樣品用乙酸酐對端羥基進行封端反應，另一個樣品不做任何保護，用傳統的無降解特性的EVA熱熔膠作性能參比，實驗採用凝膠色譜法測定降解前後共聚物分子質量及結晶度變化，實驗發現，兩種膠都在預定時間內發生了降解，而經過了封端反應的熱熔膠降解較慢。通過對這種以PLA為主要成分的熱熔膠暴露時間、固化時間、熱黏接性、黏彈性以及失重性能進行研究發現，這種熱熔膠的穩定性較差，影響了它的使用，但經過一定的化學手段處理以後會明顯提高其穩定性。採用乙酸酐封端後會明顯提高其尺寸穩定性。

日本東洋紡織公司開發了一種能夠完全生物降解的以高D-異構體含量的無定形聚乳酸為主要成分的脂肪族聚酯共聚物Vyloecol®，這種PLA共聚樹脂分子量在2萬～7萬之間，D-異構體的含量高達20%（莫耳百分率）。它不僅在普通溶劑中具有較高溶解性，用作塗料、油墨及膠黏劑的黏結樹脂，還可以形成乳液，製備水溶性生塗料、油墨以及膠黏劑。Vyloecol®通過和調節與其共聚的脂肪族聚酯含量來調整材料的硬度，具有從適合幹複膜黏合的Tg = 50℃到Tg = -10℃的各種牌號的品種。另外，通過提高共聚物中羥基含量，提高著色劑的分散性或者有利於異氰酸酯硬化，從而可以用作油墨連接料。Vyloecol®除了用作PLA薄膜、成型品結合性優異的塗佈材料，經過特殊的分子設計和性能調整，被開發成防止海洋生物吸附塗料，代替常用的不可降解的加水分解型丙烯酸樹脂，降低對海洋的污染；還用來製備成包膜尿素的包覆膜，解決了聚烯烴類包覆膜殘留在土壤中難以回收的問題；另外被開發成適合凹版印刷的綠色油墨，這種油墨已經在2003年索尼公司製造的MD「NEIGE」PLA外包裝膜的印刷油墨中使用。

日本第一工業製藥公司開發了可完全生物降解的弱酸性的PLA乳液Plasemer L110以及專用的PLA增塑劑乳液Plasemer PCZ，用作

PLA纖維、薄膜等製品成型時的塗層材料或者黏結劑。L110是一種添加了表面活性劑的白色PLA水性乳液，固含量約在50%左右，平均粒徑小於1μm。PCZ配合L110使用，可以提高PLA薄膜柔軟性，從而降低造膜溫度。L110聚乳酸原料中D-乳酸含量比較高，熔點在110～150℃之間，起始造膜溫度為60℃，但是要想得到最大強度的透明PLA薄膜，造膜溫度至少要在110℃以上。添加10份、30份的PCZ，可以使造膜起始溫度下降到40℃、5℃，即在常溫15℃下，添加PCZ就能夠得到性能良好的PLA薄膜。對比由樹脂製備的PLA薄膜和由L110調製的薄膜性能表明，二者強度、斷裂伸長率、耐水性、耐酸性、耐溶劑性等性能相當，但是L110製備的PLA薄膜耐溫水性（40℃）、耐鹼性較低。可能是薄膜中的表面活性劑存在，使溫水或者鹼液容易滲透到PLA薄膜內部，從而加速降解所致。經過PCZ調整的PLA薄膜，雖然強度下降了一半，但是斷裂伸長率提高了近100倍。

Plasemer L110可以用作PLA薄膜的熱封層。在PLA薄膜的熱封加工過程中，在熱封溫度110℃、輥壓壓力5～20kgf/cm^{2}範圍內PLA薄膜的抗撕裂強度達到10～15N/mm，高於通常使用聚氨酯乳液的抗撕裂強度（20℃、20kgf/cm^{2}時6N/mm）。利用PLA的良好黏結力和熱塑性性質，L110可以成為性能良好的成型用黏結樹脂。將PLA乳液倒在乾燥後的咖啡豆押出後的殘渣上，一邊揮發水分一邊加熱到熔融流動狀態，引入模具經過熱壓，可以得到具有黑色光澤的硬紙板。Plasemer L110還可以和紙加工紙塑複膜。PLA乳液塗在紙上可以加工光澤紙，通過在紙表面形成一層高光澤度的PLA薄膜，還可以提高紙張的耐水性。由於塗覆膜的耐鹼性差，在廢紙回收時可以在強氧化鈉水溶液中很容易將PLA塗膜溶解，操作簡單，利於降低成本。L110在日本的具體使用例子還有在乳液中添加某種動物忌諱的藥品，塗刷在森林的小樹軀幹上，可以防止冬季野生動物啃噬，從而避免森林植物遭到破壞。

第五節　聚乳酸在生物醫藥領域的應用

生物醫藥產業是聚乳酸最早開展應用的領域。聚乳酸對人體有高度安全性，並可被組織吸收，加之其優良的物理機械性能，還可以應用在生物醫藥領域，如可生產一次性輸液用具、免拆型手術縫合線、藥物緩釋包裝劑、人造骨折內固定材料、組織修復材料、人造皮膚等，其技術附加值高，是醫療行業有發展前景的高分子材料。關於這方面的專著和論述很多，本書就不再重述。

參考文獻

[1] http://www.sony.co.jp/SonyInfo/News/Press/200611/06-112/index.html.

[2] Ohshima K et al. Technology and Market Development of Green Plastic Polylactide (PLA). Japan: Frontier Publishing Co. Ltd., 2005. 169.

[3] http://www.lintec.co.jp/products/label/brand/use$_b$iola.html.

[4] Nozaki K, et al., FUJITSU, 2003, 54: 453.

[5] http://www.nec.co.jp/press/ja/0603/0204.html.

[6] Hashitani T et al. Biodegradable LSI Packing Materials. FUJITSU. 52, 2001, 174～179.

[7] Edgington G J et al.US 6365680.2002.

[8] Neal E D et al. EP 1236753.2002.

[9] Viljanmaa M. Int J Adhes Adhes, 2002, 22: 447.

[10] Viljanmaa M. Int J Adhes Adhes, 2002, 22: 219.

[11] Viljanmaa M. *Polym degrad and stabil*, 2002, 2: 269.

第九章

聚乳酸的生物降解與生命周期評價

- 生物降解的實驗與測試方法
- 聚乳酸的生物降解性質
- 聚乳酸的生命周期評價

第一節　生物降解的實驗與測試方法

一、生物降解的定義

生物降解塑膠是一個新興的研究課題，發展歷史還較短，對其降解性的評價尚缺少統一的標準和方法。目前各國均投入較大的人力、物力和財力用於研究降解塑膠的評價方法和相關標準的制定。生物降解性能的評價方法是在降解原理的基礎上逐步完善起來的，目前主要是通過一些生物化學和微生物學的實驗手段來實現。本節主要介紹國際上常用的一些評價方法和測試標準，但在介紹這些方法之前有必要對生物降解的定義加以瞭解。

生物降解塑膠是人類以自然界中的微生物為中心開發的塑膠，這種塑膠可以依靠自然環境中的微生物如細菌、黴菌和藻類使其喪失原來的形態，這是一個自然分解過程，在該過程中有機物轉化為簡單的化合物及礦物質，在低分子化的過程中重新進入和參與自然循環。生物降解是一個極其複雜的過程，試驗評價相當困難，至今沒有完全統一的定義。目前各國採用的定義各不相同。例如，日本生物降解塑膠協會把生物降解塑膠定義為「在自然界中通過微生物可以分解成不會對環境造成惡劣影響的低分子化合物的塑膠（高分子及其摻混物）」，該定義不僅要求高分子物質本身，而且也包括混合物和可塑劑等添加劑在內的所有成分都能分解成低分子化合物。國際標準化組織（ISO）也做了與此相近的定義。而美國材料與試驗協會

（ASTM）的定義是，降解塑膠是指在特定的環境條件下其化學結構發生顯著變化，且同時造成某些性能下降的塑膠。沒有明確一定要分解成低分子化合物。中國目前開發的降解塑膠主要是添加型部分降解的光、生物或光／生物降解塑膠。定義如下：降解塑膠是一類其製品的各項性能可滿足使用要求，在保質期內性能不變，而使用後在環境條件下能降解成對環境無害的物質的塑膠。

綜合以上各種定義，生物降解塑膠應該是指在細菌、真菌、藻類等自然界存在的微生物作用下能發生化學、生物或物理作用而降解或分解的塑膠。其特點是在失去作為塑膠的利用價值而變成垃圾之後，不但不會破壞生態環境，反而會提高土壤的生物活性。

二、高分子降解分析方法

微生物對高分子材料的生物降解是經過兩個過程進行的。首先，微生物向體外分泌水解酶，從而與材料表面結合，並通過水解切斷表面的高分子鏈，生成小分子量的化合物（有機酸、低聚糖等）。接著降解產物被微生物攝入體內，生理代謝都被微生物體利用，轉化為微生物活動能量，並在好氣條件下轉化為CO_2。目前常用的各類有關生物降解性的分析測試方法還存在一些弊病，因此在研究過程中往往要根據具體情況採取多種方法綜合進行測試。塑膠的生物降解評價方法大致歸納為以下幾種。

(1)殘量測定法　埋在土中一定時間後，用萃取法測定土壤中殘留的聚合物，或測定埋入土中塑膠件失去的質量，依據一定的實驗標準，測定試樣在實驗前後的質量變化。這一方法的缺點是不能準確反映生物降解情況，因為不能排除試驗過程中因碎片脫落而造成的質量損失。

(2)分子量法　在土壤中填埋的前後測定分子量，如果分子量下降，則表示發生了降解。

(3)氧耗法　檢測試驗過程中氧的消耗量。

(4)二氧化碳法　生物降解過程中會產生二氧化碳，因此測定二氧化碳的生成量可以直接反映生物分解的代謝產物，但不能追蹤試驗過程的中間產物。在較為細緻的研究中，往往採用^{14}C對待定基團進行標記，從而研究該基團在降解過程中的作用。

(5)結構變化法　借助於分析儀器如紅外光譜、核磁共振、X射線繞射、光電子能譜等手段檢測試驗前後試樣表面結構的變化。這種方法在生物降解的初始階段是比較有效的。

(6)分解產物的檢測　生物降解生成物（中間體）的表徵與定量。這種方法難度大，技術要求高，但對分析降解機理極為有效。

(7)機械強度法　測定試驗前後力學性能的變化。將塑膠樣品埋在土中，保持一定溫度、濕度、時間後取出，測定其拉伸強度、衝擊強度、伸長率等變化，並與非降解塑膠樣品作對比。本法同樣不能準確判斷生物降解情況。對於具有使用期的材料，此法能較客觀地反映材料性能的變化。

(8)外觀法　在土壤中埋藏一定時間後取出，進行表面清洗後，通過顯微鏡觀察孔洞、脆裂等外觀的變化。此外還可以通過掃描式電子顯微鏡等更為仔細地觀察表面形貌的變化。

(9)黴菌法　接種各種不同黴菌，觀察黴菌生長的情況。長黴面積越大表明降解越容易發生。

(10)黴處理法　用α-澱粉酶、纖維素酶、酯酶等溶液浸泡後，檢測溶液中總碳量的增加。

三、降解試驗方法

結合以上對材料的分析方法，降解試驗一般是將試樣暴露於特定的微生物環境中，或將其埋入土壤、活性污泥中暴露於未限定的真菌和細菌混合環境下進行測試。這些方法根據微生物源的不同分類歸納為：①野外環境試驗；②環境微生物試驗；③特定酶體外試驗；④特定微生物體外試驗。

1.野外環境試驗

這種方法是將試樣直接埋於森林或耕田土壤、污泥、肥堆中，或浸於河流或海水中。採用的微生物源是來自這種自然環境中的微生物群。經過一段時間的降解之後，能夠檢測到降解性高分子材料的質量損失和各項性能的劣化。

所能採用的分析手段有質量損失、顯微鏡觀察、物性下降、分子量法等。做出這樣的評價一般需要數個月到幾年的時間。該方法的優勢是能真實反映試樣在自然界中的分解情況。但試驗時間長，因土質、微生物種類、溫度、濕度等因素的變化，重覆性差，同時分解產物難以確定，資料重現性也較差。分解程度只能以質量減少和形態變化來表示，不適宜對分解機理的研究。

2.環境微生物試驗

為確保實驗的重現性，也可以在室內進行環境微生物試驗，以避免自然條件變化的缺點，提高資料重現性。這種方法的微生物源也是來自土壤、河（湖）水或湖泊中的微生物，與野外環境試驗不同的是試驗在實驗室條件下進行，將待測試樣埋入或者浸入容器中的微生物群，進行實驗室培養。採用這種方法能檢測到高分子材料的劣化和受破壞情況；通過氣體吸收裝置可以搜集材料降解過程中產生的各類氣體，如CO_2、CH_4和O_2等。

所採用的分析手段有質量損失、目測菌落生長情況、顯微鏡觀察、物性下降、分子量法、CO_2和CH_4的發生量、CO_2的吸收（BOD）等。評價所需的時間為數周到數月。該方法能在相對程度上反映出在自然環境條件下的生物降解性，隨著分析物件的不同，有一定的定量性。存在的問題是試驗的重覆性和評價時間雖然均明顯優於野外環境試驗，但仍不是十分理想。此外該方法不太適合降解產物的測定和解釋降解機理，材料添加劑或者混入的共聚物影響結構。

此外，還可以採用活性污泥來進行試驗。ASTM對此已有完全成熟的標準，它是通過測定可生物降解塑膠中碳轉化成好氧環境中的CO_2和厭氧環境中的CH_4的百分率來評價其生物降解性，試驗材料是實驗中微生物的唯一碳源。

在活性污泥試驗中，由於使用的污泥來源及使用狀態不同，對結果有很大影響，因此，對所用污泥的質量有較嚴格的管理辦法，確定標準污泥。污泥分為厭氧性和好氧性兩種，取自城市下水道淤泥或廢水處理系統等。英國ICI公司採用同一種樣品對各種污泥、河口堆積物、土壤等進行了試驗，通過樣品質量損失和全有機碳的測定，其分解速度由快到慢依次為：厭氧性污泥、河口堆積物、好氧性污泥、土壤、海水。

降解塑膠的研究和發展十分迅速，已成為當今高分子研究領域中的熱門課題。但是對其降解機理和降解過程尚不清楚，檢測方法上也存在一些問題，只採用一種方法是不全面的，目前迫切需要建立一套規範化系統的生物降解性評價方法。

3.特定酶體外試驗

微生物一般均能分泌各種體外酶，從而將大分子量的聚合物切斷成小分子量的化合物，微生物以這些碳源作為營養源，慢慢將其消化，因此所謂的微生物分解即由微生物引起的酶分解。因此，評價生物分解性時，僅使用樣品就能獲得定量性、重覆性極好的資料，適用於降解產物的測定和解釋降解機理。

在容器中加入緩衝液和試驗樣品，然後加入從對高分子有分解作用的微生物中單獨分離出的酶（如酯酶、脂酶、澱粉酶、纖維素酶、蛋白酶等加水分解酶和其他酶），作用一定的時間（7天）。可以採用的分析手段包括殘量測定法、顯微鏡觀察、物性測試、分子量測定、定量測定生成產物、可溶性全有機碳量（TOC）。

定量測定（固體試料的場合）。材料能快速降解，能在短時間內獲得實驗結果，評價所需時間為幾小時至幾天。

該法的優點為試樣的降解速度快，可在短時間內獲得試驗結果，適用於降解產物的測定和解釋降解機理，重覆性好，能提高靈敏度，並能較好地進行定量測試。但這類方法也有一定的局限性。首先，固體高分子和水溶性高分子的試驗方法差異較大，使得對比研究較為困難；並且適用的高分子種類也是有限的。此外，目前的試驗方法多為需氧的生物試驗方法。體外厭氧生物降解試驗方法尚不完善，雖然已有ASTM的試驗方法，但目前還沒有驗證過，而ISO的相關標準還處於研究階段。

4.特定微生物體外試驗

這種方法的微生物源為能分解、礦化物件高分子的單獨分離的微生物。將該微生物接種於試樣上進行培養（大多數為液體培養）一段時間後，目測菌落生長情況，使用顯微鏡觀察試樣表面的變化，測定其質量損失，並測定試樣的分子量等某些特性的變化。這種方法的優點是降解速度快，可檢測出一些用環境微生物源試驗無法檢測出的材料的降解性。缺點是不能反映自然環境條件下的生物降解性，只能適用於有限的高分子材料。

評價生物分解性也可看成是研究試樣對微生物分解的耐性，因此可用塑膠的耐毒試驗方法作為生物分解性評價的參考。ISO、ASTM、JISK等均有相關的塑膠耐毒或耐細菌的標準。

標準試樣採用的微生物有真菌類（如黑麴菌、毛殼菌等）、細菌類（假單胞菌、棒狀細菌等）和放線菌類（鏈黴菌）。

四、生物降解塑膠的評價標準化

有關高分子材料生物降解性能的評價方法尚不統一，各國通常採用各自不同的方法和標準，目前較為常用的有美國的ASTM、國際上的ISO、日本的JISK等。除以上三者之外，歐洲標準化委員會（CEN）自20世紀90年代起也積極制定了降解塑膠的相關標準，並參與了ISO的制定工作。

1.ASTM標準

自1989年以來，美國材料協會先後共發佈了20多項ASTM標準。有的用於測定城市污水淤泥環境中降解塑膠的需氧生物分解性能和厭氧生物分解性能，有的用於測定堆肥化條件下降解塑膠需氧生物分解性能，有的用於測定固體廢棄物環境中塑膠的可生物分解性能，有的採用特定微生物測定可降解塑膠需氧生物分解性能等標準試驗方法；也有塑膠在海洋漂浮暴露條件下耐候試驗標準準則、塑膠暴露於類比堆肥環境中的標準準則等。最近又發佈了ASTM D6400-99可堆肥化塑膠的標準。

美國從事生物分解材料標準、推廣和技術發展工作的是生物分解製品研究所（BPI）。ASTMD 6002-99和ASTM 6400是主要的標準。ASTM D6002-96是評價環境降解塑膠堆肥能力的導則，試驗範圍決定於由於樹脂和製品發展引起的產品範圍成分，本方法成本較低，試驗只針對最後的製品，試驗不出合格或不合格的判斷結論。ASTM 6400-99是堆肥化塑膠的規範，試驗結果有合格或不合格的判斷結論，結論包括可礦化、崩解和安全性，這個標準與歐洲及日本是一樣的。可礦化試驗方法按照ASTMD 5338，60%的聚合物在180天內需轉化為CO_2；崩解試驗後的尺寸在2mm以上的樣品應少於10%；安全性試驗按照OECD導則應對植物無害。

2.JIS標準

1989年日本成立了生物降解塑膠研究會，該研究會還參與了生物降解塑膠國際標準ISO的研究制定工作。該研究會在1990年和1995年兩次對微生物合成及化學合成的10種生物降解塑膠進行了大規模的野外試驗，並同實驗室試驗進行對比，最後確定活性污泥法適用於多種生物降解塑膠，同野外試驗相關性好。1994年12月日本制定了最早的生物降解塑膠測試方法JISK 6950（1994）「塑膠活性污泥有氧生物降解試驗方法」，國際標準組織於1999年在這個標準基礎上制定了

ISO 14851。2000年3月該協會又制定了3個需氧微生物的相關標準：①「水生介質中塑膠材料最大需氧生物降解性的測定：在一封閉呼吸器中測定氧需求的方法」；②「水生介質中塑膠材料最大需氧生物降解性的測定：離析二氧化碳分析法」；③「在受控複合條件下塑膠材料最大需氧生物降解性和非集合性的測定：離析二氧化碳分析法」。

3.ISO標準

ISO降解塑膠的標準化工作主要在塑膠技術委員會TC61和環境管理技術委員會TC207中進行。ISO/TC61下屬的物理化學性質組1993年設立了生物降解塑膠試驗方法工作小組WG22，主要任務是確立試驗方法。

ISO有關生物分解標準是在與ASTM、CEN、JIS、DIN等相關標準協調後，並在它們的基礎上制定的標準，目前已發佈了7個國際標準（見表9-1）。

表9-1　已發佈的生物分解國際標準

標准序號	標准名稱
ISO/TR 15462	水質量——用於生物分解能力的試驗的選擇
ISO 14593	水質量——水體系培養液中有機組分最終需氧生物分解能力的評價——通過分析密封容器中無機碳的方法（CO_2頂部試驗）
ISO 14851	水系培養液中需氧條件下塑膠材料生物分解能力的測定——通過測定密封容器中氧氣消耗量的方法
ISO 14852	水系培養液中需氧條件下塑膠材料生物分解能力的測定——通過分析釋放的二氧化碳的方法
ISO 14855	可控堆肥條件下塑膠最終需氧生物分解能力和崩裂的測定——分析釋放的二氧化碳的方法
ISO 16929	中試規模定義的堆肥條件下塑膠材料崩裂的測定
ISO 17556	通過測量密閉容器裡氧氣消耗或釋放的二氧化碳量來測定土壤裡最終需氧生物分解能力

第二節　聚乳酸的生物降解性質

PLA在自然環境下的降解在所有生物降解樹脂中屬於非常慢的一種。土壤降解研究表明，根據土質不同，經過幾年能夠逐漸分解，最後變成二氧化碳和水。但在堆肥中PLA降解很快。如果在農業、畜牧業廢棄物組成的堆肥中，PLA分解速度更快，快的1周，最長1個月能夠完全分解。因此，應用在農林園藝領域的PLA材料，使用以後完全可以和廢枝葉、畜牧業廢物一起堆肥化，變成的堆肥還可以改良土壤。

一、聚乳酸的兩步降解機理

聚乳酸以其可生物降解和可為人體吸收而廣為人知，但PLA的生物降解機理不同於纖維素類天然聚合物以及一般的生物降解樹脂PCL、PHB、PBS等直接酶反應而通過表面侵蝕方式造成降解的作用模式。大量研究表明，PLA不接受直接的酶攻擊，而是在自然降解環境或堆肥環境下首先發生簡單的水解作用，使分子量有所降低、使分子骨架有所破裂而形成較低分子量的組分，而質量不發生變化。這種水解過程又首先發生在非晶區和晶區表面。這些最先形成的較低分子量的組分當降低分子量（M_n）大約1萬～2萬程度方可進一步在酶的作用下產生新陳代謝作用，變成二氧化碳和水而使降解過程得以完成。在這個階段，因低分子量的PLA低聚物能夠溶解於水而脫離出PLA主體材料，使PLA的質量發生明顯減少。實驗研究（圖9-1[1]）發現，PLA的分子量降到2萬左右時，材料變脆；降到1萬左右時變成

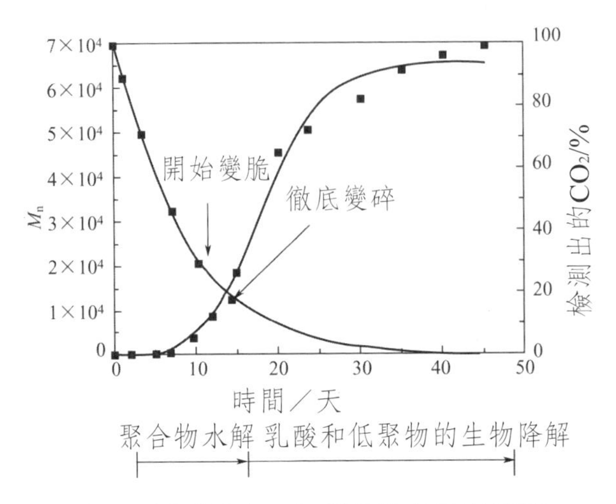

圖9-1　聚乳酸在60℃堆肥條件下的降解

形狀不一的碎片，由微生物的分解代謝釋放的CO_2量急劇增加。因此聚乳酸的降解是分兩步進行的。

聚乳酸酯與天然可降解材料有明顯差別，它的降解總是在先行水解之後方可進行酶解。因此它對於環境影響的分析也應該從這一點上的分析而來。日本生物降解塑膠協會在全國20多個地區進行土壤PLA降解實驗顯示高分子量的PLA在土壤中自然界的微生物作用下不容易分解。在土壤中埋一年後PLA的強度也沒有降低，但是斷裂伸長率和分子量略有下降，說明PLA還是發生了少量的降解，在所有探討的生物降解樣品PCL、PHBV、PBS、PLA、纖維素中，PLA是最穩定的。另外對日本築波市周圍45個地區土壤取樣篩選發現，能夠分解PCL、PBS的菌種分別有33個樣品和19個樣品，而能夠降解PLA的只有一個樣品。

PLA不容易被微生物、酶所直接降解，原因可能是PLA從根本上講不是天然存在的化合物；另外，從PLA玻璃轉化溫度高可以知道，

PLA分子鏈主鏈剛性強，而側鏈上又含有甲基，因此不容易被天然菌種降解吞噬。

第一步的水解作用非常重要，直接影響著PLA分子量降低的快慢，在下面將會作專門介紹。PLA在不同溫、濕度、酸／鹼環境下的水解速度將有較大變化，至於處於空氣中與土壤中則更是完全不同，後者不僅是水解條件問題，酶解條件方面更是相差極大。在一般使用條件下不易分解，但與微生物和複合有機廢料混合下可以在短時間內便得以降解。實驗室研究顯示，唯一能使PLA不經水解而直接發生作用的只有蛋白酶K。這一點與棉花的情況相類似。

二、聚乳酸的微生物／酶降解

19世紀80年代發現，PLA能夠被K蛋白酶（*Proteinase* K）、鏈黴蛋白酶（*Pronase*）及鳳梨蛋白酶（*Bromelain*）等蛋白酶、羧酸酯酶（*Carboxylic esterase*）、脂肪酶（*Lipase*）分解，19世紀90年代發現，PLA還能被亮氨酸氨基肽酶（*Leucine aminopepidase*）等分解，其中除了K蛋白酶以外，所研究的都是低分子量PLA或者含D、L異構體的PLA。鐮刀黴（*Fusarium*）、青黴菌（*penicillium*）類絲狀菌和假單胞菌（*pseudomonas*）類菌等細菌能夠分解PLA低聚物。最近研究顯示，高分子量PLA能夠被土壤中的擬無枝菌酸菌（*amycolatopsis*）類和從高熱菌而來的稈狀菌（*bacillus*）類等細菌分解。雖然具體的菌種沒有確定，但是堆肥中的確存在能夠分解PLA低聚物的微生物。

三、聚乳酸的水解

當分子量足夠高時PLA是水不溶的，酯基水解後可形成水溶性的低聚體和單體（圖9-2）。PLA的水解機理和性質受到很多因素的影響，包括材料性質和水解介質性質，材料性質包括分子量及分子量分佈、異構體含量、結晶度、取向度、材料的尺寸和形狀、殘留的乳酸量、殘留催化劑的量、共聚物／共混物／複合材料的組成和含量等，水解介質的性質包括溫度、濕度、pH值、水的擴散性質等因素。總體上來說，高溫（50～60℃）和高濕度將加速PLA的降解速率[1]。

(一)水解機理

目前關於PLA的水解機理解釋有兩種，一種是分子鏈水解機理，另一種是本體材料的水解機理。

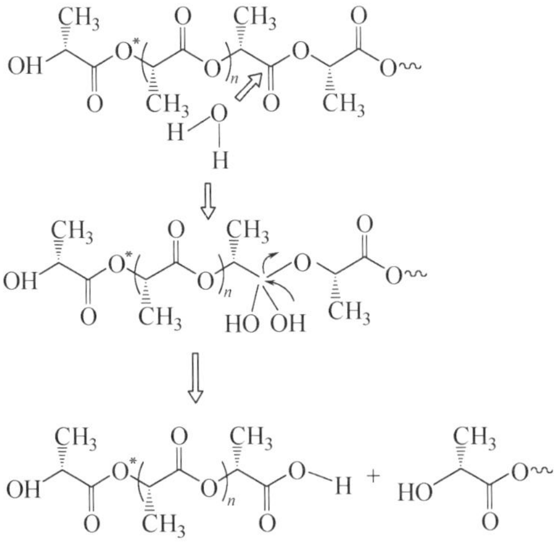

圖9-2　PLA水解機理

1.分子鏈水解機理

分子鏈水解機理把PLA的水解分為催化水解和非催化水解兩種[2]。

(1)催化水解　催化水解包括外催化水解和內催化水解。

①外催化水解　典型的外催化水解有鹼解和酶解。PLA[3]的鹼解是以鏈內切斷進行的，然而酶解中酯基水解斷裂是隨機的，與酯基在聚合物中的位置無關。酯酶是典型的PLA酯基水解酶。Williams[4]發現，蛋白酶K在PLLA水解中有很好的催化效果，而這種酶在催化聚氨基酸的鏈內切斷方面的作用是早已得到證明的。Makino等[5]和Ivanova等[6]分別研究了羧基酯酶和角質酶對水解的加速作用。

②內催化水解　由PLA端羧基引起的典型的內催化水解即所謂的自催化水解。脂肪族聚酯在沒有任何外催化劑的時候可以以自催化機理和非催化機理進行水解切斷。對於PLA，已經發現前一種機理較後一種機理占優。在前一種機理中，水解通過PLA的端羧基催化進行，並且其反應速率是和羧基、酯基和水的濃度成正比的。在上述的假設下，分子鏈的動力學平衡和自催化水解按下列方程式進行[7]：

$$d[COOH]/dt = k'[COOH][H_2O][ester] \qquad (9\text{-}1)$$

式中，[COOH]、$[H_2O]$和[ester]分別是端羧基濃度、水濃度和PLA或其共聚物中整個酯基的濃度。如果$k'[H_2O][ester]$被認為是常數的話，由式（9-1）可以得到式（9-2），表明[COOH]正比於M^{-1}_n：

$$\ln M_{n,t} = \ln M_{n,0} - k_1 t \qquad (9\text{-}2)$$

式中，$M_{n,t}$和$M_{n,0}$是聚合物水解t時間和初始時的M_n，水解速率常數k_1等於$k'[H_2O][ester]$。而PLLA的k_1值約為$(2\sim7)\times10^{-3}/d$，此常數決定於初始結構。

(2)非催化水解　當沒有催化作用的時候，水解過程中分子鏈斷裂的動力學方程可以表示如下：

$$d[COOH]/dt = k'[H_2O][ester] \qquad (9\text{-}3)$$

當聚合物分子量足夠高時，由於式（9-3）中各濃度在水解初始階段可以認為是常數，式（9-3）可以整合為式（9-4），[COOH]正比於$M^{-1}{}_n$：

$$M^{-1}{}_{n,t} = M^{-1}{}_{n,0} + k_2t \qquad (9\text{-}4)$$

式中，水解速率常數k_2等於$k'[H_2O][ester]$。

2.主體材料的水解機理

不溶於水的大分子PLA材料通過表面侵蝕和整體侵蝕機理發生水解[2]，在Göferich[8]等的專論中比較詳細地對這類可水解聚合物的侵蝕機理進行了說明。

當水解介質包括外催化劑或材料水解速率遠高於水解介質中的擴散速率時，表面侵蝕是主要的水解途徑。另一方面，當水解介質中沒有外催化劑或水解速率低的時候，材料的整體侵蝕作用就很重要了。這兩種侵蝕的相對貢獻取決於聚合物的自然狀況和水解介質的情況。在發生表面侵蝕時，鏈的水解切斷在材料表面單獨發生，並形成低分子量水溶性低聚體，由表面剝離或擴散入水解介質，而材料的內核仍保持非水解狀態。

(二)影響PLA水解的材料因素

影響PLA水解的因素可以分為材料因素和水解介質因素兩大類，本節將介紹材料性質對PLA水解的影響。材料性質包括PLA分子量及分子量分佈、異構體含量、結晶度、取向度、材料的尺寸和形狀、殘留的乳酸量、殘留催化劑的量、共聚物／共混物／複合材料的組成和含量等。

1.PLA分子量的影響

PLA分子量PLA的水解性能影響很大。PLA分子量越高水解速度越小，這是因為分子量越高，親水性的端羧基和端羥基的含量下降，水的擴散速度以及含水率下降，分子運動活性也降低，分子鏈斷鏈以後，形成水溶性的低分子低聚物的概率小，所以水解速度下降。

初始無定形PLLA的自催化速率（圖9-3）和蛋白酶K催化速率（圖9-4）隨初始M_c變低[9]。另外，在聚合中LA保持不反應及在熱過程中形成可加速PLA材料的自催化水解。Nakamura等[10]以及Zhang等[11]證明了加入LA會使PLA自催化水解加速。

PLA手性單體的立構規整度、比例和序列長度對它們的自催化水解沒有顯著的影響。然而，當L-乳酸單元的序列長度下降時，蛋白酶K催化的水解速率會明顯下降，Li等[12]發現，規整度不同導致的無定形PLA吸水的次級效應也對酶促水解有影響。相反，無定形Poly（DLLA-GA）的自催化水解速率則隨著親水GA含量的提高而提高。

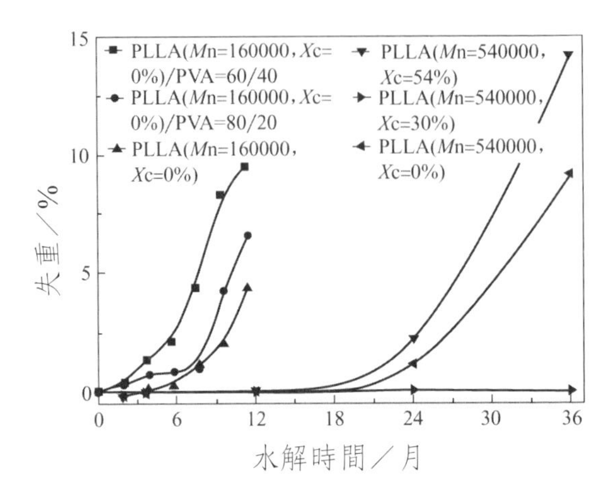

圖9-3 PLA在磷酸緩衝液中自催化水解失重

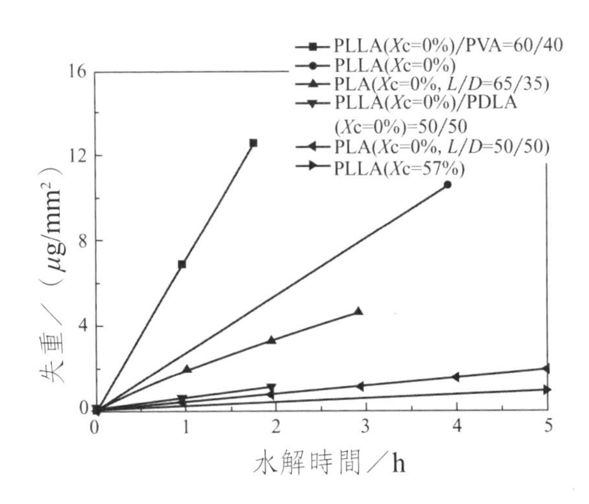

圖9-4 蛋白酶K催化PLA水解失重

2.結晶的影響

(1)結晶區比無定形區水解慢　對應於在完全無定形樣品中的自由無定形區的PLLA鏈，在磷酸緩衝液中結晶PLLA中的無定形區的PLLA鏈的水解速率有所提高，這是由於相對於完全無定形材料，在結晶PLLA樣品中的無定形區的催化端羧基密度提高引起的。

無定形樣品的水解與結晶PLLA類似，以往研究發現初始無定形PLLA樣品在水解過程中發生結晶現象，從而使材料的結晶度隨水解時間而提高。Li和McCarthy〔13〕發現無定形PDLLA在長時間或高溫水解下會形成立體絡合物或結晶外消旋，造成分子量低。相反，由於無定形區的穩態的鏈堆砌，在水解的初始階段會發生T_g升高的現象，隨後由於分子量的下降和後期分子移動性的增大，T_g迅速下降〔14〕。

圖9-5顯示的是在Tris緩衝液中在蛋白酶K作用下，催化結晶PLLA膜水解的凝膠滲透色譜〔圖9-5(a)〕〔15，16〕，以及在鹼溶液中水解〔圖9-5(b)〕〔3〕和在磷酸緩衝液中水解〔圖9-5(c)〕〔2〕的情況。在酶解中，未水解內核部分的峰保持在同樣的位置，而分子量1×10^4、2×10^4和3×10^4的低分子量特徵峰分別是由結晶PLLA鏈的1、2、3次折疊引起的。在結晶區的PLLA鏈的2次或3次折疊的對應峰可保持70h，即使70h後峰高降低了20%。這一現象有力地顯示，折疊鏈在蛋白酶K下的水解抗性比具有自由末端的鏈要好。另外，只有最低分子量的特徵峰在鹼液和磷酸緩衝液長程水解後仍保持，表明了無定形區鏈的隨機剪切。PLLA的蛋白酶K催化水解的結晶度依賴性說明，在結晶樣品中結晶區間的嚴格無定形區的PLLA鏈比完全無定形樣品中的無定形區PLLA具有更強的水解抗性。Iwata和Doi〔17〕的研究顯示，在蛋白酶K作用下的PLLA單晶的酶解優先發生在晶體邊緣而不是片層表面。

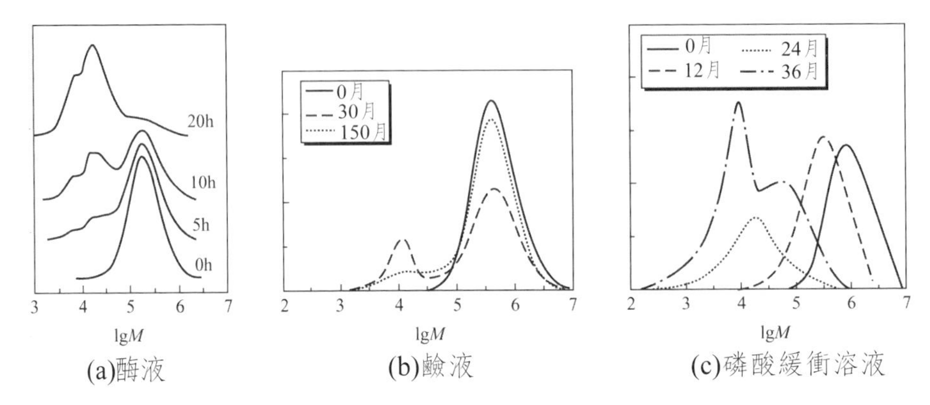

圖9-5 結晶PLLA水解的凝膠滲透色譜

(2)結晶度　結晶區的PLA鏈規整程度高，比無定形區難水解，而無定形區的PLLA鏈的水解速率比結晶區的快。因此人們會推測到PLA結晶度越高，水解速度越慢。但是研究卻顯示：PLA結晶度越高，水解速度越快。例如，當PLLA在體內和磷酸鹽緩衝溶液中自催化水解時，力學性能下降和質量下降前的誘導期隨初始結晶度下降而下降。對照在基本條件相同下Duek〔18〕進行的2個月以上的水解和Tsuji等〔2〕進行的24個月以上的水解實驗，發現在力學特性、分子量和PLLA殘重在水解中隨結晶度的升高而有所升高。

PLA結晶以後，分子鏈的端羥基／端羧基往往無序地殘留在無定形區，結晶度越高，無定形區中殘留的端羥基／端羧基濃度越高。端羥基／端羧基具有親水性，並且因殘留部分分子鏈長短不一會導致無定形區分子鏈運動能力提高，所以提高水的供給速度。另一方面，由於端羧基對PLA水解有自催化作用，因此高濃度的端羧基會加速PLA的水解。雙重作用的結果導致PLA的水解速度急劇增加，而結晶區PLA幾乎不發生水解，所以材料總的水解速度提高。結晶的PLA及其共聚物的水解速率主要是由結晶度影響的，而其他分子特性的影響則是比較弱的，如分子量（PLLA）、L-乳醯單元長度（LA立體共聚物）和共聚物組成〔poly（LLA-GA）〕等。

(3)光學異構體　對於無定形聚乳酸，研究PDLLA、PDLA、PLLA和PDLA/PLLA（50/50）共混物的水解速度大小關係表明（圖9-6）：

PDLLA水解速度>PDLA水解速度>PLLA水解速度>PDLA/PLLA共混物水解速度

PLA立體規整度越低，越容易受到水的攻擊，水解速度就越大。PLLA/PDLA等莫耳共混物分子之間存在強烈的相互作用，分子內部形成高密度的微晶結構，這些微晶起到交聯作用，使外消旋PLA的熔點、強度、模量、耐熱性以及耐水解性大幅度提高。外消旋PLA的熔點為230℃，比PLLA或者PDLA高50℃。外消旋PLA由於在材料內部不容易受到水的攻擊，因而水解速度小。對於PLA共聚物，如果共聚成分的親水性比PDLLA大，則該共聚物的水解速度將比PDLLA大。

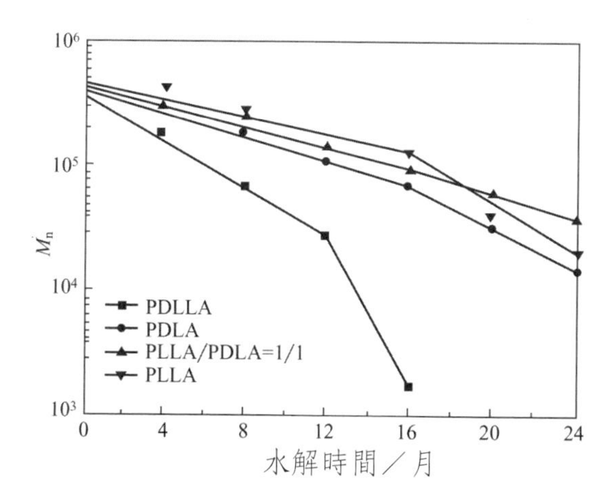

圖9-6　不同立構體PLA的分子量隨水解時間的變化

(4)取向性　Jamshidi等[19]報導了在磷酸鹽緩衝液水解過程中殘餘拉伸強度的降低率和PLLA纖維的質量保持隨拉伸比或分子的取向而降低，並在水解中形成片狀和柱狀殘晶。這種片狀和柱狀的殘晶是由於選擇性水解和在晶區無定形區鏈的移動造成的，而這些晶區定位在與纖維軸垂直的橫截面上，PGA就是這樣的[20]。

PLA分子取向表明短期內對PLA的水解速度影響不大。

3.材料表面性質的影響

PLA樣品表面經過鹼性及水解酶處理，或者塗覆一層親水性高分子材料以後，水解速度會大幅度提高。鹼處理以後，水在PLA材料表面的前進接觸角（θ_a）變小（圖9-7），說明PLA的親水性提高，因此加速微生物在PLA材料表面的吸附，從而促進水解。在PLA表面進行酶處理或者塗覆親水性高分子材料也是同樣道理，由於提高了PLA表面的親水性，所以加速了PLA的水解。

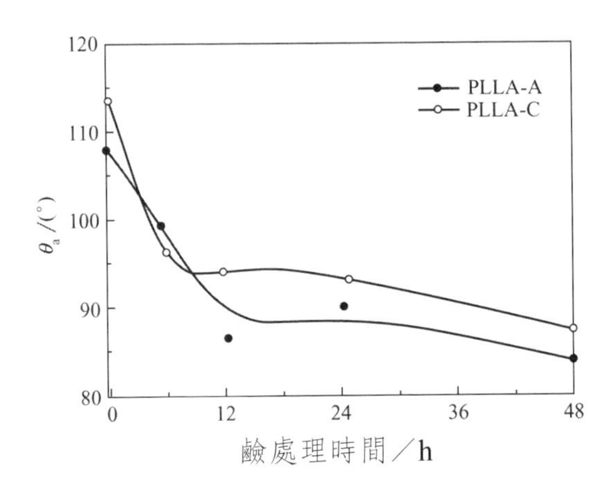

圖9-7　非晶PLLA（PLLA-A）與結晶PLLA（PLLA-C）前進接觸角隨水解時間的變化關係

4.樣品尺寸

當材料的厚度小於2mm時，只要溫度達到97℃，高於材料的T_g（60℃）[21]，PLLA在磷酸緩衝液中的自催化水解就會沿著材料的截面，按整體侵蝕機理同時發生。Li等[22]和Grizzi等[23]證明當材料的厚度大於2mm時，在樣品表面PLA的水解速度比較緩慢，而在樣品內部，由於形成和積聚的低聚物對PLA降解的催化作用，而使水解速度快速。

PLA的多孔結構阻礙了它們在磷酸緩衝液中的自催化，這是由於相對於非多孔結構減少了催化聚合物從材料表面洗提的平均距離，從而補強了催化低聚物擴散進入周圍介質。另外，在酶液和鹼性溶液中，在多孔樣品中提高多孔性和減小孔徑實現提高單位質量的表面積可以提高水解速率。

5.複合的影響

(1)共聚化的影響　PLA共聚物中共聚單體的種類、含量及排列的有序性對PLA的水解性能也影響很大。共聚合是在PLA分子中引入了不同單體的分子鏈，是PLA分子的規整程度下降，分子鏈運動加速，提高了水的供給率以及含水率，這時分兩種情況討論，一種是如果共聚單體呈親水性，則PLA的水解速度上升；第二種情況如果共聚單體呈弱的疏水性，共聚單體的引入使PLA分子鏈規整程度下降、分子鏈運動加快的效果大於疏水性單體帶給PLA分子的疏水化效果，PLA的水解速度上升；反之，如果共聚單體疏水性很高，則共聚會引起PLA的水解速度下降。

(2)複合化的影響[24~26]　添加成分和PLA的相容性大小，相分離情況下添加成分的親水性、含有羧基的比率，分子量，添加成分的形狀和尺寸或者在PLA中形成集合體的形狀和尺寸，兩相的界面結合力等因素都會對PLA的水解速度造成很大影響。Sinha Ray[27]研究了PLA奈米複合材料的降解發現奈米複合材料補強了PLA的生物降解性。在第一個月PLA分子量降低及質量下降程度和PLA/OMLS4（含有4%的奈米粒子）一樣，而再過一個月後發現PLA/OMLS4質量下降程度比PLA大得多。他們認為矽酸鹽層存在的末端羥基化的邊緣基團促進了PLA的降解。

6.其他

結晶聚乳酸的水解是從晶區之間的無定形區域開始的。為了考察無定形區域完全水解以後，殘留的結晶區域的水解情況，Tsuji[21]等首先通過97℃下40h的加速水解方法製作了僅存結晶區域的PLA樣品，然後分別考察了37℃，50℃，7℃以及97℃下分子量隨著水解時間的變化，發現在不同溫度下，結晶區域PLA分子量隨著水解時間呈線性下降。如果PLA殘留結晶區域起始分子量為1.0×10^4，根據研究結果計算出它們分別降解為乳酸分子所需要的時間為1900天，360天，120天以及14天。由此推斷使用PLA製造的醫用高分子材料在體內完全降解，至少需要5年時間。計算在37～97℃之間PLA水解的活化能為75.2kJ/mol，遠高於同樣方法計算的180～250℃之間熔融狀態PLA水解的活化能50.9kJ/mol。

經過UV（波長365nm）照射的PLA單層和三層膜[28]，經過55℃、10%RH條件下水解8周顯示，其降解速度比未經照射的PLA樣品快，力學性能的下降也比未照射的早2周。因此UV光對PLA塑膠膜的降解具有促進作用。

Weber[29]通過把PLA樣品埋在生物降解容器中而進行了PLA樣

品的堆肥試驗。他們發現，為了阻止堆肥pH值的下降，PLA樣品最多只能放置10%PLA，Gartiser等[24]比較了八種商業級降解材料的厭氧降解，發現二氧化碳對降解有至關重要作用，這是因為它有利於各種無氧細菌的生長。

Pometto[30]等比較了PLA在實驗室和室外降解的速度，發現PLA薄膜在室外香蕉地裡的降解速度比類比的相同條件下實驗室中的快，提高溫度和濕度可以加快PLA降解速率，初始分子量為18萬的PLA在29.6～23.4℃、80%濕度下，經過6個月就能夠明顯降解。

Alauzet[31]比較了兩種乳酸立體結構共聚物為50/50、96/4的蚯蚓降解試驗。他們發現高分子量的PLA發生分解後能夠被蚯蚓吞食。但是在水解沒有把PLA分解成低聚物之前，蚯蚓並不能吸收掉聚合物。

(三)影響PLA水解的水解介質因素

Tsuji[2]研究了PLLA在37℃下在不同溶液中的水解：鹼性溶液（pH = 12）、酸性溶液（pH = 2.0）以及磷酸鹽緩衝溶液（pH = 7.4）發現，在稀鹼溶液中PLLA的降解主要遵循表面腐蝕機理，而在磷酸鹽緩衝溶液中主要遵循整體腐蝕機理，在酸性溶液中PLLA的水解在沿著薄膜截面部分遵循整體腐蝕機理。PLLA膜在酸性介質中的持久性與在中性介質中的相似。在不考慮水解介質的前提下，PLLA的水解斷鏈主要發生在晶區之間的無定形區。增大初始結晶度，PLLA膜的總體水解速率在酸性溶液中將降低，而在磷酸鹽緩衝溶液中將提高。Tsuji[2]研究了高溫下的水解速率發現，PLLA膜在高溫下的水解主要是均勻地沿著膜截面以整體腐蝕機理進行。PLLA在高溫下的水解主要發生在無定形區。

在水解中，水溶性的PLA低聚體和單體會擴進周圍介質而導致材料的失重。在水解過程中，乳酸低聚體的水溶性取決於周圍環境的pH、溫度等因素，而這些條件將改變PLA的失重行為。Kemei等〔32〕利用高效液相色譜測得1～7U的L-乳酸在蒸餾水中是可溶的，而Braud等〔33〕利用毛細管電泳研究顯示在pH = 6.8的磷酸緩衝液中1～9U的DL-乳酸是可溶的，乳酸是PDLLA材料在水解過程中釋放到液體中的組分。後來的研究證明，聚合度大於2的低聚體在水解過程中會被材料捕獲。Karlsson和Albertsson〔34〕發現高溫和高pH值有利於水溶性低聚體和單體從材料中擴散出來。

(四)PLA生物降解速度的提高

PLA在自然環境中分解緩慢，分析原因，首先PLA不是自然界原已存在的物質，因此自然界中能夠分解PLA的微生物非常少，這可能是造成PLA在土壤中埋設一年也幾乎不發生分解的原因。另外，在PLA合成過程中，加熱變成丙交酯，變質為分解菌類不易附著的物質，因此使得PLA具有天然抗菌性。

如果PLA能夠變成一種在自然界中很容易分解的物質，將會對製品使用以後的廢棄處理帶來很大方便。因此，許多人對提高PLA的降解速度開展了多方面的研究，包括開發研製PLA降解促進劑、發現適合於PLA的新分解微生物以及合成培養針對PLA的降解酶。日本CPR公司開發了一種「Mannan」降解促進劑，添加到PLA中0.1%～1.0%極少量就可以大幅度地提高PLA的降解速度。由於添加量少，不會帶來成本、加工性能以及材料性能各方面的問題。

PLA在酶作用下會加速降解。但是PLA降解酶，例如蛋白酶、脂肪酶和酯酶等都是水解促進酶，能夠直接對微生物降解的降解微生物主要有放射菌類：*Amycolatopsis mediterranei*, *Actinomadura viridis*, *streptomyces sp*；細菌：*stapHylococcus hominis, stapHylococcus epidermidis, bacillus subtilis, bacillus circullans, bacillus stearothermopHilus*。

CPR採用生物降解的方法得到一種分解微生物，少量添加到PLA中，能夠使PLA幾天或幾周就開始降解。由於可以直接生物降解PLA的微生物品種有限，CPR公司通過大量培養，生產了針對PLA的降解酶，目前對這種PLA降解酶正在進行實用化探討。

四、聚乳酸製品的生物降解性示例

下面分別介紹一些商品化的PLA纖維、不織布、薄膜、發泡材料製品、瓶子的生物降解性。

1.PLA纖維降解

日本UNITIKA公司對該公司的PLA長纖維（50d/24f）進行了自然環境下土壤降解試驗，結果如圖9-8所示。PLA纖維的降解隨在土壤中埋設時間穩定進行，1年後發現PLA纖維的質量、外觀基本沒有變化。這是因為PLA初期分解機理是非生物分解的水解控制，所以不會像酶分解那樣從表面侵蝕，因此表面沒有變化，質量也不會降低。而纖維強度下降到原來的80%，相對黏度也有所降低，說明分子量下降。纖維強度隨時間線形降低，2年半以後降低到原來的一半。後面可以推測，當PLA降解到某種程度以後，由於酶、生物降解的協同，PLA會加速降解，再過1～2年以後，質量減少、形狀崩潰。

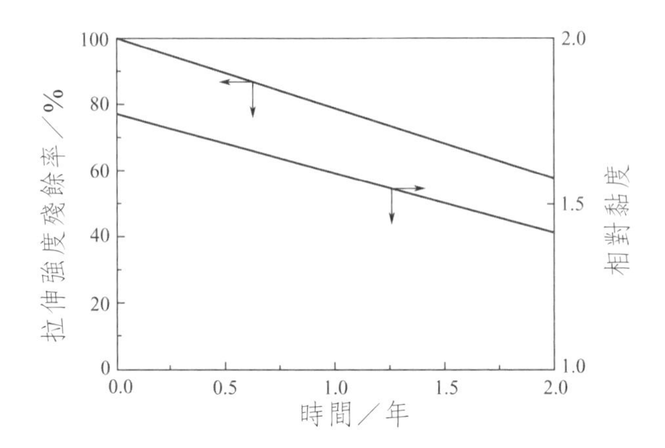

圖9-8 PLA長纖維（50d/24f）土壤中分解

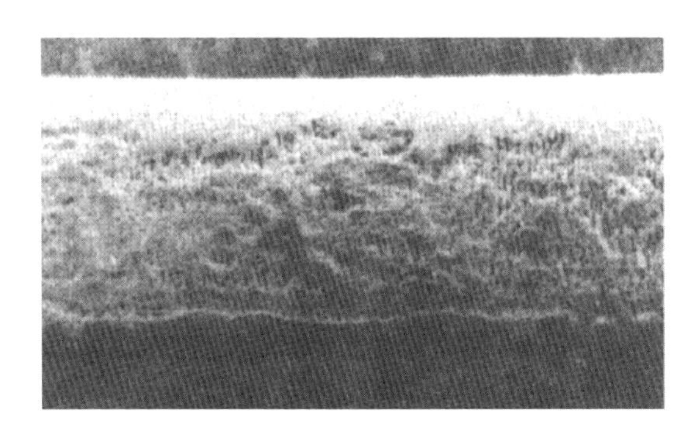

圖9-9 PLA長纖維（50d/24f）土壤中埋設13個月的SEM照片

用SEM觀察土埋13個月PLA纖維的表面結構變化（圖9-9）看出，沿纖維徑向形成很多微小溝紋，反映了熔融紡絲纖維一般具有的Shish-kebab微觀高次結構。可以很明顯推測，PLA的降解是在徑向形成的kebab結構片晶之間的無定形區域首先進行的。

Shiwa公司對的haibon PLA纖維進行土壤、海水和活性淤泥中的降解實驗，觀察其質量、強度以及表面形態的變化，如圖9-10所示。PLA纖維在土壤和海水中埋設3個月以後，在微生物作用下發生水解，纖維表面膨脹並且產生許多皺紋〔圖9-10(b)〕。1～2年以後，雖然纖維的重量沒有太大變化，但是強度已經完全喪失。PLA纖維在活性淤泥中降解速度比在土壤和海水中要快很多，埋設3個月以後，不僅纖維表面膨脹、產生皺紋，內部也出現許多裂纖及空洞〔圖9-10(c)〕；並且纖維強度在1～2個月內幾乎完全喪失。說明活性淤泥中存在的某些細菌和微生物促進了PLA的分解。

日本鐘紡合纖公司對粗細不同的PLA纖維根據ISO 14855標準進行堆肥分解試驗，結果如圖9-11〔35〕所示。

因此，通過調整PLA纖維直徑或者PLA非織布的網目等，可以根據不同的使用環境，對PLA纖維製品的分解速度進行調控。

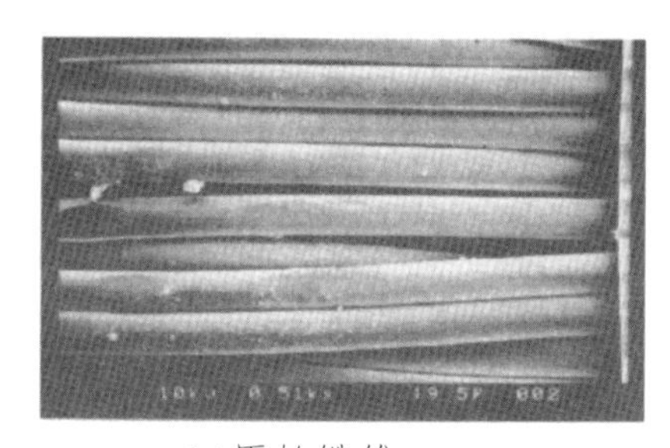

(a)原始纖維

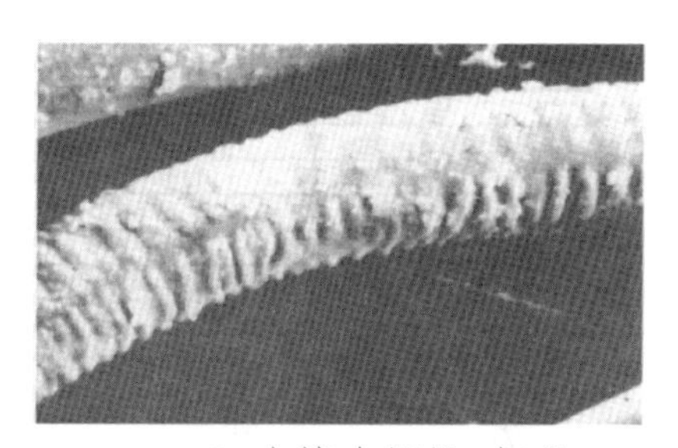

(b)土壤中埋設3個月

(c)活性淤泥中埋設3個月

圖9-10　PLA纖維降解前後外觀形態的SEM照片（3圖的放大倍率一致）

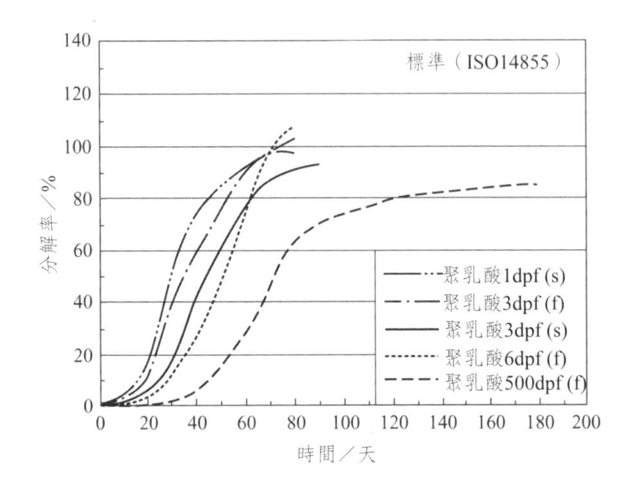

圖9-11　PLA纖維的生物分解

2.PLA不織布降解

堆肥化的原料、菌種、發酵條件都會影響PLA的降解效果。UNITIKA公司嚴格按照ISO 14855、ISO 15985標準對PLA不織布（25g/m^2）進行試驗表明（如圖9-12所示），在喜氧、厭氧環境下，PLA不織布在降解初期比纖維素慢，但是在到達規定的評價時間45天以後，降解程度基本達到和纖維素相同的水平。堆肥化一般在喜氧條件下能夠快速進行，但是歐洲近年來建設了厭氧條件堆肥、利用發生的沼氣做燃料的工廠，因此本試驗結果將引起人們很大關注。

3.PLA發泡製品降解

UNITIKA公司在開發的該耐熱PLA改性技術，改善PLA的熔融體強度，用熱成型方式製造了PLA耐熱發泡食品容器，在堆肥環境（60℃以上）中能夠快速降解。也可以進行厭氧降解。圖9-13是分別在0天、2天、4天堆肥環境中的降解情況。

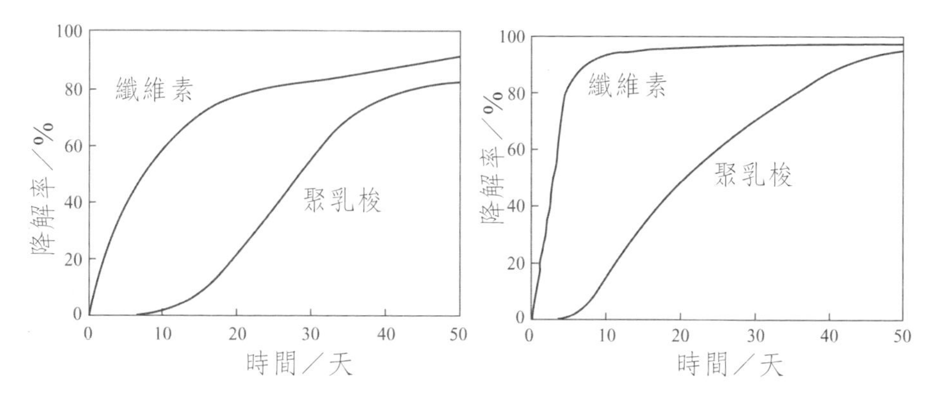

圖9-12 PLA不織布（$25g/m^2$）喜氧堆肥試驗(a)和厭氧堆肥試驗(b)

(a)降解0天

(a)降解2天

(a)降解4天

圖9-13 聚乳酸耐熱發泡食品容器的降解情況

日本鐘紡公司開發了由PLA發泡板和發泡粒珠法製備的發泡成型體作為發泡PS的替代品。鍾紡公司2000年開發了PLA發泡粒珠，並且以「Lacton」商品名推向市場。2003～2004年為「京都模型試驗」提供PLA發泡塑膠包裝箱，新生物再循環利用系統開發成功。開發的由發泡粒珠製備的PLA發泡體，和EPS一樣能夠型內成型，使用方便，緩衝性、力學性能和EPS相當，是新一代理想的緩衝、絕熱材料。該發泡體有良好的生物降解性能。圖9-14、圖9-15根據JISK 6953（ISO14855）標準堆肥條件下PLA發泡體生物降解實驗結果，在農業畜牧業廢棄物的大型堆肥設施中PLA發泡體降解迅速，4天以後就完全降解。PLA在厭氧中也能夠被生物降解（甲烷、沼氣發酵）。揭示了PLA等生物降解塑膠新的生物循環再利用的可能性。

4.PLA薄膜的降解

日本UNITIKA公司在80℃高速堆肥工廠中對PLA薄膜進行降解實驗表明，PLA薄膜在1～2周內就能夠降解。在實際PLA發酵堆肥中實驗顯示，PLA薄膜的降解速度比PBSA和PBS薄膜都快。

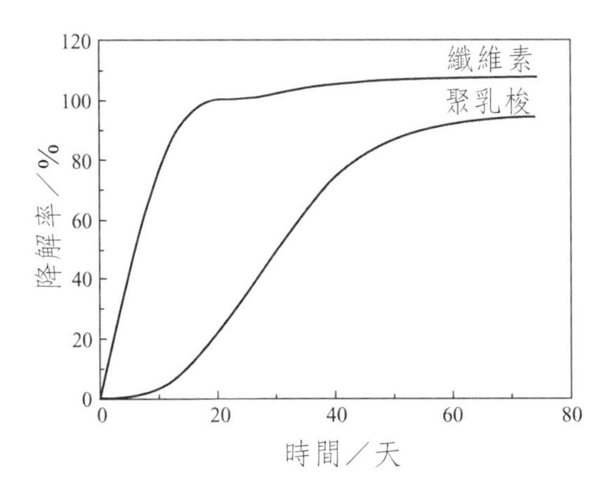

圖9-14　聚乳酸發泡體隨時間的降解率

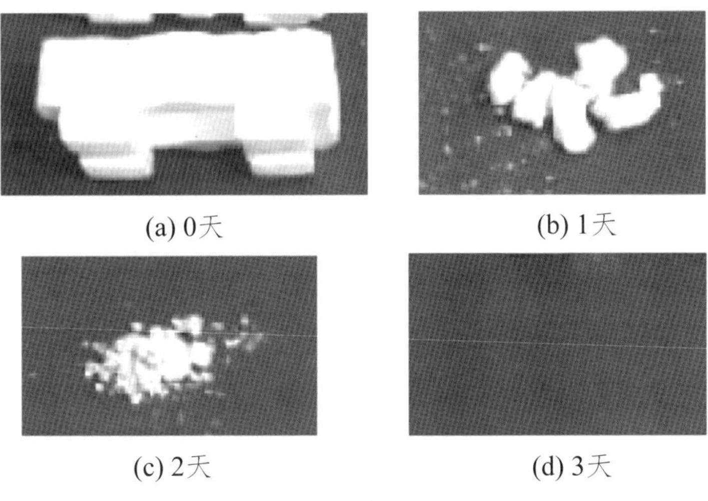

(a) 0天 (b) 1天

(c) 2天 (d) 3天

圖9-15 堆肥化設施中的生物降解試驗

在土壤中的埋設實驗表明，1年以後雖然質量沒有太大變化，但是薄膜的拉伸斷裂伸長率隨時間逐漸下降，能夠說明PLA的分子量在降低。PLA分子量降低到一定程度之後逐漸開始被微生物降解，1～2年以後原有形狀開始被破壞。海水中降解實驗表明，PLA薄膜的降解速度要比在土壤中慢。

PLA在垃圾處理場的埋設實驗表明，比起其他生物降解樹脂，PLA薄膜的降解速度最快，大約2個月以後開始分解成碎片。分析原因可能是掩埋的垃圾環境呈弱鹼性或者鹼性（pH = 11～12），再加上發酵生熱，溫度比較高，能達到50～60℃，所以PLA薄膜會快速降解。

5.PLA瓶的降解

美國Natureworks公司對吹塑PLA瓶在堆肥條件下的降解性能進行研究表明，500mL普通PLA瓶經過74天以後，目視已經完全分解。圖9-16是PLA瓶在堆肥條件下分別經過0天、3天、18天、28天、38天、48天及58天以後的外觀變化[36]。

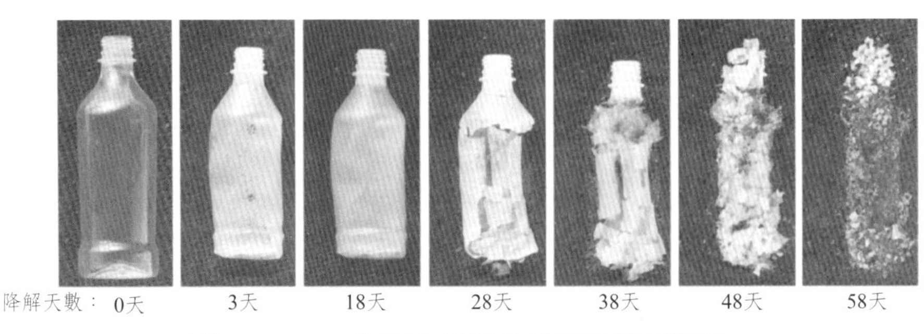

圖9-16　PLA瓶子在堆肥條件下的降解情況

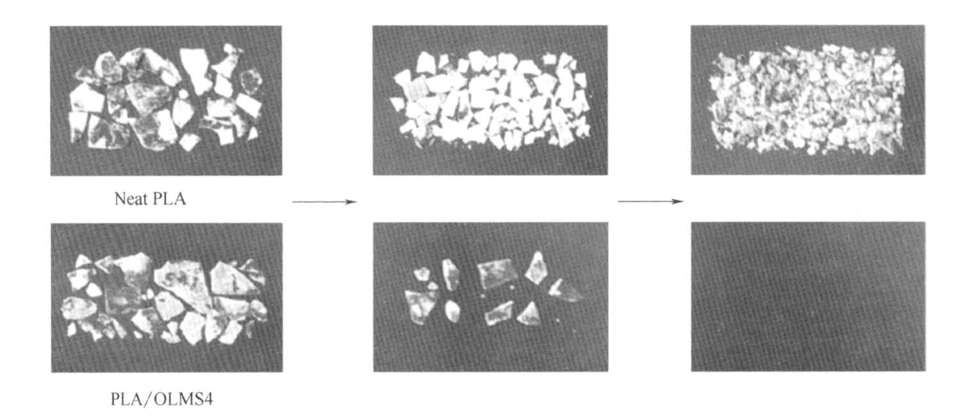

圖9-17　PLA及PLA/OLMS奈米複合材料在堆肥中降解的樣品外觀變化〔37〕

6.PLA奈米複合材料的降解

Sinha〔37〕等研究了PLA／黏土奈米複合材料堆肥中的降解性質，發現在最初的一個月之內，純PLA和PLA/OMLS4的重均分子量和質量損失程度幾乎在同一水平上，但一個月之後，PLA/OMLS4的質量損失出現了巨大變化，兩個月之內，它將完全降解在堆肥中（圖9-17）。有機化黏土的表面性質可能是促進PLA水解的原因。

第三節 聚乳酸的生命周期評價

生命周期評價（LCA）為一種環境外的管理工具，已經廣泛應用於製定企業產品開發、設計決策和環境保護方案的各項具體工作中，並且已成為一項改善環境保護的輔助決策工具。在瞭解生命周期評價歷史發展背景及其技術內涵的前提下對降解塑膠的環境協調性進行分析與評價，可以使人們消除對塑膠的偏見。在LCA工具的指導下，可以開發和設計出價格低廉、環境協調性好的降解塑膠，為解決白色污染開闢了一條新的理想途徑。

一、生命周期評價的定義

國際標準化組織（ISO）將生命周期評價（life cycle analysis或life cycle assessment，簡稱為LCA）定義為：對產品或服務系統整個生命周期中與產品或服務系統的功能直接有關的環境影響、物質和能源的投入產出進行彙集和測定的一套系統方法。它的目的主要在於評價能量和物質的利用以及廢物排放對環境造成的影響，然後尋找改善環境影響的機會以及如何利用這種機會。這種評價始終貫穿於產品、加工方法和活動的整個生命周期，其中包括原材料的提取和加工，產品的製造、運輸以及銷售，產品的適用、利用和維護，廢物回收循環再利用以及最終廢物棄置。其實，生命周期評價就是對某種產品或某項活動從原材料的開採、加工到最終處置，也就是從誕生到死亡的一種評價方法。

生命周期評價作為一項用於評價產品的環境因素和潛在影響的技術，其評價的基本結果由4個相互聯繫的要素組成：①目標定義和範圍。即確定評價的目的、功能單位的定義，說明資料的要求，指出重要的假設和限制。②清單分析。即列出一份與研究系統相關的投入和產出清單，對產品的整個生命周期中所消耗的原材料、能源以及固態廢棄物、大氣污染物、水質污染物等根據物質平衡和能量平衡進行正確的調查，正確、合理地收集資料，然後列出清單。③影響分析。即對產品投入及產出相關的潛在環境影響進行定性或定量的確定、表徵和評價。④結果評價。即對列出的清單和環境影響進行分析，根據分析結果可以及時調整產品結構、重新選擇原材料、改變製造方法和消費方式以及廢棄物管理等，從而指導產品開發和應用。

二、降解塑膠的生命周期評價

目前，隨著降解塑膠在世界範圍內成為研究開發的熱點，如何評價塑膠的生物降解性能以及它的安全性就成為當前的一個重要研究課題。

現在國際上可用的聚合物降解試驗方法，包括最主要的被美國材料試驗標準採納或準備採納作為標準的方法，實際上僅是篩選在實驗室類比環境的方法，它們類似但肯定不能符合實際的生物降解情形，它們代表幾個水平的試驗方法的首選方法並能滿意地解決各種聚合物可能產生的問題，並成為廢棄物管理或環境控制程式的一個部分。但這些標準都只能通過薄膜的物理特性變化來表徵微生物的作用，還不能從微觀的角度來揭示微生物的作用，因而對許多現象還不能做出正確的解釋。此外，生物降解塑膠作為維護生態環境的產物，必須對其安全性進行研究。生物降解塑膠因其特殊性，在安全性檢測方面比較複雜，特別是在降解過程中會不斷產生各種各樣的中間產物，而這些中間產物對生態環境的影響還不十分清楚，世界各國正對其做進一步的研究，對降解中間產物的分析和檢測也還在摸索中。

三、聚乳酸的生命周期評價

生物降解塑膠和一般塑膠所不同的是使用以後不需要處理，而在自然界的微生物或分解酶的作用下能夠分解為水和二氧化碳返回大自然，所以從這個角度而言具有環保性。但是，生物降解塑膠是否真正環保、能否防止地球溫室效應，必須一定要對其生命過程中的能耗、二氧化碳等氣體淨排放量等進行全面核算，進行LCA分析，才能得到客觀的結論。LCA是一個公司考察長期投資與回報的最好手段。

Natureworks公司[38]對PLA1（現行的PLA生產系統，稱為第一代PLA生產系統）從原料到生產出即可出售的粒料這全過程的能量消耗，對全球氣候的影響，水的消耗進行全面分析，並且和現有的石油基塑膠進行了對比。從圖9-18可以看出，PLA1總能量消耗量比石油及塑膠降低了25%～55%。改進的生產系統PLA B/WP（利用可再生的生物質能／風能源）能耗量將降低90%。導致氣候變暖的主要有三大物質：CO_2，CH_4，N_2O。從圖9-19可以看出，PLA對這三種氣體排放量都是最低，對於PLA B/WP，則出現CO_2負排放。任何一種對使用過PLA的處理方式如燃燒、堆肥化、掩埋等手段，都是把CO_2返回自然界，然後會得到重新利用，成為一個永久的封閉的CO_2循環系統。PLA還可以進行化學回收。從圖9-20可以看出，總的水量消耗包括共用的河水、湖水、井水等消耗，可以分類為冷水、灌溉水（玉米生長）以及加工過程使用水量，可以看出PLA在水資源的節省方面同樣具有很強競爭力。

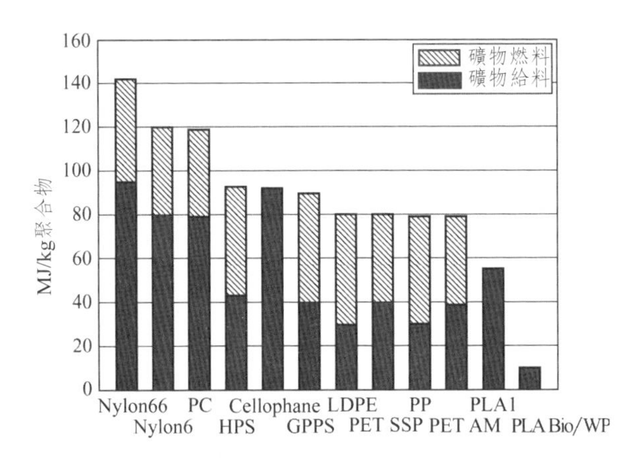

圖9-18 不同塑膠生產時總的能量消耗對比

斜線部分表示聚合物原料的礦物資源消耗量。實心部分表示燃料、操作等生產時消耗的礦物資源消耗量

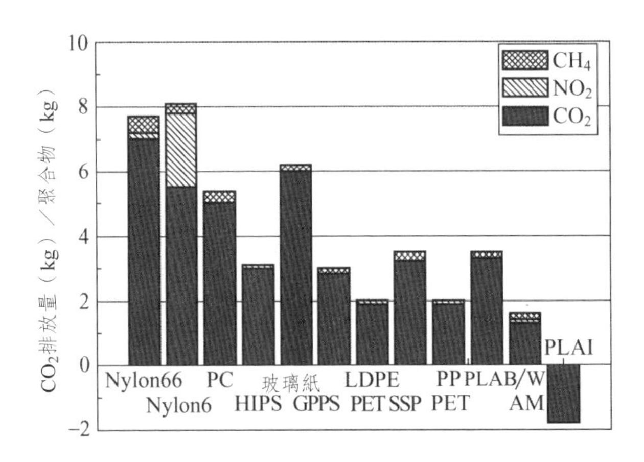

圖9-19 不同塑膠從原料到生產出粒料這一過程中各種氣體的排放量

所有排放量值都換算造成CO_2的量以便於對比

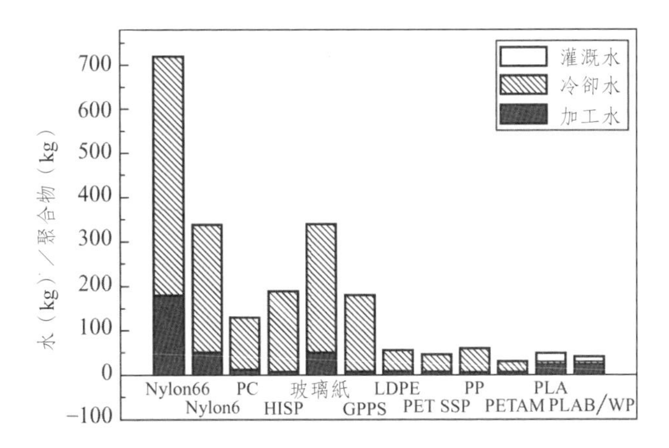

圖9-20 不同塑膠從原料到生產出粒料這一過程中水的使用量

現有的PLA生產系統還有許多地方可以改進，PLA B/WP具體包括三項要素，即提高乳酸轉化技術；以木質素（lingo cellulosic）生物質代替現在的玉米原料；以天然的風能代替加工過程中的電力消耗。分別進行這樣的技術革新以後，生產PLA的總能耗、CO_2排放量將進一步下降，如圖9-21、圖9-22所示。

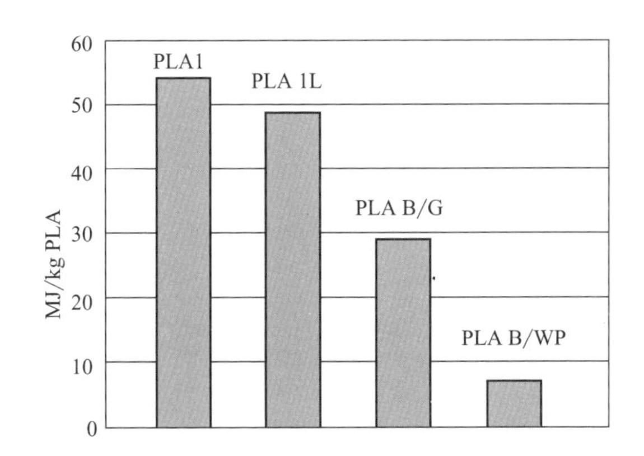

圖9-21 不同的PLA生產系統所用能源的比較

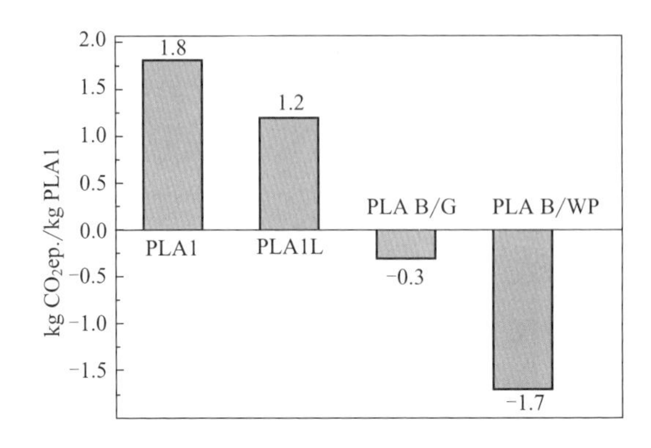

圖9-22　不同的PLA生產系統對溫室效應的影響

PLA不僅能夠完全脫離對石化資源的依賴，並且有利於改善地球的溫室效應。因此以再生資源為原料的PLA生產和使用對環境保護意義重大。正如Natureworks公司宣傳其PLA製品時指出：顧客選擇PLA時不僅僅在選擇一種商品，而是在為降低溫室效應做一份貢獻。

參考文獻

[1] Rafael A. *Macromol Bio*, 2004, 4: 835.

[2] Tsuji H. *Polym Degrad Stabil*, 2000, 67: 179.

[3] Tsuji H et al. J *Polym Sci: Part A: Polym Chem*, 1998, 36: 59.

[4] Williams D F. *Eng Med*, 1981, 10: 5.

[5] Makino K et al. *Chem Pharm Bull*, 1985, 33: 1195.

[6] Ivanova T Z et al. *Colloid Polym Sci.*, 1997, 275: 449.

[7] Pitt C G et al. *J Biomed Mater Res*, 1979, 13: 497.

[8] Göferich A. Handbook of Biodegradable Polymers. Amsterdam: Harwood Academic Publishers, 1997. 451.

[9] Tsuji H et al. *Polym Degrad Stabil*, 2001, 71: 403.

[10] Nakamura T, et al. *J Biomed Mater Res*, 1989, 23: 1115.

[11] Zhang X et al. *J Bioact Compat Polym*, 1994, 9: 80.

[12] Li S et al. *Polym Degrad Stabil,* 2000, 67: 85.

[13] Li S et al. *Biomaterials*, 1999, 20: 35.

[14] Gonzalez M F, et al. *J Appl Polym Sci*, 1999, 71: 1223.

[15] Tsuji H et al. *Polym Degrad Stabil.*, 2001, 71: 415.

[16] Tsuji H et al. *Polymer,* 2001, 42: 4465.

[17] Iwata T et al. *Macrololecules*, 1998, 31: 2461.

[18] Duek E A R et al. *Polymer*, 1999, 40: 6465.

[19] Jamshidi K et al. Biological and Biiomechanical performance of Biomaterials. Amsterdam, the Netherlands: Elsevier science publisher B.V., 1986. 227.

[20] Chu C C et al. *J Biomed Mater RES*, 1982, 16: 417.

[21] Tsuji H et al. *Macromol Mater Eng*, 2001, 286: 398.

[22] Li S et al. *J Mater Sci, Mater Med*, 1990, 1: 198.

[23] Grizzi I et al. *Biomaterials*, 1995, 16: 305.

[24] Rees R W. Encyclopedia polym sci eng. NY: John Wiley and Sons, 1985.395.

[25] Taino T et al. Eur *J Biochem* 1982, 124: 71.

[26] Tetto J A et al. ANTEC'99: 1628.

[27] Sinha R S et al. *Prog Mater Sci*, 2005, 50: 962.

[28] Usuki A et al. *J Mater Res*, 1993, 8: 1179.

[29] Yasuda T et al. US Patent 5391644. 1995.

[30] Kojima Y et al. *J Polym Sci Part A: Polym Chem*, 1993, 31: 1755.

[31] Ishiaku U S et al. *Eur Polym J*, 2002, 38: 393.

[32] Kemei S et al. *Biomaterials*, 1992, 13: 953.

[33] Braud C et al. *J Environ Polym Degrad*, 1996, 4: 135.

[34] Karlsson S et al. *Macromol Symp*, 1998, 127: 219.

[35] Ohshima K. et al. Technology and Market Development of Green Plastic Polylactide (PLA). Japan: Frontier Publishing Co.Ltd., 2005. 108.

[36] Information from PLA Technical Seminar by Dr. Zhen GM, Polylactide-Market Development, Characteristic Requirements, and Processing Issues for Different PLA Applications. 2005, 6.

[37] Sinha Ray S et al. *Macromol Rapid Commun*, 2003, 24: 815.

[38] Erwin T H et al. *Polym Degrad Stabil*, 2003, 80: 403.

國家圖書館出版品預行編目資料

PLA聚乳酸環保塑膠 = Poly lactic acid plastic of environmental protection／劉斌作. ——初版.——臺北市：五南, 2010.01
面； 公分
含參考書目
含索引
ISBN 978-957-11-5860-0（平裝）
1.乳酸
460 98024108

5BE1

PLA聚乳酸環保塑膠

Poly Lactic Acid Plastic of Environmental Protection

作　　者 — 楊　斌
校　　訂 — 馬振基
發 行 人 — 楊榮川
總 編 輯 — 龐君豪
主　　編 — 穆文娟
責任編輯 — 陳俐穎
封面設計 — 簡愷立
出 版 者 — 五南圖書出版股份有限公司
地　　址：106台北市大安區和平東路二段339號4樓
電　　話：(02)2705-5066　傳　真：(02)2706-6100
網　　址：http://www.wunan.com.tw
電子郵件：wunan@wunan.com.tw
劃撥帳號：01068953
戶　　名：五南圖書出版股份有限公司

台中市駐區辦公室/台中市中區中山路6號
電　　話：(04)2223-0891　傳　真：(04)2223-3549
高雄市駐區辦公室/高雄市新興區中山一路290號
電　　話：(07)2358-702　傳　真：(07)2350-236

法律顧問　元貞聯合法律事務所　張澤平律師

出版日期　2010年1月初版一刷
定　　價　新臺幣650元